课堂实录

孙宇霞　郑千忠 / 编著

Java开发课堂实录

清华大学出版社
北　京

内 容 简 介

本书结合教学的特点编写，将 Java 软件开发的技术以课程的形式讲解。全书共分 14 课，通过通俗易懂的语言详细介绍了 Java 编程基础知识。本书内容从简单的 Java 元素、数据类型开始，深入讲解 Java 的方法、类和面向对象的高级特征，并且介绍了 Java 中的常用工具类、异常处理、I/O 流、集合框架、图形用户界面和数据库编程等相关知识。最后通过一个成绩管理系统来介绍 Java 编程在实际开发中的应用。

本书可作为在校大学生使用 Java 进行课程设计的参考资料，也可作为非计算机专业学生学习 Java 语言的参考书。

图书在版编目（CIP）数据

Java 开发课堂实录/孙宇霞，郑千忠编著. —北京：清华大学出版社，2016
（课堂实录）
ISBN 978-7-302-40315-9

Ⅰ. ①J…　Ⅱ. ①孙…　②郑…　Ⅲ. ①JAVA 语言-程序设计　Ⅳ. ①TP312

中国版本图书馆 CIP 数据核字（2015）第 113332 号

责任编辑：夏兆彦
封面设计：张　阳
责任校对：徐俊伟
责任印制：李红英

出版发行：清华大学出版社
网　　址：http://www.tup.com.cn, http://www.wqbook.com
地　　址：北京清华大学学研大厦 A 座　　　　邮　　编：100084
社 总 机：010-62770175　　　　邮　　购：010-62786544
投稿与读者服务：010-62776969，c-service@tup.tsinghua.edu.cn
质量反馈：010-62772015，zhiliang@tup.tsinghua.edu.cn
印 刷 者：北京鑫丰华彩印有限公司
装 订 者：三河市溧源装订厂
经　　销：全国新华书店
开　　本：190mm×260mm　　印　张：23.5　　字　数：667 千字
版　　次：2016 年 2 月第 1 版　　印　次：2016 年 2 月第 1 次印刷
印　　数：1～3000
定　　价：49.00 元

产品编号：051594-01

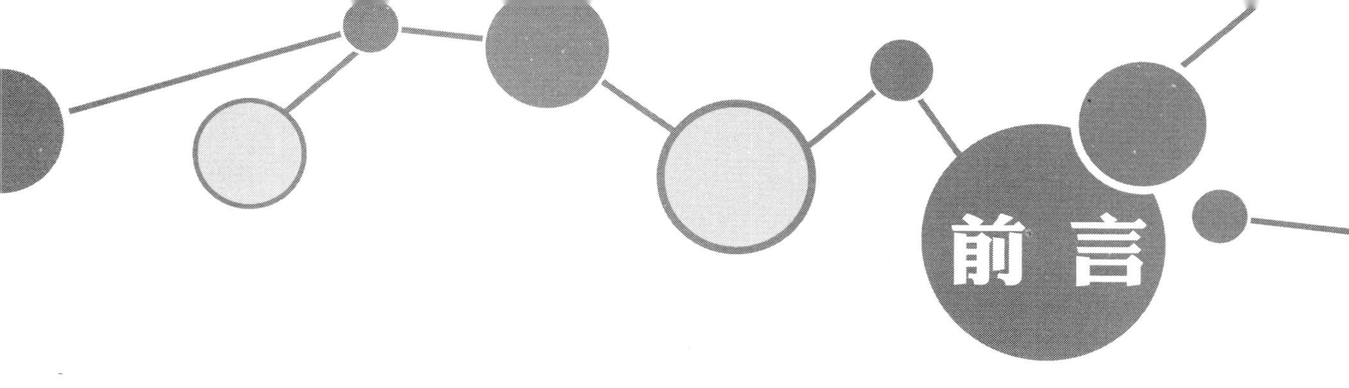

Java是当今较流行的一种简单的、面向对象的、分布式的、健壮安全的、结构中立的、可移植及性能优异的多线程动态语言。该语言由Sun公司于1995年推出，发展到今天，已不仅仅表示一门程序语言，更是一种软件开发平台，目前已经演化出了J2SE、J2EE和J2ME 3个版本。凭借其易学易用和功能强大的特点，可以进行桌面应用、Web应用、分布式系统及嵌入式系统等应用程序开发，并且在信息技术、科学研究、军事工业、航空航天等领域应用广泛。

本书内容

全书共分为14课，主要内容如下。

第1课　Java语言概述。本课首先介绍Java语言的发展史和特点，然后介绍Java程序的工作原理及环境配置，最后介绍了Java程序的开发步骤，包括编写、编译、运行和调试程序等。

第2课　简单数据类型及运算。本课首先介绍Java语言中的基本数据类型，然后介绍Java语言中的变量和常量，最后介绍运算符与表达式之间的整合使用。

第3课　流程控制语句。本课主要介绍Java提供的流程控制语句，包括空语句、语句块、选择if语句、switch语句、do语句、for语句、break语句以及异常处理语句等。

第4课　类与对象。本课首先介绍类的概念，然后介绍面向对象的核心特征，类成员的应用以及修饰符，包括private、static和final。

第5课　深入面向对象编程。本课介绍抽象类、接口、内部类和匿名类在Java中的使用，方法的重载和重写，super关键字及包的使用等。

第6课　数组与集合。本课主要介绍Java中数组和集合的使用，包括声明和初始化数组、数组的排序、集合框架及泛型等。

第7课　异常。本课首先介绍异常类型的概念及其分类，然后介绍了Java异常处理机制，最后介绍了如何抛出异常、声明异常及如何自定义异常。

第8课　线程。本课针对Java中的线程应用进行讲解，包括线程的概念、实现一个线程、线程的生命周期、调度和同步线程等。

第9课　Java常用类。本课主要介绍了Java语言中常用的工具类，包括Object类、包装类（Integer类和Character类）、字符串类、日期类和Random类。

第10课　Java的输入输出流。本课首先介绍了Java中的输入流和输出流，然后讲解使用字节流、字符流写入/读取文件，最后介绍了如何使用File类中的方法来获取文件的相关信息，比如文件名称、文件大小、文件内容长度等。

第11课　图形用户界面应用。本课首先介绍AWT中容器的使用，然后介绍5种布局管理器的应用、基本组件的创建、事件处理机制以及Swing和Applet。

第12课　Java数据库编程。本课主要介绍JDBC连接数据库的相关知识，包括JDBC的工作原理、Java程序连接数据库的基本步骤和JDBC的应用，包括增加记录、编辑记录和使用事务等。

第 13 课　Java 的网络编程。本课详细介绍 Java 中的 TCP 编程、URL 编程和 UDP 编程。

第 14 课　成绩管理系统。本课主要介绍使用 Java 结合 SQL Server 数据库创建成绩管理系统的过程，主要功能包括学生信息模块、课程信息模块和成绩信息模块。

本书特色

本书针对初、中级用户量身订做，以课堂课程学习的方式，由浅入深地讲解 Java 语言的应用，同时根据语法特性，突出了开发时的重要知识点，并配以案例讲解。

❑ 结构独特

全书以课程为学习单元，每课安排基础知识讲解、实例应用、拓展训练和课后练习 4 个部分讲解 Java 的编程知识。

❑ 知识点全

本书紧紧围绕 Java 程序开发展开讲解，具有很强的逻辑性和系统性。

❑ 实例丰富

书中各实例均经过作者精心设计和挑选，它们都是根据作者在实际开发中的经验总结而来，涵盖了在实际开发中所遇到的各种场景。

❑ 应用广泛

对于精选案例，步骤详细具体，结构清晰简明，分析深入浅出，而且有些程序能够直接在项目中使用，避免读者进行二次开发。

❑ 基于理论，注重实践

本书在讲述过程中不仅仅只介绍理论知识，而且在合适位置安排综合应用实例，或者小型应用程序，将理论应用到实践当中，来加强读者实际应用的能力，巩固开发基础和知识。

❑ 视频教学

本书为实例配备了视频教学文件，读者可以通过视频文件更加直观地学习 Java 的知识。

所有视频教学文件均已上传到 www.ztydata.com.cn，读者可自行下载。

❑ 网站技术支持

读者在学习或者工作的过程中，如果遇到实际问题，可以直接登录 www.itzcn.com 与我们取得联系，作者会在第一时间给予帮助。

读者对象

本书适合作为软件开发入门者的自学用书，也适合作为高等院校相关专业的教学参考书，也可供开发人员查阅、参考。

❑ Java 软件开发入门者。

❑ Java 初学者以及在校学生。

❑ 各大中专院校的在校学生和相关授课老师。

❑ 准备从事软件开发的人员。

除了封面署名人员之外，参与本书编写的人员还有李海庆、王咏梅、康显丽、王黎、汤莉、倪宝童、赵俊昌、方宁、郭晓俊、杨宁宁、王健、连彩霞、丁国庆、牛红惠、石磊、王慧、李卫平、张丽莉、王丹花、王超英、王新伟等。本书在编写中难免会有疏漏与不妥之处，欢迎读者通过清华大学出版社网站（www.tup.tsinghua.edu.cn）与我们联系，帮助我们加以改正与提高。

目录

第 1 课 Java 语言概述

第 2 课 简单数据类型及运算

第 3 课 流程控制语句

第 4 课 类与对象

第 5 课 深入面向对象编程

第 6 课 数组与集合

第 7 课 异常

第 8 课 线程

第 9 课 Java 常用类

第 10 课 Java 的输入输出流

第 11 课 图形用户界面应用

第 12 课 Java 数据库编程

第 13 课 Java 的网络编程

第 14 课 成绩管理系统

习题答案

第 1 课 Java 语言概述

在互联网高速发展的背景下，Java 语言正在以它独特的优势迅猛地发展着。Java 语言是一种可以撰写跨平台应用程序的面向对象程序设计语言。它是由 Sun 公司于 1995 年推出的 Java 程序设计语言和 Java 平台（包括 JavaSE、JavaME 和 JavaEE）的总称。它有简单、面向对象、跨平台等特点，广泛应用于信息技术、科研、军事、航空航天等领域，是当今 IT 行业重要的一门编程语言。

本课将对 Java 语言的发展历程、特点、运行环境等几个方面进行介绍，使读者对 Java 语言有一个基础的了解。

本课学习目标：

- 了解 Java 语言的发展
- 掌握 Java 语言的特点
- 理解 Java 语言的工作原理
- 掌握如何搭建 Java 的运行环境
- 学会简单例子的编写
- 掌握简单的调试技巧

1.1 基础知识讲解

1.1.1 Java 语言简介

作为当今高级语言中十分引人瞩目的语言，Java 语言所具备的优点吸引着广大的编程人员。Java 是一种跨平台的编程语言，所谓跨平台也就是常说的“一次编写，到处执行”，另外，它还有很多其他的特点。为了使读者对 Java 语言有初步的了解，下面主要从 Java 语言的发展、特点和工作原理等方面进行一些简单介绍。

1.1.1.1 Java 语言的发展

在 Java 的发展历程中，互联网的高速发展无疑对其起到了至关重要的推动作用。Java 语言诞生于 1995 年的美国，当时的 Sun 公司正在开发家电消费类产品相关的应用程序，但是发现现有的编程语言很难解决系统的跨平台问题，为了解决这个问题，一种新的语言就诞生了，它就是 Oak，这也是 Java 语言的雏形。在 Oak 语言中，鉴于安全的考虑包含了 C 语言的一些语法，并且是面向对象的。虽然 Oak 语言的开发使 Sun MircoSystems 公司的项目的开发得以进行，但是在后来的市场上并没有得到很好的推广。

1995 年，Sun Microsystems 公司正式推出 Java 语言，互联网应用的迅猛发展带来了 Java 语言的春天。互联设备之间的差异性以及用户对于较好的人机交互的需求都是 Java 可以解决的问题，它具有跨平台、面向对象、简单以及适用于网络的特点，因而使用 Java 语言开发的 HotJava 浏览器得到广泛的应用，后来不少的编程人员开始尝试使用 Java 来编写应用程序，自此，Java 语言拥有了强劲的发展势头。

如今的 Java 一词不仅仅代表一种语言，它也代表基于 Java 的开发平台。目前的 Java 包含 3 个不同的版本，它们分别是 J2ME、J2EE 和 J2SE（JavaME、JavaEE 和 JavaSE 的简称）。在本书中主要介绍的是 J2SE，也就 Java 的标准版。

1. Java 2 Platform 和 Micro Edition（J2ME）

J2ME 是 Java 的微缩版，是所有领域版本中最小的一版，其主要用于小型数字设备上的应用程序的开发，如手机和 PDA 等。

2. Java 2 Platform 和 Enterprise Edition（J2EE）

J2EE 是 Java 的企业版，通常用于开发多层结构、分布式、Web 形式的企业级应用程序，其定义了一系列用于企业开发的类，如 EJB 和 JSP 等。

3. Java 2 Platform 和 Standard Edition（J2SE）

J2SE 是 Java 的标准版，也是 Java 其他版本的基础，其主要用于桌面应用程序的开发，包含了构成 Java 语言核心的类，如面向对象和数据库连接等。

1.1.1.2 Java 语言的特点

Java 语言的风格很像 C 语言和 C++语言，它是一种纯粹的面向对象的语言，它继承了 C++语言面向对象的技术的核心，但是也摒弃了 C++的一些缺点，比如说容易引起错误的指针以及多继承等，同时增加了垃圾回收机制，释放掉不被使用的内存空间，解决了程序员管理内存空间的烦恼。

Java 语言是一种分布式的面向对象语言，具有面向对象、简单、健壮、多线程、安全等很多特点，下面针对这些特点进行逐一介绍。

1．面向对象

Java 是一种面向对象的语言，它对面向对象中的类、对象、继承、封装、多态、接口、包等均有很好的支持。为了简单起见，Java 只支持类之间的单继承，但是它使用接口来实现多继承。使用 Java 语言开发程序，需要采用面向对象的思想设计程序和编写代码。

2．平台无关性

平台无关性的具体表现就在于，Java 是“一次编写，到处运行（Write Once，Run Any Where）”的语言，因此采用 Java 语言编写的程序具有很好的可移植性，而保证这一点的正是 Java 的虚拟机机制。在引入虚拟机之后，Java 语言在不同的平台上运行不需要重新编译。Java 语言使用 Java 虚拟机机制屏蔽了具体平台的相关信息，使得 Java 语言编译程序只需生成虚拟机上的目标代码，就可以在多种平台上不加修改地运行。

3．简单性

Java 语言的语法与 C 语言和 C++语言很相近，使得很多程序员学起来很容易。对于 Java 来说，它舍弃了很多 C++中难以理解的特性，如操作符的重载和多继承等，而且 Java 语言不使用指针，并且加入了垃圾回收机制，解决了程序员需要管理内存的问题，使编程变得更加简单。

4．解释执行

Java 程序在 Java 平台运行时会被编译成字节码文件，然后就可以在搭建过 Java 环境的操作系统上运行。在运行时 Java 的解释器对这些字节码进行解释执行，执行过程中需要加入的类在联接阶段被载入到运行环境中。

5．多线程

Java 语言是多线程的，这也是 Java 语言的一大特性，它必须由 Thread 类和它的子类来创建。Java 支持多个线程同时执行，并提供多线程之间的同步机制。任何一个线程都有自己的 run()方法，而要执行的方法就写在 run()方法体内。

6．分布式

Java 语言支持 Internet 应用的开发，在 Java 的基本应用编程接口中就有一个网络应用编程接口，它提供了网络应用编程的类库，包括 URL、URLConnection、Socket 等。Java 的 RIM 机制也是开发分布式应用的重要手段。

7．健壮性

Java 的强类型机制、异常处理、垃圾回收机制等都是 Java 健壮性的重要表现。对指针的丢弃是 Java 的一大进步。另外 Java 的异常机制也是健壮性的一大体现。

8．高性能

Java 的高性能主要是相对其他高级的脚本语言来说的，随着 JIT（Just In Time）的发展，Java 的运行速度也越来越高。

9．安全性

Java 通常被用在网络环境中，为此，Java 提供了一个安全机制以防止恶意代码的攻击。除了 Java 语言具有许多的安全特性以外，Java 对通过网络下载的类具有一个安全防范机制，以分配不同的名字空间以防替代本地的同名类，并包含安全管理机制。

Java 语言的一系列特性使其在众多的编程语言中占有较大的市场份额。Java 语言对对象的支持和强大的 API 使得编程工作变得更加容易和快捷，大大降低了程序的开发成本。Java 的“编译一次，到处执行”的特点也是它吸引众多的商家和编程人员的原因之一。

1.1.1.3 工作原理

作为 Java 语言实现与平台无关性的一大利器，Java 虚拟机是 Java 程序运行中不可或缺的一部分，而 Java 的垃圾回收机制，也是 Java 吸引广大编程人员的一个原因。而作为 Java 程序使用时安全性的保证，Java 的代码安全性检查也是非常重要的。下面将通过三个方面来介绍 Java 的工作原理。

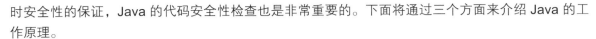

1．Java 虚拟机（JVM）

使用 Java 虚拟机是实现 Java 语言平台无关性的保证。一般的高级语言如果要在不同的平台上运行，至少需要编译成不同的目标代码。而 Java 虚拟机（Java Virtual Machine，JVM）是软件模拟出来的计算机，它可以在任何处理器上安全兼容地执行保存在.class 文件中的字节码。Java 虚拟机也包含有自己完善的硬件架构，如处理器、堆栈、寄存器等，还具有相应的指令系统。Java 虚拟机在计算机中的位置如图 1-1 所示。

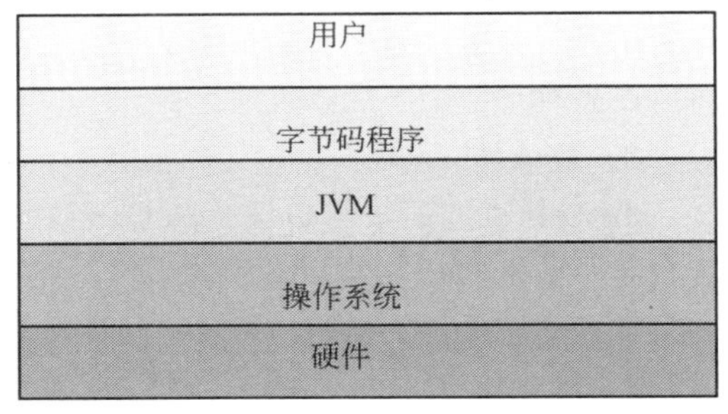

图 1-1　Java 虚拟机在计算机中的位置

Java 语言的跨平台特性主要是指字节码文件可以在任何具有 Java 虚拟机的计算机或者是电子设备上运行，Java 虚拟机上的解释器负责将字节码文件解释成相应的机器语言进行执行，因此 Java 源程序需要编译器编译为.class 文件。Java 程序的执行过程中，首先 Java 编译程序将 Java 源程序编译为 JVM 可执行代码——字节码，这一编译过程同 C/C++的编译有些不同，Java 编译器不仅对变量和方法的引用编译为数值引用，也不确定程序执行过程中的内存布局。它将这些符号引用信息保留在字节码中，由解释器在运行过程中创建内存布局，然后再通过查表来确定一个方法的所在地址，这样就有效地保证了 Java 的可移植性和安全性。

Java 程序的执行过程如图 1-2 所示。

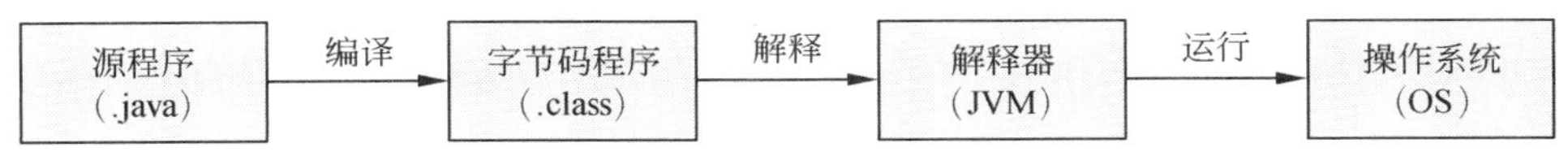

图 1-2　Java 程序的执行过程

在将 Java 程序编译为字节码文件之后，字节码的运行要经历 3 个阶段。第 1 个阶段是使用类加载器（class loader）将类文件（.class 文件）加载到 Java 虚拟机中，在这个阶段需要检验该类文件是否符合类文件规范；第 2 个阶段是字节码检验器（bytecode verifier）检查该类文件代码中是否存在某些非法操作；第 3 个阶段，如果字节码检验器检查通过，由 Java 解释器负责把该类文件解释为机器码进行执行。Java 虚拟机采用的是“沙箱”运行模式，即把 Java 程序的代码和数据都限制在一定的内存空间里执行，不允许程序访问该内存空间外的内存，如果是 Applet 程序，还不允许访问客户端机器的文件系统。如图 1-3 是 Java 虚拟机解释执行的过程。

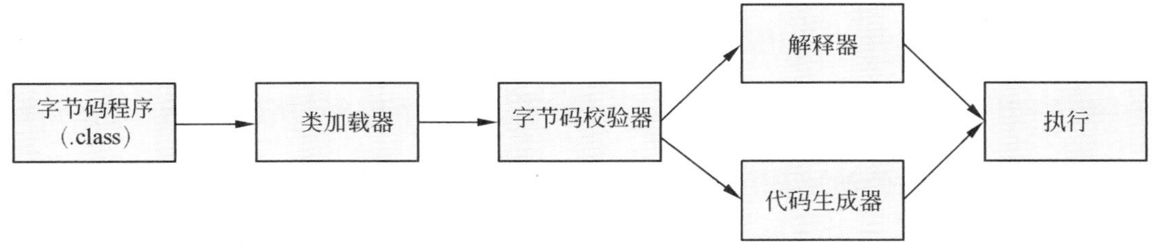

图 1-3　Java 虚拟机解释执行的过程

2．垃圾回收机制

在程序的执行过程中，部分的内存在使用过后就处于废弃状态，如果不及时进行回收，就有可能会导致内存泄露，进而引发系统崩溃。在 C++语言中，编程人员在编写程序期间需要把不再使用的内存空间释放出来，但是这种人为的管理往往会因为编程人员的疏忽或者是经验不足等问题造成内存没有回收的状况出现，同时这也给程序员编程的进度产生一定的影响。而在 Java 运行环境中，始终有一个系统级的线程，专门跟踪内存的使用情况，每过一段时间检查是否有不再使用的内存，如果有就进行自动的回收。所谓自动回收并不是直接进行销毁，而是先将其加入到待回收列表中，这一点确实在很大程度上减轻了编程人员的工作量。

3．代码安全性检查机制

Java 编程语言的出现，使得客户端的计算机可以方便地从网络上进行上传和下载 Java 程序，但是如何保证该 Java 程序的安全性呢？很简单，Java 语言通过 Applet 程序来控制非法程序的安全性。

1.1.2　Java 程序运行环境

运行环境是使用一门语言的前提条件，在下面的小节中会对 Java 运行环境的搭建进行详细的介绍。

1.1.2.1　JDK 的下载和安装

JDK（Java Development Kit）是 Sun 公司推出的产品，在 JDK 开发工具包中包含了 Java 运行环境（Java Runtime Environment）、Java 工具和 Java 基础类库。JDK 是整个 Java 的核心，随着 JDK 版本的不断升级，也增加了很多新的功能，运行效率也得到了很大的提高。

在 JDK 中包含了一些基础组件，用来完成不同的功能，如下所示。

- **javac.exe**　Java 编译器，将源程序转换成字节码。
- **java.exe**　Java 解释器，运行编译后的 Java 程序（.class 后缀的）。
- **jar.exe**　打包工具，将相关的类文件打包成一个文件。
- **jdb.exe**　调试工具。
- **javadoc.exe**　文档生成器，从源代码注释中提取文档。
- **appletviewer.exe**　小程序浏览器，一种运行 HTML 文件上 Java 小程序的 Java 浏览器。
- **javah.exe**　产生可以调试 Java 过程的 C 过程，或建立能被 Java 程序调用的 C 程序的头文件。
- **javap.exe**　Java 反汇编器，显示编译类文件中的可访问功能和数据，同时显示字节码的含义。
- **jconsole.exe**　Java 进行系统调试和监控的工具。

要搭建 Java 的运行环境，首先要进行 JDK（Java Development Kits）的安装。安装之前肯定要先进行下载。对于 JDK 来说，随着时间的推移，JDK 的版本也在不断升级，目前 JDK 的最新版本是 JDK 1.7。由于 Sun 公司在 2010 年被 Oracle（甲骨文）公司收购，所以要到 Oracle 官方网站（http://www.oracle.com/technetwork/java/index.html）去下载最新版本的 JDK。其下载和安装过程的主要步骤如下。

（1）打开 Oracle 官方网站，单击右上角的 Software Downloads 栏目下的 J2SE，进入到新的界面，单击“Java Platform（JDK）7u10”上的图标进入新的界面，单击单选按钮【Accept License Agreement】，然后单击超链接“jdk-7u10-windows-i586.exe”进入下载界面，将文件下载到硬盘的某个位置。

（2）安装 JDK 1.7，双击“jdk-7u10-windows-i586”文件，弹出安装对话框，如图 1-4 所示。

（3）单击【下一步】按钮，进入“自定义安装”对话框，如图 1-5 所示。图中显示有 3 个可选功能，分别是【开发工具】、【源代码】和【公共 JRE】，默认全选。

（4）JDK 的默认安装路径是“C:\Program File\Java\jdk1.7.0_10”，如果不想更改安装路径可以直接单击【下一步】按钮；如果想更改安装路径，单击【更改】按钮进行路径更改，更改完成后单击【下一步】按钮开始安装，直到出现图 1-6 说明软件安装成功，单击【关闭】按钮完成安装。

（5）安装完成后，会在“C:\Program File\Java”的目录下会产生一个名为“jdk1.7.0_10”的文件夹，文件夹中的内容如图 1-7 所示。

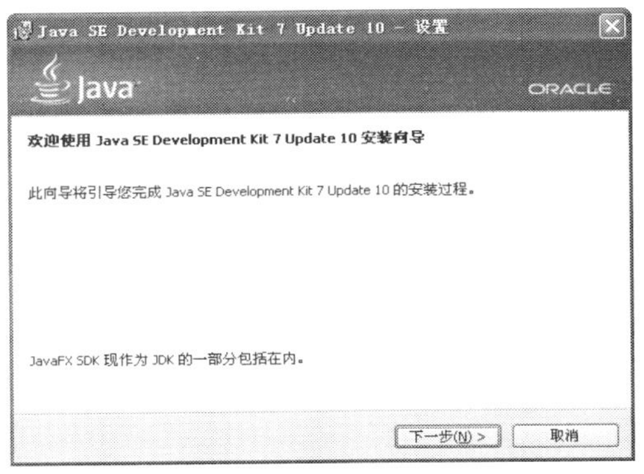

图 1-4　JDK 安装图 1

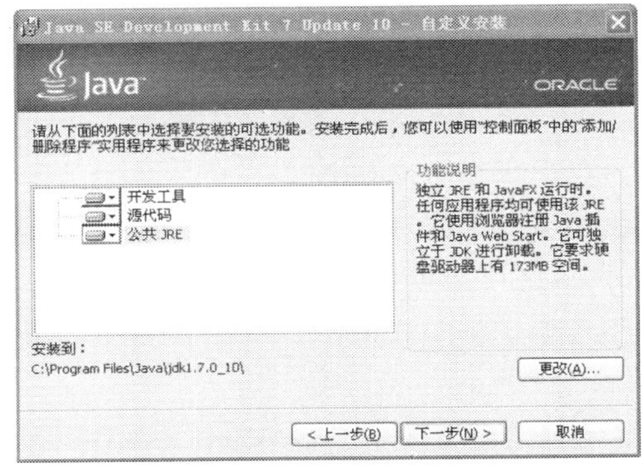

图 1-5　JDK 安装图 2

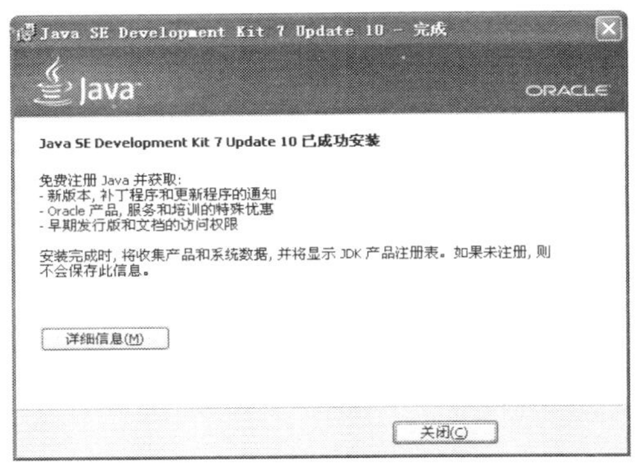

图 1-6　JDK 安装图 3

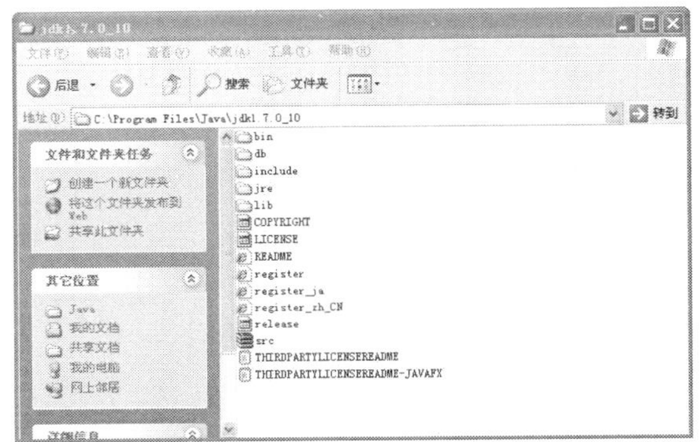

图 1-7　JDK 安装目录

从图 1-7 中发现，JDK 的目录下包含很多的文件夹和其他文件，下面对几个重要的文件夹和文件进行介绍。

- **bin 目录**　提供 JDK 工具程序，包括 javac、javadoc、appletviewer 等可执行程序。
- **demo 目录**　为 Java 使用者提供的一些已经编写好的范例程序。
- **include 目录**　存放用于本地方法的文件。
- **jre 目录**　存放 Java 运行环境文件。
- **lib 目录**　存放 Java 的类库文件。
- **src.zip**　Java 提供的 API 类的源代码压缩文件，这个文档中包含 API 中某些功能的具体实现。

1.1.2.2　设置环境变量

在介绍 JDK 环境变量配置的书中，往往要求配置 Classpath 和 Path，Classpath 用于指定 JDK 指定的工具程序所在的位置。Classpath 是 Java 程序运行所特需的环境变量，用于指定运行的 Java 程序所需的类的加载路径。但是随着 JDK 版本的不断升级，针对本书介绍的版本只需要配置一个 Path 变量就可以了。

设置 Path 变量的两种形式，如下所示。

1．使用命令行设置 Path 变量

打开命令行窗口，输入如下命令。

```
set path=%path%;C:\Program Files\Java\jdk1.7.0_10\bin
```

在上述的代码中，后面 C:\Program Files\Java\jdk1.7.0_10\bin 是 JDK 的安装目录，读者可以根据自己的安装情况来另行设置。设置好 Path 之后，可以在任何目录下执行 Java 命令。如图 1-8 所示。

```
C:\WINDOWS\system32\cmd.exe
Microsoft Windows XP [版本 5.1.2600]
(C) 版权所有 1985-2001 Microsoft Corp.

C:\Documents and Settings\Administrator>javac
用法: javac <options> <source files>
其中，可能的选项包括:
  -g                         生成所有调试信息
  -g:none                    不生成任何调试信息
  -g:{lines,vars,source}     只生成某些调试信息
  -nowarn                    不生成任何警告
  -verbose                   输出有关编译器正在执行的操作的消息
  -deprecation               输出使用已过时的 API 的源位置
  -classpath <路径>            指定查找用户类文件和注释处理程序的位置
  -cp <路径>                   指定查找用户类文件和注释处理程序的位置
  -sourcepath <路径>           指定查找输入源文件的位置
  -bootclasspath <路径>        覆盖引导类文件的位置
  -extdirs <目录>              覆盖所安装扩展的位置
  -endorseddirs <目录>         覆盖签名的标准路径的位置
  -proc:{none,only}          控制是否执行注释处理和/或编译。
  -processor <class1>[,<class2>,<class3>...] 要运行的注释处理程序的名称; 绕过默
认的搜索进程
  -processorpath <路径>        指定查找注释处理程序的位置
  -d <目录>                    指定放置生成的类文件的位置
  -s <目录>                    指定放置生成的源文件的位置
  -implicit:{none,class}     指定是否为隐式引用文件生成类文件
  -encoding <编码>             指定源文件使用的字符编码
  -source <发行版>              提供与指定发行版的源兼容性
搜狗拼音 半:
```

图 1-8　使用命令行设置 path

2．使用图形界面设置 Path 变量

使用界面的方式设置 Path 的步骤是：首先右击【我的电脑】图标，选择【属性】选项，在弹出的窗口中选择【高级】标签，如图 1-9 所示。接着单击下方的【环境变量】按钮，弹出如图 1-10 所示的界面。

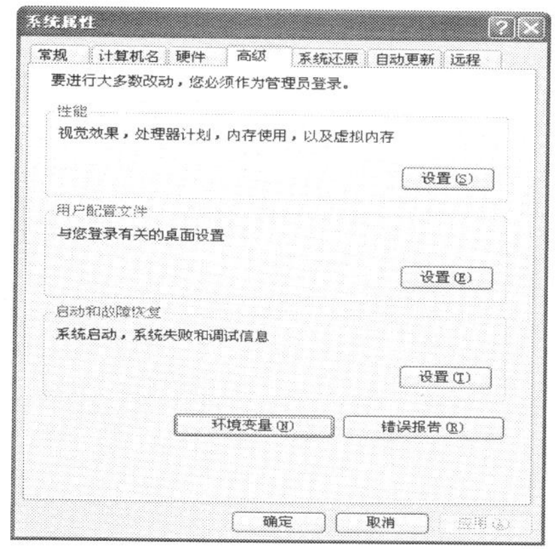

图 1-9　“系统属性”对话框

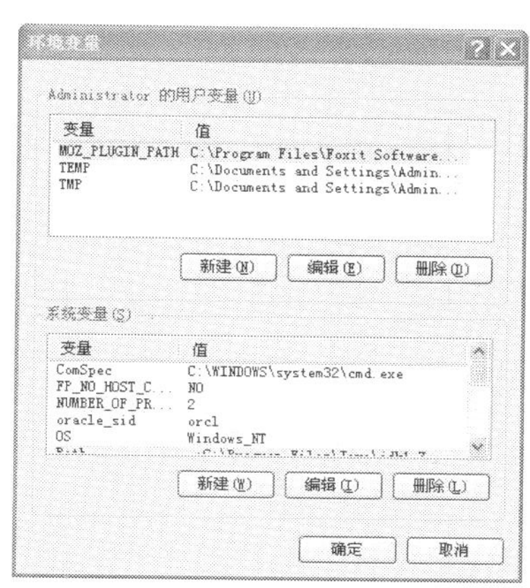

图 1-10　“环境变量”对话框

接着单击“环境变量”对话框下方的【新建】按钮，弹出“编辑系统变量”对话框，在【变量值】一栏的输入框中输入“.;C:\Program Files\Java\jdk1.7.0_10\bin”，如图 1-11 所示。

编辑系统变量
变量名(N): Path
变量值(V): .;C:\Program Files\Java\jdk1.7.0_10'
确定　取消

图 1-11　“编辑系统变量”对话框

1.1.2.3　开发工具介绍

百度搜索 Java 开发工具，读者会发现可以查到的 Java 开发工具非常多，包括 Jcreator、JavaWorkshop、Eclipse、JBuilder 以及 JDeveloper 在内的多款编程软件。选择好的工具是进行方便快捷的开发的前提。在众多的软件

中，Eclipse 已经被广大爱好者所使用，是一款具有较好发展态势的软件。

在介绍开发工具之前，首先介绍一下 Eclipse 的下载和安装方法。

（1）打开 Eclipse 的官网（http://www.eclipse.org/），如图 1-12 所示。

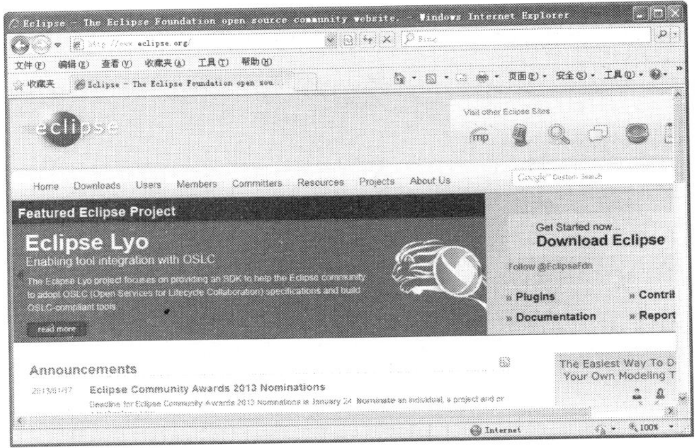

图 1-12　Eclipse 官网

（2）单击右边的【Download Eclipse】按钮，跳转至“Eclipse Download”页面，如图 1-13 所示。

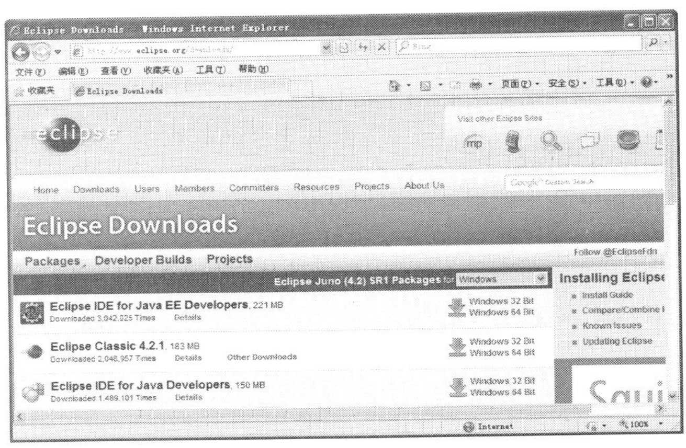

图 1-13　Eclipse Download 页面

（3）单击第一项右边的“Windows 32 Bit”超链接，下载“eclipse-jee-juno-SR1-win32.zip”文件。

安装 Eclipse 的方法其实很简单，只需要将下载的压缩文件进行解压即可。然后在解压后的文件中打开 eclipse.exe 文件，程序就开始启动，如图 1-14 所示。接着会显示如图 1-15 的对话框，要求选择一个工作区，来保存以后编写的项目文件。单击【OK】按钮，或者单击【Browse】按钮重新选择工作区，之后再单击【OK】按钮即可出现 Eclipse 欢迎界面。

图 1-14　Eclipse 启动

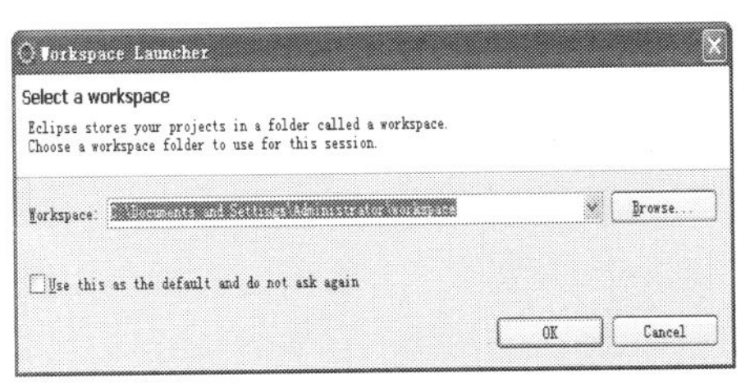

图 1-15　选择工作区

在 Eclipse 的使用过程中，如果计算机上已经安装 Eclipse，要安装新版本的话，必须先删除旧的版本，不能直接将新版本解压到老版本的安装目录下。

1.1.3 简单的 Java 程序

环境搭建完成之后读者可以开始编写第一个 Java 程序了。学过其他编程语言的读者会发现在之前的编程语言的学习中，基本上都是从一个 HelloWorld 的程序开始的，其基本功能就是输出“HelloWorld”语句。下面通过两种方式来完成 HelloWorld 程序的编写。第一种方式是使用文本编辑器编写完之后在命令行执行，第二种方式是使用 Eclipse 工具来编写。

1.1.3.1 编写程序

在这里首先介绍如何使用文本编辑器以及命令行的方式来编写程序。第一步，打开任意一种文本编辑器，在新建的文本文件中写入如下代码。

```
public class HelloWorld {
    public static void main(String[] args) {
        System.out.println("Hello World!");
        }
}
```

将写完代码后的文件另存为“HelloWorld.java”，保存类型选择为【所有文件】，接着单击【保存】按钮。如图 1-16 所示。

图 1-16 保存“HelloWorld.java”文件

1.1.3.2 编译和运行

在将文件保存完成之后，把文件放在 F 盘下。接着执行第二步操作，编译和执行。打开命令行，输入“F:”，将命令切换到文件的父级目录，在命令行输入如下代码。

```
javac HelloWorld.java
```

在源代码执行成功之后，会发现在 F 盘下会产生一个“HelloWorld.class”文件，这说明源代码已经编译为字节码程序。

接下来是该代码执行的最后一个步骤，在命令行输入如下代码。

```
java HelloWorld
```

执行效果如图 1-17 所示，“Hello World！”在命令行出现了，第一个程序执行成功。

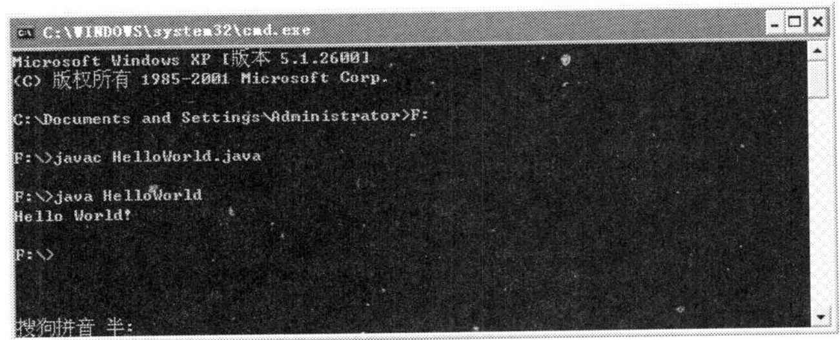

图 1-17　HelloWorld 命令行执行效果

注意

在保存文件时，文件名中不能出现空格，如果在保存文件时文件名写为 Hello World.java，在编译时会出现找不到文件的错误。

1.1.3.3　使用 Eclipse 编写和执行程序

前面已经简单介绍过在 Java 中如何安装相关的环境，下面将介绍如何使用 Eclipse 来编写和运行程序，主要步骤如下所示。

（1）在 Eclipse 安装目录中打开“eclipse.exe”文件，进入 Eclipse 工作环境。选择【File】下的【New】选项，在其子选项中选择【Java Project】；如果打开【New】选项中没有直接看到【Java Project】选项，则选择【Other...】选项，在其中寻找到【Java Project】选项。如图 1-18 所示。单击【Next】按钮，弹出“New Java Project”对话框，在【Project name】一栏，输入自定义的工程名，如 MyFirstProject，效果如图 1-19 所示。

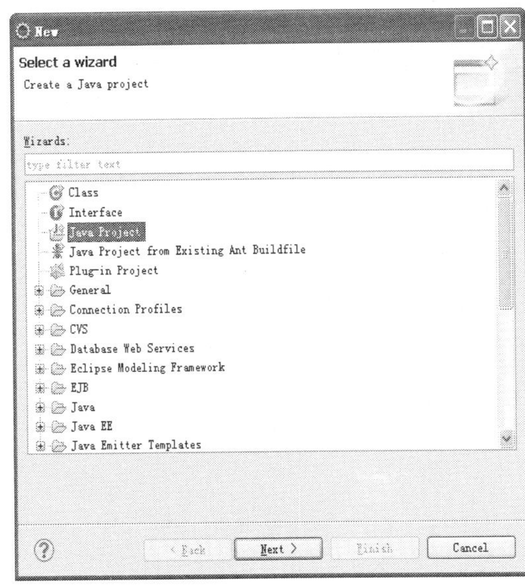

图 1-18　新建 Java Project 示意图 1

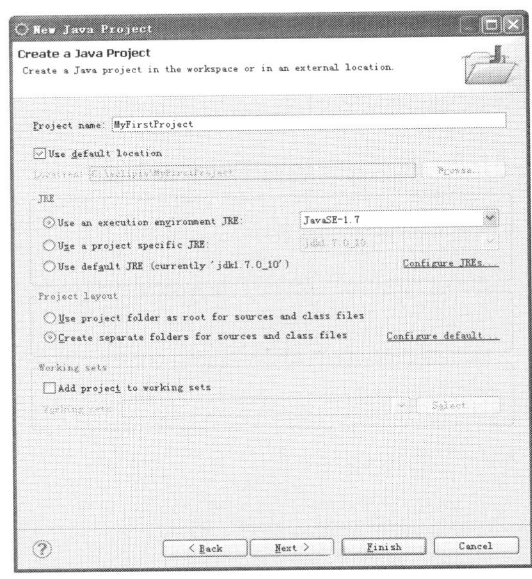

图 1-19　新建 Java Project 示意图 2

（2）接着单击【Next】选项，出现如图 1-20 的对话框，接着单击【Yes】按钮，完成 Java Project 的创建过程。

（3）选中新创建的 Java 工程“MyFirstProject”，单击鼠标右键后选择【New】选项下的【Class】选项，新建一个 Class。默认源文件放在 MyFirstProject 的 src 目录下。输入一个 Name 值作为类名，这里的类名要符合类名的命名规范（在后面的学习中介绍命名规范）。新建一个类“HelloWorld”如图 1-21 所示。

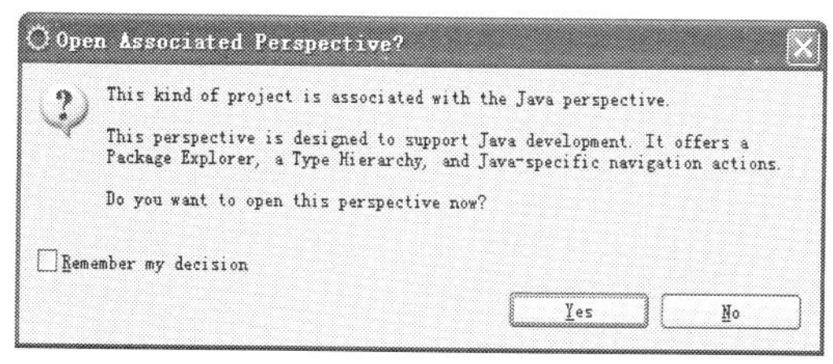

图 1-20 新建 Java Project 示意图 3

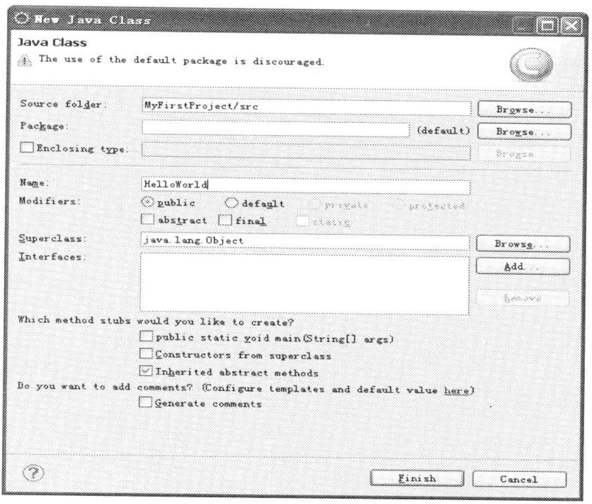

图 1-21 新建一个类

（4）在创建类的时候，可以先在工程的 src 目录下创建一个包，再在包中创建类。如图 1-21 所示，在创建类时有一些选项都使用的是默认参数。对于【Modifiers】选项则包含几个选项：如选择【public】，创建的依然是一个公共类，和默认的是相同的；如果选择的是【abstract】，创建的是一个抽象类；如果选择的是【final】，则创建的类不能被继承。对于“which method would you like to create ?”来说，如果选择第一个选项，新创建的类中会包含一个 main()方法，不用编程人员再手动编写；如果选择的是第二个选项，则新创建的类中包含一个默认的无参构造方法；如果选择第三项，新创建的类将继承父类的抽象方法。

（5）单击【Finish】按钮，创建类成功，如图 1-22 所示。

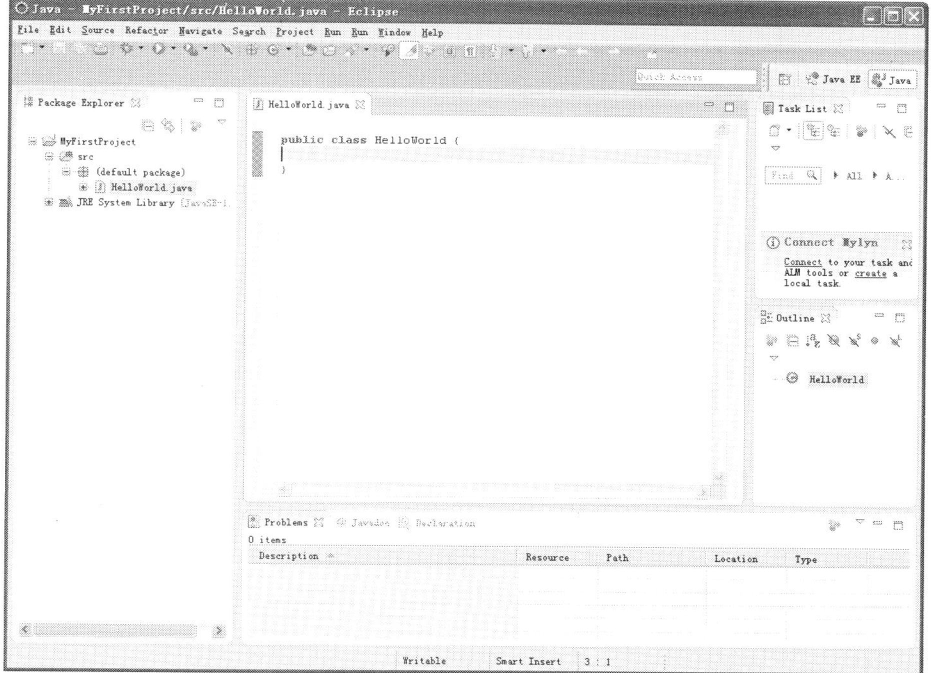

图 1-22 新创建的类 HelloWord

（6）在创建类时开发人员没有选择创建 main()方法，因此在开发工具中看到的只是一个空的类。下面来完成“HelloWorld”程序的编写。在类块中编写代码，如图 1-23 所示。

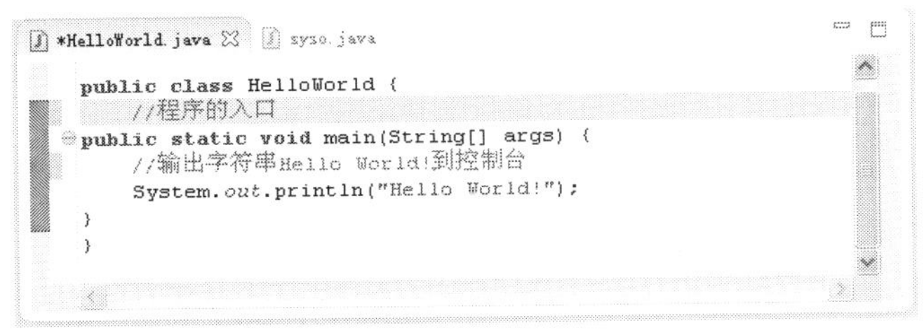

图 1-23　HelloWorld

（7）在 Run 选项下选择 RunAs 下的 Java Application 执行程序。程序的运行效果如图 1-24 所示。

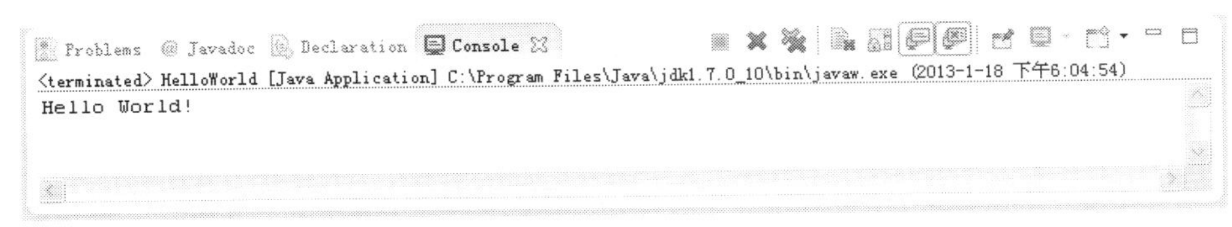

图 1-24　HelloWorld 运行效果图

对于程序的运行，上面讲述的运行方法只是其中的一种。在 Eclipse 中运行程序的方法还有如下方式。

- 在程序的编辑窗口，单击右键，选择【Run As】选项下的【Java Application】选项。
- 在工具栏中单击图标。
- 在工具栏中单击图标后的倒三角，选择【Run As】选项下的【Java Application】选项。

1.1.3.4　程序结构说明

在上一小节介绍的方法中，定义了一个类，完成了一个字符串的输出功能。在这里主要对程序的以下几个要点进行简单的介绍。

- 关键字 public 表示访问说明符，表示该类是一个公共类，可以控制其他对象对类成员的访问。
- 关键字 class 用于声明一个类，其后所跟的字符串是类的名称。
- 关键字 static 表示该方法是一个静态方法，允许调用 main()方法，表示无须创建类的实例。
- 关键字 void 表示 main()方法没有返回值。
- main()方法是所有程序的入口，最先开始执行。

1.1.3.5　调试技巧

对于初学者来说，在编写程序中，常常会出现一些不太容易发现的错误。下面介绍一些简单的调试程序的方法。

1．针对使用文本编辑器编写代码的调试技巧

- 大小写的问题

前面所介绍过 Java 语言是对大小写敏感的语言。如在程序中将 main()方法的参数“String”写成了“string”，程序是不能正常执行的。

- 文件名和类名不一致

这里主要讲的是在控制台执行 Java 程序时的情况，因为在 Eclipse 工具中，类名是在创建时指定的，文件保存到工作空间中的文件名与类名是一致的。但如果将 Eclipse 工具中的类名做了修改，那么该文件名下方会显示红色波浪线，显示出错，可以根据系统提供的改错信息进行修改。

❑ 中英文符号的问题

在编写程序时，如果是使用文本编辑器编写程序，出错之后会很不容易发现，这样就会造成程序运行出现错误。所以一定要注意在编程过程中使用的标点符号是输入法为英文状态下的符号。

❑ 数组越界的问题

在使用数组的问题上，最容易出现的错误就是数组越界。出现数组越界主要是因为访问的数组下标过大或者过小。在这里要注意数组的下标是从零开始。

❑ 漏掉语句结束符“;”

初学者很容易在编写程序时出现漏掉语句之后的结束符，或者使用错误的符号来代替结束符。

2．针对使用 Eclipse 编写代码的调试技巧

上面介绍的调试技巧主要是围绕文本编辑器来介绍的，而对于实际开发来说，往往会借助工具来编写程序，这样不但效率较高，而且可以帮助编程人员避免一些错误。下面介绍一下使用 Eclipse 工具来调试程序的一些技巧。

下面通过一个简单的例子来了解一下调试程序的方法。

```
public class TestI {
    public static void main(String[] args) {
        // for 循环，如果 for 后面()内的条件一直成立，{}内的代码一直执行
        for (int i = 0; i <= 5; i++) {
            System.out.println("这时的 i 值为" + i);
        }
    }
}
```

上述代码完成的主要功能是，如果 i 值满足小于等于 5 的条件，就一直执行输出语句。在这里可以看到 for 关键字后面的小括号中有三个表达式，第一个表达式“int i =0”的作用是定义一个 int 类型的变量并赋初值为 0，第二个表达式“i<=5”说明 i 要满足的条件是小于等于 5，第三个表达式“i++”的意思是程序每执行一次 i 加 1。但是对于初学者来说，可能对于这几个表达式的理解不太透彻，这样就会对每次控制台中输出的 i 值有所怀疑。接下来带领读者了解每次执行 i 值的变化。

在调试程序时最常用的方法就是设置断点，跟踪调试，查看变量值的变化。调试上述代码的方法如下所示。

（1）设置断点。双击要插入断点的语句行前面的蓝色区域，这时该行最前面会出现一个蓝色的圆点，也就是断点，如图 1-25 所示，在 for 语句之前添加了断点。如果稍后想要取消该断点，直接双击即可，也可以在【Window】选项下选择【Show View】选项，在打开的“BreakPoints”窗口中，选中要删除的断点，单击鼠标右键选择【Remove】选项，如图 1-26 所示。

图 1-25　添加断点

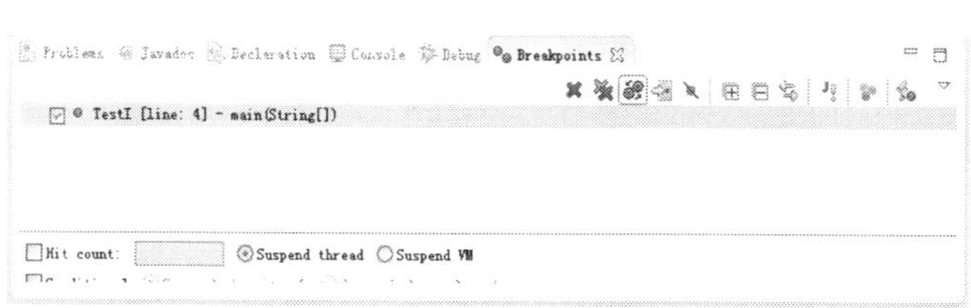

图 1-26　断点窗口

（2）调试程序。选择【Run】选项下的【Debug】选项，然后单击【Java Application】按钮，程序开始执行，执行到断点的位置弹出如图 1-27 所示的对话框，而这时可以发现将要执行的 for 语句已经变成了绿色。单击【Yes】按钮进入 Debug 模式，如图 1-28 所示。

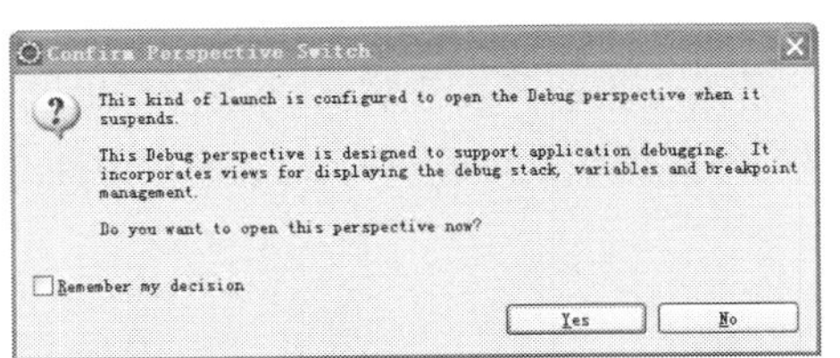

图 1-27　选择是否进入 Debug 模式

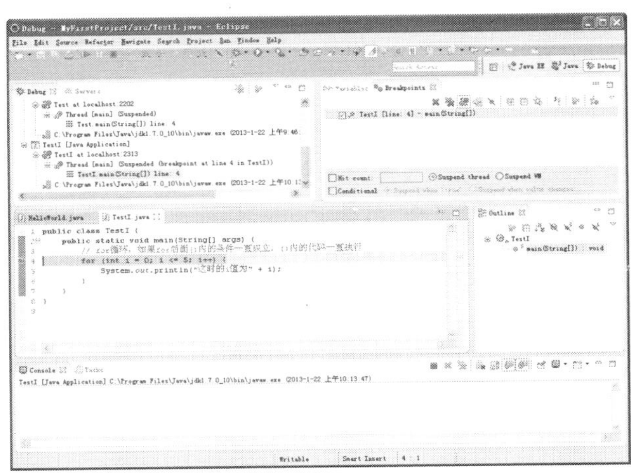

图 1-28　Debug 模式窗体结构图

（3）逐行执行代码。单击【Run】选项下的【Step Over】按钮或者是直接按 F6 键，程序开始单步执行，这时可以看到“Variable”窗口中 i 的值是“0”，然后继续执行，控制台输出 i 的值为“0”，如图 1-29 所示。程序继续执行，这时读者会发现，程序重新回到 for 循环开始的位置，准备开始下一次的执行。

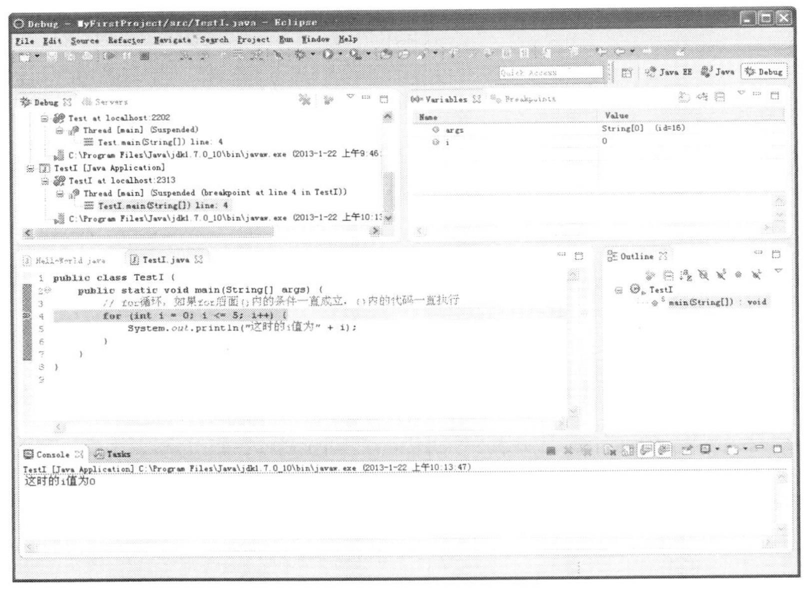

图 1-29　i 值为 0 时运行效果图

（4）继续执行程序。读者会发现 i 值变化为“1”且“Variables”窗口中显示 i 值的行变为了黄色，如图 1-30 所示。

（5）程序执行完成，继续一直单击【Run】选项下的【Step Over】按钮，程序一直执行直到程序执行完毕。在这个过程中，读者可以看到 i 值又从“1”依次变化到“5”，然后程序执行结束。

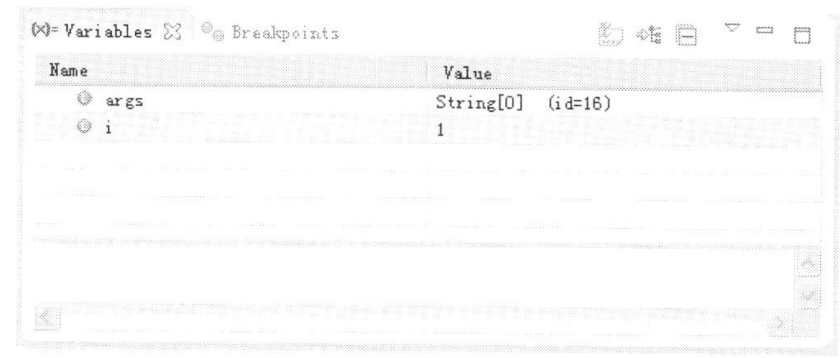

图 1-30 Variables 视图

在上述的调试过程中，读者可以看到程序中变量值的变化，可以更好地理解程序的执行流程，这种设置断点的调试方式是初学者必须掌握的。

下面给初学者介绍一些如何减少错误的方法。

- 使用 Java 的命名规范，减少命名出错的概率。
- 掌握一定的计算机专业英语，能够读懂一些错误信息，根据提示查找错误和修改错误。
- 理解代码的含义之后自己练习写代码，而不是抄写代码。
- 多看多练多思考。

1.1.4 Java 程序的基本点

在 Java 程序的编写中，包含了很多的要点，虽然是简单的一个小程序，但是也涉及到 Java 语法的各个方面。下面介绍一些 Java 编程的基本要点。

1. Java 代码的基本格式

```
修饰符 class 类名{
代码段
}
```

在这里要注意的是，代码在 Java 中是区分大小写的。在代码块中定义变量时，即便是相同类型的 i 和 I 也是两个不同的变量。

2. Java 代码的注释

在 Java 程序的编写中有 3 种形式的注释。如下所示。

- **单行注释** 在要注释的内容前加上“//”，格式如下。

```
//注释内容
```

- **多行注释** “/*”开头，中间为注释内容，“/*”结尾。格式如下。

```
/*
注释内容
*/
```

- **文档注释** “/**”开头，中间为注释内容，“*/”结尾。该类注释一般用来编写作者信息、版本信息、文档作用等说明。格式如下。

```
/**
注释内容
*/
```

下面通过一个例子来让读者对注释有更多了解。

```
public class TestI {
    /**
     * @author Administrator
     * @param args
     */
    public static void main(String[] args) {
        /*
        int i=0;
        int I =0;
        */
        // for 循环，如果 for 后面()内的条件一直成立，{}内的代码一直执行
        for (int i = 1; i < 5; i++) {
            System.out.println("你好");
        }
    }
}
```

在上述的代码中，使用了 3 种形式的注释。文档注释中写了作者跟参数信息，使用单行注释对 for 循环进行了解释。使用多行的注释使编译器忽略没有用途的两行代码。

当编译器执行代码时，当执行到“/**”时会寻找与之相对应的“*/”并将它们之间的内容忽略掉；如果是代码执行到“/*”时也会寻找到与其相对应的“*/”并忽略它们之间的代码；如果是“//”直接忽略掉其后的所有文本。

3．标识符

标识符在程序中一般用来定义常量、变量以及类名等的名称。它的命名规范如下所示。

- 首字符必须是字母、下划线_、美元符号$或者人民币符号￥。
- 标识符由数字 0~9、大写字母 A~Z、小写字母 a~z、下划线_、美元符号$、人民币符号￥以及所有在十六进制 0xc0 前的 ASCII 码组成。
- 不能把关键字、保留字作为标识符。
- 标识符的长度没有限制。
- 标识符区分大小写。

例如 i、￥qw 和_sa 都是合法的标识符，而 1ab、for 和 if 则是非法的标识符。在这里向读者介绍一些约定成俗的类名、对象名以及方法名等的命名规则。

- **类名**　首字母大写，其后每一个单词的首字母大写。
- **方法名、属性名、变量名和对象名**　首字母小写，其后每一个单词的首字母大写。
- **关键字、包名**　全部小写。
- **常量**　全部大写。

在命名时尽量能够见名知意，如 price 表示价格。

4．关键字

关键字属于一类特殊的标识符，不能在程序中作为一般的标识符来使用，它是 Java 语言中具有特殊意义的单词。如 if 表示条件判断，class 表示一个类，int 表示一种数据类型，因此在命名时应尽量避免使用这些关键字。

在 Java 中还有一类称为保留字的单词，它是 Java 语言专门预留出来，有可能作为以后版本中关键字的单词。

Java 语言中定义的保留关键字如下。

- 数据类型　byte、boolean、char、double、int、long、float 和 short。
- 用于类和接口的声明　class、extends、implements 和 interface。
- 引入包和包声明　import 和 package。
- **Boolean** 值和空值　false、true 和 null。
- 用于流程控制　switch、case、continue、break、default、do、while、for、if、else 和 return。
- 用于异常处理　try、 catch、finally、throw 和 throws。
- 修饰符　abstract、final、native、private、protected、public、static、synchronilzed、transient 和 volatitle。
- 操作符　instanceof。
- 创建对象　new。
- 引用　this 和 supper。
- 方法返回类型　void。
- 保留字　const 和 goto。

5．修饰符

从上一节的关键字中可以发现修饰符占据了很大的比例，这些修饰符指定了数据、方法、类的属性以及可见度等。例如 public、private、protected，被它们修饰的数据、方法或者类的可见度是不同的，如 public 修饰的数据和方法可以被其他类访问，但是 private 修饰的数据和方法就不能被其他的类访问。

6．语句

在上述练习的代码中包含了很多使用“;”结束的句子，它们就是一个个的语句。它们的作用就是完成一个动作或者一系列的动作。例如在代码中十分常见的输出语句“System.out.println("你好");”，它的作用就是将双引号引起来的字符串原样输出到控制台。

7．函数

函数也称之为方法，用来完成一定的工作。它的一般格式如下所示。

```
返回值类型 函数名(参数类型 1 参数 1,...参数类型 n 参数 n){
    //程序代码
    return 返回值;
}
```

8．块

块是程序中很好理解的一个概念，它是指一对大括号之间的内容。但是要注意的是程序中的大括号必须是成对出现的。块和块之间可以进行嵌套。例如在介绍调试技巧使用的例子 Testl 中，for 循环语句块嵌套在 main()方法中，main()方法又嵌套在类块中。

9．类

在 Java 中类是它的核心和本质。Java 是面向对象的程序设计语言，而类中就定义了对象的本质。类是对象的模板。而对象是模板的一个实例。在 Java 中程序都是通过一个或者多个类来完成的。类的定义格式如下所示。

```
[public|protected|private] [abstract|final] class 类名{
    //类的内容
}
```

10．main()方法

在 Java 中 main()方法是 Java 应用程序的入口方法，即程序在运行的时候，第一个执行的方法就是 main()方法。它是一个程序的主方法，而且在 Java 中 main()方法必须有固定的格式，如下所示。

```
public static void main(String[] args) {
}
```

在一个类中包含 main()方法时，Java 虚拟机在执行该类时首先执行该类中包含的 main()方法。由于 Java 虚拟机会首先调用 main()方法，调用时并不实例化它所在类的对象，而是通过类名直接调用，因此需要限制它为 public 和 static，而且因为 Java 虚拟机的限制，它的返回值只能是 void 类型的。main()方法中还有一个输入参数，类型必须为 String[]，但是字符串数组的名字，是可以自己设定的，但是一般情况下都跟 Java 规定的相同。

在 main()方法中编写的代码有可能是会出现异常的，而 main()方法也允许声明异常。一次看到 main()方法后面跟着 throws Exception 也是正常的。

1.1.5 Java Application 和 Java Applet

Java 程序在它的应用中可以分为两类：Java 应用程序（Java Application）和 Java 小程序（Java Applet）。

Java 应用程序是一个与浏览器无关并能作为一个独立程序运行的程序。当编写 Java 应用程序时，必须定义一个 main()方法，该方法在程序启动时执行。在 main()方法中，编程人员可以指定程序要完成的功能。

Java 小程序可以被 HTML 页面引用，并可以在支持 Java 的浏览器中执行，用来编写含有可视化内容的、并被放入 Web 页面中用来产生特殊页面效果的小程序。

下面主要从几个方面来分析 Java Application 和 Java Applet 的区别。

（1）从运行方式来说，Java Application 是可以独立运行的程序。而 Java Applet 必须嵌入到使用 HTML 语言编写的 Web 页面中，通过兼容 Java 的浏览器来执行。

（2）从运行工具来说，Java Application 程序被编译以后，用普通的 Java 解释器就可以边解释边执行，而 Java Applet 必须通过网络浏览器或者 Applet 观察器才能执行。

（3）从程序结构来说，在 Java Application 程序中，每个程序都必须包含一个且只能有一个 main()方法，程序执行时从 main()方法开始。而 Java Applet 中不包含 main()方法，因此不能单独执行，它必须嵌入由 HTML 编写的 Web 页面中才能执行。

（4）从使用场合来说，Java Application 程序可以用来完成各种操作，包括一些特殊的操作如对文件的复制以及读写等，可以实现各种对磁盘文件的操作。Java Applet 的主要功能就是嵌入使用 HTML 编写的 Web 页面使页面更加生动和具有交互性。

下面通过两个小练习来了解一下 Java Application 和 Java Applet 的编写。

【练习 1】

编写程序，在控制台输出 1-20 之间的奇数。

首先在记事本中编写如下代码。

```
public class JiShu {
    public static void main(String[] args) {
        System.out.println("1-20 之间的奇数: ");
        for (int i = 1; i < 20; i += 2) {
            System.out.print(i + "  ");
        }
    }
```

```
}
```

接着将该记事本文件另存为“JiShu.java”，然后执行程序，运行效果如图 1-31 所示。

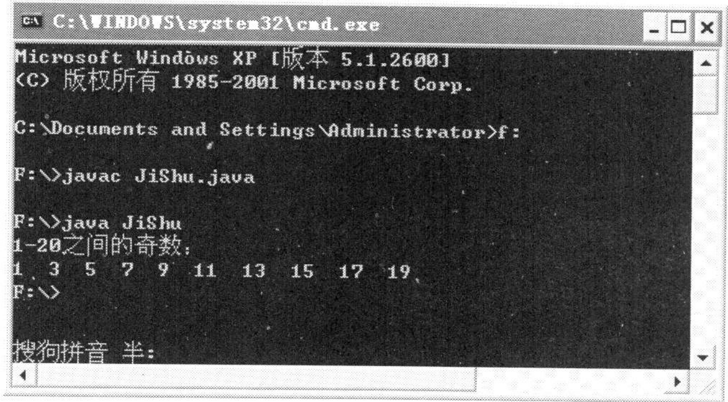

图 1-31 练习 1 运行效果图

在运行 Java Application 程序时，有可能出现文件找不到的异常，这时可以检查文件命名时是否出错，比如在保存文件时是否忘记将保存类型的文本文档换为所有文件或者文件是否处于隐藏状态。

【练习 2】

编写 Java Applet 程序，初始化一个窗体，窗体中放置一个按钮。主要步骤如下所示。

（1）使用记事本编写如下代码并将文件另存为“AddButton.java”。在这些代码中重写了 java.applet.Applet 中的 init()方法，在其中将背景设置成了浅灰色且在其中添加了名称为“我是按钮”的按钮。

```
import java.applet.Applet;
import java.awt.Button;
import java.awt.Color;
public class AddButton extends Applet{
    Button button;
    @Override
    public void init() {
        setBackground(Color.lightGray);
        button=new Button("我是按钮");
        add(button);
    }
}
```

（2）使用记事本编写如下代码并将文件另存为“AddButton.html”。

```
<html>
    <head>
        <title>Java Applet</title>
    </head>
    <body>
        <applet code=AddButton.class width=300 height=200>
        </applet>
    </body>
```

```
</html>
```

（3）编译执行，运行效果如图 1-32 和图 1-33 所示。

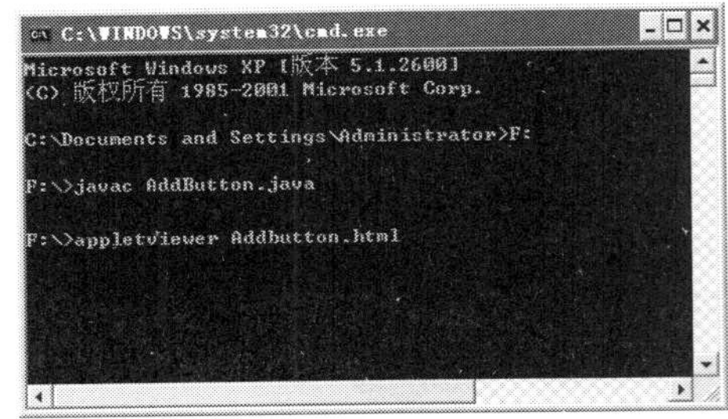

图 1-32　命令行示意图

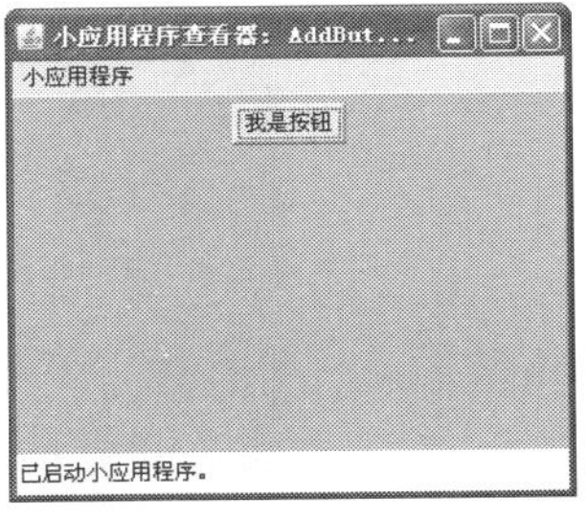

图 1-33　运行效果示意图

1.2 实例应用：实现累加器

1.2.1　实例目标

使用记事本编写代码，实现从 1 到 100 的累加，并将结果输出到控制台。

1.2.2　技术分析

实现该实例用到的技术很多，主要技术如下所示。

- 类的定义。
- 变量的定义。
- 使用 for 循环控制代码的结构。
- 使用输出语句输出运算的结果。

对于初学者来说，可能最开始想到的办法是将 1 到 100 之间的所有数字使用一个非常长的加法表达式拼接起来，当然这是解决问题的一种方式，但是这种方法编写代码会比较费时间，而且容易出错。在这里向读者介绍一种方法，可能细心的读者会发现前面的练习中已经简单介绍过 for 循环的使用方法。它的基本形式如下所示。

```
for(<初始化表达式>; <条件表达式>; <增量表达式>){
    //语句;
}
```

在初始化表达式中一般会定义一个变量并且赋一个初值。条件表达式的作用就是如果变量的值满足条件，则执行循环体中的内容。增量表达式是用来改变变量的值，下一次进入循环时用来判断改变后的值是否满足条件表达式。

在编写代码时，需要定义一个变量用来接收变量和存储结果。for 循环的初始化表达式中变量的初值应为 1。它的条件就为小于 100，增量条件为变量的值每次加 1。

1.2.3　实现步骤

（1）在 F 盘下创建一个文本文档，在其中首先定义一个类，名字为 Sum。

```
public class Sum{
}
```

（2）在类中编写 main()方法。代码如下。

```
public static void main（String args）{
}
```

有细心的读者会发现在这里程序有两个小错误，在这里先不对错误进行修改。

（3）在 main()方法中编写方法实现从 1～100 之间整数的累加。代码如下所示。

```
int res=0;
for(int i=1;i<=100;i++){
    res+=i;
}
System.out.println("1~100 之间的整数的和是"+res);
```

（4）将文件另存为“Sum.java”，打开后如图 1-34 所示。

（5）在电脑【开始】|【运行】下输入“cmd”，然后打开命令行执行上述代码，运行效果如图 1-35 所示。

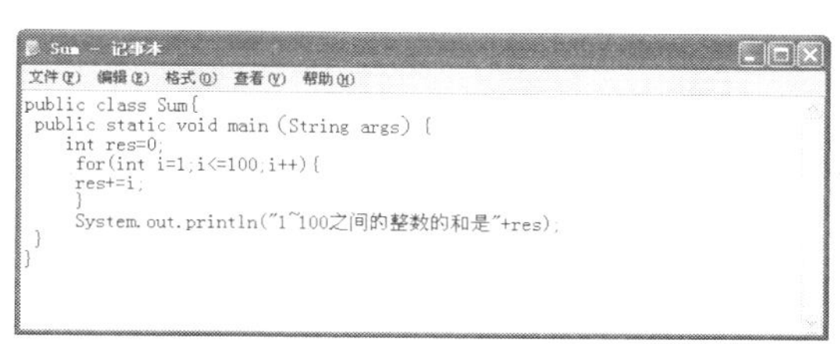

图 1-34　Sum.java 的内容（含错误）

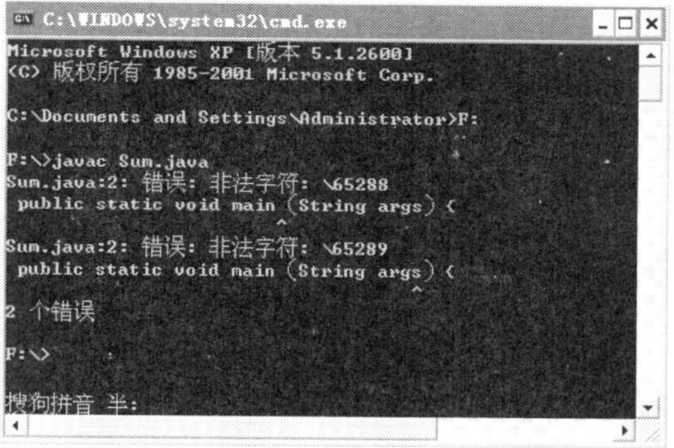

图 1-35　Sum.java 运行效果图

从运行效果图可以发现，程序中存在两个错误，提示的是两个非法的字符。经检查发现，代码中的一对小括号错误地使用成了中文状态下的符号，因此代码运行出错，进行修改。代码如图 1-36 所示（不存在符号出错的问题）。

（6）再次运行上述代码，运行效果如图 1-37 所示。

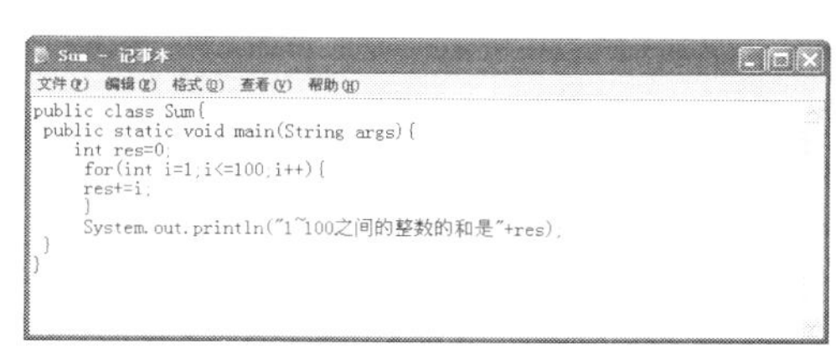

图 1-36　Sum.java 一次修改

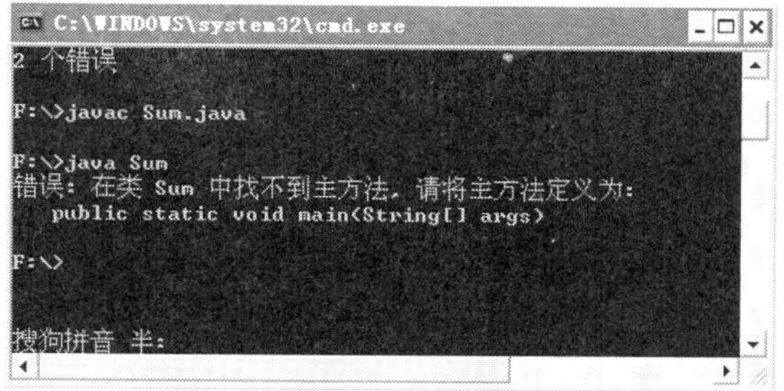

图 1-37　Sum.java 一次修改后运行效果图

在运行效果图 1-37 中，读者可以发现代码的运行又出现错误，而这次提示的错误是“找不到主方法”，而且还给出了 main()方法的正确格式。经检查发现 main()方法的参数“String[]”写成了

"String"，进行修改后的代码如图 1-38 所示。

（7）重新运行上述代码，运行效果如图 1-39 所示。

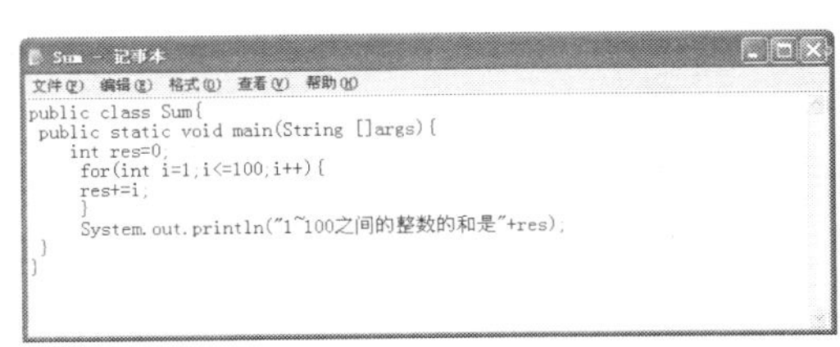

图 1-38　Sum.java 二次修改

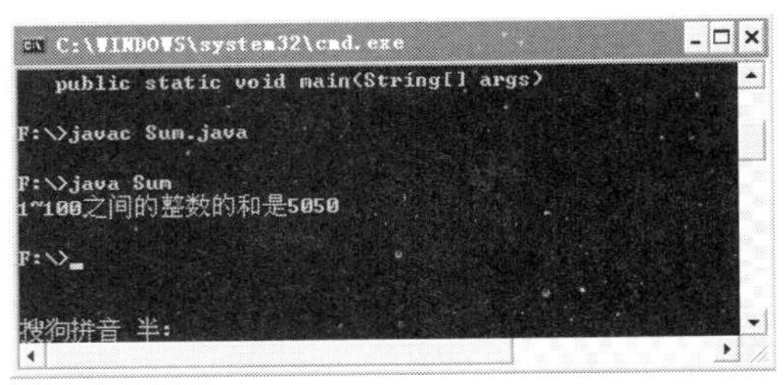

图 1-39　Sum.java 正确运行效果图

从运行效果图可以看出，Sum.java 正常执行没有再出现错误，输出了要求计算的 1～100 之间的整数的和为 5050，这个结果是正确的，说明该段代码正确地完成了设计的要求。

1.3 拓展训练

1．编写程序，在控制台输出个人信息

编写一个程序，将个人信息输出到控制台，效果如图 1-40 所示。

2．编写程序求 100 到 999 之间的水仙花数

水仙花数是指一个 n 位数(n≥3)，它的每个位上的数字的 n 次幂之和等于它本身。例如数字 153，它个位上的数 3 的 3 次方加上十位上数 5 的 3 次方再加上百位上的数 1 的 3 次方刚好是 153，是它本身。求出 100 到 999 之间的水仙花数并输出到控制台。运行效果如图 1-41 所示。

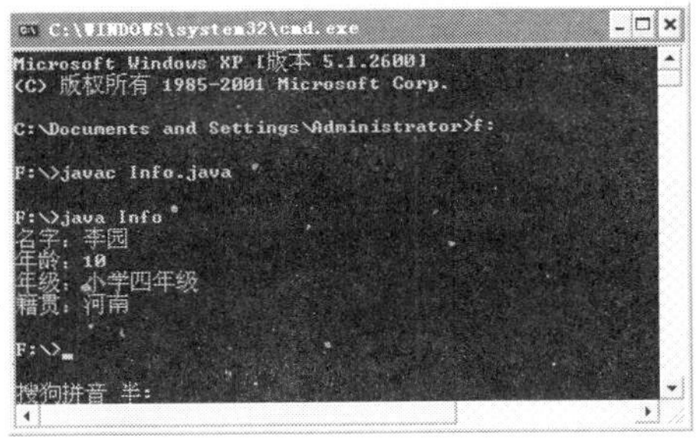

图 1-40　拓展训练 1 运行效果图

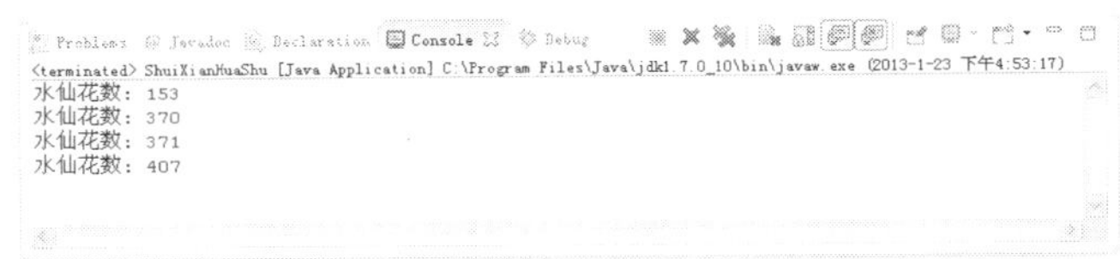

图 1-41　拓展训练 2 运行效果图

1.4 课后练习

一、填空题

1. 在 Java 中源代码的后缀名必须是__________。
2. __________是 Java 调试器，如果编译器返回程序代码错误，可以用它对程序进行调试。
3. Java Applet 程序执行时必须将后缀为__________的文件嵌入到用 HTML 编写的 Web 页面中。

二、选择题

1. 下面一段程序的运行结果是__________。

```
public class Test {
    public static void main(String[] args) {
        System.out.println("'你好'");
    }
}
```

A. 你好

B. '你好'

C. "'你好'"

D. 什么也不输出

2. 一个可以独立执行的程序中__________。

A. 可以有一个或者多个 main()方法

B. 可以有一个或者零个 main()方法

C. 最多只能有两个 main()方法

D. 只能有一个 main()方法

3. 以下__________是 Java 保留字。

A. Hello

B. Java

C. class

D. Class

4. JDK 不包括的工具有 __________。

A. javac（Java 编译器）

B. JCreator

C. AppletViewer

D. java（Java 解释器）

5. 计算机可直接执行的是__________。

A. 机器语言

B. 汇编语言

C. 高级语言

D. 以上都不是

三、简答题

1. 简述 Java 语言的特点（列举出五点即可）。

2. 下面一段程序中有什么错误，请指出并改正。

```
public class Hello {
    public void main(string[] args) {
        System.out.println('你好');
    }
}
```

3. 说明 Java 的三种类型的注释以及各自的作用。

4. Java 应用程序分几类，各有什么特点。

第 2 课 简单数据类型及运算

每种计算机语言通常都有一定的基本语法，而掌握基本语法的使用是学习编程的必经之道，也是整个学习过程中不可或缺的一部分。在一段 Java 代码中，读者可以看到不同数据类型的数据、变量、常量、运算符以及表达式等，它们就是构建起一段 Java 程序的基石。数据类型确定了要存储的计算机内存中的数据的类型；变量是存储数据的基本单元；常量用于存储程序中不变的值；运算符是一个符号，结合一个或多个参数形成表达式。

本课详细介绍了 Java 的基本数据类型、常量、变量、运算符和表达式等相关知识。

本课学习目标：

- ❑ 掌握变量的定义和用法以及作用域的范围
- ❑ 掌握常量的定义和用法
- ❑ 了解基本数据类型
- ❑ 掌握基本运算符的用法
- ❑ 理解运算符的优先级
- ❑ 掌握自增和自减运算符的用法

2.1 基础知识讲解

2.1.1 变量与常量

变量和常量是程序中的基础元素。简单地说，变量就是在程序运行期间可以修改的量，常量就是在程序运行期间不能被修改的量。

2.1.1.1 定义变量

为了在 Java 中存储一个数据，必须把它容纳在一个变量中，而数据类型决定了可以为变量赋什么样的值以及可以执行什么样的操作。定义一个变量的两个要素是：数据类型和标识符，其格式如下。

```
type variableName=initValue ;
```

其中 type 表示所定义的变量的类型，参数 variableName 指的是变量的名称，需要符合标识符的命名规范，等号是赋值运算符，用于初始化，而 initValue 表示对变量初始化的值。对于等号后面初始化的部分，可以在声明时省略，在后面初始化或者使用系统的默认初始化。

【练习 1】

声明一组变量并输出结果，实现代码如下。

```
public class VariableTest {
    public static void main(String[] args) {
        int i=1;                    //定义一个 int 型的变量 i;
        boolean j=true;             //定义一个 boolean 型的变量 j;
        char k='a';                 //定义一个 char 类型的变量 k;
        System.out.println("i="+i);
        System.out.println("j="+j);
        System.out.println("k="+k);
    }
}
```

在上述程序中，定义了一组基本数据类型的变量。其中名称为 i 的 int 类型的变量，初始化值为“1”；名称为 j 的 boolean 类型的变量，初始化值为“true”；名称为 k 的 char 类型的变量，初始值为“a”。

程序执行结果如下所示。

```
i=1
j=true
k=a
```

2.1.1.2 变量的作用域

变量的作用域规定了变量能使用的范围，只有在作用域范围内，变量才能被使用。根据变量声明的地点的不同，变量的作用域也不同。

一般根据作用域的不同将变量分为不同的类型：类变量、局部变量、方法参数变量、异常处理参数变量。下面将对这几种变量进行详细说明。

1. 类变量

类变量也被称为成员变量，声明在类中，不属于任何一个方法，作用域是整个类。

【练习 2】

在一个类中声明三个类变量，再编写一个测试类代码输出类变量的值。

变量声明代码如下所示。

```
public class ClassVariable {
    int price = 100;    //定义类变量price;
    String name;        //定义类变量name;
    int num;            //定义类变量num;
}
```

测试类代码如下所示。

```
public class Test {
    public static void main(String[] args) {
        ClassVariable c=new ClassVariable();
        System.out.println("name="+c.name);
        System.out.println("num="+c.num);
        System.out.println("price="+c.price);
    }
}
```

运行效果如下所示。

```
name=null
num=0
price=100
```

在上述代码中，在类中定义了三个成员变量，其中第一个变量进行了初始化，而第二个和第三个变量没有进行初始化，由输出结果可以看出，第一个变量的值为显式初始化的值，而第二个和第三个变量的值则为系统默认初始化的值。

注意

类变量可以不进行初始化而直接使用。

2. 局部变量

局部变量是指在方法或者方法代码块中定义的变量，其作用域是其所在的代码块。

【练习 3】

声明两个局部变量并输出其值，实现代码如下。

```
public class LocalVariable{
    public static void main(String[] args) {
        int a=7;
        if (5>3){
            int s=3;            //声明一个 int 类型的局部变量
            System.out.println("s="+s);
            System.out.println("a="+a);
        }
        System.out.println("a="+a);
```

```
    }
}
```

上述实例中定义了两个局部变量，int 类型的变量“a”的作用域是整个 main()方法，而 int 类型的变量“s”的作用域是 if 语句的代码块内。其执行结果如下。

```
s=3
a=7
a=7
```

3．方法参数变量

作为方法参数声明的变量的作用域是整个方法。

【练习 4】

声明一个方法参数变量，实现代码如下。

```
public class Fun {
    public static void  testFun(int s) {
        System.out.println("s="+s);
    }
    public static void main(String[] args) {
        testFun(3);
    }
}
```

在上述实例中定义了一个 testFun()方法，方法中包含一个 int 类型的参数变量“s”，其作用域是 testFun()方法体内。当调用方法时传递了一个参数“3”，因此其输出控制台的 s 的值是“3”。

4．异常处理参数变量

异常处理参数变量的作用域是在异常处理块中，该变量是将异常处理参数传递给异常处理块，与方法参数变量类似。

【练习 5】

声明一个异常处理语句，实现代码如下。

```
public class ExceptionTest {
    public static void test(){
        try {
            System.out.println("Hello!Exception!");
        } catch (Exception e) {                //异常处理块，参数为 Exception 类型
            e.printStackTrace();
        }
    }
    public static void main(String[] args) {
        test();
    }
}
```

在上述实例中定义了异常处理语句，异常处理块 catch 的参数为 Exception 类型的变量“e”，作用域是整个 catch 块。

2.1.1.3　定义常量

常量是指在运行过程中值不会再发生变化的一种变量，在其初始化之后，常量的值只能被访问，

不能再做修改。常量的定义需要在数据类型之前加上 final 关键字。其定义格式如下：

```
final type constantName =initValue ;
```

其中，参数 final 关键字代表不可做修改操作，参数 type 表示常量的类型，参数 constantName 表示常量名称，可以自定义，但是要符合标识符的命名规范。参数等号为赋值运算符，用于初始化操作，参数 initValue 表示初始化值。

【练习 6】

定义常量并使用，其代码如下。

```
public class constantTest {
    public static void main(String[] args) {
        final double g=9.8;
        double m=45.6;
        System.out.println("重力为"+m*g);;
        System.out.println("g="+g);
    }
}
```

在上述实例中，定义了一个物理学常见的变量重力加速度 g，在它的作用域范围内，其值是不允许改变的。

2.1.2 基本数据类型

数据类型在计算机语言中的出现是为了把数据分成所需内存大小不同的数据。在编程过程中，根据实际需要申请适当大小的内存空间，以便于充分利用内存。数据类型是语言的抽象原子概念，可以说是语言中最基本的单元定义。Java 作为强类型语言，对数据类型的规范要求相对严格。

Java 语言的基本数据类型主要分为两种：基本数据类型和引用数据类型。基本数据类型包括 boolean（布尔型）、char（字符型）、byte（字节型）、short（短整型）、int（整型）、long（长整型）、float（单精度浮点型）和 double（双精度浮点型）8 种。如表 2-1 所示。

表 2-1 Java 语言的基本数据类型

类型名称	关键字	占用内存	取值范围
字节型	byte	1 个字节	-128~127
短整型	short	2 个字节	-32768~32767
整型	int	4 个字节	-2147483648~2147483647
长整型	long	8 个字节	-9223372036854775808L~9223372036854775807L
单精度浮点型	float	4 个字节	-3.4E+38F~3.4E+38F（6~7 个有效位）
双精度浮点型	double	8 个字节	-1.8E+308~1.8E+308（15 个有效值）
字符型	char	2 个字节	ISO 单一字符集
布尔型	boolean	1 个字节	true 或 false

所有的基本数据类型的大小（所占用的字节数）都是明确规定好的，在各种平台上都保持不变，这一特性有助于提高 Java 程序的可移植性。

引用数据类型包括字符串、数组、类和接口。引用数据类型是由用户自定义、用来限制其他数据的类型。引用类型的变量在内存中存储的是数据的引用，并不是数据本身，引用类型是使用间接方法去获取数据。

2.1.2.1 布尔类型

布尔类型 boolean 用于判断表达式进行布尔运算的结果是“真”还是“假”。Java 中用“true”和“false”来代表逻辑运算中的“真”和“假”，因此一个 boolean 类型的变量取值只能是“true”或者“false”中的一个。在 Java 语言中，布尔类型的值不能转换为任何数据类型。

【练习 7】

声明 boolean 类型的变量并输出到控制台。代码如下。

```
public class BooleanTest {
    public static void main(String[] args) {
        boolean s=false;
        boolean res=3>5;
        System.out.println(res);
        System.out.println(s);
    }
}
```

在上述程序中首先定义了一个 boolean 类型的变量，并赋予了初始值；然后又定义了一个 boolean 型的变量，它的值是一个表达式进行关系运算后的结果，“3>5”显然是不成立的，控制台输出的结果为两个“false”。

2.1.2.2 字符型

Java 语言中的字符类型（char）使用两个字节的 Unicode 编码表示，可以使用加单引号的字符或者数字对 char 类型的变量进行赋值。标准 ASCII 码也叫基础 ASCII 码，它包含在 Unicode 中，使用 7 位二进制数来表示所有的大写和小写字母、数字 0 到 9、标点符号以及在美式英语中使用的特殊控制字符。Unicode 字符通常使用十六进制来表示。例如，“\u0000”~“\u00ff”表示的是 ASCII 集。“\u”表示转义字符，其后加上十六进制代码来表示 Unicode 字符。

```
char c=98;
char d='9';
```

上述语句中，第一句是将 ASCII 码值为 98 的字符赋值给所定义的字符类型变量 c，而第二句是将 9 作为字符赋值给了字符类型的变量 d。

2.1.2.3 整型

Java 中定义了 4 种整型变量，字节型（byte）、短整型（short）、整型（int）和长整型（long）。

- **字节型（byte）** 最小的整型类型。一般很少用来存储数据，多用于数据流的处理。
- **短整型（short）** 限制数据的存储为先高字节，后低字节，这样在某些机器中会出错，因此该类型使用也较少。
- **整型（int）** 最常用的数据类型。
- **长整型（long）** 多用于大型计算，是取值范围最大的整型数据类型。

【练习 8】

创建名为 NumTest 的类，在 main()方法中定义各种整型的变量并赋予初值，最后进行加运算并输出结果。代码如下。

```
public class NumTest {
    public static void main(String[] args) {
        byte a = 1;             //声明一个 byte 类型的变量 a，初值为 1
```

```
        short b = 2;                //声明一个 short 类型的变量 b，初值为 2
        int c = 3;                  //声明一个 int 类型的变量 c，初值为 1
        long d=4;                   //声明一个 long 类型的变量 d，初值为 4
        long res=a+b+c+d;           //声明一个 long 类型的变量 res，用来存放运算的结果
        System.out.println("a、b、c、d 四个数相加的和为"+res); //输出四个数相加的和
    }
}
```

在上述的代码中，分别定义了 4 个不同数据类型的变量，分别是 byte 类型的 a、short 类型的 b、int 类型的 c 以及 long 类型的 d，并分别赋予了初值，进行加运算后的输出结果为 10。在这个案例中如果将 res 换成较小的整数类型，程序将会报错，这是由数据类型的转换出错引起的，具体知识将在后文的“数据类型转换”部分进行介绍。

2.1.2.4 浮点型（实型）

浮点型是指带有小数部分的数据类型，也叫实型。浮点型包括单精度浮点型（float）和双精度浮点型（double），它们对小数的精度要求不同。它们之间的区别在于所占的内存大小不同，float 类型所占的内存是 4 个字节，而 double 类型所占的内存是 8 个字节。双精度浮点型（double）比单精度浮点型（float）有更大的表示范围和更高的精度。

单精度浮点型（float）需要在其后加上后缀 f（或者 F），而双精度浮点型（double）的后缀 d（或者 D）则是可选的，这是由于 Java 默认的浮点型是双精度浮点型。

声明 float 类型的变量并赋初值，代码如下。

```
float price=12.3f;
```

声明 float 类型的变量并赋初值，代码如下。

```
double price =12.3d;
```

或者

```
double price=12.3;
```

2.1.2.5 数据类型转换

数据类型的转换是在所赋值的数值类型和被变量接受的数据类型不一致时发生的，它需要从一种数据类型转换成另一种数据类型。数据类型的转换可以分为自动类型转换（隐式转换）和强制类型转换（显式转换）两种。

1．自动类型转换

自动类型转换的实现需要同时满足两个条件：第一个是两种数据类型彼此兼容，第二个是目标类型的取值范围要大于源数据类型（低级类型数据转换成高级类型数据）。例如 byte 类型向 short 类型转换时，由于 short 类型的取值范围较大，程序会自动将 byte 类型转换为 short 类型。

由于在运算过程中，不同的数据类型会转换成同一种数据类型，所以整型数据类型、浮点型以及字符型都可以参与混合运算。自动转换的规则是从低级类型数据转换成高级类型数据。转换规则如下：

- 数值型数据的转换　byte→short→int→long→float→double
- 字符型转换为整型　char→int

以上数据类型的转换遵循从左到右的转换顺序，最终转换成表达式中表示范围最大的变量的数据类型。

【练习 9】

顾客到超市购物，购买牙膏两盒，面巾纸四盒。其中牙膏的价格是 10.9 元，面巾纸的价格是 5.8 元，求商品总价格。实现代码如下。

```
public class DoubleTest {
    public static void main(String[] args) {
        float price1=10.9f;                                  //定义牙膏的价格
        double price2=5.8;                                   //定义面巾纸的价格
        int num1=2;                                          //定义牙膏的数量
        int num2=4;                                          //定义面巾纸的数量
        double res=price1 *num1+price2*num2;                 //计算总价
        System.out.println("一共付给收银员"+res+"元");        //输出总价
    }
}
```

上述代码中首先定义了一个 float 类型的变量存储牙膏的价格，然后定义了一个 double 类型的变量存储面巾纸的价格，再定义两个 int 类型的变量存储物品的数量，最后进行了乘运算以及和运算之后，将结果储存在一个 double 类型的变量中进行输出。

程序执行结果如下所示：

```
一共付给收银员 44.99999923706055 元
```

从执行结果看出，float、int、double 三种数据类型参与运算，最后输出的结果为 double 类型的数据。

2．强制类型转换

当两种数据类型不兼容，或目标类型的取值范围小于源类型时，自动转换将无法进行，这时就需要进行强制类型转换。其语法格式如下：

```
(type)variableName
```

其中，type 为 variableName 要转换成的数据类型，而 variableName 是指要进行类型转换的变量名称，强制转换的实例如下。

```
int a =3;
double b=5.0;
a=(int)b;
```

上述代码中首先将 double 类型的 b 的值强制转换成 int 类型，然后将值赋给 a，但是变量 b 本身的值是没有发生变化的。

在强制类型转换中，如果是将浮点类型的值转换为整数，会直接去掉小数点后边的所有数字，而如果是整数类型强制转换为浮点类型时，取数值的低位。

【练习 10】

顾客到超市购物，购买牙膏两盒，面巾纸四盒。其中牙膏的价格是 10.9 元，面巾纸的价格是 5.8 元，求商品总价格，在计算总价时采用 int 类型的数据进行存储。实现代码如下。

```
public class DoubleTest {
    public static void main(String[] args) {
        float price1=10.9f;
        double price2=5.8;
```

```
        int num1=2;
        int num2=4;
        int res2=(int) (price1 *num1+price2*num2);
        System.out.println("一共付给收银员"+res2+"元");
    }
}
```

在上述实例中，有 double 类型、float 类型、int 类型的数据参与运算，其运算结果默认为 double 类型，题目要求的结果为 int 类型，因为 int 类型的取值范围要小于 double 类型的取值范围，因此需要进行强制类型转换。

程序执行结果如下所示。

```
商品总价为 44 元
```

2.1.3 运算符与表达式

运算符是一种符号，用来完成一个以上操作数的运算、比较和赋值操作。一般由一到三个字符组成。运算符共分为以下几种：算术运算符、比较运算符、条件运算符、逻辑运算符、位运算符、赋值运算符以及自增、自减运算符。

表达式是指为完成某种计算由一个或多个运算符以及操作数组成的组合。参与运算的运算数的数据类型不固定。下面将对运算符和表达式进行详细的说明。

2.1.3.1 算术运算符及表达式

算术运算符的功能是进行算术运算，算术运算符可以分为加（+）、减（-）、乘（*）、除（/）以及模运算（%），它们都属于程序中最常用的算术运算符。算术运算符的含义以及使用实例如表 2-2 所示。

表 2-2 算术运算符的含义及使用实例

运算符	含　义	实例	结果
+	连接两个变量或常量进行加运算	3+2	5
-	连接两个变量或常量进行减运算	3-2	1
*	连接两个变量或常量进行乘运算	3*2	6
/	连接两个变量或常量进行除运算	3/2	1
%	模运算，连接两个变量或常量进行除运算，取余数	3%2	1

某些运算符在某些情况下会有特殊的含义，如加号（+）放在数字前表示正号，+3 表示正 3。

2.1.3.2 赋值运算符及表达式

赋值运算符顾名思义就是为了完成赋值的运算符。最基本的算术运算符就只有一个，即“=”（等号），而在它的基础之上结合加、减、乘、除等又形成了复合赋值运算符。下面主要针对这两类运算符进行简单介绍。

1．基本赋值运算符

基本赋值运算符等号（=）是一个二元运算符，左边的操作数必须是变量，右边的操作数是表达式或者指定值。它将等号右边的表达式或者指定值赋给左边的变量。基本的赋值运算符的使用形式如下所示：

```
variableName = expression;
```

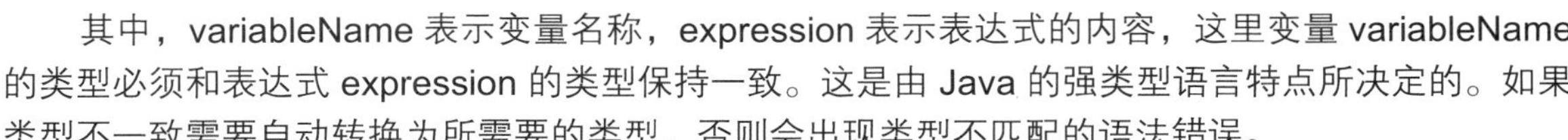

其中，variableName 表示变量名称，expression 表示表达式的内容，这里变量 variableName 的类型必须和表达式 expression 的类型保持一致。这是由 Java 的强类型语言特点所决定的。如果类型不一致需要自动转换为所需要的类型，否则会出现类型不匹配的语法错误。

```
int a=5;          //类型匹配
int b=123.2;      //类型不匹配，无法自动转换，语法出错
char c=-24;       ///类型不匹配，无法自动转换，语法出错
```

2．复合赋值运算符

在基本的赋值运算符的基础之上，可以结合算术运算符形成复合赋值运算符，具有特殊的含义，使用实例如表 2-3 所示。

表 2-3　复合赋值运算符的含义及使用实例

运算符	含　　义	实　　例	结　　果
+=	将该符号左边的变量值加上右边的量，其结果赋给左边的变量本身	int a=3; a+=5;	8
−=	将该符号左边的变量值减去右边的量，其结果赋给左边的变量本身	int a=3; a−=5;	−2
*=	将该符号左边的变量值乘上右边的量，其结果赋给左边的变量本身	int a=3; a*=5;	15
/=	将该符号左边的变量值整除右边的量，其结果赋给左边的变量本身	int a=3; a/=5;	0
%=	将该符号左边的变量值除右边的量，其余数赋给左边的变量本身	int a=3; a%=5;	3

【练习 11】

学校订购校服，由于增订人数增多，价格从原来的 219.3 元降低了 12 元，数量从原来的 832 套增加了 251 套，利用复合赋值运算符来计算总价。实现代码如下。

```
public class Fuzhi {
    public static void main(String[] args) {
        double price =219.3;            //定义商品的单价为 219.3
        int num=832;                    //定义商品的数量为 832
        price-=12;                      //商品降价 12
        num+=251;                       //商品数量增加 251
        double total=price *num;
        System.out.println("单价为"+price+"元");
        System.out.println("数量为"+num+"元");
        System.out.println("总价为"+total+"元");
    }
}
```

在上述的实例中，单价下降了 12 元，即使用“-=”运算符将“price-12”的值赋给 price，数量增加到 1083，即使用“+=”运算符将“num+251”的值赋给 num，最后再进行乘运算。

程序执行结果如图 2-1 所示。

```
<terminated> Fuzhi [Java Application] C:\Program Files\Genuitec\Common\binary\com.sun.java.jdk.win32.x86_1.6.0.
单价为207.3元
数量为1083元
总价为224505.90000000002元
```

图 2-1　复合运算符练习

2.1.3.3 关系运算符及表达式

关系运算符是指对两个操作数进行关系运算的运算符，主要用于确定两个操作数之间的关系，属于二元运算符。所谓的关系运算，主要是指比较运算，即对两个操作数进行比较。关系运算的结果是布尔类型，取值只能是 true 或者 false，因此常用作判断或者循环语句的条件来使用。常用的关系运算符的含义以及使用实例如表 2-4 所示。

表 2-4 关系运算符的含义及使用实例

运 算 符	含 义	实 例	结 果
>	大于运算符	3>5	false
>=	大于等于运算符	3>=5	false
<	小于运算符	3<5	true
<=	小于等于运算符	3<=5	true
==	等于运算符	3==5	false
!=	不等于运算符	3!=5	true

【练习 12】

根据两个数的比较结果，执行不同的操作，实现代码如下。

```
public class RelationTest {
    public static void main(String[] args) {
        int a=5;      //声明一个 int 型的变量，并赋初值
        int b=8;      //声明一个 int 型的变量，并赋初值
        if (a>b)      //判断 a 是否大于 b
        {
            System.out.println("5>8，不正常吧！");
        }
        if(a==b)//判断 a 是否等于 b
        {
            System.out.println("5=8，不可能吧！");
        }
        if(a<b)//判断 a 是否小于 b
        {
            System.out.println("5<8，嗯，对啦！");
        }
    }
}
```

关系运算符的使用比较简单，但需要将等于运算符（==）和赋值运算符（=）区分开来。等于运算符用来比较其左右两端的数据是否相等，赋值运算符是要把其右边的部分赋给左边的变量。

程序运行结果如图 2-2 所示。

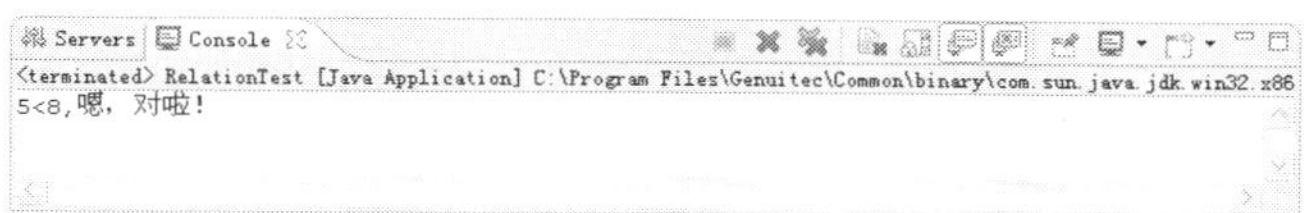

图 2-2 关系运算符练习

2.1.3.4 逻辑运算符及表达式

逻辑运算符主要用来把各个运算的变量连接起来组成一个运算表达式，用来判断程序中的某个

条件是否成立，判断的结果是 true 或者 false。逻辑运算符的含义及使用实例如表 2-5 所示。

表 2-5　逻辑运算符的含义及使用实例

运　算　符	含　　义	实　　例	结　　果
&&	逻辑与（AND）	3>5&&5>3	false
||	逻辑或（OR）	3>5||5>3	true
!	逻辑非（NOT）	!(5>3)	false

对于逻辑运算符，操作数必须是布尔类型，其运算结果也是布尔类型。对与运算符（&&）、或运算符（||）和非运算符（！）按照表 2-6 进行基本的逻辑运算，其中表达式一为 P，表达式二为 Q，详见下表。

表 2-6　逻辑运算符的真值表

P	Q	！P	P&&Q	P||Q
false	false	true	false	false
true	false	false	false	true
false	true	true	false	true
true	true	false	true	true

从表 2-6 可以看出，非运算符（！）的作用是将 true 否定为 false，将 false 否定为 true；与运算符（&&）的作用是只有运算符左右两端的结果都为 true 时，结果是 true，其他组合情况均为 false；或运算符（||）的作用是只要运算符左右两端的结果有一个为 true，结果就是 true，其他情况结果是 false。

【练习 13】

编写一段程序，其主要目的是练习逻辑运算符的使用。程序代码如下。

```
public class AddOrNot {
    public static void main(String[] args) {
        int a = 3;
        int b = 5;
        int c = 1;
        int d = 8;
        if (a > b && c < d) {  //a > b 、 c < d进行与运算
            System.out.println("a>b&&c<d=" + (a > b && c < d));
        }
        if (a < b || c < d) {  //a < b 、 c < d进行或运算
            System.out.println("a<b||c<d=" + (a < b || c < d));
        }
        if (!(a > b)) { //a > b 进行非运算
            System.out.println("!(a>b)=" + !(a > b));
        }
    }
}
```

在上述实例中，对于第一个 if 语句块，a>b 的运算结果为 false，c<d 的运算结果为 true，false 和 true 进行与运算的结果为 false，所以其后的输出语句不会再被执行；第二个语句块中，a<b 的运算结果是 true，c<d 的运算结果也是 true，true 和 true 进行或运算的结果是 true，因此在控制台有输出；第三个 if 语句块，a>b 的运算结果是 false，进行非运算后的结果是 true，所以也会有输出语句的执行。

程序执行结果如图 2-3 所示。

图 2-3 逻辑运算符练习

2.1.3.5 位运算符及表达式

位运算主要用来对操作数为二进制的位进行运算。按位运算表示按每个二进制位来进行运算，其操作数的类型是整数类型以及字符型，运算的结果是整数类型。位运算符的含义及使用实例如表 2-7 所示。

表 2-7 位运算符的含义及使用实例

运 算 符	含 义	实 例	结 果
&	按位进行与运算	4&5	4
|	按位进行或运算	4|5	5
^	按位进行异或运算	4^5	1
~	按位取反运算	~4	3
>>	右移位运算	8>>1	4
<<	左移位运算	9<<2	36
>>>	按位右移且补零	10>>>2	2

从上述表格中可以看出，位运算大致分为两大类：算术移位运算符和按位逻辑运算符，其中“&”、“|”、“^”、“~”属于按位逻辑运算符，“>>”、“<<”、“>>>”属于算术移位运算符。

1．“按位与”运算

“按位与”运算的运算符是“&”，其运算规则是：先将参与运算的数字转换成二进制数，然后低位对齐，高位不足补零，如果对应的二进制位同时为 1，那么结果就为 1，否则结果为 0。

使用按位与运算符示例如下。

```
int a = 3;       //0011
int b = 5;       //0101
int res=a&b;     //0001
```

按照按位与运算的计算规则，3&5 的结果是 1。

2．“按位或”运算

“按位或”运算的运算符是“|”，其运算规则是：先将参与运算的数字转换成二进制数，然后低位对齐，高位不足补零，如果对应的二进制位有一位为 1，那么结果就为 1，否则为 0。

使用按位或运算符示例如下。

```
int a = 3;       //0011
int b = 5;       //0101
int res=a|b;     //0111
```

按照按位或运算的计算规则，3|5 的结果是 7。

3．“按位异或”运算

“按位异或”运算的运算符是“^”，其运算规则是：先将参与运算的数字转换成二进制数，然后低位对齐，高位不足补零，如果对应的二进制位相同（同时为 1，或者同时为 0），那么结果就为

0，否则为 1。

使用按位异或运算符示例如下。

```
int a = 3;        //0011
int b = 5;        //0101
int res=a^b;      //0110
```

按照按位异或运算的计算规则，3^5 的结果是 6。

4．“按位取反”运算

“按位取反”运算的运算符是“~”，其运算规则是：先将参与运算的数字转换成二进制数，然后将各位的 1 改为 0，0 改为 1。

使用按位取反运算符示例如下。

```
int a = 3;        //0011
int b = ~a;       //1100
```

按照按位取反运算的计算规则，~3 的结果是-4。

5．“右移位”运算

“右移位”运算的运算符是“>>”，其运算规则是：按二进制形式把所有数字向右移动对应位数，低位移出（舍弃），高位补符号位（整数补 0，负数补 1）。

使用右移位运算示例，代码如下。

```
int a = -3;    //1011
int m=a>>1;
```

在上述示例中，-3 的二进制形式是 1000 0011，因为在计算机存储的是补码的形式，是 1111 1101，右移一位是 11111110，再还原成原码是 1000 0010，结果为-2。

6．“左移位”运算

“左移位”运算的运算符是“<<”，其运算的规则是：按二进制位把所有数字向左移动相应位数，高位移出（舍弃），低位的空位补 0。

使用左移运算符的示例代码如下。

```
int b = 5;  //0000 0101
int n=b<<2;
```

在上述示例中，5 的二进制形式是 0000 0101，左移两位就是 0001 0100，结果就是十进制的 20。

7．“按位右移补零”运算

“按位右移补零”运算的运算符是“>>>”，其运算的规则是：按二进制位把所有数字向右移动相应的位数，低位移出（舍弃），高位补 0。

使用按位右移补零运算符的示例代码如下。

```
int b = 5;
int o=b>>>2;
```

在上述示例中，5 的二进制形式是 0000 0101，右移两位就是 0000 0001，结果就是十进制的 1。

2.1.3.6 条件运算符及表达式

条件运算符的符号是“?:”，条件运算符属于三目运算符，需要三个操作数，可以把它理解为

if…else 语句的简化，其一般的语法结构如下所示。

```
Result = <expression>?<statement1>:< statement2>;
```

其含义就是：如果 expression 条件表达式成立，则执行语句 statement1 的内容，否则执行语句 statement2 的内容。

【练习 14】

声明 3 个变量 a、b、c，并且给 a、b 分别赋初值，如果 a 大于 b，则 c 的值为 a、b 之差，否则为 a、b 之和，使用条件运算符完成此题目。示例代码如下。

```
public class Three {
    public static void main(String[] args) {
        int a= 43;
        int b=32;
        int c=(a>b)?a+b:a-b;
        System.out.println(c);
    }
}
```

在上述实例中，首先初始化了两个变量 a 和 b，然后判断 a 是否大于 b，如果条件成立，c 的值就为 a、b 之和，否则为 a、b 之差。

2.1.3.7 自增和自减运算符

自增和自减运算符属于较难的一类运算符，其难点在于使用灵活，对于很多 Java 初学者来说，很难判断一段程序的最后结果。自增、自减运算符的含义及使用实例如表 2-8 所示。

表 2-8 自增、自减运算符的含义及使用实例

优 先 级	含 义	实 例	结 果
i++	将 i 的值先使用再加 1 后值赋给 i 本身	int i=4; int j=i++;	i=5; j=4;
i--	将 i 的值先使用再减 1 后值赋给 i 本身	int i=4; int j=i--;	i=3; j=4;
++i	将 i 的值先加 1 赋给 i 本身再使用	int i=4; int j=++i;	i=5; j=5;
--i	将 i 的值先减 1 赋给 i 本身再使用	Int i=4; int j=--i;	i=3; j=3;

从上述表格中可以总结出以下两点。

- 自增运算符（++）分为前缀式（++i）和后缀式（i++）两种，前者是将 i 先加 1 再使用，后者是先使用后加 1。
- 自减运算符（--）分为前缀式（--i）和后缀式（i--）两种，前者是将 i 先减 1 再使用，后者是先使用再减 1。

自增、自减运算符的使用还遵循以下规则。

- 可以用于整数类型 byte、short、int、long，浮点类型的 float、double 和字符类型 char。
- 在 Java 5.0 以上的版本中，它们可以用于基本上述类型的包装类，例如 Byte、Short 等。
- 运算结果的类型和被运算的变量的类型相同。

【练习 15】

声明变量，练习使用自增、自减运算符。示例代码如下。

```
public class PlusAndSub {
    public static void main(String[] args) {
        System.out.println("测试开始: ");
```

```
        int a=10;
        int b=40;
        //输出的结果是50，这时a的值是11，因为在运算后a进行了i++运算
        System.out.println(b+=a++);
        //在输出之前b的值是50，然后a先加1，变成12，再进行加运算，输出的结果是62
        System.out.println(b+=++a);
        //输出的结果是50，因为在运算后进行了i--运算，这时a的值是11
        System.out.println(b-=a--);
        //在输出之前b的值是50，然后a先减1，变成了10，再进行减运算，输出的结果是40
        System.out.println(b-=--a);
        System.out.println("测试结束");
    }
}
```

程序运行效果如图 2-4 所示。

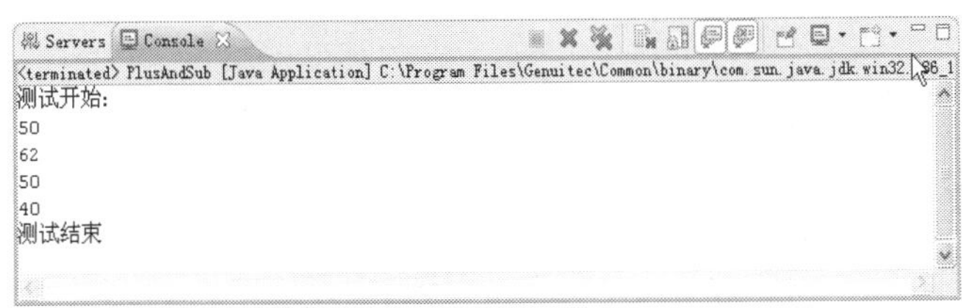

图 2-4　自增、自减运算符练习

2.1.3.8　运算符的优先级

在实际的程序中，通常会遇到多个表达式组合的情况，这样就需要考虑运算符的优先级问题。优先级的规则决定每个运算符在给定表达式中的计算顺序。掌握了优先级的规则有利于编程人员对表达式的理解，并降低程序中错误出现的频率。运算符的优先级如表 2-9 所示。

表 2-9　Java 运算符的优先级（从高到低）

优 先 级	运 算 符	结 合 性
1	()、[]	从左向右
2	!、+、-、~、++、--	从右向左
3	*、/、%	从左向右
4	+、-	从左向右
5	<<、>>、>>>	从左向右
6	<、<=、>、>=、instanceof	从左向右
7	==、!=	从左向右
8	&	从左向右
9	^	从左向右
10	|	从左向右
11	&&	从左向右
12	||	从左向右
13	?:	从右向左
14	=、+=、-=、*=、/=、&=、|=、^=、~=、<<=、>>=、>>>=	从右向左

在上述表格中的内容按照优先级从高到低进行排序，同时还列出了运算符的结合性，也就是运算符的结合顺序。要熟记这些运算符会比较困难，可以在实际运用中逐渐掌握，而且在实际运用中，编程人员常使用括号来改变优先级。

2.2 实例应用：实现计算器

2.2.1 实例目标

接收用户输入的两个运算数以及一个运算符，并输出其运算结果。程序开始执行，提示用户输入相应数据，第三个数据接受完成后执行程序操作完成计算，只完成简单的加、减、乘、除、模运算即可。

2.2.2 技术分析

在这个实例中使用到的技术如下所示。

- ❑ 变量定义。
- ❑ 使用 if 语句进行条件的判断。
- ❑ 使用 while 循环可以控制用户的输入。
- ❑ 使用 Scanner 类接收用户的输入。
- ❑ 运算符及表达式。

在这里较难的部分是如何接收从键盘输入的数据。向大家介绍一个工具类 java.util.Scanner，它主要用于接收键盘输入的数据，是一个可以使用正则表达式来解析基本类型和字符串的简单文本扫描器。Scanner 使用分隔符模式将其输入分解为标记，默认情况下该分隔符模式与空白匹配。然后可以使用 nextXXX()方法将得到的标记转换为不同类型的值.

例如以下代码使用户能够从 System.in 中读取一个数。

```
Scanner sc = new Scanner(System.in);
int i = sc.nextInt();
```

2.2.3 实现步骤

根据上述分析，实现该程序，首先要定义一个 Scanner 来接收控制台输入的三个数据，第一个和第三个是运算数，第二个是运算符，接着对输入的第二个数据（运算符）进行比较判断，接着根据判断结果执行不同的操作。

（1）在 main()方法中添加代码，定义两个 double 类型的变量和一个 String 类型的变量用于接收从控制台出入的运算数和运算符，再定义一个 double 类型的变量用于存放运算结果。代码如下所示。

```
//用于键盘接收数据
Scanner scanner=new Scanner(System.in);
System.out.println("请输入第一个运算数: ");
//定义一个 double 类型的变量用户接收控制台输入的数据
double  a=scanner.nextDouble();
System.out.println("请输入一个运算符: ");
String  operator =scanner.next();
System.out.println("请输入第二个运算数: ");
double  b=scanner.nextDouble();
```

```
double res;
```

（2）编写代码测试输入的符号是否是加号，如果是则进行加运算。

```
//判断接收的运算符是否是加运算符
if(operator.equals("+")){
    res=a+b;
    System.out.println("a"+operator+"b="+res);      //输出 a 与 b 进行运算后的结果
}
```

（3）编写代码测试输入的符号是否是除号，如果是则进行除运算，在这里要注意的是除数为 0 时的处理。代码如下。

```
if(operator.equals("/")){
    while (b==0){    //如果 b 的值为 0，要求重新输入 b 的值。
        System.out.println("请重新输入一个不为 0 的除数");
        b=scanner.nextDouble();
    }
    res=a/b;
    System.out.println("a"+operator+"b="+res);
}
```

（4）程序运行结果如图 2-5 所示。

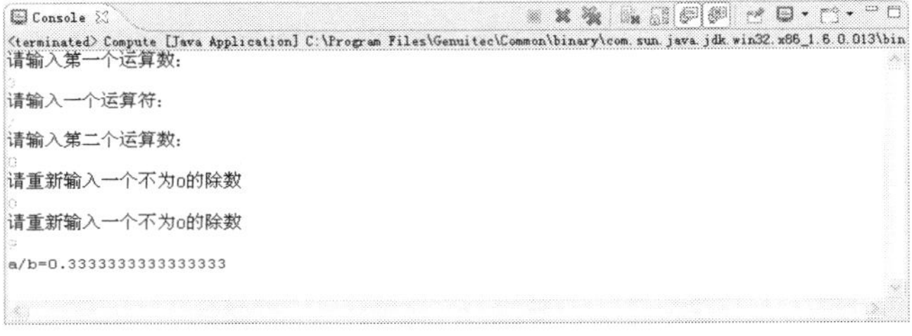

图 2-5　计算器实例

注意

减运算、乘运算的编写方法同上面的加运算类似，模运算的编写方法同除运算类似，在这里不再多做介绍。

2.3 拓展训练

实现一个简单的乘法计算器

开发一个简单的乘法计算器，要求从键盘接收两个数据，完成乘法运算，并将结果输出到控制台。实现效果如图 2-6 所示。

图 2-6　拓展训练运行效果图

2.4 课后练习

一、填空题

1. 根据变量作用域的不同，变量分为类变量、局部变量、方法参数变量、__________。
2. double 类型是__________浮点型。
3. Java 中的字符使用的是 16 位的__________编码。
4. 若 a、b 为 int 型的变量且已分别赋值为 2、6，表达式(a++)+(++b)+a*b=__________。
5. int a=2，b=3，c=4，则 a>b&&c>b 的执行结果是__________。

二、选择题

1. 设 a=3，a+=a--的值是__________。

   A. 4

   B. 5

   C. 6

   D. 3

2. 下面合法的赋值语句是__________。

   A. a==1

   B. ++i

   C. a=5

   D. y=int(i)

3. int x1 = 9, x2 = 6, t1; t1 = x1 > x2 ? x1 : x2，执行后的 t1 的值是__________。

   A. 6

   B. 9

   C. 11

   D. 3

4. 以下变量定义语句中，合法的是__________。

   A. float $_*5=3.4F

   B. byte b1=15678

   C. double a=Double.MAX_VALUE

   D. int _abc_=3721L

5. 有如下代码段，当 i 和 j 分别为__________时，输出结果是“条件符合”。

```
if((i>30 && i<40) || (i==60 && j>60))
{
    System.out.println("条件符合");
}
else {
    System.out.println("条件不符合");
}
```

   A. i=35，j=40

   B. i=40，j=70

C. i=60，j=60

D. i=20，j=30

三、简答题

1. 请列举 Java 中的命名规范。

2. short s1 = 1; s1 = s1 + 1;有什么错?请说明理由并改正。

3. 使用代码说明浮点类型是如何存储数据的。

4. Java 中基本数据类型的转换规则是什么。

第3课
流程控制语句

流程是人们生活中不可或缺的一部分，人们每天都在按照一定的流程做事，比如出门搭车、上班、下班、搭车回家。这其中的步骤是有顺序的。程序设计也需要有流程控制语句完成用户的要求，根据用户的输入决定程序要进入什么流程“做什么”以及“怎么做”等。

任何一门编程语言都需要流程控制语句，因为它提供了控制程序步骤的基本手段。因为有流程控制语句的存在，整个程序将按照用户的输入条件来决定执行的顺序，而不是线性的顺序来执行。本课将详细介绍 Java 语言中的流程控制语句，为后面的程序开发奠定基础。

本课学习目标：

- ❑ 掌握 if、if-else、if-else if-else 语句的使用方法
- ❑ 了解嵌套 if 语句的使用方法
- ❑ 掌握 switch 语句的使用方法
- ❑ 掌握 for 循环语句的使用方法
- ❑ 掌握 foreach 循环语句的使用方法
- ❑ 掌握 while 循环语句的使用方法
- ❑ 了解 while 语句与 do while 语句的区别
- ❑ 熟悉 Java 语言中提供的 break、continue 和 return 跳转语句

3.1 基础知识讲解

3.1.1 选择语句

选择语句是所有流程控制结构中最基础的控制语句。Java 中的选择语句包含两种，分别是 if 语句和 switch 语句，if 语句可以实现双分支选择结构，而每个 switch 语句的选择分支也可以为 1 个或多个，详细介绍如下。

3.1.1.1 if 条件语句

if 语句是使用最多的条件分支语句，在 Java 中它有很多种形式。

其中 if 条件语句的简单形式如下，表示“如果满足某种条件，就进行某种处理”。

```
if (条件表达式) {
    语句块;
}
```

语法表达式中的条件表达式和语句块的含义如下。

条件表达式可以是任何一种逻辑表达式，返回结果为真或假，可以用 boolean 型变量进行存储。如果条件为真（即 true）则程序执行大括号里面的语句块，反之条件为假（即 false）则不执行语句块。其运行流程如图 3-1 所示。

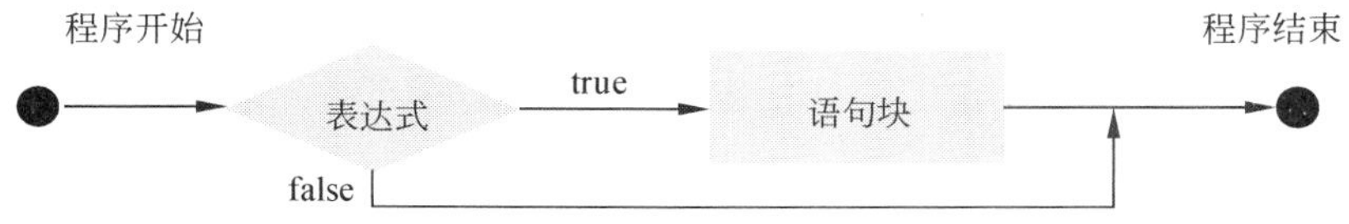

图 3-1　if 语句的执行流程图

【练习 1】

定义一个变量 a 和 b，并分别为它们赋初始值。判断 a 和 b 的大小，通过 if 语句判断返回的结果来执行不同的程序代码。其实现代码如下。

```
public class Test1 {
    public static void main(String[] args) {
        int a = 5;
        int b = 3;
        if (a > b) {
            System.out.println("条件成立!");
        }
        if (a <= b) {
            System.out.println("条件不成立!");
        }
    }
}
```

该段选择语句判断了 a 的值是否大于 b，如果 a>b 则打印出“条件成立”，否则打印出“条件不成立”。该题执行结果如下。

```
条件成立！
```

【练习 2】

例如在一个会员注册系统中，要求用户输入的密码必须在 6 位以上，否则将不能注册成功并给出提示。根据要求可以用 if 语句判断条件，实现代码如下所示。

```
public class Test2 {
    public static void main(String[] args) {
        String password = "hello java";
        int passlen = password.length();
        if (passlen > 6) {
            System.out.println("注册有效！");
        }
        if (passlen < 6) {
            System.out.println("注册无效，密码必须保证在 6 位以上！");
        }
    }
}
```

在这段代码中，首先定义一个 password 变量用于保存当前输入的密码，然后在 passlen 变量中保存密码的长度信息。接下来，用 if 语句判断长度是否大于或小于 6，该条件执行下面的语句块，输出提示信息。

```
注册有效！
```

3.1.1.2 if-else 条件语句

if-else 条件语句是 if 语句结构的另一种扩展，能够根据条件表达式定义操作：如果条件正确，则执行其语句块，否则执行另一个语句块。If-else 语句的基本语法如下。

```
if (条件表达式) {
    语句块 1;
} else {
    语句块 2;
}
```

上面语句执行过程是，先判断 if 语句后面的条件表达式，如果值为 true 则执行语句块 1，否则执行语句块 2。其运行流程如图 3-2 所示。

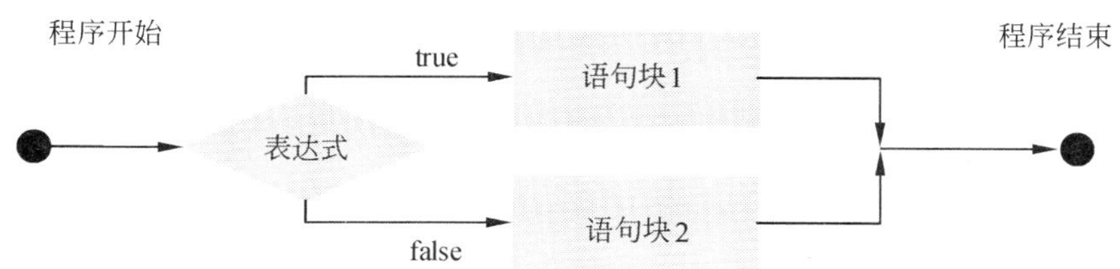

图 3-2　if-else 语句的执行流程图

【练习 3】

以上节练习 1 判断 a 和 b 的大小情况为例。上节是使用了两次 if 条件判断，a 大于 b 则条件成立，若 a<=b 则条件不成立。使用本节 if-else 条件判断，程序代码如下。

```
public class Test3 {
    public static void main(String[] args) {
        int a = 5;
        int b = 3;
        if (a > b) {
            System.out.println("条件成立!");
        } else {
            System.out.println("条件不成立!");
        }
    }
}
```

该条件语句减少了代码的编写量，同时也增强了程序的可读性。简化后的结果还是一样，如下。

```
条件成立!
```

3.1.1.3 if-else if-else 语句

if-else if-else 语句是为了避免写多个 if 语句的结构，有时候程序中仅仅多一个分支是远远不够的，甚至有时候程序的分支会很复杂，这就需要使用一类专门的多分支语句，即 if-else if-else 语句。If-else if-else 语句并不是单独的语句，而是有多个 if-else 语句组合而成的。

If-else if-else 多分支语句的语法结构如下。

```
if(条件表达式 1){
    语句块 1;
}else if(条件表达式 2){
    语句块 2;
}
...
else if(条件表达式 n) {
    语句块 n;
}else {
    语句块 n+1;
}
```

使用 if-else if-else 语句时，依次判断表达式的值，当某个分支的条件表达式的值为 true 时，则执行该分支对应的语句块，然后跳到整个 if 语句之外继续执行程序。如果所有的表达式均为 false，则执行语句块 n+1，然后继续执行后续程序。其运行流程如图 3-3 所示。

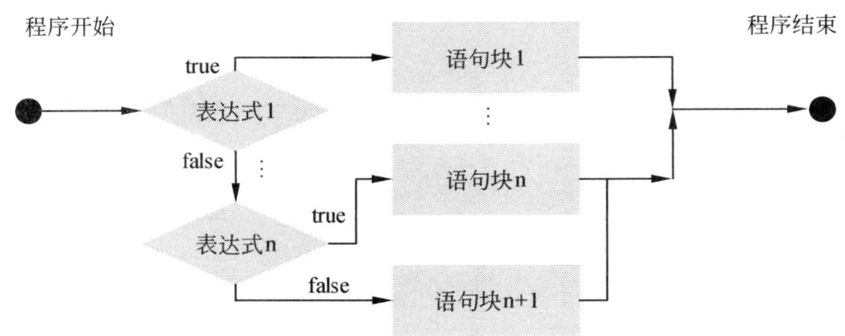

图 3-3 if-else if-else 语句的执行流程图

【练习 4】

例如，考试成绩需要判断等级，如果 90 ~ 100 分则为优秀，80 ~ 89 分为良好，60 ~ 79 分为及格，60 分以下为不及格。使用 Java 语言来完成该程序，其实现代码如下。

```
import java.util.Scanner;
public class Test4 {
    public static void main(String[] args) {
        System.out.println("请输入考试成绩: ");
        Scanner sc = new Scanner(System.in);
        int cj = sc.nextInt();
        if (cj >= 90 && cj <= 100) {
            System.out.println("哦也，我是优秀! ");
        } else if (cj >= 80 && cj < 90) {
            System.out.println("还不错，我是良好! ");
        } else if (cj >= 60 && cj < 80) {
            System.out.println("没事，至少及格了! ");
        } else if (cj < 60) {
            System.out.println("啊? 太少了! 继续加油! ");
        }
    }
}
```

该程序执行结果如图 3-4 所示。

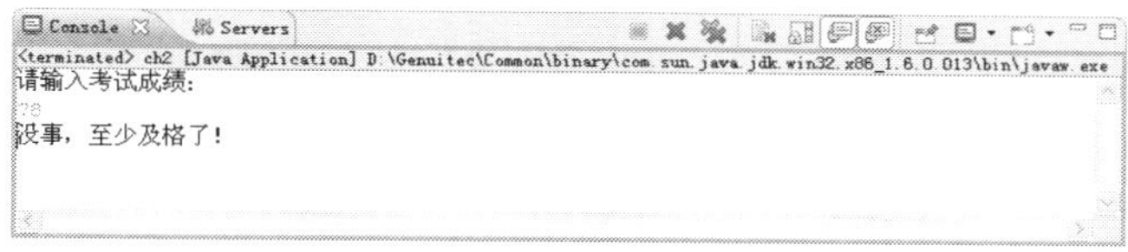

图 3-4 考试成绩执行结果图

该程序首先使用 java.util.Scanner 类接收用户从控制台输入的数据，然后根据输入的数据进行判断。90-100 分为优秀，则输出“哦也，我是优秀!”；80-89 分为良好，则输出“还不错，我是良好!”；60-79 分为及格，则输出“没事，至少及格了!”；60 分以下为不及格，则输出“啊? 太少了! 继续加油!”。

3.1.1.4 switch 语句

使用 if 语句每次判断只能实现两条分支，如果要实现多种选择的功能，可以采用 switch 语句。switch 语句能减少过多的 if 语句，并提供一个简洁的方法来处理对应给定表达式的多种情况。

switch 语句的基本语法结构如下。

```
switch(表达式)
{
    case 值1:
        语句块1;
        break;
    case 值2:
        语句块2;
        break;
        ......
```

```
    case 值 n:
        语句块 n;
        break;
    default:
        语句块 n+1;
        break;
}
```

其中 switch、case、default 和 break 都是 Java 语法的关键字。

switch 语句在其开始处使用一个简单的表达式。表达式的结果将与结构中每个 case 子句的值进行比较。如果匹配，则执行与该 case 关联的语句块，如果遇到 break 则跳出 switch 语句，执行 switch 语句后面的语句。如果结果与所有 case 子句均不匹配，则执行 default 后面的语句。其运行流程如图 3-5 所示。

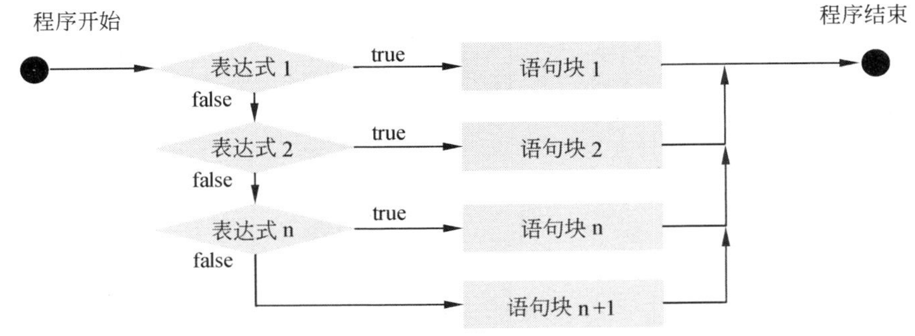

图 3-5　switch 语句的执行流程图

【练习 5】

例如在节目的抽奖环节里，节目组会根据每位嘉宾的座位号来进行抽奖游戏，根据不同的号码来决定奖项的大小。使用 switch 语句编写 Java 程序来完成奖项分配，其实现代码如下。

```
import java.util.Scanner;
public class Test5{
    public static void main(String[] args) {
        System.out.println("请输入座位号码: ");
        Scanner sc=new Scanner(System.in);
        int num=sc.nextInt();
        switch(num){
            case 6:
                System.out.println("恭喜你，获得了三等奖！");
                break;
            case 66:
                System.out.println("恭喜你，获得了二等奖！");
                break;
            case 666:
                System.out.println("恭喜你，获得了一等奖！");
                break;
        }
    }
}
```

程序执行结果如图 3-6 所示。

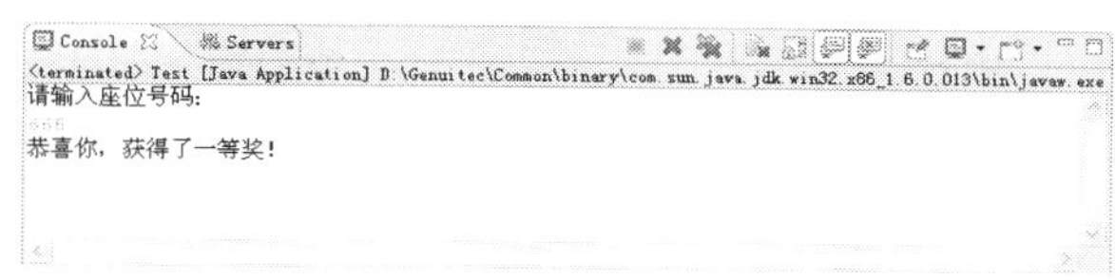

图 3-6 switch 语句结构示例的执行结果

当用户输入的号码为 666 时，获取的 num 的值为 666，则与第 3 个 case 后的值匹配，执行它后面的语句，打印输出“恭喜你，获得了一等奖！”，然后执行 break 语句，跳出整个 switch 结构。

3.1.2 嵌套 if 语句

除了前面讲到的简单 if 语句外，还有一种用法更加灵活的嵌套 if 语句，即 if 语句里面嵌套另一个 if 语句。同样，if-else 语句和 if-else if-else 也可以嵌套另一个 if 结构的语句。它们之间也可以互相嵌套，来完成更深层次的判断。其语法格式如下。

```
if(布尔表达式 1)
{
    if(布尔表达式 2)
    {
        语句块 1;
    }
    else
    {
        语句块 2;
    }
else
{
    if(布尔表达式 3)
    {
        语句块 3;
    }
}
```

在上述格式中，应该注意每一条 else 应该与离它最近且没有其他 else 对应的 if 相搭配，其执行流程如图 3-7 所示。

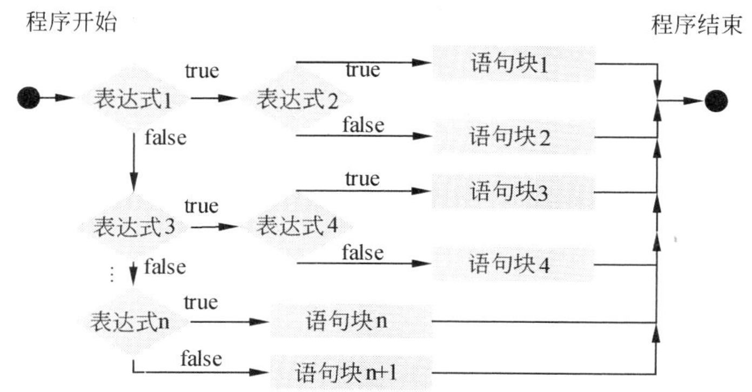

图 3-7 嵌套 if 语句的执行流程图

【练习 6】

例如实现将指定的字符串截取指定长度，超出的部分用省略号替换，如果不超出，则不添加省略号。具体代码如下。

```
public class Test6 {
    public static void main(String[] args) {
        String parStr = "Java 编程是我一生的追求目标";
        String rtnStr = "";
        if (parStr == null || parStr.equals("")) { //判断字符串是否为空
            rtnStr = "原字符串为空! ";
        } else {
            if (parStr.length() > 5) {                //判断字符串的长度是否大于 5
                rtnStr = parStr.substring(0, 5) + "……";
                                                 //对字符串进行截取并添加省略号
            } else {
                rtnStr = parStr;
            }
        }
        System.out.println("原字符串为: " + parStr);          //输出原字符串
        System.out.println("转换后的字符串为: " + rtnStr);     //输出转换后的字符串
    }
}
```

该代码判断“Java 编程是我一生的追求目标”这句话字符串长度是否大于 5，执行结果如图 3-8 所示。

图 3-8　字符串截取指定长度执行结果图

上面的代码使用 equals()方法的目的在于，将变量 parStr 代表的字符串与空字符串进行比较。如果相匹配则返回 true，并且为 rtnStr 变量赋值，否则返回 false 执行 else 块中的代码。在 else 中先判断字符串的长度大于 5 是否成立，如果成立则对字符串进行截取并添加省略号，否则执行下一个 else 中的代码。

【练习 7】

假设航空公司为吸引更多的顾客推出了优惠活动。原来的飞机票价为 3000 元，如在 4～11 月旺季购票，头等舱 9 折，经济舱 8 折；如在 1、2、3 及 12 月淡季购票，头等舱 5 折。经济舱 4 折。判断机票的价格编写 Java 程序代码如下。

```
import java.util.Scanner;
public class Test7 {
    public static void main(String[] args) {
        Scanner sc=new Scanner(System.in);
        System.out.println("请输入出行的月份: ");
        int month=sc.nextInt();
        System.out.println("选择头等舱还是经济舱? 数字 1 为头等舱, 数字 2 为经济舱");
```

```
            int kind=sc.nextInt();
            double result=0;
            if(month<=11 && month>=4){
                //省略判断旺季时的代码
            }else if((month>=1 && month<=3) || month==12){
                if(kind==1){
                    result=3000*0.5;
                }else if(kind==2){
                    result=3000*0.4;
                }else {
                    System.out.println("选择种类有误，请重新输入！");
                }
            }else {
                System.out.println("日期选择有误，请重新输入！");
            }
            System.out.println("您选择的机票价格为："+result);
        }
    }
```

判断机票价格结果如图 3-9 和图 3-10 所示。

```
Console
<terminated> Test [Java Application] D:\Genuitec\Common\binary\com.sun.java.jdk.win32.x86_1.6.0.013\bin\javaw.exe (2012-
请输入出行的月份:

选择头等舱还是经济舱？数字1为头等舱，数字2为经济舱

您选择的机票价格为：1500.0
```

图 3-9　机票价格正确输入执行结果图

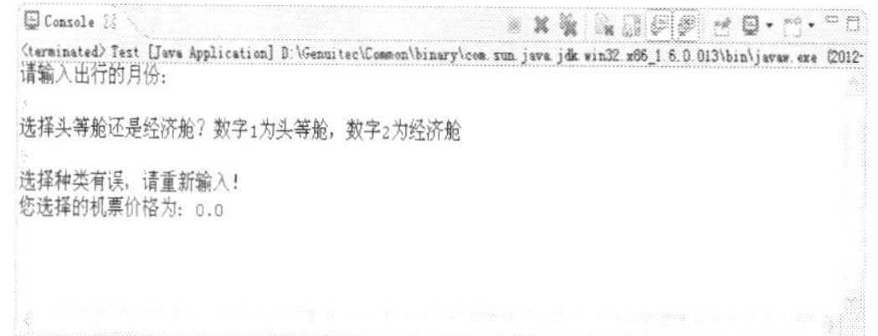

图 3-10　机票价格错误输入执行结果图

在上面的代码中，定义月份变量 month 和种类变量 kind，先判断变量 month 和 kind 的范围。变量 month 在 4~11 之间，kind 为 1 则执行 “result=3000*0.9”，为 2 则执行 “result=3000*0.8”；变量 month 在 1、2、3、12 之间，kind 为 1 则执行“result=3000*0.5”，为 2 则执行 result=“3000*0.4”。当用户输入有误时，根据错误情况则给予不同的提示。

3.1.3　循环语句

循环语句（又叫迭代语句）是重要的编程语句，让程序重复执行某个程序块，直到某个特定的条件表达式结果为假时结束执行语句块。在 Java 语言中循环语句的形式有：for 循环、foreach 循环、while 循环、do-while 循环。

3.1.3.1　for 循环语句

for 循环语句首先执行一个初始化条件表达式，它是一种在程序执行前就要先判断条件表达式是否为真的循环语句。假如条件表达式的结果为真，那么它的循环语句就会去执行相关的语句块，否则，循环语句根本不被执行。for 语句通常使用在知道循环次数的循环中。

for 循环语句的语法格式如下所示。

```
for(表达式 1;表达式 2;表达式 3)
{
  语句块;
}
```

for 关键字后面括号中的 3 个表达式必须用“;”隔开。程序执行到 for 语句时，首先执行表达式 1，然后是判断表达式 2 语句，如果判断为 true 则执行语句块，语句块执行完成之后执行表达式 3。如果这时表达式 2 仍然为 true，则再次执行语句块重复上面的步骤，否则就停止。该语句的执行流程如图 3-11 所示。

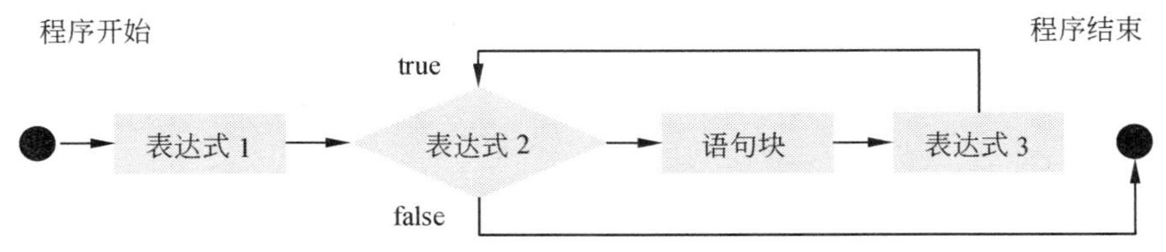

图 3-11　for 循环语句的执行流程图

【练习 8】

例如手机营销店里面有各种型号的手机，每种手机每个月的销售量也不尽相同，需要统计上半年（即前六个月）的总销售量。使用 for 循环完成计算总分的程序，其实现代码如下。

```
import java.util.Scanner;
public class Test8{
    public static void main(String[] args) {
        int sum=0;
        int num=0;
        Scanner sc=new Scanner(System.in);
        System.out.println("请输入手机型号: ");
        String phoneType=sc.next();
        for(int i=1;i<=6;i++){
            System.out.println("请输入第"+i+"个月的销售数量: ");
            num=sc.nextInt();
            sum+=num;
        }
        System.out.println(phoneType+"上半年的销售总量为: "+sum);
    }
}
```

运行程序执行结果如图 3-12 所示。

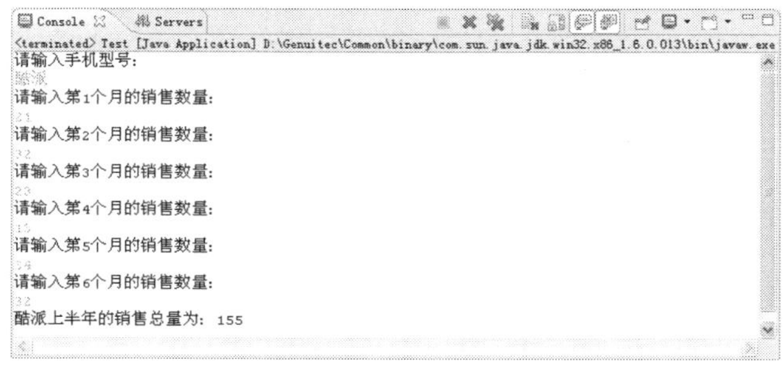

图 3-12　使用 for 循环语句计算销售总量

在该程序中，声明循环变量 i 控制着循环的次数，它被初始化为 1。每执行一次循环，都要对 i 进行测试，看其值是否小于等于 6，测试成功则继续累加成绩，否则退出循环。每执行完一次循环体，又都会对 i 累加 1。如此循环重复，直到 i 的值大于 6 时停止循环。此时退出 for 循环体，执行最下方的语句输出累加的销售总量。

【练习 9】

for 语句和 if 语句相似，同样可以实现嵌套。例如要实现输出九九乘法口诀表，这就必须使用 for 语的嵌套形式。编写嵌套的 for 语句实现代码如下所示。

```
import java.util.Scanner;
public class Test9{
    public static void main(String[] args) {
        System.out.println("乘法口诀表: ");
        for(int i=1;i<=9;i++){
            for(int j=1;j<=i;j++){
                System.out.print(j+"*"+i+"="+j*i+"\t");
            }
            System.out.println();
        }
    }
}
```

运行该程序执行结果如图 3-13 所示。

```
Console ⊠  Servers
<terminated> Test [Java Application] D:\Genuitec\Common\binary\com.sun.java.jdk.win32.x86_1.6.0.013\bin\javaw.exe
乘法口诀表:
1*1=1
1*2=2	2*2=4
1*3=3	2*3=6	3*3=9
1*4=4	2*4=8	3*4=12	4*4=16
1*5=5	2*5=10	3*5=15	4*5=20	5*5=25
1*6=6	2*6=12	3*6=18	4*6=24	5*6=30	6*6=36
1*7=7	2*7=14	3*7=21	4*7=28	5*7=35	6*7=42	7*7=49
1*8=8	2*8=16	3*8=24	4*8=32	5*8=40	6*8=48	7*8=56	8*8=64
1*9=9	2*9=18	3*9=27	4*9=36	5*9=45	6*9=54	7*9=63	8*9=72	9*9=81
```

图 3-13　乘法口诀表执行结果

在本例中用到了两个 for 循环语句，其中外层 for 语句用来控制输出行数，而内层 for 语句用来控制输出列数并由其所在的行数控制。

3.1.3.2 foreach 循环语句

foreach 循环语句是 Java 语言的新特征之一，它是一种特殊的 for 循环，用于遍历数组、集合的所有元素。foreach 循环主要用于执行遍历功能。

foreach 循环语句的语法结构如下：

```
for(类型 变量名 :  集合)
{
    语句块;
}
```

其中，类型为集合元素的类型，变量名表示集合中的每一个元素。每次执行一次循环语句，循环变量就读取集合中的一个元素。foreach 循环运行流程如图 3-14 所示。

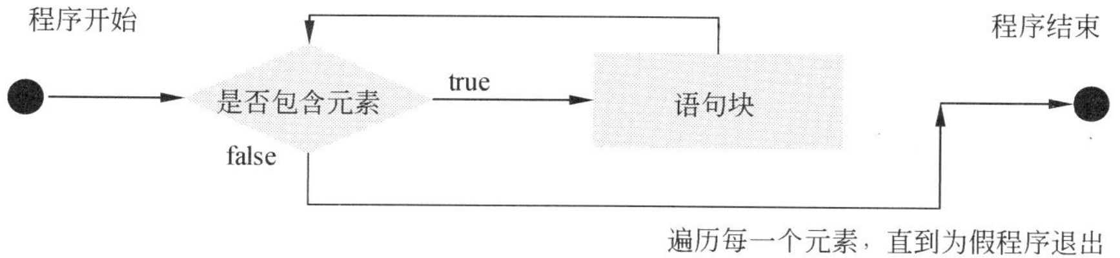

图 3-14　foreach 循环语句的运行流程图

【练习 10】

例如把一周的天数遍历输出。foreach 语句的实现代码如下。

```
public class Test10{
    public static void main(String[] args) {
        String[] days={"星期一","星期二","星期三","星期四","星期五","星期六","星期
        日"};
        System.out.print("一周的天数都有: ");
        for(String day:days){
            System.out.println(day);
        }
    }
}
```

运行该程序，执行结果如图 3-15 所示。

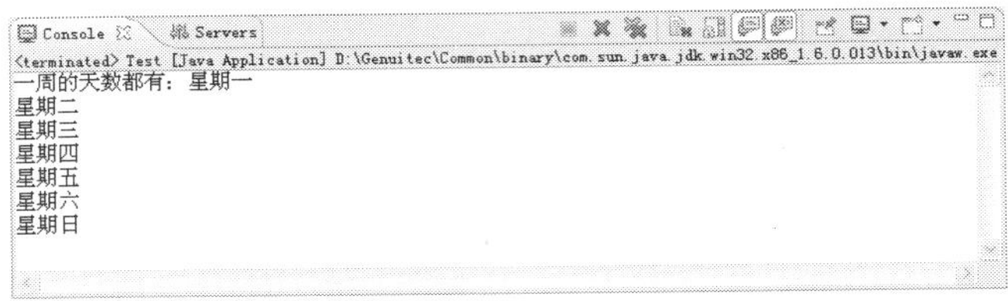

图 3-15　输出数组中的每个元素

上述代码中，定义了一个字符串数组 days，并定义了 7 个数组元素。然后，在下方使用语句对 days 进行遍历，输出了每个元素的值。

3.1.3.3　while 循环语句

while 循环语句的用途是按照不同条件可以执行一个循环多次。其与 for 循环语句一样，如果一个测试条件的值为真，则 while 语句可控制一条或几条语句的执行，否则跳出循环。

while 循环语句的语法结构如下。

```
while(条件表达式)
{
  语句块;
}
```

当条件表达式的值为 true 时，就执行大括号中的语句块。执行完毕后，再次检查表达式是否为 true，为 true 则再次执行大括号中的代码，否则就跳出循环，执行 while 循环之后的代码。该循环执行流程如图 3-16 所示。

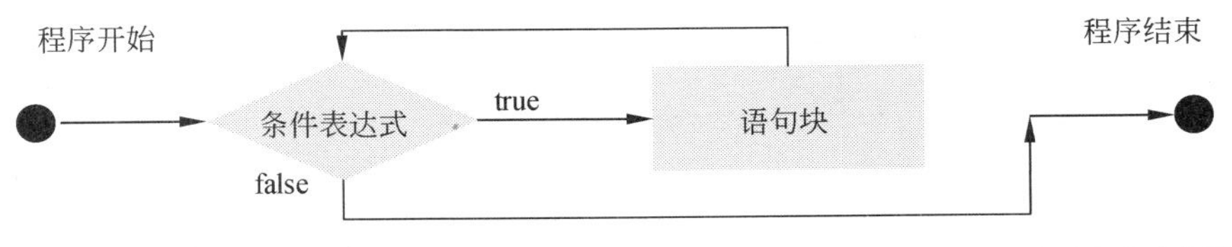

图 3-16　while 循环语句的运行流程图

【练习 11】

例如计算 1-100 之间偶数平方的和。下面是计算加法的公式：

```
sum=2^2+4^2+6^2+……+100^2
```

下面通过本节介绍的 while 语句来计算 1-100 之间偶数的和，编写代码如下所示。

```
public class Test11{
    public static void main(String[] args) {
        int i=2;
        int sum=0;
        while(i<=100)
        {
            sum+=i*i;
            i=i+2;
        }
        System.out.println("1-100 之间偶数的平方和是: "+sum);
    }
}
```

运行该程序执行结果如图 3-17 所示。

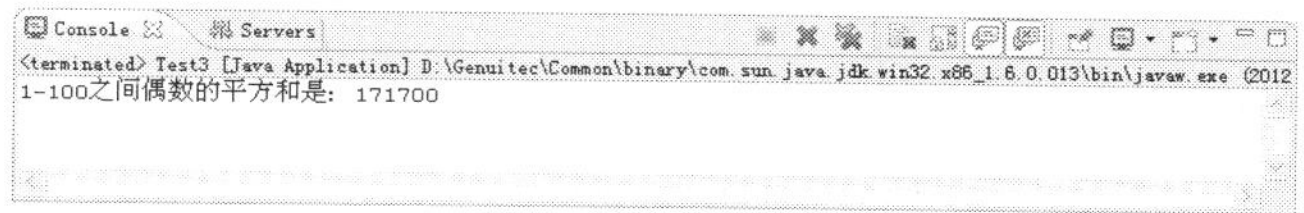

图 3-17　while 循环语句示例的执行结果

该程序定义了 int 类型的变量 i 和 sum，并赋予 i 初始值 1，然后使用 while 循环语句，判断的条件为“i<=100”。而后在循环体内使用了“i++”的语句使 i 的值每循环一次自增 1，直到 i 的值大于 100，循环结束。

3.1.3.4　do-while 循环语句

do-while 循环语句与 while 语句相似，也是 Java 中运用广泛的循环语句。do-while 语句是由循环条件和循环体组成，但和 while 语句略有不同。do-while 循环语句的特点为：先执行循环体，然后判断循环条件是否成立。

do-while 循环语句的语法结构如下：

```
do
{
  语句块;
} while(条件表达式);
```

代码的执行过程是，先执行语句块，之后判断条件表达式，如果为 true，继续下一轮循环，当判断条件表达式为 false 时，跳出循环。while 语句后必须以分号表示循环结束。其执行流程如图 3-18 所示。

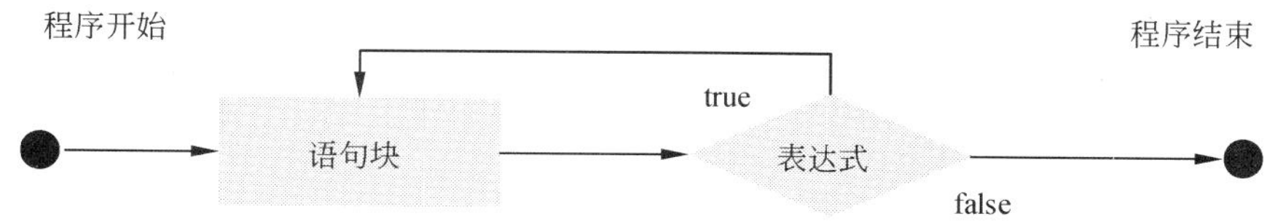

图 3-18　do-while 循环语句的执行流程图

【练习 12】

同样是计算 1-100 之间偶数平方的和，这里将要使用 do-while 语句来实现，请读者比较 while 与 do-while 的区别。

do-while 的实现代码如下。

```
public class Test12 {
    public static void main(String[] args) {
        int i=2;
        int sum2=0;
        do{
            sum2+=i*i;
            i=i+2;
        }
        while(i<=100);
        System.out.println("1-100 之间偶数的平方和是: "+sum2);
    }
}
```

该程序执行结果如图 3-19 所示。

图 3-19　do-while 循环语句示例的执行结果

结果相同，由此可见，有时对同一个问题可以用 while 语句处理，也可以用 do-while 语句处理。但是语法不同，执行次序也不同。而且在循环条件不满足的情况下，while 循环一次都不会执行，do-while 在任何情况下都至少执行一次。

【练习 13】

例如张政在写一道数学难题，写好之后交给老师批改，批改要求很高，有任何一处错误都要重新再写，再给老师批改，直到写对为止。使用 do-while 循环语句写出的代码如下。

```
import java.util.Scanner;
public class Test13{
    public static void main(String[] args) {
        Scanner sc=new Scanner(System.in);
        String answer="";
        do{
            System.out.println("批改作业！");
            System.out.println("错了，重写！");
            answer=sc.next();
        }while(!answer.equals("y")&&(!answer.equals("yes")));
    }
}
```

该程序的执行结果如图 3-20 所示。

该程序中，首先使用 java.util.Scanner 类接收用户从控制台输入数据。然后使用了 do-while 循环结构语句，其中 do 块中的代码至少被执行一次，即打印出“批改作业”，并知道“错了，重写!”。

当用户从控制台输出的数据不是“y”或者“yes”，则继续执行 do 块中的代码，直到用户输入的数据为“y”或者“yes”。

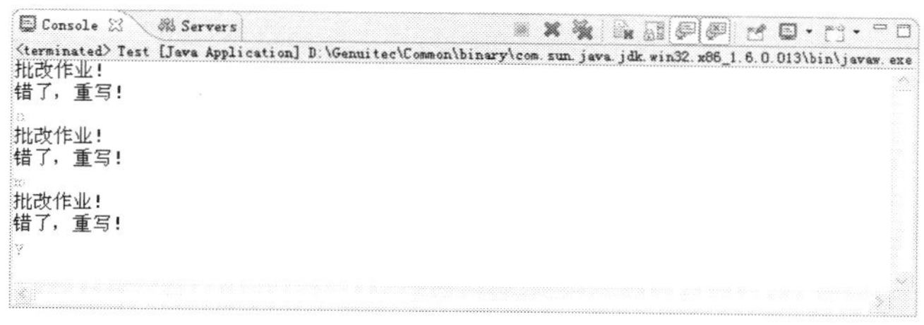

图 3-20 do-while 循环语句使用示例的执行结果

3.1.4 跳转语句

除了上述的选择语句和循环语句外，还有一些特殊的程序控制语句，即跳转语句。跳转语句用于无条件的转移程序的控制，需要程序从一个语句块转到另一个语句块。Java 中提供的跳转语句包括：强制性退出循环的 break 语句、强制循环迭代的 continue 语句、函数返回值的 return 语句。

3.1.4.1 break 语句

在 Java 语言中使用 break 语句有 3 种作用，分别如下。

- 使用 switch 语句终止一个语句序列，在每个 case 子句块的最后添加“break”跳出 switch 语句。
- 使用 break 语句直接强行退出循环，在循环中遇到 break 语句时，循环被终止，忽视循环体中的任何其他语句和循环的条件测试，执行循环后面的语句。
- 使用 break 语句实现 goto 的功能。

【练习 14】

在程序设计中难免会遇到多重循环嵌套，在这种情况下很可能就需要从深层次的嵌套中跳到外层某个地方的功能。例如在一个数字 0 ~ 3 的循环中，又嵌套了数字 0 ~ 99，在内嵌套 0 ~ 99 中使用 break 语句，其实现代码如下所示。

```
public class Test14{
    public static void main(String[] args) {
        for(int i=0;i<3;i++){
            System.out.println("Pass:"+i);
            for(int j=0;j<100;j++){
                if(j==10)
                    break;
                System.out.print(j+"");
            }
            System.out.println();
        }
        System.out.println("Loops complete");
    }
}
```

该代码执行，结果如图 3-21 所示。

该程序中尽管 for 循环被设计为从 0 执行到 99，但是当 i 等于 10 时，break 语句终止了程序。外部的循环不受影响，从而继续执行循环体外的代码，打印出“Loops complete”。break 语句能用于任何 Java 循环中，包括人们有意设置的无限循环。

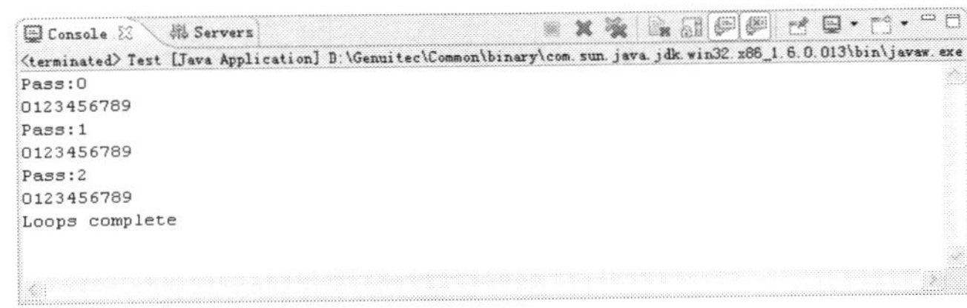

图 3-21　使用 break 语句直接强行退出循环示例结果

3.1.4.2　continue 语句

continue 语句可跳过当前循环体中剩余的语句而强制执行下一次循环。其作用为结束本次循环，即跳过循环体中下面尚未执行的语句，接着进行下一次是否执行循环的判定。continue 语句有些类似于 break 语句，但他只能出现在循环体中。

它与 break 语句的区别在于：continue 并不是中断循环语句，而是中止当前迭代的循环，进入下一次的迭代。简单地讲，continue 是忽略循环语句的当次循环。

注意

continue 语句只能用在 while 语句、for 语句或者 foreach 语句的循环体之中，在这之外的任何地方使用它都会引起语法错误。

【练习 15】

例如在学生成绩管理系统中，查找学生成绩条数，设置结果每页显示 10 条记录，并使每行显示两个数字。

编写实现代码如下所示。

```
public class Test15{
    public static void main(String[] args) {
        System.out.println("当前的记录数为: ");
        for(int i=0;i<10;i++){
            System.out.print(i+"");
            if(i%2==0)
                continue;
            System.out.println("");
        }
    }
}
```

执行该代码结果如图 3-22 所示。

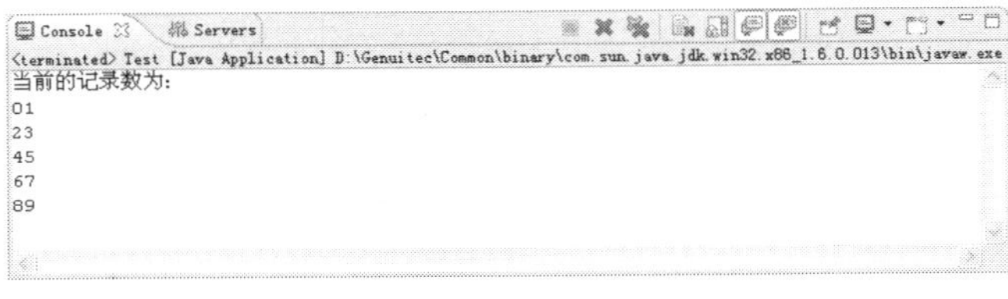

图 3-22　使用 continue 语句的示例执行结果

该程序使用模运算符（%）来检验变量 i 是否为偶数，如果是则继续执行 continue 语句，结束本次循环，不执行循环体下面的语句，即不输出一个新行。

3.1.4.3 return 语句

return 语句用于终止函数的执行或退出类的方法，并把控制权返回该方法的调用者。如果这个方法带有返回类型，return 语句就必须返回这个类的值。如果这个方法没有返回值，可以使用没有表达式的 return 语句。

Java 中的 return 语句通常用在一个方法体的最后，以退出该方法并返回一个值。return 语句用在方法中有两个作用，一个是返回方法指定类型的值（这个值总是确定的），一个是结束方法的执行（仅仅一个 return 语句）。return 语句用在非 void 返回值类型的方法中，不但能返回基本类型，还可以返回包括用户自定义类的对象。

【练习 16】

例如李明要去超市买两种水果，但是不知道超市有哪些种类，即这些种类是可以变动的，但是种类数量是不变的。编写一个方法，在种类确定时调用该方法即可，并使用 return 语句将结果返回。其实现代码如下。

```
import java.util.Scanner;
public class Test16{
    public static void main(String[] args) {
        Scanner sc1=new Scanner(System.in);
        System.out.println("请输入水果种类 1: ");
        String type1=sc1.next();
        System.out.println("请输入水果种类 2: ");
        String type2=sc1.next();
        System.out.println("李明喜欢的水果是: " + choose(type1, type2));
    }
    public static String choose(String i,String j){
        return i + "和" + j;
    }
}
```

上述代码在 main()方法中声明了变量 type1 和 type2 保存用户输入的两种水果。接着声明一个 choose()方法，该方法有两个参数分别表示用户输入的第一种水果和第二种水果。在调用 choose()方法时，只需要将用户输入的两个数值传递过去，然后程序会执行该方法并使用 return 语句将运算结果返回。

该程序的执行结果如图 3-23 所示。

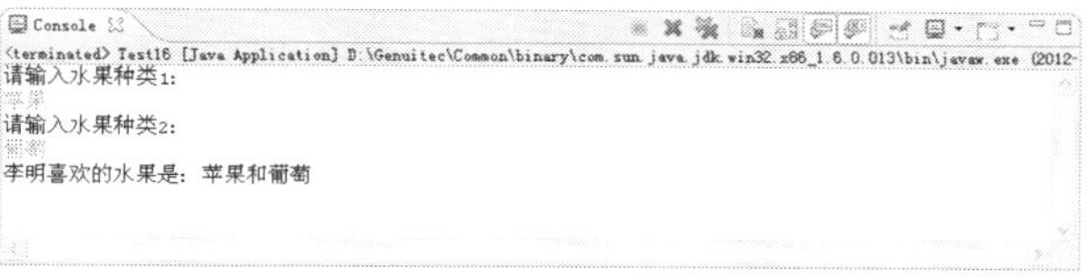

图 3-23 使用 return 语句的示例执行结果

3.2 实例应用：判断闰年

3.2.1 实例目标

在本节之前，通过大量的实践案例详细讲解了 Java 语言中具体某一个流程控制语句的用法。本节将综合应用这些知识来编写一个判断闰年的案例，其主要功能如下。

- ❑ 判断用户输入的年份是否是闰年。
- ❑ 根据年份和月份判断输出某年某月的天数。

3.2.2 技术分析

判断用户输入的年份性质即闰年或平年和月份有多少天，其中与技术相关的最主要的知识点如下所示。

- ❑ 通过声明不同的变量保存用户输入的年、月份和计算结果。
- ❑ 使用 if-else、switch 和 break 等表达式进行不同的语句控制。
- ❑ 使用运算符（例如关系运算符和算术运算符）计算不同的操作。

3.2.3 实现步骤

实现判断年、月份的相关功能步骤如下。

（1）新建一个类并在该类中导入需要的 java.util.Scanner 类，同时需要创建该类的入口方法 main()。其实现代码如下。

```
import java.util.Scanner;
public class Test17 {
    public static void main(String[] args) {
    }
}
```

（2）在 main()方法中编辑 Java 程序代码，获取用户输入的年份和月份。其实现代码如下。

```
Scanner sc=new Scanner(System.in);
System.out.println("请输入年份(注:必须大于 1990 年):");
int year=sc.nextInt();
System.out.println("请输入月份:");
int month=sc.nextInt();
```

（3）根据用户输入的年份，判断该年份是闰年还是平年，其实现代码如下。

```
boolean isRen;
if(year%4==0&&year%100!=0&&year%400==0){
    System.out.println(year+"闰年");
    isRen=true;
}
else{
    System.out.println(year+"平年");
    isRen=false;
}
```

（4）根据用户输入的月份，判断该月的天数，其实现代码如下。

```
int day=0;
switch(month){
    case 1:
    case 3:
    case 5:
    case 7:
```

```
        case 8:
        case 10:
        case 12:
            day=31;
            break;
        case 4:
        case 6:
        case 9:
        case 11:
            day=30;
            break;
        default:
            if(isRen){
                day=29;
            }else{
                day=28;
            }
            break;
    }
    System.out.println(year+"年"+month+"月共有"+day+"天");
```

（5）该代码执行结果如图 3-24 所示。

```
Console ⊠   Servers
<terminated> Test2 [Java Application] D:\Genuitec\Common\binary\com.sun.java.jdk.win32.x86_1.6.0.013\bin\javaw.exe (2012-9-12 下午
请输入年份(注:必须大于1990年):
2000
请输入月份:
4
2000平年
2000年4月共有30天
```

图 3-24　判断闰年的执行结果

3.3 拓展训练

1．实现“李白喝酒”的应用程序

开发一个标题为“李白喝酒”的应用程序。原题为“李白无事街上走，提壶去买酒，遇店加一倍，见花喝一斗，五遇店和花，喝光壶中酒，壶中原有多少酒？”。该题可以理解为，壶中原有一些酒，遇见店就乘以 2 见花了就减去 1，五次循环遇见店和花，酒没了结果为 0。

该程序可以定义 double 类型的变量 wine，循环从循环变量 i 为 0 开始，循环次数是 5 次。在循环的过程中需完成的任务：逆向思维先使变量 wine 从 0 结果开始，检测到第 5 次遇到花时，值就加 1，并打印出“倒数第 5 次遇到花之前，有酒……”，遇店就除以 2，并打印出“倒数第 5 次遇到店之前，有酒……”。以此类推，循环到最后 i 为 1 时，打印出“倒数第 1 次遇到店之前，有酒……”，输出最终结果。

执行结果如图 3-25 所示。

2．找出“水仙花数”

所谓“水仙花数”是指一个 n 位数（n⩾3），它的每个位上的数字的 n 次幂之和等于它本身。找出 100-999 之间所有的“水仙花数”，并分别显示其本身个位、十位和百位的数值。

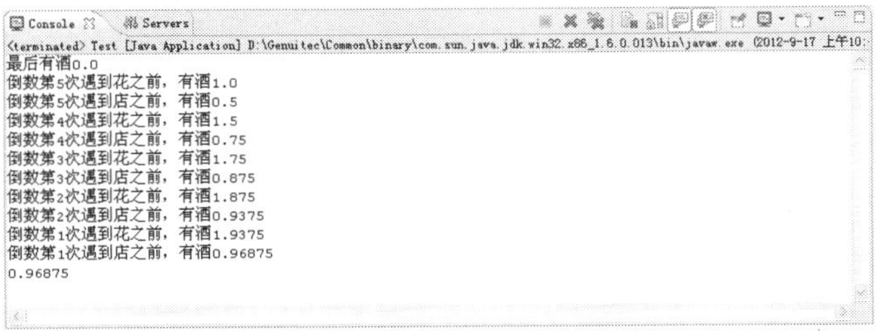
Console
Servers
<terminated> Test [Java Application] D:\Genuitec\Common\binary\com.sun.java.jdk.win32.x86_1.6.0.013\bin\javaw.exe (2012-9-17 上午10:
最后有酒0.0
倒数第5次遇到花之前，有酒1.0
倒数第5次遇到店之前，有酒0.5
倒数第4次遇到花之前，有酒1.5
倒数第4次遇到店之前，有酒0.75
倒数第3次遇到花之前，有酒1.75
倒数第3次遇到店之前，有酒0.875
倒数第2次遇到花之前，有酒1.875
倒数第2次遇到店之前，有酒0.9375
倒数第1次遇到花之前，有酒1.9375
倒数第1次遇到店之前，有酒0.96875
0.96875

图 3-25 “李白喝酒”应用程序执行结果

该程序循环变量 i 从 100 开始到 999 结束，在循环的过程中完成的任务是，检测到其个位、十位和百位三位数的本身的数值，并分别显示数字到相应的位数。执行结果如图 3-26 所示。

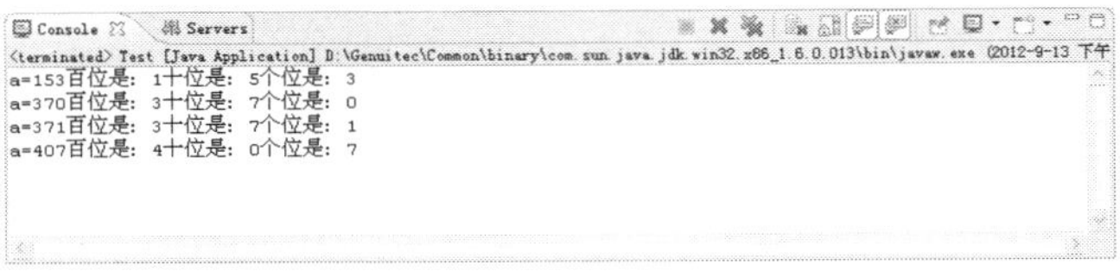
Console
Servers
<terminated> Test [Java Application] D:\Genuitec\Common\binary\com.sun.java.jdk.win32.x86_1.6.0.013\bin\javaw.exe (2012-9-13 下午
a=153百位是：1十位是：5个位是：3
a=370百位是：3十位是：7个位是：0
a=371百位是：3十位是：7个位是：1
a=407百位是：4十位是：0个位是：7

图 3-26 “水仙花数”应用程序执行结果

3.4 课后练习

一、填空题

1. Java 中控制语句分为 3 类，分别是__________、跳转语句和循环语句。
2. 选择语句中包括了两种语句分别是：if 语句和__________语句。
3. foreach 循环遍历__________和集合元素非常方便。
4. 在循环次数已知时，通常使用__________语句控制循环。
5. switch 语句中表达式的值必须是__________变量或字符型变量。
6. __________语句是忽略循环语句的当次循环。
7. 下面程序输出结果为：__________。

```
public class Test{
    public static double go()
    {
        if(1>0){
            System.out.println("hello");
            return 100l;
        }else{
            return 100f;
    }
    public static void main(String args[])
    {
        System.out.println(go());
    }
```

```
}
```

二、选择题

1. 下面对 if 语句说法正确的是________。

   A. if 语句的条件表达式可以是任何一种逻辑表达式

   B. 每个 if 语句的选择分支只能有一个

   C. if 语句无法嵌套

   D. if 语句是循环语句

2. 下面关于 break 语句的描述正确的是________。

   A. 使用 switch 语句终止一个语句序列，在每个 case 子句块的前面添加“break”跳出 switch 语句

   B. 使用 break 语句直接强行退出循环，在循环中遇到 break 语句时，循环被终止

   C. break 语句忽视循环体中的任何其他语句和循环的条件测试，也不执行循环后面的语句

   D. 使用 break 语句不能实现 goto 的功能

3. 运行下面的程序，将会输出的结果是：________次“hello world！”。

```
public class Test {
    public static void main(String[] args) {
        int i=0;
        while(i<5){
            System.out.println("hello word!");
        }
    }
}
```

   A. 5

   B. 死循环，将不断地输出“hello world!”

   C. 0

   D. 1

4. do-while 循环语句的特点是：________。

   A. 先判断循环条件是否成立，然后执行循环体

   B. 先执行循环体，然后判断循环条件是否成立

   C. 不判断循环条件是否成立，直接执行循环体

   D. 只执行一次循环操作

5. switch 语句的选择分支有________。

   A. 1 个

   B. 2 个

   C. 多个

   D. 1 个或多个

6. 下列代码的输出结果为：________。

```
public class Test{
    public static void main(String[] args) {
        int x,y;
        for(int i=0;i<5;i++){
            x=i;
            y=1;
            if(x<0){
```

```
                y*=3;
                x-=3;
                System.out.println("hello");
                System.out.println(x);
            }
            else{
                System.out.println("nothing");
            }
        }
    }
}
```

A. hello 3

B. hello

C. nothing

D. nothing nothing nothing nothing nothing

7. 下面程序的输出结果为__________。

```
public class Test {
    public static void main(String[] args) {
        for(int i=0;i<=10;i++)
            {
                if(i==8)
                    break;
                if(i%2!=0)
                    continue;
                System.out.println(i);
            }
    }
}
```

A. 0

B. 什么都不输出

C. 0、2、4、6

D. 1、3、5、7

三、简答题

1. 列举 Java 中循环语句的具体内容。

2. 简要说明流程控制语句中条件表达式和语句块的含义。

3. 简要说明 while 循环和 do-while 循环的区别。

4. 概述 continue 语句只能用在哪些语句之中。

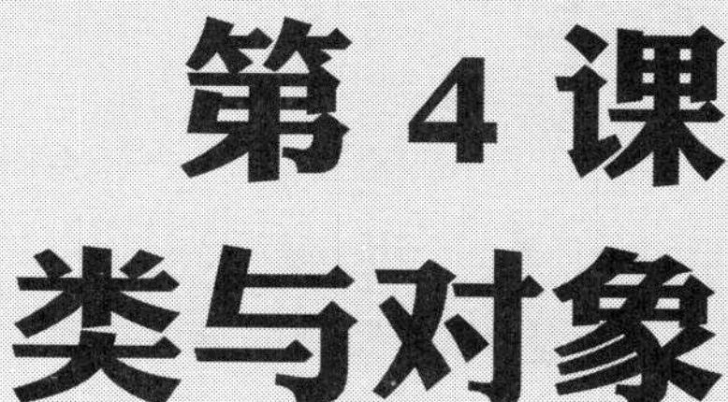

第 4 课 类与对象

Java 语言中最基本、最重要的两个知识就是类与对象。类是一种数据结构，对象是类的实例化。学习类与对象能帮助开发者更深层次地理解 Java 语言的开发理念。本课将详细介绍什么是类的实例化、面向对象概念以及类的成员变量、成员方法、构造方法和主方法，创建对象和一些常用的修饰符等知识。

本课学习目标：

- ❑ 理解类和面向对象概念
- ❑ 理解继承、封装和多态的概念
- ❑ 掌握类的创建以及类的成员变量和成员方法的创建
- ❑ 掌握类的构造方法和主方法的创建
- ❑ 掌握对象的创建
- ❑ 掌握如何访问对象的属性、方法以及对象的销毁
- ❑ 掌握如何使用 this 关键字
- ❑ 掌握常用修饰符的使用方式

4.1 基础知识讲解

4.1.1 类概述

类是 Java 语言的基本单位，所有的 Java 程序都是基于类的。类是由有共同特征（属性）和行为（方法）定义的实体，在 Java 中主要是用于定义成员和成员方法。可以根据类的属性和方法，来创建不同的对象实例。类是对象的模板，而对象就是类的一个实例。

“人类”是一个抽象的概念，正如类的存在。而具体到每一个人，比如“张政”、“李明”就是一个具体的对象。人类这个群体与生俱来有自己的属性（即年龄、性别等）和方法（即吃饭、工作等行为）。人之所以区别于其他类型的物种，是因为每个人都具有“人类”这个高级生物的属性和方法。简单说就是，类是抽象概念，是有一组相同属性和方法的对象的集合，用来定义对象的所有特性和行为。对象是具体概念，是类的具体体现。

4.1.1.1 类的声明

类的声明需要修饰符和关键字 class，其语法格式如下所示。

```
[public] [abstract] [final] class<class_name> [extends<class_name>]
[implements<interface_name>]{
//定义属性部分
<property_type> <property1>;
<property_type> <property2>;
<property_type> <property3>;
……
//定义方法部分
function1();
function2();
function3();
……
}
```

各参数的具体意义如下。

- ❑ public 修饰符表示共有的，被 public 修饰的类访问不受权限限制。一个 Java 程序的主类都必须是 public 类。
- ❑ abstract 修饰符指定类为抽象类，该类不能被实例化。抽象类中可以有抽象方法（使用 abstract 修饰的方法）和具体方法（没有使用 abstract 修饰的方法）。
- ❑ final 修饰符表示最终的，其指定类不能被继承。
- ❑ class_name 是类名。
- ❑ extends 表示该类继承其他类。
- ❑ imlpements 表示该类实现某些接口。
- ❑ property_type 表示成员变量类型。
- ❑ property 表示成员变量名称。
- ❑ function()表示成员方法名称。

类名应该以下划线（_）或字母开头，不能有任何特殊字符。除了美元符号（$）以外，不能包含任何嵌入的空格或点号（.）。以字母开头的类名每个单词首字母大写，类名同样不能使用 Java 中的关键字。

【练习 1】

例如创建一个类并在该类中添加一个成员方法，该方法向控制台输出一句话，实现代码如下。

```
public class Test3 {
    public void word(){
        System.out.println("准备好了吗……");
    }
}
```

【练习 2】

例如创建一个类用于实现继承功能，实现代码如下。

```
public class Test4 {
    private String name;
    private String sex;
    private int age;
    public class Test3 extends Test4{
        private String address;
        private int tel;
    }
}
```

在上述代码中创建了一个 Test4 类，而 Test3 类中有 Test4 类的所有变量和方法。所有这些变量和方法都继承于父类中的定义。继承类方便了程序的开发和修改，提高了程序的可维护性和安全性。

4.1.1.2 类的实例化

类的实例化即为类的对象，实例化是一种操作，可以定义任何类型的变量。类的实例化有 4 种途径。

- 使用 new 操作符。
- 调用反射机制中的 newInstance()方法。
- 类的 clone()方法，对现有实例的复制。
- 通过解串行化使用的 objectInputStream 中的 readobject()方法反序列化类（详见后面第 9 课）。

在 Java 语言中实例化对象有两种方法，一种是先声明后创建；另外一种是直接声明并创建。而声明的对象名必须符合 Java 语言的规则，其语法格式如下。

```
类名 对象名;
```

对象名声明以后可以实例化对象，基本语法如下。

```
对象名=new 类名();
```

【练习 3】

例如下面分别通过两种方式演示了如何实例化类的对象，具体实现代码如下所示。

```
public class Test2 {
```

```
    public static void main(String[] args) {
        Fruit fruit;                        //声明对象
        fruit = new Fruit();                //声明后实例化对象
        Fruit fruit2=new Fruit();   //直接声明并实例化对象
    }
}
```

上述代码中首先声明了 Fruit 类的一个对象，接着调用 new 进行创建，然后通过第二种方法直接声明并实例化 Fruit 对象。

4.1.2 面向对象和对象

面向对象简称 OO（Object Oriented）。从 20 世纪 80 年代以后，有了面向对象分析（OOA）、面向对象设计（OOD）、面向对象程序设计（OOP）等新的系统开发方式模型的研究。对 Java 语言来说一切皆是对象。Java 把现实世界中的对象抽象地体现在编程世界中，一个对象就代表了某个具体的操作。一个个的对象最终组成了完整的程序设计，这些对象可以是独立存在的，也可以是从别的对象继承过来的。对象之间通过相互作用传递信息，实现程序开发。

4.1.2.1 对象的概念

Java 是面向对象的编程语言，对象就是面向对象程序设计的核心。所谓对象就是真实世界中的实体，对象与实体是一一对应的，也就是说现实世界中每一个实体都是一个对象，它是一种具体的概念。对象有以下特点。

- 对象具有属性和行为。
- 对象具有变化的状态。
- 对象具有惟一性。
- 对象都是某个类别的实例。
- 一切皆为对象，真实世界中的所有事物都可以视为对象。

4.1.2.2 面向对象的三大核心特性

面向对象开发模式更有利于人们的灵活思维，在具体的开发过程中便于程序的划分，方便程序员分工合作，提高开发效率。面向对象程序设计有以下优点：

- **可重用性** 它是面向对象软件开发的核心思路，提高了开发效率。面向对象程序设计的抽象、继承、封装、多态性四大特点都围绕这个核心。
- **可扩展性** 它使面向对象设计脱离了基于模块的设计，便于软件的修改。
- **可管理性** 能够将功能与数据结合，方便管理。

该开发模式之所以使程序设计更加完善和强大，主要是因为面向对象具有继承、封装和多态这三个核心特性。

1. 继承性

如同生活中的子女继承父母拥有的所有财产，程序中的继承性是指子类拥有父类数据结构的方法和机制，这是类之间的一种关系，继承只能是单继承。

例如定义一个语文老师类和数学老师类，如果不采用继承方式，那么两个类中需要定义的属性和方法如图 4-1 所示。

从图 4-1 能够看出，语文老师类和数学老师类中的许多属性和方法相同，这些相同的属性和方法就可以提取出来放在一个父类中，这个父类用于被语文老师类和数学老师类继承。当然父类还可以继承别的类，如图 4-2 所示。

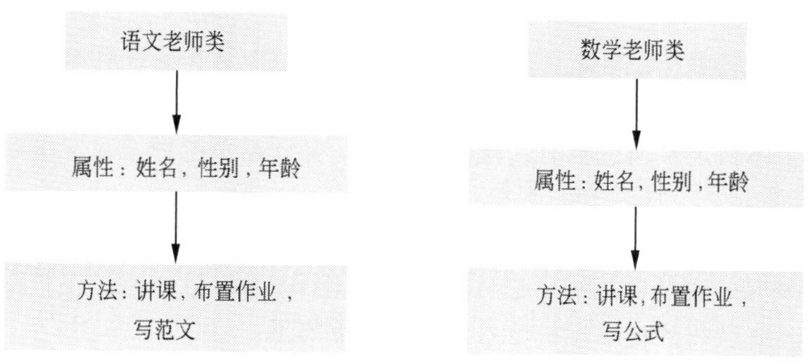

图 4-1 语文老师类和数学老师类中的属性和方法

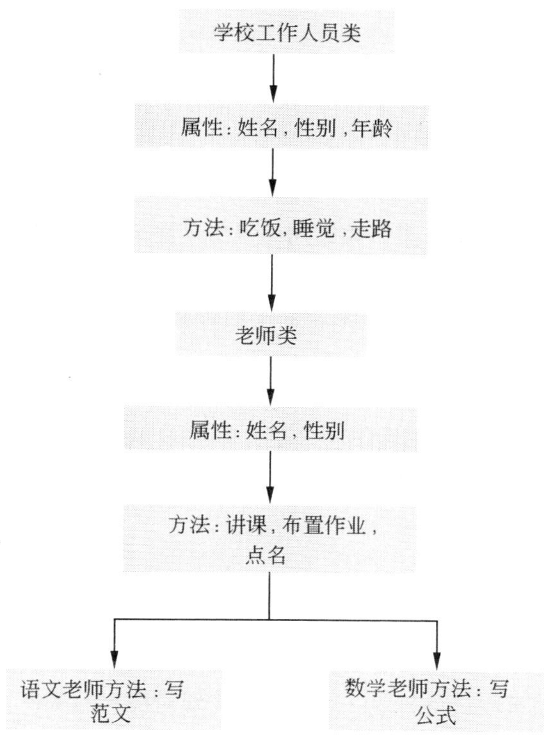

图 4-2 父类继承示例图

总结图 4-2 的继承关系，可以用概括的树形关系来表示，如图 4-3 所示。

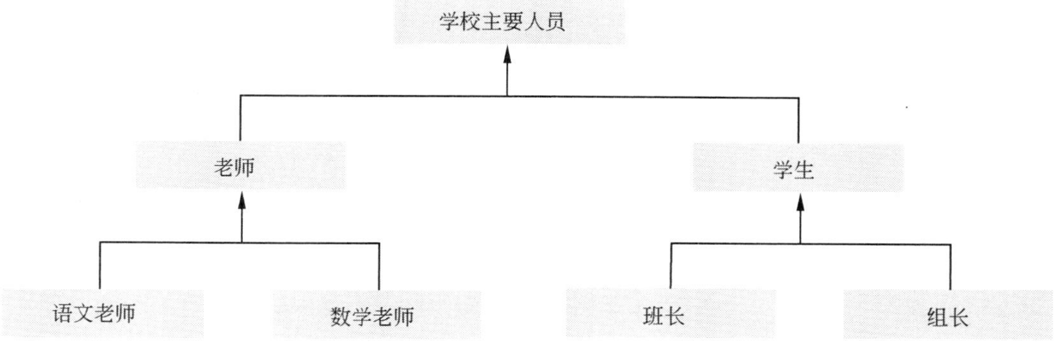

图 4-3 类继承示例图

从图 4-3 中可以看出，学校主要人员是一个大的类别，老师和学生是学校主要人员的两个子类，而老师又可以分为语文老师和数学老师两个子类，学生也可以分为班长和组长两个子类。

使用这种层次型的分类方式，是为了将多个类的通用属性和方法提取出来，放在他们的父类中，然后只需要在子类中各自定义自己独有的属性和方法，并以继承的形式在父类中获取它们的通用属性和方法即可。

2．封装性

封装是将代码及其处理的数据绑定在一起的一种编程机制，该机制保证了程序和数据都不受外部干扰且不被误用。封装目的在于保护信息，它的优点如下。

- 保护类中的信息。它可以阻止在外部定义的代码随意访问内部代码和数据。
- 隐藏细节信息。隐藏一些不需要程序员修改和使用的信息。比如取款机中的键盘，用户只需要知道按哪个键实现什么操作就可以，至于它内部是如何运行的，用户不需要知道。
- 有助于建立各个系统之间的松耦合关系，提高系统的独立性。当一个系统的实现方式发生变化时，只要它的接口不变，就不会影响到其他系统的使用。例如 U 盘，不管里面的存储方式怎么改变，只要 U 盘上的 USB 接口不变，那就不会影响用户的正常操作。
- 提高软件的复用率，降低成本。每个系统都是一个相对独立的整体，可以在不同的环境中得到使用。例如，一个 U 盘可以在多个电脑上使用。

Java 语言的基本封装单位是类。由于类的用途是封装复杂性，所以类的内部有隐藏实现复杂性的机制。Java 中提供了私有和公有的访问模式，类的公有接口代表外部的用户应该知道或可以知道的内容，私有的方法数据只能通过该类的成员代码来访问。这就可以确保不会发生不希望发生的事情。

【练习 4】

例如声明一个 Human 类，该类包含了一个简单的字段 sex，该字段表示用户性别（1=男，2=女），简单的代码格式如下。

```
public class Human {
    private int sex;
}
```

sex 字段只有男和女两个选项且不能被更改，如果相关人员将性别设置为别的文字则会变得没有任何意义，因此可以对该字段进行封装。封装能够实现对程序的保护，即隐藏对象的属性和实现细节，只对外公开接口，控制在程序中属性的读取和修改的访问级别等。更改后的代码如下所示。

```
public class Human {
    private int sex;
    public int getSex() {
        if (sex != 1 && sex != 2) {
            System.out.println("输入性别有误");
        }
        return sex;
    }
    public void setSex(int sex) {
        this.sex = sex;
    }
}
```

在上述代码中添加了 getSex()和 setSex()方法，实现了在创建人类对象时，如果性别不是 1 或

2 的情况，就会输出“性别输入有误”的提示。

3．多态性

面向对象的多态性，即“一个接口，多个方法”。多态性体现在父类中即表现为定义的属性和方法被子类继承后，可以具有不同的属性或表现方法。多态性允许一个接口被多个同类使用，弥补了单继承的不足。多态概念可以用树形关系来表示，如图 4-4 所示。

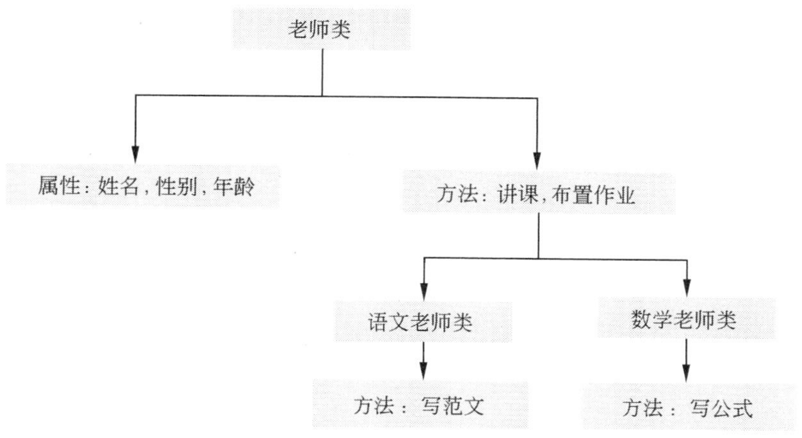

图 4-4　多态示例图

从图 4-4 中可以看出，老师类中的许多属性和方法可以被语文老师类和数学老师类同时使用，这样也不易出错。

4.1.2.3　对象的创建

在 Java 程序中，各种功能操作通常是通过对象来完成的。对象是类的一个实例化，是类的一种数据显示。对象在使用之前，必须被声明和创建。对象的创建可以分为显式和隐含，前面小节“类的实例化”中已经提到了显式创建对象的 4 种方式，下面将对它们进行详细说明。

1．显式创建对象

显式创建对象使用 new 关键字的方法前面已经讲过，这里不再说明。

- 调用反射机制中的 newInstance()实例方法创建对象，语法格式如下。

```
java.lang.Class Class 类对象名称=java.lang.Class.forName(要实例化的类全称);
类名 对象名=(类名)Class 类对象名称.newInstance();
```

- 类的 clone()方法，是对现有实例的复制。使用该方法创建对象时，要实例化的类必须继承 java.lang.Cloneable 接口。调用 clone()方法的语法格式如下所示。

```
类名 对象名=(类名)已创建的类对象名.clone();
```

- 通过解串行化使用 objectInputStream 对象中的 readobject()方法反序列化类（该方法将在后面第 9 课中具体讲解）。

【练习 5】

下面示例将综合运用前 3 种方式创建对象，体现使用不同方式创建对象的区别。

（1）创建 Person 类使其实现 Cloneable 接口，在类的开始声明 3 个变量，在下面创建了两个构造方法 Person()，第一个构造方法为无参构造方法。在第二个构造方法中，通过传递的参数对成员变量赋值。其实现代码如下所示。

```
package dao;
public class Person implements Cloneable{
    private String name;
    private int weight;
    private int age;
    public Person(){}
    public Person(String pname,int pweight,int page){
        name=pname;
        weight=pweight;
        age=page;
    }
    /*其他的方法将会在下面的步骤中给出*/
}
```

（2）接着通过在新建方法 young()中传参，判断 age 变量值的大小，并输出不同的提示信息。代码如下所示。

```
public void young(){
if(age>=18&&age<=100){
        System.out.println(name+"已经成年");
    }
    if(age>0&&age<18){
        System.out.println(name+"未成年");
    }
}
```

（3）最后通过创建 toString()方法返回了个人信息的内容，实现代码如下。

```
public String toString(){
    return "体重为:"+weight+"\n 年龄为:"+age;
}
public static void main(String[] args) throws Exception {
    System.out.println("<使用 new 关键字创建对象>");
    Person person1=new Person("Tom",50,23);
    person1.young();
    System.out.println(person1);
    System.out.println("<使用 newInstance()方法创建对象>");
    Class c=Class.forName("dao.Person");
    Person person2=(Person)c.newInstance();
    person2.young();
    System.out.println(person2);
    System.out.println("<使用 clone()方法创建对象>");
    Person person3=(Person) person1.clone();
    person3.young();
    System.out.println(person3);
}
```

在 main()方法中，使用 person 类创建了 3 个不同的对象 person1、person2 和 person3，并针对这 3 个对象调用相应的属性和方法，最后输出结果。

（4）上述代码运行结果如图 4-5 所示。

```
Console
<terminated> Person [Java Application] D:\Genuitec\Common\binary\com.sun.java.jdk.win32.x86_1.6.0.013\bin\javaw.exe (2012-12-17 下
<使用new关键字创建对象>
Tom已经成年
体重为:50
年龄为:23
<使用newInstance()方法创建对象>
体重为:0
年龄为:0
<使用clone()方法创建对象>
Tom已经成年
体重为:50
年龄为:23
```

图 4-5　不同方法创建对象的执行结果

2．隐含创建对象

除了上面讲到的显式地创建对象的方式以外，在程序中还可以隐含地创建对象，包括以下几种情况。

- 程序代码中 String 类型的 s1 和 s2 对应一个 String 对象，如下面代码所示。

```
String s1="I love Java";
String s2="I love Java";              //s2 和 s1 引用同一个 String 对象
String s3=new String("Hello");
System.out.println(s1==s2);           //打印 true
System.out.println(s1==s3);           //打印 false
```

执行完以上程序，内存中实际上只有两个 String 对象，一个对象是由 Java 虚拟机隐含地创建，还有一个通过 new 语句显式地创建。

- 字符串操作符“+”的运算结果为一个新的 String 对象，示例代码如下所示。

```
String s1="I";
String s2="love java";
String s3=s1+s2;                               //s3 引用一个新的 String 对象
System.out.println(s3=="I love");              //打印 false
System.out.println(s3.equals("I love"));       //打印 true
```

- 对于 Java 命令中的每个命令行参数，Java 虚拟机都会创建相应的 String 对象，并把它们组织到一个 String 数组中，再把该数组作为参数传给程序入口 main(String args[])方法。
- 当 Java 虚拟机加载一个类时，会隐含地创建描述这个类的 class 实例。

【练习 6】

在银行的转账系统中，张政给李明打了 300 元，那么张政的账户就少了 300 元，同时李明的账户就会多出相同的数额。编写程序，其实现代码如下。

```
public class Test12 {
    private String  name;
    private double money;
    public Test2(String tname,double tmoney){
        name=tname;
        money=tmoney;
    }
    public String toString(){
        return name+"打出了: "+money+"元"+"\n"+"李明"+"收到了: "+money+"元";
    }
    public static void main(String[] args) {
        Test2 test1=new Test2("张政",300);
```

```
        System.out.println(test1);
    }
}
```

上述代码运行结果如图 4-6 所示。

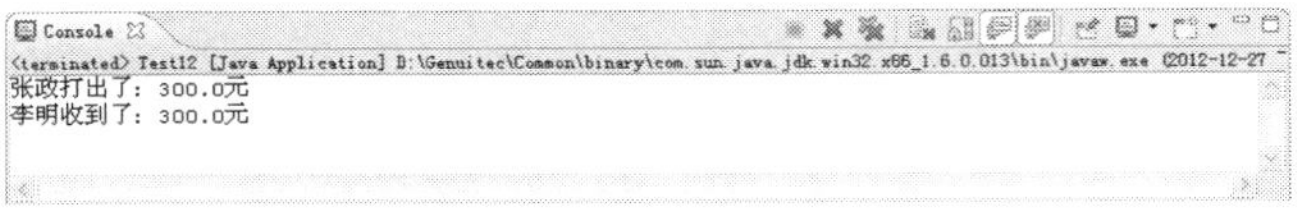

图 4-6　转账系统执行结果

在该程序中定义了 toString()方法，因此在执行输出结果时将调用账户信息的 toString()方法，显示转账信息。

4.1.2.4　访问对象的属性和方法

对象是类的一个实例，是类的一种数据显示。一个类可以创建多个不同的对象，但这些对象都会具有相同的特性和行为，这些特性和行为分别对应对象的属性和方法。在 Java 语言中，要调用对象的属性和方法，需要使用相应的操作符来访问。其调用模式基本相同，语法格式如下。

```
对象名.属性(成员变量)          //访问对象的属性
对象名.成员方法名()            //访问对象的方法
```

【练习 7】

例如公司里面上级和下级之间会分一定的等级，最高层是老板，接下来是主管，最后一层是普通员工。级别不同的人的收入信息和个人信息也不同。编程主要步骤如下。

（1）首先创建一个名称为 Person1 的类，在类的开始声明 3 个变量，在下面创建两个构造方法 person1()。在第一个构造方法中，直接对成员变量进行赋值；在第二个构造方法中，通过传递的参数对成员变量赋值。代码如下所示。

```
package dao;
public class Person1 {
    String name ;
    int money ;
    int weight;
    public Person1(){
        name  = "Mary";
        money = 2000;
        weight = 45;
    }
    public Person1(String str,int num,int num1){
        name=str;
        money=num;
        weight=num1;
    }
    /*类中方法将在下面步骤中具体讲解*/
}
```

（2）接着在新建的方法 get()中使用条件语句，通过判断 money 变量值的大小，来输出不同的员工信息。代码如下所示。

```
public void get(){
    if(money>=100000)
        System.out.print(name+": 是一个老板");
    if(money>8000&&money<100000)
        System.out.print(name+": 是一个主管");
    if(money>0&&money<8000){
        System.out.println(name+": 是一个员工");
    }
}
```

（3）然后在 main()方法中，使用 Person1 类创建两个不同的对象 objPerson 和 objPersion1，并使用这两个对象调用相应的属性和方法。代码如下所示。

```
public static void main(String []args) {
    Person1 objPerson = new Person1(); // 创建 Person1 类的对象
    objPerson.get();              //调用对象的方法
    System.out.println("月收入: "+objPerson.money+"元"+"\n 体重 : " +
    objPerson.weight+"kg");
    Person1 objPerson1 = new Person1("John",100000,100);
    objPerson1.get();             //调用对象的方法
    System.out.println("\n 月收入: "+objPerson1.money+"元"+"\n 体重 : " +
    objPerson1.weight+"kg");
}
```

（4）最后的执行结果如图 4-7 所示。

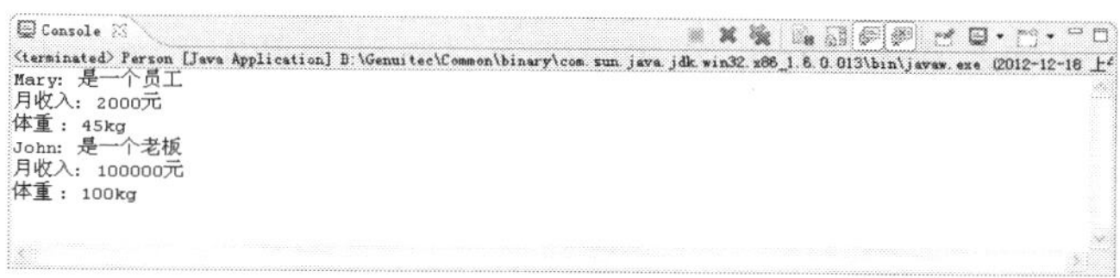

图 4-7　公司人员信息执行结果

4.1.2.5　对象的销毁

Java 语言的一大优势就是显式地释放对象，编译器会判断对象的持续时间有多长，到时会自动"破坏"或者"清除"它。程序员可用两种方法来破坏一个对象：用程序化的方式决定何时破坏对象，或者利用由运行环境提供的一种垃圾收集器（Garbage Collector）特性，自动寻找那些不再使用的对象，并将其清除。但所有应用程序都必须容忍垃圾收集器的存在，并能默许随垃圾收集带来的额外开销。对于程序员来说，分配对象使用 new 关键字；释放对象时，只要将对象所有引用赋值为 null。大多数程序员在使用临时变量的时候，都是让引用变量在退出活动域（scope）后，自动设置为 null。

一个对象被当作垃圾回收的情况主要有以下 3 种。

- 对象被赋值为 null。

```
{
    Object o=new Object();
    o=null;//
}
```

- 对象的引用超过其作用范围。

```
{
    Object o=new Object();        //对象 o 的作用范围，超过这个范围，对象将被视为垃圾
}
```

- 还有另外一种被称为 finalizer 的机制，使用者仅仅需要重载 Object 对象提供的 finalize()方法，这样当系统在进行垃圾回收时，就可以自动调用该方法。但是由于对象何时被垃圾收集的不确定性，以及 finalizer 给 GC 带来的性能上的影响，因此并不推荐使用者依靠该方法来达到关键资源释放的目的。

Java 的语言规范中并没有保证该方法会被及时地执行，甚至都没有保证一定会被执行。即便开发者可以调用System.gc()和Runtime.gc()这两个方法，也仅仅是提高了 finalizer 被执行的几率而已。还有一点需要注意的是，被重载的 finalize()方法中如果抛出异常，垃圾回收器不会报告异常。在 Java 中被推荐的资源释放方法是：提供显式的具有良好命名的接口方法，如 FileInputStream.close()和 Graphic2D.dispose()等，然后使用者在 finally 区块中调用该方法，代码如下所示。

```
public void test() {
    FileInputStream fs = null;
    try {
        fs = new FileInputStream(filename);
        ……..
    } finally {
        fs.close();
    }
}
```

【练习 8】

在实际的开发中，如何利用 finalize()方法所带来的帮助，见如下示例代码。

```
public class Test {
    protected void finalize() throws Throwable {
        try {
            System.out.println("The current time: " + _myTime);
        } finally {
            super.finalize();
        }
    }
}
```

上述代码中 finalize()方法的调用是必须的，这样可以保证整个类继承体系中的 finalize 链都被执行。

4.1.3 类成员

Java 类中的成员（如属性和方法）可以分成两种，分别是实例成员和类成员。实例成员是属于对象的，即属于对象级别的，它包括实例成员属性（也称为实例成员变量）和实例成员方法，只有创建了对象之后才能访问实例成员属性和实例成员方法。

类成员是属于类的，类成员包括类成员属性（也称为类成员变量）和类成员方法，通过类名可以直接访问类成员变量和调用类成员方法。类成员不需要伴随对象，也就是说即使没有创建对象，也能够引用类成员，类成员也可以通过对象引用。

4.1.3.1 类的成员变量

Java 语言中类的成员变量，通常表示一个类所具有的属性，成员变量的声明非常简单，代码形

式如下。

```
[public|private|protected][static][final] class <class_name>{
<type> <variable_name>
}
```

上述代码中的各参数含义如下。

- ❑ **public、private 和 protected** 表示成员变量的访问权限。
- ❑ **static** 表示静态变量。
- ❑ **final** 表示该成员变量声明为常量。
- ❑ **class_name** 表示类名。
- ❑ **type** 表示变量的类型。
- ❑ **variable_name** 表示变量名。

【练习 9】

例如在创建的 Person 类中添加 4 个成员变量，代码如下所示。

```
class Person {
        String name;
        boolean sex;
        int age;
        String address;
}
```

在该代码中创建两个字符串变量、一个整型变量和一个布尔类型的变量，它们都没有进行初始化，这些变量的作用域范围是整个类。

当然也可以在声明成员变量的同时对其初始化，如果声明成员变量时没有对其初始化，则系统会使用默认值初始化成员变量。初始化默认值如下。

- ❑ 整数型（byte、short、int 和 long）的基本类型变量的默认值为“0”。
- ❑ 单精度浮点类型（float）的基本类型变量的默认值为“0.0f”。
- ❑ 双精度浮点类型（double）的基本类型变量的默认值为“0.0d”。
- ❑ 字符型（char）的基本类型变量的默认值为“\u0000”。
- ❑ 布尔型（boolean）的基本类型变量的默认值为“false”。
- ❑ 字符串型（String）的基本类型变量的默认值为“full”。

【练习 10】

下面以一个简单的例子来介绍成员变量的初始值，代码如下所示。

```
public class Math {
    static int sum;
    public static void main(String[] args) {
        System.out.println(sum);
    }
}
```

在这里用静态的方法修饰变量 sum，输出结果是 int 型的初始值为“0”。

4.1.3.2 类的成员方法

声明成员方法可以定义类的行为，行为表示一个对象能够做的事情或者能够从一个对象取得的信息。类的各种功能操作都是方法来实现的，属性只不过提供了相应的数据。一个完整的方法通常包括方法名称、方法主体、方法参数和方法返回类型。其结构如图 4-8 所示。

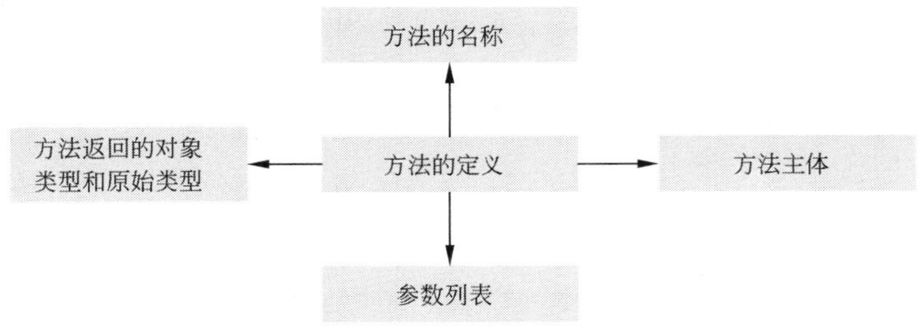

图 4-8　构成方法元素

成员方法一旦被定义，便可以在不同的程序设计中多次调用，进而提高编程效率。声明成员方法的语法格式如下。

```
public class Test {
    [public|private|protected][static]
    <void|return_type><method_name>([paramList]) {
        //方法体
    }
}
```

上述代码中一个方法包含 4 个部分：方法的返回值、方法名称、方法的参数和方法体。其中 return_type 是方法返回值的数据类型，数据类型可以是原始的数据类型，即常用的 8 种数据类型，也可以是一个引用的数据类型，如一个类、接口和数组等。

除了这些外，方法还可以没有返回值即 void，如 main()方法的返回类型。method_name 表示用户自定义的方法名称。方法的名称首先要遵循标识符的命名约定，除此之外，方法的名称的第一个单词的第一个字母是小写，第二个单词的第一个字母是大写，以此类推。paramList 表示参数列表，这些变量都要有自己的数据类型，可以是原始的数据类型，也可以是复杂的数据类型，一个方法主要依靠参数来传递消息。方法主体是方法中执行功能操作的语句。

其他各修饰符含义如下。

- **public、private 和 protected**　表示成员方法的访问权限。
- **static**　表示限定该成员方法为静态方法。
- **final**　表示限定该成员方法不能被重写或重载。
- **abstract**　表示限定该成员方法为抽象方法。抽象方法不提供具体的实现，并且所属类型必须为抽象类。其代码示例如下。

```
public abstract class Test {
    public abstract void person();          //抽象方法
}
```

【练习 11】

在一个类中可以创建一个或多个方法，用来完成某种特定的行为。下面通过创建一个具体的方法来说明，其代码形式如下。

```
public class Student {
    static String name;
```

```
    static boolean sex;
    static int age;
    public static String getName() {
        return name;
    }
    public static void setName(String name) {
        Student.name = name;
    }
    public static boolean isSex() {
        return sex;
    }
    public static void setSex(boolean sex) {
        Student.sex = sex;
    }
    public static int getAge() {
        return age;
    }
    public static void setAge(int age) {
        Student.age = age;
    }
}
```

上述代码是在 Student 类中，分别创建了 3 个属性的 get()和 set()方法，即数据的封装。其中 set()方法用于修改数据，get()方法用于获取数据。不同方法用于完成不同的操作。

【练习 12】

方法创建好后就可以直接使用了。使用方法或者变量可以通过对象来实现。具体如何实现类的创建、方法的创建及调用，代码如下所示。

```
public class Test8 {
    String ok="任务已完成";
    public int add(int i, int j )
    {
        return (i-j);
    }
    public void cube(double height,double width,double depth)
    {
        double d=height*width*depth;
        System.out.println(d);
    }
    public void fine(){
        System.out.println(ok);
    }
    public String sad(){
        return "我没有参数";
    }
    public static void main(String args[]){
        Test8 c=new Test8();
        int a=c.add(4,6);
        c.cube(2.5,5.3,7.8);
```

```
        System.out.println(a);
        c.fine();
        String s=c.sad();
        System.out.println(s);
    }
}
```

上述代码运行结果如图 4-9 所示。

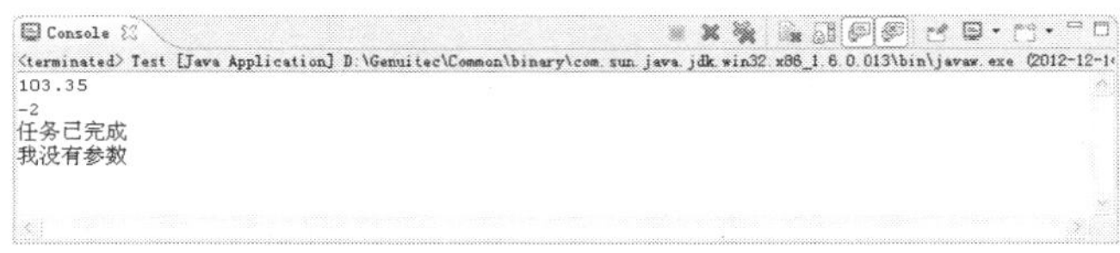

图 4-9　方法的创建和使用

上述代码首先在一个 Test8 类中，声明了 1 个变量和 4 个不同形式的方法。这个变量的作用域范围是整个类，可以直接使用到方法中。4 个方法分别属于不同形式的、既带有参数又带有返回值的方法，如 add()方法；只有参数没有返回值的方法，如 cube()方法；没有参数只有返回值的方法，如 sad()方法；既没有返回值又没有参数的方法，如 fine()方法。需要注意的是，在调用方法时首先创建对象，对于不同形式的方法采用不同形式的调用。

4.1.3.3　类的构造方法

构造方法是类中一种特殊的方法。Java 中的每个类都有构造方法。在 Java 类中，如果不显示声明构造方法，则系统会调用默认的构造方法。一个类可以有多个构造方法，各自包含不同的方法参数。构造方法的主要作用：一是用来实例化该类，二是让该类实例化的时候执行某些方法，初始化某些属性。

构造方法和方法的区别如下。

（1）修饰符不同

和方法一样，构造方法可以有任何访问的修饰如 public、protected 和 private，或者没有修饰（通常被 package 和 friendly 调用）。不同于方法的是，构造方法不能有以下非访问性质的修饰：abstract、final、native、static 或者 synchronized。

（2）返回类型不同

返回类型也是非常重要的，方法能返回任何类型的值或者无返回值（void），构造方法没有返回值，也不需要（void）。

（3）命名不同

构造方法使用和类相同的名字，而方法则不同。按照习惯，方法通常用小写字母开始，而构造方法通常用大写字母开始。构造方法通常是一个名词，因为它和类名相同；而方法通常更接近动词，因为它说明一个操作。

构造方法可以分为参数化构造方法和隐式（即无参）构造方法。参数化构造方法即在构造方法中带有参数，隐式构造方法就是系统默认的构造方法，示例代码如下。

```
public class Shop {
    String tradeName;
    int tradePrice;
    public Shop(String name,int price){
        tradeName=name;
```

```
        tradePrice=price;
    }
    public Shop(){
    }
}
```

上述代码创建了一个参数化构造方法 Shop()，其中包含两个参数 name 和 price。还有另一个无参构造方法 Shop()。

【练习 13】

当创建好一个类后，就可以直接在里面创建一个或多个构造方法。下面创建一个案例，演示构造方法的创建和使用。示例代码如下。

```
public class Shop {
    String tradeName="薯条";
    int tradePrice=3;
    boolean sell=false;
    public Shop(String name,int price){
        tradeName=name;
        tradePrice=price;
    }
    public Shop(){
    }
    public StringBuffer shopping(Shop s){
        StringBuffer sb=new StringBuffer();
        System.out.println("商品名称为: "+s.tradeName+"\n 商品价格为:
        "+s.tradePrice+"元"+"\n 是否售完: "+s.sell);
        return sb;
    }
    public static void main(String[] args) {
        System.out.println("<无参数构造方法>");
        Shop s1=new Shop();
        System.out.println(s1.shopping(s1));
        System.out.println("<带有参数构造方法>");
        Shop s2=new Shop("可乐",4);
        System.out.println(s2.shopping(s2));
    }
}
```

上述代码运行结果如图 4-10 所示。

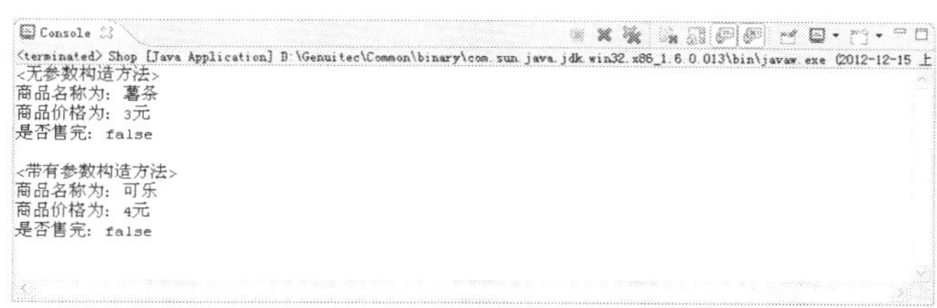

图 4-10　构造方法的创建和使用

该示例创建了两个不同类型的构造方法 Shop()和一个方法 shopping()。在构造方法中，无参构造方法调用了系统默认的值，即输出结果为："商品名称为：薯条 商品价格为：3 元 是否售完：false"。而参数化构造方法则调用了声明的方法，输出结果为："商品名称为：可乐 商品价格为：4 元 是否售完：false"。

最后一个方法的返回值类型为 StringBuffer（引用数据类型）。该方法需要传递一个 Shop 类型的参数，最后需要将一个 StringBuffer 类型的数据返回。

【练习 14】

例如顾客进入超市购物时，有些特卖商品都会有销售人员在旁边介绍商品属性，即该商品名称、商品功效、适宜人群以及特卖价格等。完成这些介绍功能的代码格式如下所示。

```
public class Shop1 {
    private String name;
    private String effect;
    private String suit;
    private double sell;
    public Shop1(String sname,String seffect,String ssuit,double ssell){
        name=sname;
        effect=seffect;
        suit=ssuit;
        sell=ssell;
    }
    public String introduce(){
        return "这款产品的名称为:"+name+"\n 功效是:"+effect+"\n 适宜人群:"+suit+"\n
        特卖价格为: "+sell+"元";
    }
    public static void main(String[] args) {
        Shop1 shop=new Shop1("脑白金","强神健脑,提高记忆力","中老年人群",200);
        String duce=shop.introduce();
        System.out.println(duce);
    }
}
```

上述代码运行结果如图 4-11 所示。

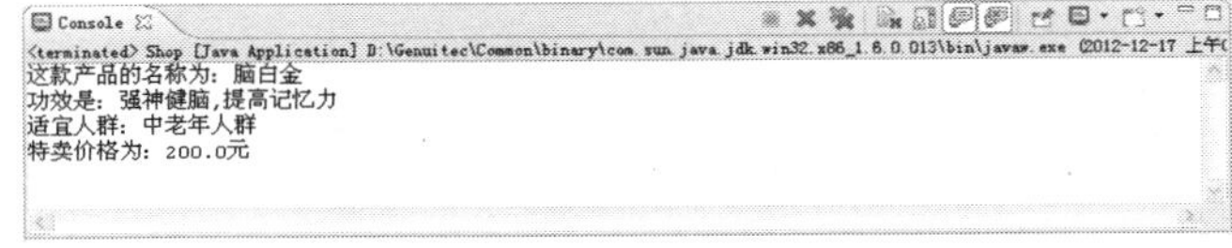

图 4-11 商品介绍执行结果图

该代码在 Shop1 类中创建了一个构造方法 Shop1()、一个 introduce()方法和一个程序的入口 main()方法。Shop1 类有 4 个变量作为商品的属性，并在构造方法中传递这 4 个参数，赋值给该方法的 4 个成员变量。在 introduce()方法中，返回商品介绍的内容，然后在 main()方法中向 Shop 对象赋初始值，并调用了 introduce()方法，最后输出完成介绍商品的步骤。

4.1.3.4 类的主方法

在 Java 语言中，主方法是 Java 应用程序的入口方法，也就是说，程序在运行的时候，第一个执行的方法就是主方法。主方法和其他的方法不同，比如主方法的名字必须是 main，必须是 void 类型的，必须接收一个字符串数组的参数等。其语法格式如下所示。

```
public static void main(String[] args) {
    //方法体
}
```

主方法的定义格式如下。

- **public static** 返回值类型和方法名称（参数列表）。public 表示此方法可以被外部所调用；在方法定义上都加上 static 关键字，其原因主要是可以直接被主方法调用。
- **void** 主方法是程序的起点，所以不需要任何返回值。
- **main** 系统规定好默认调用的方法名称，执行的时候，默认找到 main()方法名称。
- **String args []** 表示的是运行时的参数。参数传递的形式：Java 类名称 参数 1 参数 2 参数 3 等，其示例代码如下。

```
public class Test2 {
    public static void main(String[] args) {
        System.out.println(args.length);
        if(args.length>0){
            for(int i=0;i<args.length;i++){
                System.out.println(args[i]);
            }
        }
    }
}
```

4.1.3.5 this 关键字

this 关键字是 Java 语言中常用的关键字，可用于任何实例方法内，指向当前对象。它可指向对其调用当前方法的对象或在需要当前类型的对象引用时使用。

this 关键字主要有下面 3 个应用。

- this 调用本类中的属性，也就是类中的成员变量。
- this 调用本类中的其他方法。
- this 调用本类中的其他构造方法，调用时要放在构造方法的首行。

1. 调用成员变量

在 Java 语言中调用成员变量或者成员方法都是以“对象名.成员变量”或者“对象名.成员方法”的形式。不过在没有相同变量的时候，可以使用 this.成员变量的形式来调用变量，这是 this 关键字在 Java 语言中最简单的应用。

【练习 15】

从上面的应用中，可以看出 this 关键字代表的就是对象的名字。下面通过代码进行演示。

```
Public Class Student{
    String name;                              //定义一个成员变量 name
    private void SetName(String name){        //定义一个参数 name
        this.name=name;                       //将局部变量的值传递给成员变量
    }
}
```

2. 调用类的构造方法

this 关键字除了可以调用成员变量之外，还可以调用构造方法。

【练习 16】

例如下面通过一小段代码演示了 this 关键字的另一个使用方法，即使用该关键字调用构造方法，代码如下所示。

```
public class Student{                    //定义一个类 student
    public Student(){                    //定义一个构造方法
        this("Mary")
    }
    public Student(String name){         //定义一个带形式参数的构造方法
    }
}
```

上例中定义了两个构造方法，一个带参数的和一个无参的。this 关键字后面加上了一个参数，那么就表示其引用的是带参数的构造方法。如果现在有 3 个构造方法，分别为不带参数、带一个参数、带两个参数。那么 Java 编译器会根据所传递的参数数量的不同，来判断该调用哪个构造方法。

3．返回对象的值

this 关键字除了可以引用变量或者成员方法之外，还有一个重大的作用就是返回类的引用。如在代码中，可以使用 return this 来返回某个类的引用。此时这个 this 关键字就代表类的名称。如这个代码在上面这个 student 类中，那么这个代码其代表的含义就是 return student。

在使用 this 关键字的时候，需要注意一个细节问题。在“练习 15”中，利用 this 关键字来引用成员变量，即“this.name=name”。这个语句是将局部变量或形式参数赋值给成员变量，此时这个 this 关键字不加也可以起到类似的效果。所以上面这个语句与“name=name”这个语句是相同的。即 Java 编译器会自动将第一个 name 当作成员变量来对待，而将等号右边的 name 变量当作形式参数。虽然这么书写代码可以节省 this 这几个字符的输入，但是对于代码的阅读是不利的。

为此从代码的阅读性考虑，如果成员变量与形式参数或者局部变量相同的话，那么最好是使用 this.成员变量（成员方法）的方式来调用成员变量。

4.1.4 常用修饰符

在 Java 语言中，常用的修饰符有 public、private、protected、final、abstract、static、transient 和 volatile，这些修饰符有类修饰符、变量修饰符和方法修饰符。下面将详细介绍这些常用修饰符。

4.1.4.1 访问类修饰符

访问修饰符是一组限定类、属性或方法是否可以被程序里的其他部分访问和调用的修饰符。类的访问修饰符只有一个 public 或 friendly（默认），方法和属性的访问控制符有 4 个，分别是 public、private、protected 和 friendly（默认）。

通过使用访问类修饰符来限制对对象私有属性的访问，可以获得 3 个重要的好处。

- 防止对封装数据的未授权访问。
- 有助于保证数据完整性。
- 当类的私有实现细节必须改变时，可以限制发生在整个应用程序中的“连锁反应”。

这些访问控制修饰符的权限，如表 4-1 所示。

下面将具体说明表 4-1 中 4 个访问类修饰符的作用。

- **public**　Java 语言中访问限制最少的修饰符，一般称之为“公共的”访问类修饰符。被其修饰的类、属性以及方法不仅可以跨类访问，而且允许跨包（package）访问。public 类必须定义在和类名相同的同名文件中。

表 4-1 访问控制符的权限

访问范围	private	friendly（默认）	protected	public
同一个类	可访问	可访问	可访问	可访问
同一个包内的类	不可访问	可访问	可访问	可访问
不同包内的子类	不可访问	不可访问	可访问	可访问
不同包并且不是子类	不可访问	不可访问	不可访问	可访问

- **private** Java 语言中对访问权限限制得最多的修饰符，一般称之为“私有的”访问类修饰符。被其修饰的类、属性以及方法只能被该类的对象访问。并且其子类不能访问，更不能允许跨包访问。
- **protected** 介于 public 和 private 之间的一种访问修饰符，一般称之为“保护形”访问类修饰符。被其修饰的类、属性以及方法只能被类本身的方法及子类访问，即使子类在不同的包中也可以访问。
- **friendly** 这种访问特性又称为包访问性（package private）。如果一个类没有访问修饰符，说明它具有默认的访问控制特性。这种默认的访问控制权规定：该类只能被同一个包中的类访问和引用，而不能被其他包中的类使用，即使其他包中有该类的子类。

【练习 17】

下面创建一个实例，详细说明访问类修饰符的权限。

（1）新建一个 Test 类，在该类中声明不同修饰符的 4 个属性，其访问权限分别为“私有的”、“保护形”、“公共的”和“默认的”，并创建其构造方法，实例代码如下所示。

```
package dao;
public class Test {
    private String private_mem;
    protected String protected_mem;
    public String public_mem;
    String default_mem;
    public Test(){
        private_mem=": 是私有成员";
        protected_mem=": 是保护成员";
        public_mem=": 是共有成员";
        default_mem=": 是默认成员";
    }
}
```

（2）在 Test 类中创建无返回值的方法 fun()，代码如下所示。

```
public void fun(){
    System.out.println("同一类中访问: ");
    System.out.println("private_mem"+private_mem);
    System.out.println("protected_mem"+protected_mem);
    System.out.println("public_mem"+public_mem);
    System.out.println("default_mem"+default_mem);
}
```

（3）在同一个包 dao 中，新建一个 Test1 类并在该类定义 main()方法，访问 Test 类中的属性并赋值，其实例代码如下。

```
package dao;
public class Test1 {
    public void fun(){
        Test t=new Test();
        System.out.println("同包的类访问 ");
        //System.out.println("private_mem"+t.private_mem);
                                            //同包使用 private 修饰符错误
         System.out.println("protected_mem"+t.protected_mem);
         System.out.println("public_mem"+t.public_mem);
         System.out.println("default_mem"+t.default_mem);
    }
    public static void main(String[] args) {
        Test t=new Test();//同一类中访问
        t.fun();
        Test1 t1=new Test1();//同包的类访问
        t1.fun();
    }
}
```

（4）如果没有将步骤（3）使用私有成员 private 输出结果的语句注释掉，执行结果将报错如图 4-12 所示。

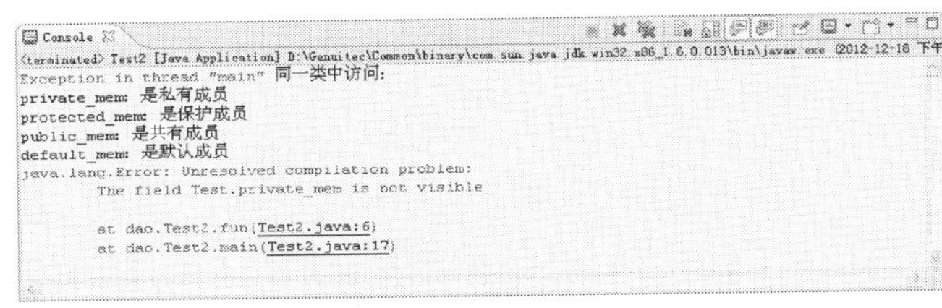

图 4-12　访问修饰符权限错误执行结果

（5）下面将同包的类使用私有成员的语句注释掉，执行结果无误。如图 4-13 所示。

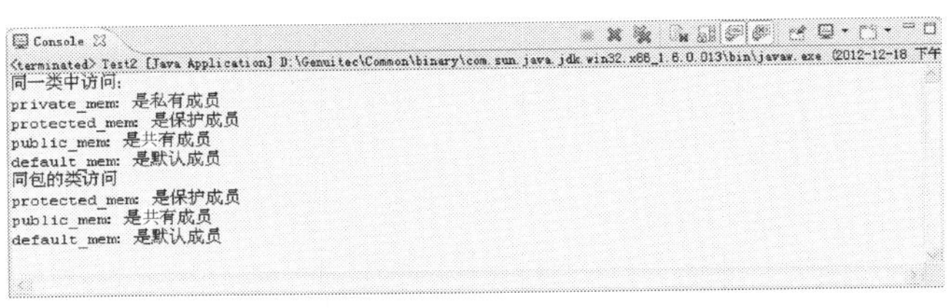

图 4-13　访问修饰符权限正确执行结果

4.1.4.2　static 静态修饰符

用 static 修饰符修饰的变量、方法和代码块称为静态变量、静态方法和静态代码块，它们统称为静态成员。它们能通过对象进行访问，也能通过成员函数进行访问，还能直接通过类名访问，它们是所有对象共有的。

调用静态成员的语法格式如下所示。

```
类名.静态成员
```

1．静态变量

类的成员变量有两种，一个是实例变量，没有被 static 修饰；一种是被 static 修饰过的变量，叫类变量或者静态变量。

静态变量和实例变量的区别如下。

- 在程序运行时 Java 虚拟机只为静态变量分配一次内存，在加载类的过程中完成静态变量的内存分配。可以直接通过类名访问静态变量。
- 对于实例变量来说，每创建一个实例就会为其分配一次内存，实例变量可以在内存中同时存在多个且互不影响。

【练习 18】

例如在类中创建静态变量，然后在 main()方法中声明 4 个普通变量，接着调用不同的变量并保存到新变量中，最后将这些变量进行输出，其代码格式如下。

```
package dao;
public class Test18 {
    public static String doing="..........";
    public static void main(String[] args) {
        String address1="\n 小明放学后先路过了超市";
        String address2="\n 然后是服装店";
        String address3="\n 接下来是叉路口";
        String address4="\n 最后到了家";
        String test1=doing+address1;
        String test2=Test18.doing+address2;
        Test18 t1=new Test18();
        String test3=t1.doing+address3;
        Test18 t2=new Test18();
        String test4=t2.doing+address4;
        System.out.println(test1);
        System.out.println(test2);
        System.out.println(test3);
        System.out.println(test4);
    }
}
```

上述代码中被 static 静态修饰符修饰的变量 doing，可以直接被 test18 访问，也可以通过类名被 test2 访问，同样也可以通过对象 t1 和 t2 来访问。

运行该程序结果如图 4-14 所示。

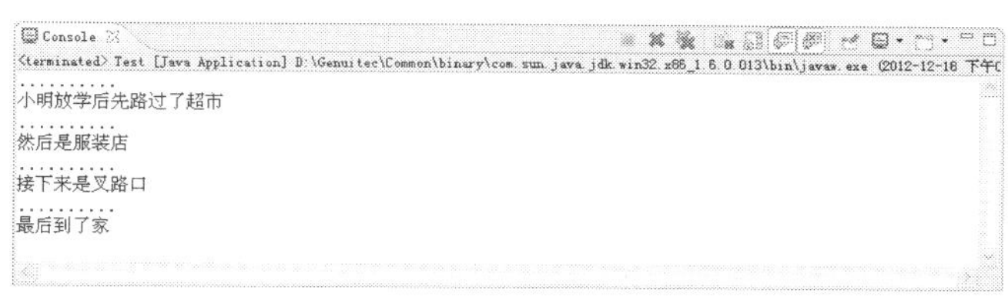

图 4-14 访问静态变量执行结果

2．静态方法

类的成员方法也可以分为静态方法和实例方法。用 static 修饰的方法叫做静态方法，静态方法和静态变量一样，不需要创建类的实例，可以直接通过类名来访问。

在使用静态方法时，应注意下面 3 个原则。

- 类的静态方法只能访问其他的静态成员，不能直接访问所属类的实例变量和实例方法。

- 因为静态方法不需要通过它所属的类的任何实例就可被调用，因此在静态方法中不能使用关键字 this 和 super。
- 静态方法不能被覆盖为非静态方法。

【练习 19】

例如在类中分别创建静态方法和实例方法，通过不同的方法调用来说明静态方法和实例方法的不同，代码如下所示。

```
package dao;
public class Test19 {
    public static int i=2;
    int sum=0;
    public int test1(){
        System.out.println("-----实例方法-----");
        while(i<=100){
            sum+=i*i;
            i=i+2;
        }
        test3();
        return sum;
    }
    public static int test2(){
        System.out.println("-----静态方法-----");
        i+=i;
        test3();
        return i;
    }
    public static void test3(){
        System.out.println("-----静态方法-----");
        i+=2;
        System.out.println("test3="+i);
    }
    public static void main(String args[]){
        Test19 t = new Test19();
        System.out.println("test1="+t.test1());
        System.out.println("test2="+test2());
        Test19.test3();
    }
}
```

该程序运行结果如图 4-15 所示。

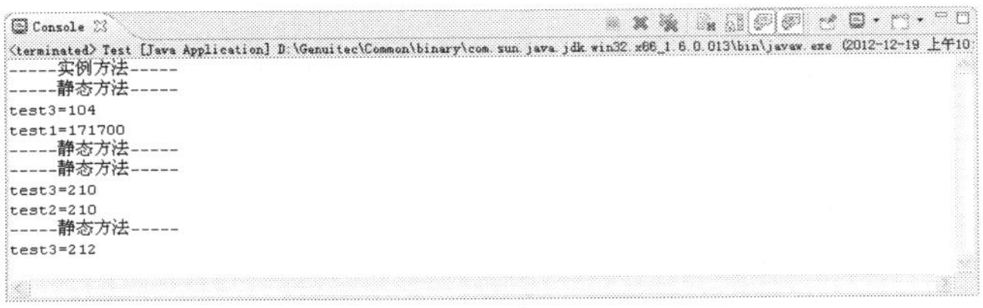

```
Console
<terminated> Test [Java Application] D:\Genuitec\Common\binary\com.sun.java.jdk.win32.x86_1.6.0.013\bin\javaw.exe (2012-12-19 上午10:
-----实例方法-----
-----静态方法-----
test3=104
test1=171700
-----静态方法-----
-----静态方法-----
test3=210
test2=210
-----静态方法-----
test3=212
```

图 4-15　访问静态方法执行结果

上述代码中静态变量 i 作为实例之间的共享数据，可以被不同的方法调用。在实例方法中可以调用静态方法，而静态方法是不可以调用非静态方法的。

3．静态代码块

静态代码块是在类中独立于类成员的 static 语句块，可以有多个。如果需要初始化静态变量，可以声明一个静态块。静态块的代码格式如下所示。

```
static{
    //块执行代码
}
```

静态成员在类加载时，就会被单独分配一块内存，进行存储，即静态块仅在该类被加载时执行一次，类中不同的静态代码块按它们在类中出现的顺序被依次执行。静态块的功能简单，只能初始化类的静态数据成员。其使用示例如下所示。

【练习 20】

下面新建一个类来具体说明静态代码块的作用，实例代码如下。

```
public class Test20 {
    private static String a;
    private String b;
    static {
        Test20.a="我学习了很多语言";
        System.out.println(a);
        Test20 t=new Test20();
        t.fina();
        t.b="Java 语言";
        System.out.println(t.b);
    }
    static{
        Test20.a="I love Java";
        System.out.println(a);
    }
    public static void main(String[] args) {
        //TODO 自动生成方法存根
    }
    static{
        Test20.a="我还将继续学习下去";
        System.out.println(a);
    }
    public void fina(){
        System.out.println("但我最喜欢的是: ");
    }
}
```

上述示例中使用了多个代码块，利用静态代码块可以对一些 static 变量进行赋值。使用一个 static 的 main()方法，这样程序在运行 main()方法的时候可以直接调用而不用创建实例。运行结果如图 4-16 所示。

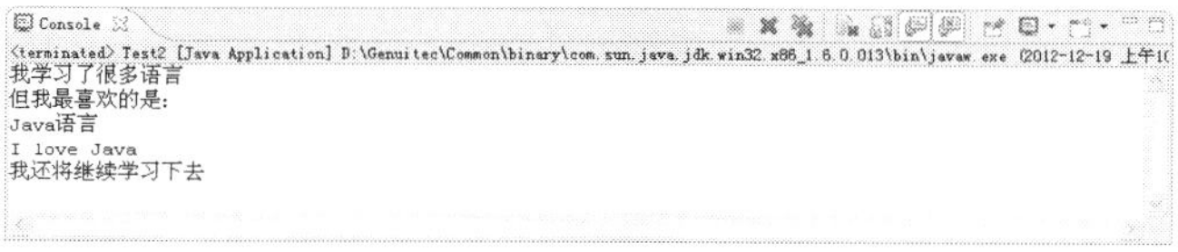

```
Console
<terminated> Test2 [Java Application] D:\Genuitec\Common\binary\com.sun.java.jdk.win32.x86_1.6.0.013\bin\javaw.exe (2012-12-19 上午1(
我学习了很多语言
但我最喜欢的是:
Java语言
I love Java
我还将继续学习下去
```

图 4-16　访问静态代码块执行结果

4.1.4.3 final 修饰符

final 修饰符表示对象是最终形态的并且是不可改变的意思。Java 语言中 final 修饰符既可以修饰类和方法也可以修饰变量。final 修饰符的使用规则如下。

- 用 final 修饰的类不能被扩展，也就是说不可能有子类。
- 用 final 修饰的方法不能被替换或隐藏。使用 final 修饰的实例方法在其所属类的子类中不能被替换（overridden），也不能被重定义（redefined）而隐藏（hidden）。
- 用 final 修饰的变量最多只能赋值一次，不同类型的变量在赋值方式上的差异如下。
    - 静态变量必须明确赋值一次（不能只使用类型默认值），它既可以作为类成员的静态变量，也可以作为接口成员的静态变量。作为类成员的静态变量，赋值可以在其声明中通过初始化表达式完成，也可以在静态初始化块中进行；作为接口成员的静态变量，赋值只能在其声明中通过初始化表达式完成。
    - 实例变量同样必须明确赋值一次（不能只使用类型默认值），赋值可以在其声明中通过初始化表达式完成，也可以在实例初始化块或构造方法中进行。
    - 方法参数变量在方法被调用时创建，同时被初始化为对应实参值，终止于方法体（body）结束，在此期间其值不能改变。
- 构造方法的参数变量在构造方法被调用（通过实例创建表达式或显式的构造方法调用）时创建，同时被初始化为对应实参值，终止于构造方法体结束，在此期间其值不能改变。局部变量在其值被访问之前必须被明确赋值。

【练习 21】

下面创建一个案例，具体演示 final 修饰符的使用。

（1）先在 dao 包中创建一个类，在该类中声明了两个静态变量 i 和 something，还有一个实例变量 j，其示例代码如下。

```
package dao;
public class Test21 {
    static final int i=10+5;
    final int j=100+5;
    static final int something=(int)(Math.random()*10);
}
```

（2）创建 Test22 类并在该类中定义 main()方法，访问输出 Test21 类中的变量。声明的静态变量 something 不是常变量，因为其初始化表达式不是编译时的常量表达式。所以最后在 main()方法中引用了变量 i 和 j 输出常量值，引用变量 something 输出了随机数。代码如下所示。

```
package dao;
public class Test22 {
    public static void main(String[] args) {
        System.out.println("i="+Test21.i);
        System.out.println("j="+new Test21().j);
        System.out.println("something="+Test21.something);
    }
}
```

（3）该程序运行结果如图 4-17 所示。

```
<terminated> Test [Java Application] D:\Genuitec\Common\binary\com.sun.java.jdk.win32.x86_1.6.0.013\bin\javaw.exe (2012-12-19 上午11:
i=15
j=105
something=0
```

图 4-17 final 修饰符的执行结果

4.2 实例应用：模拟网上购物

4.2.1 实例目标

在本课中，通过大量的实践案例详细讲解了 Java 语言的基础——类和对象，介绍了它们的相关概念和用法等。本节将综合应用这些知识来编写一个模拟网上购物的案例，其主要功能是：用户根据提供的商品信息获取卖家信息，然后根据系统所提供的信息输入品牌和商品名称进行操作。

4.2.2 技术分析

根据用户要买的东西名称和卖家品牌名，进行购买操作，最后购买信息发送给卖家。其中与技术相关的最主要的知识点如下所示。

- 通过声明不同的变量保存用户输入的卖家品牌和商品名称。
- 使用 this 关键字调用本类中的成员变量。
- 通过声明静态方法、属性和实例方法来进行不同的访问。

4.2.3 实现步骤

模拟网上购物的相关功能步骤如下。

（1）新建一个 Internet 类，并在该类中首先定义两个数组用 static 修饰。然后在该类中定义两个私有属性，分别为 name 和 seller，它们分别用于存储用户所选商品的名称和卖家的信息。接着定义 Internet 的有参构造方法，示例代码如下。

```
package dao;
public class Internet {
        public static String[] sThing={"阿迪达斯品牌","兰蔻品牌","森马品牌"};
        public static String[] nThing={"LV 品牌","瑞丽女装品牌","香奈儿品牌"};
        private static String seller;
        private static String name;
        public Internet( String seller,String name){
        this.name=name;
        this.seller=seller;
    }
}
```

（2）在该类中定义一个 static 修饰的方法 Shop()，该方法实现了根据用户选择的商品名来遍历 sThing 数组或 nThing 数组，并将数组中的元素打印出来的功能。其实现代码如下所示。

```
public static void Shop(int i){
    if(i==1){
        for(String s:sThing){
            System.out.println(s);
        }
    }else{
        for(String n:nThing){
```

```
                System.out.println(n);
            }
        }
    }
```

（3）在该类中定义静态的 send()方法，打印出商品信息。代码如下所示。

```
public static String send(){
    return "商品的名称为："+name+"\n 商品信息已发送至卖方："+seller;
}
```

（4）再新建一个商品购买类——BuyShop，在该类中定义程序的主方法。当用户选择商品区域后，调用 Internet 类中的 Shop()方法打印出该数组所有商品品牌。代码如下所示。

```
import java.util.Scanner;
public class BuyShop {
    public static void main(String[] args) {
        boolean sname=false;
        boolean nname=false;
        Scanner sc=new Scanner(System.in);
        System.out.println("1：特价商品区\n2：原价商品区");
        System.out.println("请选择购买商品区域：");
        int i=sc.nextInt();
        Internet.Shop(i);
    }
    /*余下代码将在下面步骤中详细给出*/
}
```

（5）在该类中输出用户输入卖方的名称。当用户输入一个商品品牌后，要根据用户选择的卖家品牌名称，查询该组中是否有这个卖家品牌，如果有则输入商品名称进行发送，否则提示输入的卖家品牌有误。其实现代码如下。

```
System.out.println("请输入商品卖家：");
String seller=sc.next();
if(i==1){
    for(String s:Internet.sThing){
        if(seller.equals(s)){
            sname=true;
            break;
        }
    }
}else{
    for(String n:Internet.nThing){
        if(seller.equals(n)){
            nname=true;
            break;
        }
    }
}
if(sname||nname){
    System.out.println("请输入商品名称：");
    String name=sc.next();
```

```
        Internet it=new Internet(seller,name);
        System.out.println(Internet.send());
    }else{
            System.out.println("商品卖家有误，请重新输入！");
    }
```

（6）该程序执行结果如图 4-18 和图 4-19 所示。

```
Console
<terminated> BuyShop [Java Application] D:\Genuitec\Common\binary\com.sun.jav
1: 特价商品区
2: 原价商品区
请选择购买商品区域:
1
阿迪达斯品牌
兰蔻品牌
森马品牌
请输入商品卖家:
森马品牌
请输入商品名称:
森马男装
商品的名称为: 森马男装
商品信息已发送至卖方: 森马品牌
```

图 4-18　购买信息发送成功

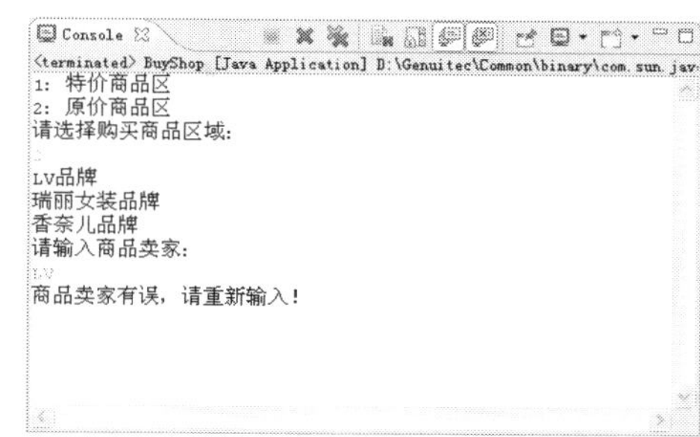

图 4-19　输入的商品卖家有误

4.3 拓展训练

1．实现“电表收费”的应用程序

编写一个程序，实现设置上月电表度数、设置本月电表度数、显示上月电表度数、显示本月电表度数、计算本月用电数、显示本月用电数、计算本月用电费用以及显示本月用电费用功能。

该程序可以定义 double 类型的多个变量，代表上月电表度数、本月电表度数和每度电价格，月份变量可以用 final 修饰。编写两个无返回值的方法，分别计算度数和价格。可以使用 if-else 流程控制语句，最后编写 main()方法输出最终结果。

执行结果如图 4-20 所示。

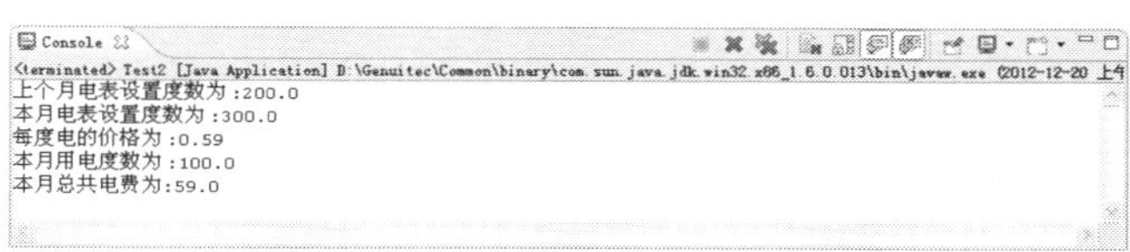

图 4-20　“电表收费”应用程序执行结果

2．实现“音乐点歌”的应用程序

编写一个程序，实现用户点歌时，主持人要查找被点歌曲的名称、编号和类型才能进行播放。

该程序可以定义 int 类型的编号和 string 类型的名称、类型，编写 void()方法定义不同的内容，最后在 main()方法中进行调用。

执行结果如图 4-21 所示。

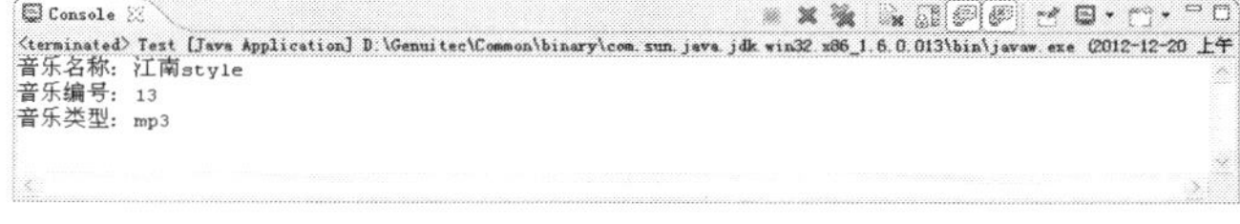

图 4-21　“音乐点歌”应用程序执行结果

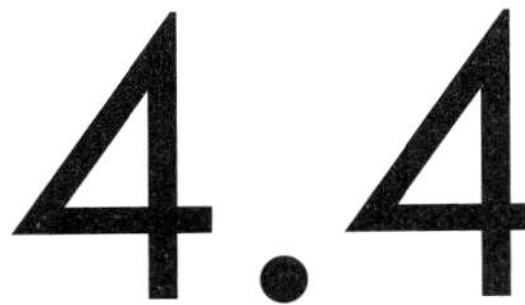

4.4 课后练习

一、填空题

1. Java 语言的基本单位是__________。
2. 对象的特性在类中表示为变量，称为类的__________。
3. 类成员包括类成员属性（也称为类成员变量）和__________。
4. 构造方法可以分为__________构造方法和隐式构造方法。
5. 下面程序的执行结果为：__________。

```
public class Test2 {
    static int a = 5;
        static{
            System.out.println("static 静态");
        }
        public static void main(String args[])
        {
            System.out.println("main 方法");
        }
    }
```

二、选择题

1. 在类的实例化方法途径中，下面选项__________是错误的。
   A. 使用 new 操作符
   B. 调用反射机制中的 newInstance()方法
   C. 通过解串行化使用的 objectInputStream 中的 getobject()方法反序列化类
   D. 类的 clone()方法，对现有实例的复制
2. 下面__________选项不属于面向对象的核心特征。
   A. 继承
   B. 封装
   C. 多态
   D. 接口
3. 下面__________选项可以作为类的访问修饰符。
   A. private
   B. public
   C. protected
   D. void
4. 下面程序的执行结果为__________。

```
public class Test2 {
    private static int number = 0;
    public Test2()
    {
```

```
            number++;
        }

        public void Print()
        {
            System.out.println(number);
        }
        public static void main(String args[])
        {
            Test2 a = new Test2() ;
            System.out.print("当前对象个数为: ");
            a.Print();
            Test2 b = new Test2() ;
            System.out.print("当前对象个数为: ");
            b.Print();
        }
    }
```

A. 当前对象个数为：1 当前对象个数为：2

B. 当前对象个数为：1

C. 当前对象个数为：2

D. 当前对象个数为：0

5. 下面__________选项不属于 this 关键字的应用。

A. 调用成员变量

B. 创建成员方法

C. 返回对象的值

D. 调用类的构造方法

三、简答题

1. 分别简写对象和类的声明语法格式。
2. 举例说明 this 关键字的作用。
3. 简要说明常用修饰符都有哪些。
4. 概述静态变量和实例变量的区别。

第 5 课
深入面向对象编程

在面向对象的概念中，大家可以知道所有的对象都是通过类来描绘的，但是反过来却不是这样，并不是所有的类都是用来描绘对象的。如果一个类中没有包含足够的信息来描绘一个具体的对象，那么这样的类就是抽象类。由于 Java 语言只支持单继承，那么接口的存在就弥补了单继承的不足。内部类也是嵌套的类，方法的重载和重写是 Java 语言多态性的不同表现。本课将深入讲解面向对象编程中的这些类和方法的使用以及包的概念。

本课学习目标：

- ❑ 理解抽象类的概念，掌握其用法
- ❑ 理解接口的含义，掌握接口的实现方法
- ❑ 理解内部类和匿名类的概念，掌握其用法
- ❑ 掌握方法重载和方法重写的区别
- ❑ 理解包的概念，掌握如何创建和使用包

5.1 基础知识讲解

5.1.1 抽象类与接口

因为抽象类和接口比具体类抽象，所以使用时它们总是被继承和被实现的。不过继承它们的类不只是一个，有很多类可以实现它们的抽象方法。一个方法有多种实现方式，这里用到了类的多态性，设计会变得非常清晰。因为基类是抽象类或是接口的一个描述，继承基类的子类有若干个。开发者只需要对接口或抽象类操作，而不需管有多少个实现。下面将对它们做详细的说明。

5.1.1.1 抽象类

Java 语言中有关于抽象方法的内容，抽象方法只是一个名字而没有具体的实现。包含一个或多个抽象方法的类称为抽象类。抽象类必须使用 abstract 关键字进行声明。抽象类的使用有一些限制，比如不能创建抽象类的实例。如果子类实现了抽象方法，则可以创建该子类的实例对象。要是子类也不实现的话，这个子类也是抽象类，也不能创建实例。在 Java 语言中抽象类的语法格式如下。

```
<abstract> class <class name>{
<abstract> <type> <method_name> (parameter-list);
......
}
```

抽象类是不允许被实例化的，其使用规则如下。

- 抽象类可以不包括抽象方法，它不会去实例化，所以里面的方法是不是抽象并没有本质影响。
- 含有抽象方法的类绝不能被实例化，否则这个方法无法执行。
- 如果子类是非抽象的，那么它就必须实现父类中的抽象方法，否则它继承来的抽象方法仍然没有方法体，也是个抽象方法，此时就与“含有抽象方法的类必须是抽象类”相矛盾了。

【练习 1】

例如去银行取钱时需要户主的账户和密码，两者缺一不可。虽然每个户主的账户和密码不尽相同，但是取钱都需要经过这两个条件才能成功。使用代码完成该功能的步骤如下。

（1）定义一个抽象类，在该类中写入“账户”和“密码”这两个属性，并通过构造方法给两个变量赋值。还要编写一个抽象方法，实现取钱成功的效果，其实现代码如下。

```
package dao;
abstract class Bank {
    public String account;
    public int password;
    public Bank(String account, int password){
        this.account =account;
        this.password=password;
    }
    abstract String getMoney();
}
```

（2）然后定义一个用户类“张政”，该类继承自银行类“Bank”，并重写了 getMoney()抽象方法。其实现代码如下所示。

```
package dao;
public class Zhang extends Bank{
    public Zhang(String account,int password){
        super(account,password);
    }
    String getMoney(){
        System.out.println("张政输入了他的账户:"+account+"和密码: "+password);
        return "最后得到了2000元";
    }
}
```

（3）接着定义一个用户类“李明”，该类也需要继承“Bank”类，并需要重写父类中的抽象方法getMoney()，其实现代码如下。

```
package dao;
public class Li extends Bank{
    public Li(String account,int password){
        super(account,password);
    }
    String getMoney(){
        System.out.println("李明输入了他的账户:"+account+"和密码: "+password);
        return "最后得到了3000元";
    }
}
```

（4）最后创建一个Test测试类，在main()方法中分别创建两个用户的对象，并调用各类中的getMoney()方法，输出各账户的信息。其实现代码如下。

```
package dao;
public class Test {
    public static void main(String[] args) {
        Zhang zhang=new Zhang("张政,123456);
        Li li=new Li("李明,654321);
        System.out.println(zhang.getMoney());
        System.out.println(li.getMoney());
    }
}
```

（5）运行该程序，运行结果如图5-1所示。

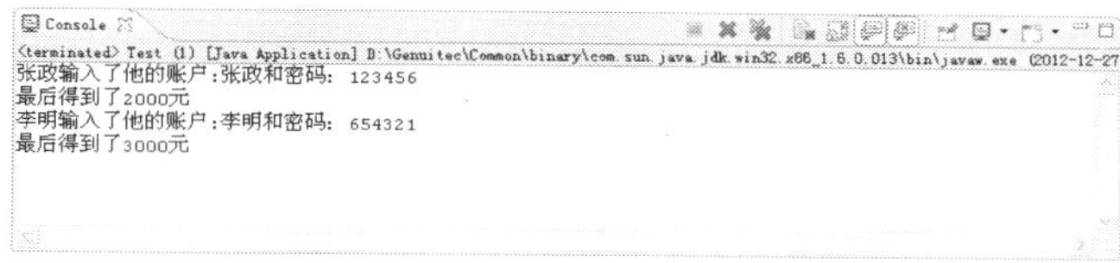

图5-1 抽象类代码执行结果

5.1.1.2 接口

接口就是方法定义和常量值的集合。接口又称界面，引入接口的目的是为了克服Java单继承机制带来的缺陷，实现类的多继承的功能。Java的接口在语法上类似于类的一种结构，但是接口与类有很大的区别。它只有常量定义和方法声明，没有变量和方法的实现。

1．接口的定义

接口可以用来实现不同类之间的常量共享。接口是一种特殊的类，只定义类中方法的原型，而不是直接定义方法的内容。使用 interface 来定义一个接口。接口的定义同类的定义类似，也是分为接口的声明和接口体，其中接口体由常量定义和方法定义两部分组成。定义接口的基本格式如下。

```
[修饰符] interface <接口名> [extends 父接口]{
<public> <type> <method_name> (<parameter-list>);
< public> static final <type> <var>=value;
}
```

各参数的说明如下。

- **修饰符** 用于指定接口的访问权限，可选值为 public。如果省略则使用默认的访问权限。
- **接口名** 用于指定接口的名称，接口名必须是合法的 Java 标识符。一般情况下，要求首字母大写。
- **method_name** 表示方法名，接口中的方法只有定义而没有被实现。
- **parameter-list** 表示参数列表，在接口中的方法是没有方法体的。
- **final 和 static** 用于修饰声明的常量，即常量值不能通过实现类来改变。
- **var** 表示常量名，在接口中声明常量，必须对常量值进行初始化。
- **extends 父接口** 用于指定要定义的接口继承于哪个父类接口。接口之间通过继承也可以获得父接口中的变量和方法。当使用关键字 extends 继承时，父接口名为必选参数。

定义接口时需要注意下面介绍的几个注意事项。

- Java 接口的方法只能是抽象的和公开的。
- 接口名称通常都是以“I”开头，例如 ICourse、IStudent 等。
- Java 接口不能有构造器，Java 接口可以有 public、static 和 final 属性。
- 通常都称继承了一个类，实现了一个接口。
- 如果类已经继承了一个父类，则以逗号分隔父类和接口。
- 如果某个类需要实现多个接口，也需要使用逗号进行分隔。

【练习 2】

例如定义一个接口用于计算，在该接口中定义了一个用于计算圆周率的常量 PI，还有两个分别计算面积和周长的方法 getArea()和 getGirth()，具体代码如下所示。

```
public interface IMath {
    final double PI=3.14;
    double getArea(double r);
    double getGirth(double r);
}
```

2．接口的实现

接口在定义后就可以在类中实现该接口，在类中实现接口可以使用关键字 implements，其语法格式如下。

```
[修饰符] class <类名> [extends 父类名] [implements 接口列表]{
//主体
}
```

在类中实现接口时，方法必须声明为 public，并且方法的名字、返回值类型、参数的个数及类型必须与接口中的完全一致，并且必须实现接口中的所有方法。

【练习 3】

下面编写一个计算圆面积和圆周长的实现类，该类用于实现“练习 2”的 IMath 接口，其示例代码如下。

```
package dao;
public class Test1 implements IMath{
    public static void main(String[] args) {
        Test1 t=new Test1();
        System.out.println("圆的面积为: "+t.getArea(4));
        System.out.println("圆的周长为: "+t.getGirth(6));
    }
    @Override
    public double getArea(double r) {
        double area=PI*r*r;
        return area;
    }
    @Override
    public double getGirth(double r) {
        double girth=2*PI*r;
        return girth;
    }
}
```

程序运行结果如图 5-2 所示。

图 5-2　接口的实现执行结果

上述代码中实现类 Test1 实现了接口 IMath，同时要实现 IMath 接口中两个未实现的方法 getArea()和 getGirth()。在 main()方法中创建实现类对象，直接调用了 IMath 接口中的两个方法。

3．接口和抽象类的区别

Java 语言中的接口和抽象类最大的区别在于 Java 抽象类可以提供某些方法的部分实现，而接口则不可以。例如向一个抽象类里加入一个新的具体方法时，那么它所有的子类都得到了这个新方法。而向一个接口里加入一个新方法后，所有实现这个接口的类就无法成功通过编译了。

在语法上抽象类和接口有着以下不同。

- 抽象类在 Java 语言中表示的是一种继承关系，一个类只能使用一次继承关系。但是一个类却可以实现多个接口。
- 继承抽象类使用的是 extends 关键字，实现接口使用的是 implements 关键字。继承写在前面，实现接口写在后面。
- 在抽象类中可以有自己的数据成员，也可以有非抽象类的成员方法。而在接口中只能够有静态的不能被修改的数据成员，所有的成员方法都是抽象的。
- 实现抽象类和接口的类必须实现其中的所有方法。抽象类中可以有非抽象方法，接口中则不能有实现方法。

- 抽象类中的变量默认是 friendly 型，其值可以在子类中重新定义，也可以重新赋值。而接口中定义的变量默认是 public static final 型，且必须赋与其初值，所以实现类中不能重新定义，也不能改变其值。

除了语法上的不同，还有抽象类的实现只能由这个抽象类的子类给出，即这个实现处在抽象类所定义出的继承的等级结构中，而由于 Java 语言的单继承性，所以抽象类作为类型定义工具的效能就有限制了。而 Java 接口弥补了这一点，任何一个实现了 Java 接口所规定方法的类都可以具有这个接口的类型，而一个类可以实现任意多个 Java 接口，从而这个类就有了多种类型。

5.1.2 内部类和匿名类

掌握 Java 语言高级编程的一部分，就是要学会使用内部类。它可以让程序的设计结构更加优雅。内部类中的匿名内部类（即匿名类），可以使代码更加简洁、紧凑，模块化程度更高。内部类能够访问外部类的一切成员变量和方法，包括私有的，而实现接口或继承类做不到。本节将详细介绍内部类和匿名类。

5.1.2.1 内部类

内部类是指在一个外部类的内部再定义一个类。内部类作为外部类的一个成员，是依附于外部类而存在的。内部类可为静态，可用 protected 和 private 修饰。

简单的内部类定义形式如下所示。

```
class Test1{
    class Test2{}
}
```

在上述代码中，在 Test1 类中创建了一个 Test2 类，这里的 Test2 类就可以称为内部类，Test1 类称为外部类。Test2 类此时是作为 Test1 类的一个成员存在的，也就说，在类中不但可以存在成员方法和成员变量，还可以存在成员类。同样也可以在方法中创建内部类。

使用内部类最大的优势在于：每个内部类都能独立地继承自一个接口的实现，所以无论外部类是否已经继承了某个接口的实现，对于内部类都没有影响。如果没有内部类提供的可以继承多个具体的或抽象的类的能力，一些设计与编程问题就很难解决。从这个角度看，内部类使得多重继承的解决方案变得完整。接口解决了部分问题，而内部类有效地实现了“多重继承”。

内部类主要有以下几类：局部内部类、静态内部类、匿名内部类。下面将着重讲解前两个内部类。

1．局部内部类

局部内部类是一个在方法中定义的内部类，它的可见范围是当前方法。和局部变量一样，局部内部类不能用访问控制修饰符及 static 修饰符来修饰。

使用局部内部类具有以下特点。

- 局部内部类只能在当前方法中使用。
- 局部内部类和实例内部类一样，不能包含静态成员。
- 在局部内部类中定义的内部类也不能被public、protected和private这些访问控制修饰符修饰。
- 局部内部类和实例内部类一样，可以访问外部类的所有成员，此外，局部内部类还可以访问所在方法中的 final 类型的参数和变量。不可以访问没有被 final 修饰的局部变量。

【练习 4】

下面通过实例来具体讲解，代码如下所示。

```
public class Test2 {
    private int a = 50;
    private int out_i = 1;
    public void f(final int b) {
        final int s = 200;
        int i = 1;
        final int j = 10;
        class Inner {
            int a = 30;
            Inner(int b) {
                inner_f(b);
            }
            int inner_i = 100;
            void inner_f(int b) {
                System.out.println(out_i);
                System.out.println(j);
                System.out.println(a);
                System.out.println(this.a);
                System.out.println(Test2.this.a);
            }
        }
        new Inner(b);
    }
    public static void main(String[] args) {
        Test2 out = new Test2();
        out.f(3);
    }
}
```

上述代码中，在无返回值的方法 f()中定义了一个局部内部类 inner，在内部类 inner 中又定义了与外部类 Test2 同名的变量 a。在静态方法 inner_f()中调用输出内容时，如果内部类没有与外部类同名的变量，在内部类中可以直接访问外部类的实例变量 out_i；也可以访问外部类的局部变量 j 用 final 修饰；a 变量是内部类中与外部类同名的变量，直接用变量名访问的是内部类的变量；同样 a 变量用 this 关键字访问的也是内部类变量，但是 a 变量用外部类名.this.的内部类变量名访问的是外部类变量。

程序运行结果如图 5-3 所示。

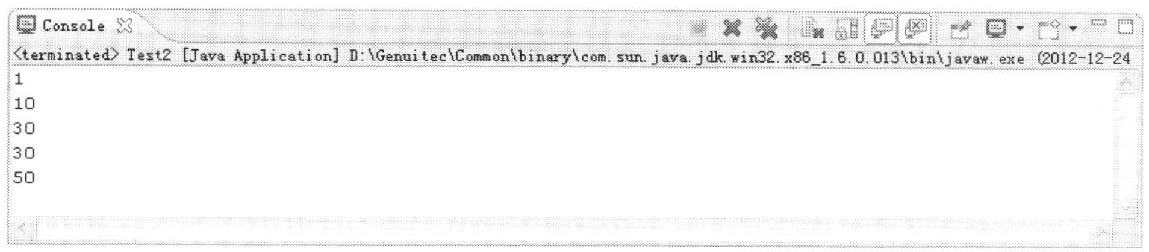

图 5-3　局部内部类的访问执行结果

2．静态内部类

和普通的类一样，内部类也可以有静态的。如果不需要内部类对象与其外部类对象之间有联系，那就可以将内部类声明为 static 类型，这通常称为静态内部类。

静态内部类有以下特点。

- 静态内部类的实例不会自动持有外部类的特定实例的引用，在创建内部类的实例时，不必创建外部类的实例。
- 静态内部类可以直接访问外部类的静态成员。如果访问外部类的实例成员，就必须通过外部类的实例去访问。
- 在静态内部类中可以定义静态成员和实例成员。
- 外部类可以通过完整的类名直接访问静态内部类的静态成员。

【练习 5】

下面通过实例来具体讲解静态内部类，代码如下所示。

```
public class Test3 {
    private static int i = 1;
    public static void outer_f1() {
    }
    static class Inner {
        static int inner_i = 100;
        static void inner_f1() {
            System.out.println("Outer.i" + i);
            outer_f1();
        }
    }
    public void outer_f2() {
        System.out.println(Inner.inner_i);
        Inner.inner_f1();
    }
    public static void main(String[] args) {
        new Test3().outer_f2();
    }
}
```

在上述代码中，首先在外部类 Test3 中定义一个静态内部类 inner，在静态内部类中定义了静态成员 inner_i。inner 类中只能访问外部类的静态成员（包括静态变量和静态方法），即变量 i，然后外部类通过点运算符“.”来访问内部类的静态成员，而访问内部类的非静态成员通过实例化内部类 inner。

程序运行结果如图 5-4 所示。

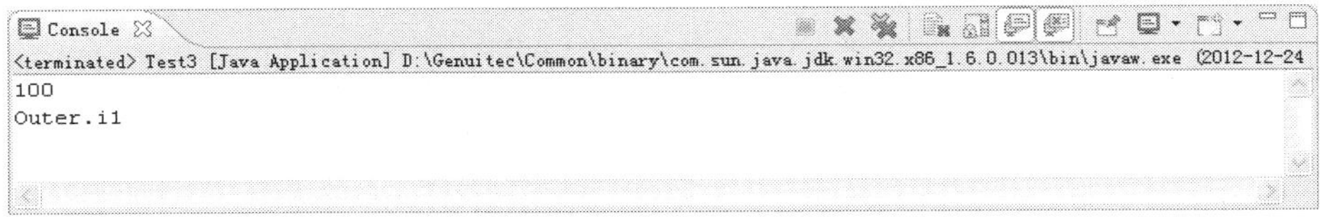

图 5-4 静态内部类的访问执行结果

5.1.2.2 匿名类

匿名类是没有名字的内部类，一般没办法直接引用。匿名类必须在创建时作为 new 语句的一部分来声明它们。使用这种形式的 new 语句声明一个新的匿名类，可以对一个给定的类进行扩展，或者实现一个给定的接口。它还创建那个类的一个新实例，并把它作为语句的结果返回。其语法如下所示。

```
new <类或接口>{
//类的主体
}
```

匿名类有两种实现方式：第一种是继承一个类，重写其方法；第二种是实现一个接口（可以是多个），实现其方法。

【练习 6】

下面以继承一个类为例，编写一段代码如下。

```
public class Anonymous {
    public static void main(String args[]){
        Anonymous test=new Anonymous();
        test.show();
    }
    private void show(){
        Out anonyInter=new Out(){
            void show(){
                System.out.println("我是匿名类！");
            }
        };
        anonyInter.show();
    }
}
class Out{
    void show(){
        System.out.println("我是外部类！");
    }
}
```

程序运行的输出结果如图 5-5 所示。

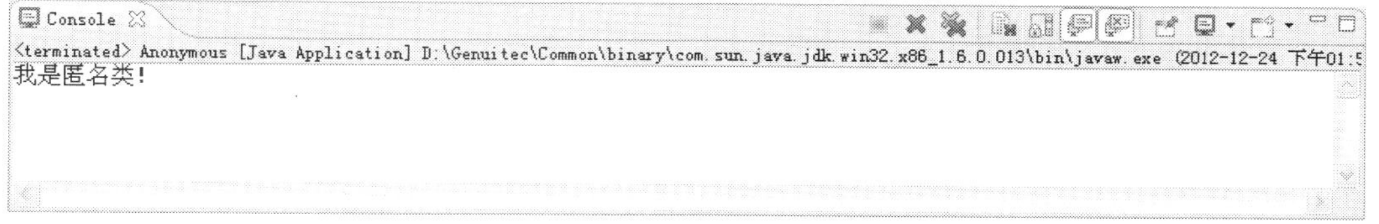

图 5-5 匿名类继承实现的执行结果

上述代码在 Anonymous 类的方法 show()中，构造了一个匿名类并实例化一个匿名类对象 anonyInter，同时重写父类的方法。在外部类中已经存在类 out，匿名类通过重写其方法，获得了另外的实现，即输出了“我是匿名类!”的结果。

使用匿名类时，只是对某个类有特殊的实现，只能在匿名类中编写其他的方法。在匿名类中编写的自己的方法是不可见的，而且此种做法毫无意义，一般不会用。在这里只是告诉初学者对于匿名内部类不要想得太多，简单地说，匿名类就是重写父类或接口的方法。

接口的方式和继承相似，只要把父类换成接口就行了。

5.1.3 方法的重载和重写

继承和多态都是面向对象程序设计的特点。使用继承可以在一个父类的基础上再创建一个子类，这个子类不但拥有父类已有的属性和方法，还可以创建属于自己的属性和方法。由于子类和父类之间的关系，从而引出了方法重载和方法重写的问题。重写是父类与子类之间多态性的一种表现，重载是一个类中多态性的表现。掌握方法的重载和重写的区别为学会使用多态的方式编写程序、提高程序的可维护性奠定了基础。

5.1.3.1 方法的重载

命名转换是程序开发工程的重要部分，但当处理特别的名称时命名转换也会变得相当繁琐。简化这一过程的其中一个方法是通过重载而重新使用方法的名称。重载能够使具有相同名称但不相同数目和类型参数的类传递给方法。

下面来看一段简单的代码。

```
public class Lesson {
    private String math;
    private String english;
    Lesson(){
        math="";
        english="";
    }
}
```

该代码声明了一个名为 Lesson 的类，还有两个成员变量参数以存储课程名。分配给成员变量参数的名称就符合它们本身的含义。当调用一个 Lesson 类时，用户可以很直观地使用这些成员变量参数。

当一个重载方法被调用时，重载方法的参数列表必须和被重载的方法不同，并且这种不同必须足以清楚地确定要调用哪一种方法。而且重载方法的返回值类型可以和被重载的方法相同，也可以不同，但是只有返回值类型不同是不够的。

【练习 7】

例如公司餐厅在计算员工一天的消费情况时，消费的价格类型、总和都是不尽相同的。价格类型有零有整，每个人的消费情况都不同，结果总和也不会相同。这时候就可以使用方法的重载来解决这些问题，示例代码如下所示。

```
public class Overload {
    int n1=500;
    int n2=700;
    public int sum(){
        return n1+n2;
    }
    public int sum(int a,int b){
        return a+b;
    }
    public int sum(int i,int j,int k){
        return i+j+k;
    }
    public float sum(int m,float n){
```

```
        return m+n;
    }
    public static void main(String[] args) {
        Overload ol=new Overload();
        System.out.println("第一天的消费总额为: "+ol.sum()+"元");
        System.out.println("第二天的消费总额为: "+ol.sum(560,350)+"元");
        System.out.println("第三天的消费总额为: "+ol.sum(340,240,540)+"元");
        System.out.println("第四天的消费总额为: "+ol.sum(350,420.5f)+"元");
    }
}
```

该程序执行结果如图 5-6 所示。

```
Console
<terminated> Overload [Java Application] D:\Genuitec\Common\binary\com.sun.java.jdk.win32.x86_1.6.0.013\bin\javaw.exe (2012-12-24 下午05:5
第一天的消费总额为: 1200元
第二天的消费总额为: 910元
第三天的消费总额为: 1120元
第四天的消费总额为: 770.5元
```

图 5-6　方法的重载执行结果

上述代码中，在几个类中定义的方法名称都相同，但是不同的是它们的参数列表和返回值类型。程序运行时，会根据参数调用不同的方法，最后输出每天不同的消费情况。

5.1.3.2　方法的重写

方法的重写是与方法的重载不同，但又容易混淆的另一个概念。方法重写是指在子类中定义的一个方法，其名称、返回值类型和参数列表正好与父类中某个方法的名称、返回值类型和参数列表相匹配，这样的情况就是子类的方法重写了父类的方法。方法的重写又可以称为方法的覆盖。

方法重写的规则如下。

- 重写方法的标志必须要和被重写方法的标志完全匹配，才能达到重写的效果。
- 重写方法的返回值必须和被重写方法的返回值一致。
- 重写方法所抛出的异常必须和被重写方法所抛出的异常一致，或者是其子类。
- 被重写方法不能为 private，否则在其子类中只是新定义了一个方法，并没有对其进行重写。

【练习 8】

例如 toString()方法是 Java 里 Object 类的方法，很多类都重写了该方法。该方法返回对象的状态信息。其语法格式如下。

```
public String toString()
```

下面编写一个重写 toString()的例子，实例代码如下。

```
public class Student {
    private String name="张三";
    private int age=18;
    private String sex="男";
    public String toString (){
        return "学生姓名为: "+name+"\n 年龄为: "+age+"\n 性别为: "+sex;
    }
    public static void main(String[] args) {
```

```
        Student s=new Student();
        System.out.println(s);
    }
}
```

该程序运行结果如图 5-7 所示。

图 5-7 重写 toString()方法执行结果

上述代码中重写了方法 toString()，输出了学生对象的信息。而在平常的开发中，大多数时候都是用多态的形式调用方法 toString()。无论什么类型的对象引用都可以重写方法 toString()。

【练习 9】

equals()方法也是 Object 类的方法，很多类也进行了重写。一般重写 equals()方法是为了比较两个对象的内容是否相等。该方法的语法如下。

```
public boolean equals(Object obj)
{
    return (this==obj);
}
```

下面编写一个重写 equals()方法的例子，实例代码如下。

```
public class Student1 {
    private String name;
    private int age;
    private String sex;
    public Student1(String name,int age,String sex){
        this.name=name;
        this.age=age;
        this.sex=sex;
    }
    public static void main(String[] args) {
        Student1 s1 =new Student1("王五",21,"男");
        Student1 s2=new Student1("赵六",23,"女");
        if(s1.equals(s2)){
            System.out.println("两个同学的信息相同");
        }
        else{
            System.out.println("两个同学的信息不同");
        }
    }
}
```

该程序执行结果如图 5-8 所示。

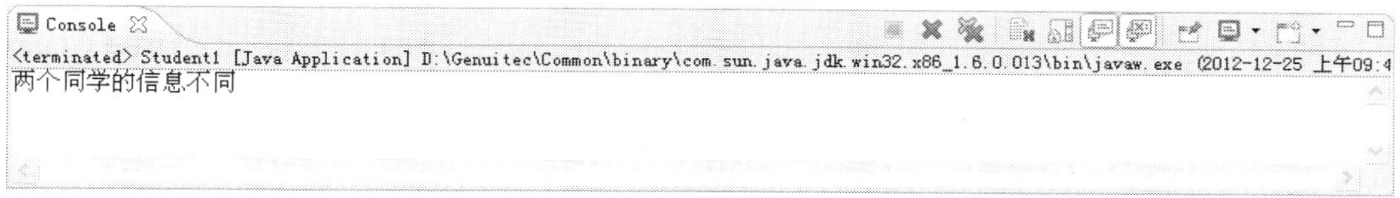

图 5-8　重写 equals()方法执行结果

以上程序将对象引用 s1 和对象引用 s2 进行了比较。对象引用就相当于内存的地址，在此处地址不同;同时对象的属性比较也不同,所以输出的内容是“两个同学的信息不同”。如果用方法 equals()比较两个对象，不能比较内容是否相等时，就是没有重写该方法。

5.1.4　super 关键字

super 表示调用父类的构造方法，但只是调用方法，不构造对象。如果子类的构造方法要引用 super 的话，必须把 super 放在方法体的首个语句，来完成子类对象的部分初始化工作。

如果想用 super 继承父类构造的方法，但是没有放在第一行的话，那么在 super 之前的语句肯定是为了想要完成某些行为，但是又用了 super 继承父类的构造方法。那么以前所做的修改就都回到以前了，就是说又成了父类的构造方法了。

super 关键字主要有以下两种用途。

1．调用父类的构造方法

子类可以调用由父类声明的构造方法。但是必须在子类的构造方法中使用 super 关键字。其具体的语法格式如下。

```
super([参数列表]);
```

如果父类的构造方法中包括参数，则参数列表为必选项，用于指定父类构造方法的入口参数。

【练习 10】

例如在 Animals 类中定义不同的构造方法,在它的子类中使用 super 关键字调用,定义 Animals 类的示例代码如下。

```
package dao;
public class Animals {
    private String skin;
    private int foot;
    public Animals(){
    }
    public Animals(String skin,int foot){
        this.skin=skin;
        this.foot=foot;
    }
    public String toString(){
        return "外表是: "+skin+"脚有: "+"只";
    }
}
```

接着在该类中新建一个子类 bird，示例代码如下。

```
package dao;
public class Bird extends Animals{
```

```
    public String birdName;
    public Bird(){
        super();
    }
    public Bird(String skin,int foot,String birdName){
        super(birdName,foot,skin);
        this.birdName=birdName;
    }
}
```

上述代码中，在子类 bird 中使用 super 关键字直接调用父类的带参数的构造方法，使代码操作更加简便。

2．操作被隐藏的成员变量和被覆盖的成员方法

在子类中可操作被隐藏的成员变量和被覆盖的成员方法。该方法与 this 关键字相似，其基本形式如下。

```
super.member
```

其中 member 表示类中的成员方法或属性名称，表示子类的成员名隐藏了父类中的同名成员的情况。

【练习 11】

修改“练习 10”中的 Animals 类和 Bird 类，示例代码如下。

```
package dao;
public class Animals {
    public int foot;
}
```

然后在 Bird 类创建一个与父类 Animals 相同名称的变量，并在 Bird 类的构造方法中分别赋予父类的属性和本类的属性不同的值。示例代码如下。

```
package dao;
public class Bird extends Animals{
    private int foot;
    public Bird(int a,int b){
        super.foot=a;
        this.foot=b;
    }
    public void intr(){
        System.out.println("Animals 中的 foot="+super.foot);
        System.out.println("Bird 中的 foot="+this.foot);
    }
    public static void main(String[] args) {
        Bird b=new Bird(4,2);
        b.intr();
    }
}
```

该程序执行结果如图 5-9 所示。

```
Console
<terminated> Bird [Java Application] D:\Genuitec\Common\binary\com.sun.java.jdk.win32.x86_1.6.0.013\bin\javaw.exe (2012-12-25 下午02:07:44
Animals中的foot=4
Bird中的foot=2
```

图 5-9 super 访问父类成员执行结果

该实例说明了 super 子类成员名隐藏了父类中的同名成员的情况，尽管 Bird 类中的 foot 隐藏了 Animals 类中的 foot 属性，但是 super 允许操作被隐藏的成员变量和被覆盖的成员方法，允许访问定义与父类中的属性 foot。

5.1.5 包的概念

在编写 Java 项目时，随着程序架构越来越大，类的个数会越来越多，这时就会发现管理程序中维护类名称也会是一件麻烦的事情，尤其在发生一些类重名的问题时。因此有时需要将处理同一个方面的问题的类放在同一个文件夹下，以便于管理。Java 为了解决这些问题，提供了包的机制。

包允许将类组合成较小的单元（类似文件夹），使其易于找到，同时使用相应的类文件有助于避免命名冲突。在使用许多类时，类和方法的名称很难决定，有时需要使用与其他类相同的名称。包基本上隐藏了类，并避免了名称上的冲突。包允许在更广的范围内保护类、数据和方法，可以在包内定义类，而在包外的代码不能访问该类。包将类名空间划分为更加容易管理的块，用于管理接口和类。

5.1.5.1 创建包

创建一个包，应使用关键字 package。在 Java 源程序的第一行输入 package 命令，任何在此文件中声明的类都属于这个包。包名通常是小写，而类名的第一个字母一般是大写。如果在 Java 源文件中没有使用 package 定义包名，那么所创建的类就属于默认的包（default package）。

创建包的语法格式如下。

```
package 包名 1[.包名 2][.包名 3……]
```

在 Java 中可以创建一个多层次包，包名之间使用点进行分隔即可。包名的个数没有限制，其中前面的包名包含后面的包名。

创建包的语句必须是程序中的第一条可执行语句，它的前面只能有注释行或空行。创建包的语句只能有一句。

【练习 12】

下面以创建一个多层次的包为例，编写一个 Course 类，在该类中定义两个变量课程名称和课程成绩。其代码如下所示。

```
package com.school.student;
public class Course {
    private String name;
    private int grade;
    public String getName() {
        return name;
    }
    public void setName(String name) {
        this.name = name;
```

```
    }
    public int getGrade() {
        return grade;
    }
    public void setGrade(int grade) {
        this.grade = grade;
    }
}
```

上述代码在 Course 类的首行创建了一个包后，Course 类就属于该包，就可以在当前目录下的路径“com\school\student”中找到该类，如图 5-10 所示。

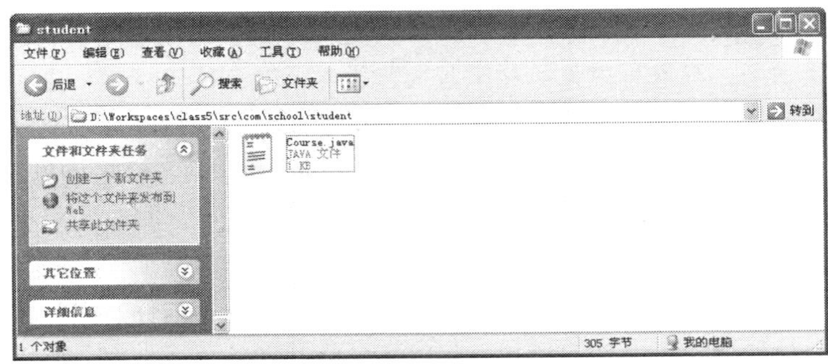

图 5-10　Course 类的路径

5.1.5.2　使用包

需要使用包时，同一个包内部的类会默认引入。如果要在其他程序中，调用包中的 Java 类需要使用 import 关键字，告知编译器所要使用的类是位于哪一个包中。

import 语句定义在 package 语句之后，任何定义类的语句之前。使用 import 引入包的语法格式如下。

```
import 包名 1[.包名 2].(类名|*);
```

其中 import 关键字后面是分层包名，接下来是要引用的类名或星号（*），星号表示 Java 编译器将引用整个包中的所有类。

【练习 13】

下面在新建包“com.school.teacher”中调用创建 Get 类，该类可以调用“练习 12”的“com.school.student”包中的 Course 类。首先创建 Get 类，然后在该类的 main()方法中直接创建 Course 类的对象并给该对象中的属性赋值。其示例代码如下所示。

```
package com.school.teacher;
public class Get {
    private Course course;
    public static void main(String[] args) {
        Course course=new Course();
        course.setName("英语课");
        course.setGrade(89);
        Get get=new Get();
        get.course=course;
        System.out.println("钟国"+get.course.getName()+"的成绩是:"+get.course.
```

```
        getGrade());
    }
}
```

运行该程序结果如图 5-11 所示。

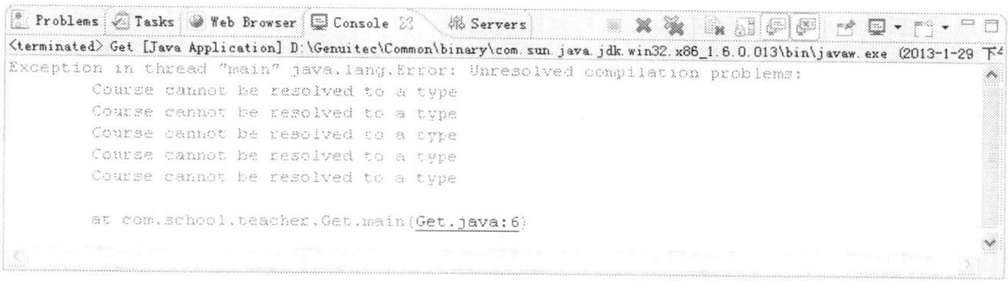

```
Problems  Tasks  Web Browser  Console  Servers
<terminated> Get [Java Application] D:\Genuitec\Common\binary\com.sun.java.jdk.win32.x86_1.6.0.013\bin\javaw.exe (2013-1-29 下
Exception in thread "main" java.lang.Error: Unresolved compilation problems:
        Course cannot be resolved to a type
        Course cannot be resolved to a type
        Course cannot be resolved to a type
        Course cannot be resolved to a type
        Course cannot be resolved to a type

        at com.school.teacher.Get.main(Get.java:6)
```

图 5-11　错误代码执行结果

上述代码中调用了 Course 类，但由于没有导入该类所在的包所以编译出现错误。下面使用 import 导入“com.school.student”包到源代码中，导入代码如下所示。

```
import com.school.student.Course;
```

再次运行程序，结果输出如下。

```
钟国英语课的成绩是: 89
```

Java 语言中提供类的许多包，有 java.lang 包、java.awt 包、java.util 包、java.io 包、java.sql 包、javax.swing 包和 java.net 包等。每个包存储的是某一个方面常用的类，如 lang 包存储的是 Java 的基本语法的类，awt 包中存储的是图形用户界面方面的包，util 包存储的是基本工具类，io 包存储的是文件方面的类，sql 包存储的是操作数据库方面的类。

5.2 实例应用：模拟公司奖励制度

5.2.1 实例目标

本课深入讲解了面向对象编程中的类和方法等的使用。而类中接口的出现，使 Java 语言弥补了单继承的不足。一个类不仅可以继承另一个类，还可以实现多个接口。本节将综合应用这些知识点来实现一个某电器公司奖励制度的案例。

假如某电器公司为鼓励员工提高销售业绩，实行多劳多得，制订了累进制的三级员工奖励。三等奖励是在一月内售出 100000 ~ 200000 元业绩的员工，奖金为其业绩的 5%；二等奖励是售出 200000 ~ 500000 元业绩的员工，奖金在加上三等奖的基础上，即扣除 100000 元的部分后，加上剩下部分的 10%；售出 500000 元以上业绩的员工，奖金在加上二等奖的基础上，即扣除 200000 元的部分后，加上剩下部分的 20%。需完成的主要功能如下。

- 计算三等奖励的金额。
- 计算二等奖励的金额。
- 计算一等奖励的金额。

5.2.2 技术分析

本案例设定根据员工销售情况的不同，分等级进行奖励。分别计算三级奖励的金额，其中与技术相关的最主要的知识点如下所示。

- 通过声明不同的变量保存员工的销售额和对应的比率。
- 使用接口和继承关系，使类之间可以继承，并且实现多个接口。
- 使用运算符（即算术运算符）计算不同的操作。
- 使用 this 或 super 关键字调用本类或父类的方法。

5.2.3 实现步骤

实现某电器公司奖励制度的相关功能的步骤如下。

（1）创建 ICompany 接口，在该接口中定义 3 个未实现的方法，分别完成计算一、二、三等奖励的金额，其实现代码如下。

```
package dao;
public interface ICompany {
    public double firstAward();
    public double secondAward();
    public double thirdAward();
}
```

（2）创建父类奖金 MoneyAward，在该类中定义两个变量 num（销售额）和 rate（比率），并创建用来计算三等奖金的方法 thirdAward()。其代码如下所示。

```
package dao;
public class MoneyAward {
    private double num;
    private double rate;
    public MoneyAward(double num,double rate){
        this.num=num;
        this.rate=rate;
    }
    //计算三等奖金的多少
    public double thirdAward(){
        return num*rate;
    }
}
```

（3）创建一个类 SecondAward 使该类继承 MoneyAward 类，并在类中定义新的变量 num2 和 rate2，创建用来计算二等奖金的方法 second()。其代码如下所示。

```
package dao;
public class SecondAward extends MoneyAward{
    private double num2;
    private double rate2;
    public SecondAward(double num,double rate,double num2,double rate2){
        super(num,rate);
        this.num2=num2;
        this.rate2=rate2;
    }
    public double second(){
```

```
        return (num2-100000)*rate2+super.thirdAward();
    }
}
```

（4）接着创建类 FirstAward。该类继承了 SecondAward 类，并实现了 ICompany 接口。在 FirstAward 类中定义了变量 num3 和 rate3，然后实现了计算一等奖金的方法 firstAward()。其代码格式如下。

```
import dao.ICompany;
public class FirstAward extends SecondAward implements ICompany{
    private double num3;
    private double rate3;
    public FirstAward(double num3,double rate3){
        super(num3,rate3);
    }
    @Override
    public double firstAward() {
        return (num3-200000)*rate3+super.second();
    }
    @Override
    public double secondAward() {
        return 0;
    }
}
```

（5）最后创建测试类 SendMoney。创建了一个 FirstAward 类的对象 cp，用于调用间接父类和父类中的方法，并在类中定义程序的主方法 main()，分别打印输出一、二、三等奖金，代码如下所示。

```
public class SendMoney {
    public static void main(String[] args) {
        FirstAward cp = new FirstAward(150000, 0.05,300000, 0.1,750000, 0.2);
        SecondAward cp1 = new SecondAward(150000, 0.05,300000, 0.1);
        MoneyAward cp2 = new MoneyAward(150000, 0.05);
        System.out.println("三等奖励的金额为: "+cp2.thirdAward());
        System.out.println("二等奖励的金额为: "+ cp1.second());
        System.out.println("一等奖励的金额为: "+cp.firstAward());
    }
}
```

（6）该程序执行结果如图 5-12 所示。

```
Console
<terminated> SendMoney [Java Application] D:\Genuitec\Common\binary\com.sun.java.jdk.win32.x86_1.6.0.013\bin\javaw.exe (2012
三等奖励的金额为: 7500.0
二等奖励的金额为: 27500.0
一等奖励的金额为: 137500.0
```

图 5-12 员工奖励金额执行结果

5.3 拓展训练

1．实现不同食物不同味道的应用程序

编写一个程序，实现不同的食物输出不同味道的功能。首先定义一个食物接口，在该接口中定义一个未实现的方法。然后分别定义三种不同食物的类，使它们实现该食物接口和该接口的方法，使不同的食物分别打印出不同的味道。

程序运行结果如图 5-13 所示。

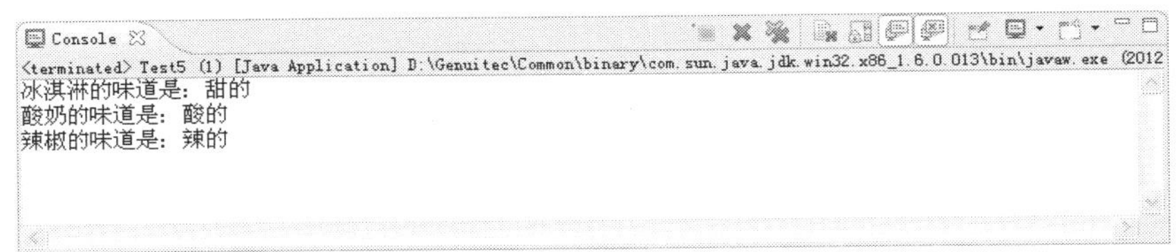

图 5-13　拓展训练 1 运行效果图

2．使用方法重载实现简单购车流程的应用程序

编写一个程序，实现简单购车的流程功能。首先创建一个主类，在该类中定义几个方法，这几个方法的名称相同，不同的是它们的参数列表和返回值类型。程序运行时，根据参数调用不同的方法。最后创建一个测试类对主类进行实例化，然后调用不同的方法，实现简单的购车介绍和购买过程。

程序运行结果如图 5-14 所示。

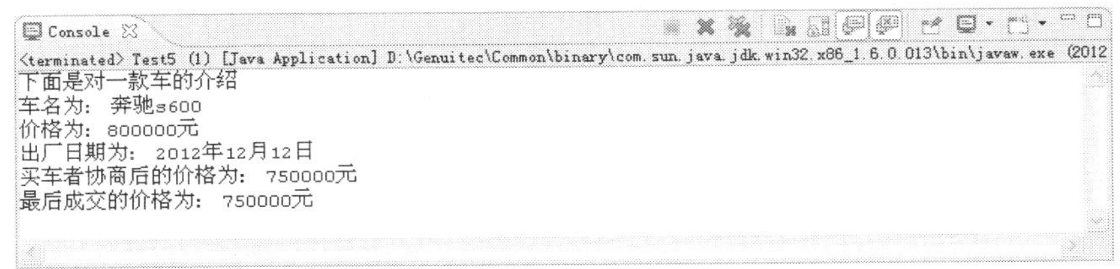

图 5-14　拓展训练 2 运行效果图

5.4 课后练习

一、填空题

1. 抽象类中不能直接创建抽象方法，而是要通过__________关键字来创建的。
2. 为了弥补 Java 单继承机制带来的缺陷，引入了新的特殊类__________。
3. 内部类能够访问外部类的一切__________。
4. super 关键字表示调用__________的构造方法，只是调用方法，不构造对象。
5. 创建一个包，应使用关键字__________。
6. 一个包创建好之后，需要在其他程序中调用该包中的 Java 类，需要关键字__________引入。

二、选择题

1. 接口被继承的类的个数为__________。
   A. 一个
   B. 一个或多个
   C. 两个
   D. 两个以上
2. 内部类主要有__________。
   A. 局部内部类、静态内部类、匿名内部类
   B. 局部内部类、静态内部类、抽象内部类
   C. 静态内部类、抽象内部类
   D. 局部内部类、抽象内部类
3. 一个重载方法被调用时，重载方法的参数列表必须和被重载的方法__________。
   A. 相同
   B. 不同
   C. 相同或不同
   D. 以上都可以
4. 使用 super 关键字继承父类的构造方法，必须把 super 放在方法体的__________语句。
   A. 首条
   B. 第二条
   C. 末条
   D. 随便一条
5. 创建一个包，需要注意包的命名规则通常是__________。
   A. 大写
   B. 首字母小写，其余字母大写
   C. 小写
   D. 首字母大写，其余字母小写

三、简答题

1. 简述抽象类和接口的区别。
2. 简述方法重载和方法重写的区别。
3. 简述 super 关键字的用途。
4. 简述包的概念，以及如何创建包和使用包。

第 6 课 数组与集合

当定义一个变量时可以使用一个变量名表示，但是如果出现很多的变量，需要分别起变量名就比较麻烦了。为了解决这样的问题，可以采用数组的形式表示存储，使用下标表示每个变量。数组是 Java 语言内置的数据类型，它是一个线性的序列。数组和其他语言不同，当用户创建了一个数组时，其容量是不变的，而且其生命周期也是不能改变的。

然而在实际的应用中，更多的情况是不能保证数据个数的。在无法确定初始化数据的个数时，不能使用数据进行保存，这时候就需要使用 Java 集合。集合是源于数学中的术语，集合的一些原理和算法来自于数学中的理论。在 Java 中，集合类是用来存放对象的。对于集合的使用是通过实例化集合类得到集合对象，而集合对象则代表以某种方式组合到一起的一组对象，对于这组对象的使用是通过引用集合对象来进行的。下面本课将详细讲解数组和集合的使用。

本课学习目标：

- ❑ 掌握数组的声明和创建
- ❑ 掌握一维数组的使用
- ❑ 掌握多维数组的使用
- ❑ 掌握数组的多种排序法
- ❑ 了解 Java 的集合框架
- ❑ 掌握 Java 集合框架的常用接口
- ❑ 掌握常用集合类：ArrayList、LinkedList 和 HashMap
- ❑ 掌握泛型集合的应用
- ❑ 掌握增强型 for 循环的应用

6.1 基础知识讲解

6.1.1 数组

数组是一些位置连续且类型相同的数据的集合，即一个数组可以用来存储多个同类型的值。数组中的每个元素具有相同的数组名和下标以惟一地确定数组中的元素，数组变量内只是存放一个数组对象的引用。在 Java 中虽然最常用的数组是一维数组，但是也不乏多维数组的应用。下面将对数组的使用进行详细的介绍。

6.1.1.1 声明数组

在程序中使用 Java 数组，首先要声明引用该数组的变量。简单的声明数组语法格式有以下两种。

```
数据类型 数组名[];
```

或者：

```
数据类型[] 数组名;
```

Java 语言中，数据类型分为两大类。

- ❑ **基本数据类型** 如 int、long、float 和 double 等。
- ❑ **引用数据类型** 如数组、字符串、类和接口等。

【练习 1】

下面声明一个数组案例，代码如下。

```
package dao;
public class Test {
    public static void main(String[] args) {
        int num[]=null;           //声明数组
    }
}
```

在数组的声明格式中，数据类型是数组元素的数据类型，常见的有整型、浮点型与字符型等。数组名是用来统一这组相同数据类型元素的名称，其命名规则和变量相同。

6.1.1.2 初始化数组

声明数组时只是得到了一个存放数组类型的变量，并没有对数组进行初始化，没有初始化的数组对象不能使用。因此，要对数组对象进行初始化。

在 Java 中使用关键字 new 创建数组对象，语法格式如下。

```
数组名 = new 数据类型 [数组长度]
```

其中数组长度就是数组中存放的元素个数，显然应该为正整数。

在 Java 语言中数组的初始化，就是为数组的数组元素分配内存空间，并为每个数组元素赋初始值。数组的初始化有如下两种方式。

- ❑ **静态初始化** 在定义数组的同时就为数组元素分配空间并赋值，其示例代码如下。

```
package dao;
public class Test2 {
    public static void main(String args[]) {
        int a[] = {0,1,2} ;
        Times times [] = {new Times(19,42,42),new Times(1,23,54),new Times(5,
        3,2)} ;
    }
}
class Times{
    int hour,min,sec ;
    Times(int hour ,int min ,int sec) {
        this.hour = hour ;
        this.min = min ;
        this.sec = sec ;
    }
}
```

- **动态初始化** 数组定义与为数组分配空间和赋值的操作同时或者分开进行。动态初始化使用 new 关键字进行创建，并且在创建时指定数组的长度，由系统为每个数组元素指定初始值，其示例代码如下。

```
package dao;
public class Test1 {
    public static void main(String args[]) {
        int a[] ;
        a = new int[3];
        a[0] = 0;
        a[1] = 1;
        a[2] = 2;
        TDate days[] ;
        days = new TDate[3] ;
        days[0] = new TDate(2012,4,5) ;
        days[1] = new TDate(2012,2,31) ;
        days[2] = new TDate(2012,4,4) ;
    }
}
class TDate
{
    int year,month,day ;
    TDate(int year ,int month ,int day) {
        this.year = year ;
        this.month = month ;
        this.day = day ;
    }
}
```

6.1.1.3 一维数组的使用

数组被创建后，数组中的每个元素都会被自动地赋予默认值，默认值的取值与元素的数值有关。基本数据类型（如 int 和 double）的默认值为 0，引用数据类型（如 String）的默认值为 null。特别需要注意的是，基本数据类型中的 boolean 类型默认值为 false，而 char 类型默认值为 null。初始化一维数组是指分别为数组中的每个元素赋值，其语法格式如下。

```
数组名 [元素下标] = 元素
```

其中，元素下标表示元素的编号，它标明了元素在数组中的位置。由于元素是按顺序存储的，每个元素固定对应一个编号，因此可以通过编号快速地访问每个元素。例如，num[0]指数组中的第一个元素，通过编号来获得数组元素并赋值。其代码如下。

```
num[0]=56;
num[1]=67;
num[2]=78;
……
```

除此之外 Java 语言还提供了另外一种直接初始化数组的方式，它将声明数组、分配空间和赋值合并完成，语法格式如下。

```
数据类型[] 数组名={元素 1,元素 2,元素 3,……};
```

或者：

```
数据类型[] 数组名=new 数据类型[] {元素 1,元素 2,元素 3,……};
```

因此直接创建 num 数组，就有以下两种表达方式。

```
int[] num={56,67,78};                     //第一种
int[] num=new int[] {56,67,78};           //第二种
```

【练习 2】

下面创建一个数组案例。李明同学在年终评比时要把自己这一学期数学考试的 5 次成绩都找出来，相加算出总成绩和平均成绩，其示例代码如下。

```
package dao;
public class Test {
    public static void main(String[] args) {
        int[] a=new int[5];
        int sum=0;
        a[0]=89;
        a[1]=90;
        a[2]=88;
        a[3]=95;
        a[4]=89;
        for(int i=0;i<a.length;i++){
            sum=sum+a[i];
        }
        System.out.println("总成绩为: "+sum);
        System.out.println("平均分为: "+(double)sum/a.length);
    }
}
```

该程序的运行结果如图 6-1 所示。

Console
<terminated> Test [Java Application] D:\Genuitec\Common\binary\com.sun.java.jdk.win32.x86_1.6.0.013\bin\javaw.exe (2012-12-28
李明同学的总成绩为：451
平均分为：90.2

图 6-1　求总成绩和平均成绩的执行结果

上述代码中使用 for 循环为数组中的每个元素赋值。数组的编号从 0 开始，而 for 循环变量 i 也从 0 开始，因此 a 数组中的元素可以使用 a[i]来表示，从而简化了代码。

【练习 3】

例如李明同学要在自己 5 次数学考试的成绩中，找出最高分参加期末评选。可以将 for 循环和 if 条件语句放在一起使用，其实现代码如下。

```
package dao;
public class Max {
    public static int ArrayMax(int [] arr)
    {
        int max=arr[0];
        for (int x=1;x<arr.length ;x++)
        {
            if (arr[x]>max)
            {
                max=arr[x];
            }
        }
        return max;
    }
    public static void main(String[] args){
        int [] arr={50,67,30,89,99};
        int max=ArrayMax(arr);
        System.out.println("最高分为: "+max);
    }
}
```

该程序执行结果如图 6-2 所示。

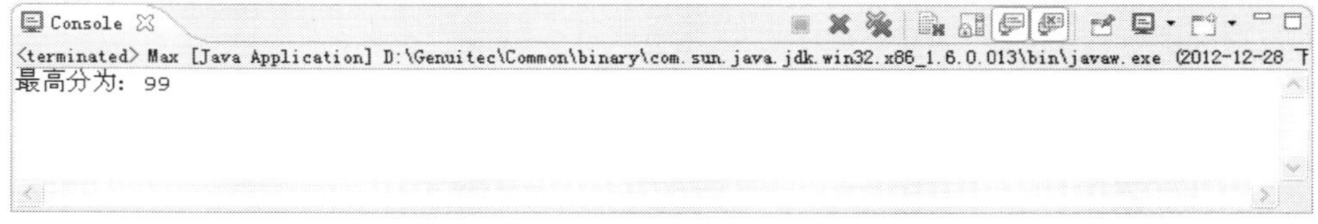

图 6-2　求最高分的执行结果

上述代码中，在 for 循环语句中为每个数组元素赋值，同时嵌套 if 条件语句进行最大值判断，然后把最大值返回给整形变量 max。最后在 main()方法中打印输出结果。

6.1.1.4　多维数组

多维数组是指二维以及二维以上的数组。二维数组有两个层次，三维数组有三个层次，以此类推，每个层次对应一个下标。而二维数组可以理解为内部每一个元素都是一维数组类型的一个一维数组。三维数组可以理解为一个一维数组，内部的每个元素都是二维数组。以此类推，可以获取任意维数的数组。下面以二维数组为例，具体讲解多维数组的声明、初始化和使用。

1．声明多维数组

声明多维数组（以二维数组为例）的语法格式如下。

```
数据类型[][] 数组名称;
数据类型 数组名称[][];
```

多维数组声明完以后，与一维数组一样没有匹配具体的存储空间，也没有设定数组的长度。示例代码如下。

```
int[][] map;
char m[][];
```

2．初始化多维数组

和一维数组一样，多维数组的初始化也可以分为静态初始化和动态初始化两种，其语法格式如下。

```
数据类型 数组名称[][] = {数组1,数组2};
```

（1）静态初始化

二维数组静态初始化时必须和数组的声明写在一起，数组书写时使用两个大括号进行嵌套，在最里层的大括号内部书写数组的值。数组和数组之间使用逗号分隔，内部的大括号之间也使用逗号分隔。示例代码如下。

```
int [][] num={{9,8,7},{4,5,6}}
```

或者：

```
int num1[]={9,8,7};
int num2[]={4,5,6};
int nums[][]={num1,num2};
```

由示例代码可以看出，内部的大括号其实就是一个一维数组的静态初始化。二维数组其实是把多个一维数组的静态初始化组合起来。

（2）动态初始化

和一维数组一样，动态初始化可以和数组的声明分开。动态初始化只指定数组的长度，数组中每个元素的初始化是数组声明时的数据类型的默认值。示例代码如下。

```
byte[][] b=new byte[5][3];
int num[][];
num=new int[6][6];
```

使用这种方法，初始化的数组 2 的长度都是相同的。如果需要初始化数组 2 长度不一样的二维数组，则可以使用如下的格式。

```
int n[][];
n=new int[2][];      //只初始化第一维的长度
//分别初始化后续的元素
n[0]=new int[5];
n[1]=new int[7];
```

这里就体现了数组的概念：在初始化数组 1 的长度时，其实就是把数组 n 看成了一个一维数组，初始化长度为 2，则数组 n 中包含的两个元素 n[0]和 n[1]都可以看成是一维数组。

3．访问多维数组中的元素

与一维数组的访问方式相同，二维数组也可以通过下标来访问。对于二维数组来说，由于其有两个下标，所以引用数组元素值的格式如下。

```
数组名称 [数组 1 下标][数组 2 下标]
```

【练习 4】

下面使用元素下标来访问多维数组，示例代码如下。

```
public class Grade {
    public static void main(String[] args) {
        String num1[]=new String[]{"语文成绩","98 分"};
        String num2[]=new String[]{"数学成绩","99 分"};
        String[][] n={num1,num2};
        for(int i=0;i<n.length;i++){
            for(int j=0;j<n[i].length;j++){
                System.out.println(n[i][j]+"\t");
            }
            System.out.println();
        }
    }
}
```

该程序执行结果为如图 6-3 所示。

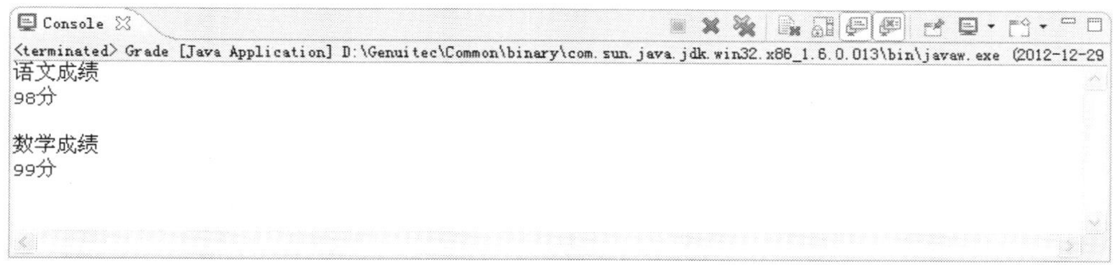

图 6-3　访问多维数组执行结果

该程序使用了 for 循环嵌套。外层的 for 循环控制 n 数组的遍历，从 0 开始遍历 2 次；内层的 for 循环控制 num1 和 num2 数组的遍历，遍历的次数由 n 多维数组中的数组元素长度来控制。

【练习 5】

例如要实现输出一个矩阵是 3 行 3 列的功能，可以使用 for 语句的嵌套形式和二维数组创建该矩阵。实现代码如下。

```
public class Matrix {
public static void main(String[] args) {
    int [][] mat=new int[3][3];    //创建一个二维矩阵
    for(int i=0;i<mat.length;i++){
        for(int j=0;j<mat[i].length;j++){
            mat[i][j]=(int)(Math.random()*9);
        }
    }
```

```
for(int m=0;m<mat.length;m++){
        for(int n=0;n<mat[m].length;n++){
            System.out.print(mat[m][n]+"\t");
        }
        System.out.println();
}
}
}
```

该程序执行结果如图 6-4 所示。

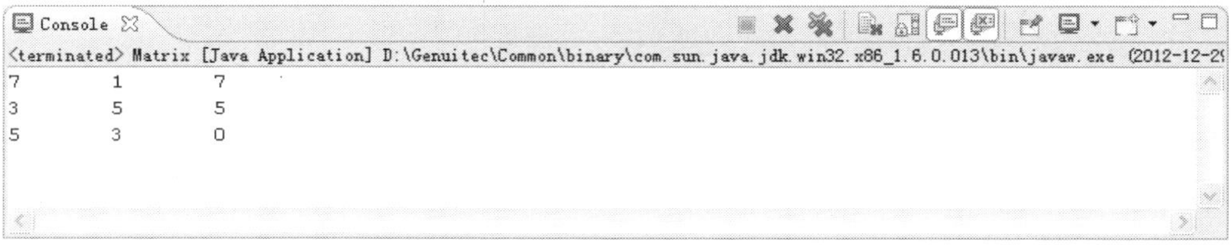

```
Console ☒
<terminated> Matrix [Java Application] D:\Genuitec\Common\binary\com.sun.java.jdk.win32.x86_1.6.0.013\bin\javaw.exe (2012-12-2
7	1	7
3	5	5
5	3	0
```

图 6-4　二维矩阵执行结果

上述代码中，首先创建一个二维数组，然后使用嵌套 for 循环对二维数组中的每个元素赋值，其中 Math.random()方法返回的是一个 9 以内数字的随机数，然后使用了 for 循环遍历二维数组，最后输出矩阵结果。

6.1.1.5　数组排序

数组是由一长串数据组成的，因此可以对这段数据进行有效的排序。数组排序主要是将一组杂乱无章的数据按一定的规律顺次排列起来。数组的排序主要有快速排序法、选择排序法和冒泡排序法等。

1．快速排序法

快速排序法主要是运用了 Arrays 类中的一个静态方法 sort()，利用这个方法可以对需要排序的数组进行排序，因为该方法传入的是一个数组的引用，所以排序完成的结果也通过这个引用来更改数组。而对于整数和字符串的排序，JDK 则提供了默认的实现。

使用 Arrays.sort()方法首先需要导入 java.util.Arrays 包，然后调用 Arrays 类中的 sort()方法，对数组中的元素进行排序。

【练习 6】

例如体育老师要对参加接力比赛的 5 位选手的出场顺序进行安排，按身高由低到高进行排序。使用 Arrays.sort()方法实现该功能，代码如下所示。

```
package dao;
import java.util.Arrays;
public class Game {
public static void main(String[] args) {
        double[] height=new double[]{165,170,160,163,168};
        System.out.println("排序前的身高顺序：");
        for(int i=0;i<height.length;i++){
            System.out.print(height[i]+"\t");
        }
        Arrays.sort(height);
System.out.println("\n 排序后的身高顺序：");
```

```
for(int i=0;i<height.length;i++){
System.out.print(height[i]+"\t");
}
}
}
```

运行该程序可知，在调用Arrays.sort()方法之前，利用for循环遍历输出身高。在调用Arrays.sort()方法之后，对这5位同学的身高进行升序排列，循环输出后的结果如图6-5所示。

```
Console
<terminated> Game [Java Application] D:\Genuitec\Common\binary\com.sun.java.jdk.win32.x86_1.6.0.013\bin\javaw.exe (2012-12-30
排序前的身高顺序:
165.0    170.0    160.0    163.0    168.0
排序后的身高顺序:
160.0    163.0    165.0    168.0    170.0
```

图 6-5 出场选手身高排序执行结果

2．选择排序法

选择排序法是指将数组中的每个元素与第一个元素比较，如果这个元素小于第一个元素，就将这两个元素交换。可以选择出一个最小的值放在第一个位置，以此类推，每次都找到当次最小的值，按大小顺序依次放入数组相应位置。

简而言之，就是每轮选择出最小的值放在前面。

【练习 7】

例如体育老师要对参加接力比赛的5位选手的身高和体重进行升序排列，对他们的年龄进行降序排列。

（1）在 RelayRace 类中分别定义、存储学生身高、体重、年龄的数组和两个变量，代码如下所示。

```
package dao;
public class RelayRace {
    public static void main(String[] args) {
        double[] height=new double[]{165,170,160,163,168};
        double[] weight=new double[]{95,102,89,110,90};
        int[] age=new int[]{20,19,22,18,21};
        double temp;            //定义临时变量
        int num;                //定义索引变量
        /*类中具体内容将在下面步骤中讲解*/
    }
}
```

（2）然后在该类中使用for循环输出排序前的身高、体重和年龄，代码如下所示。

```
System.out.println("排序前的结果如下: ");
System.out.println("身高: ");
for(int i=0;i<height.length;i++){
    System.out.print(height[i]+"\t");
}
System.out.println("\n体重: ");
for(int j=0;j<weight.length;j++){
```

```
    System.out.print(weight[j]+"\t");
}
System.out.println("\n年龄: ");
for(int k=0;k<age.length;k++){
    System.out.print(age[k]+"\t");
}
```

（3）接着对数组进行升序排列，在升序排列中获取的是较大的值，并依次放入数组相应位置。使用循环来输出排序后的结果，其代码如下所示。

```
System.out.println("\n身高和体重的升序排列: ");
System.out.println("身高: ");
for(int a=1;a<height.length;a++){
    num=0;
    for(int b=1;b<=height.length-a;b++){
        if(height[b]>height[num]){
            num=b;
        }
    }
    //交换 height.length-a 和 num 两个索引处所对应的元素
    temp=height[height.length-a];
    height[height.length-a]=height[num];
    height[num]=temp;
}
//将升序排列后的数组输出
for(int c=0;c<height.length;c++){
    System.out.print(height[c]+"\t");
}
System.out.println("\n体重: ");
for(int a=1;a<weight.length;a++){
    num=0;
    for(int b=1;b<=weight.length-a;b++){
        if(weight[b]>weight[num]){
            num=b;
        }
    }
    temp=weight[height.length-a];
    weight[weight.length-a]=weight[num];
    weight[num]=temp;
}
for(int c=0;c<weight.length;c++){
    System.out.print(weight[c]+"\t");
}
```

（4）继续对年龄数组进行降序排列，而在该排列中需要获取的是较小的值，也是依次放入数组相应位置，其代码如下所示。

```
System.out.println("\n年龄的降序排列: ");
for(int a=1;a<age.length;a++){
    num=0;
```

```
        for(int b=1;b<=age.length-a;b++){
            if(age[b]<age[num]){
                num=b;
            }
        }
        //交换 age.length-a 和 num 两个索引处所对应的元素
        temp=age[age.length-a];
        age[age.length-a]=age[num];
        age[num]=(int) temp;
    }
    //将降序排列后的数组输出
    for(int c=0;c<age.length;c++){
        System.out.print(age[c]+"\t");
    }
```

（5）该程序执行结果如图 6-6 所示。

```
Console
<terminated> RelayRace [Java Application] D:\Genuitec\Common\binary\com.sun.java.jdk.win32.x86_1.6.0.013\bin\javaw.exe (2012-1
排序前的结果如下:
身高:
165.0	170.0	160.0	163.0	168.0
体重:
95.0	102.0	89.0	110.0	90.0
年龄:
20	19	22	18	21
身高和体重的升序排列:
身高:
160.0	163.0	165.0	168.0	170.0
体重:
89.0	90.0	95.0	102.0	110.0
年龄的降序排列:
22	21	20	19	18
```

图 6-6 运用选择排序法的执行结果

由该案例可见升序和降序排列相似，区别在于内层的循环中获取的值不同。

3．冒泡排序法

冒泡排序是一种简单的排序算法，它是交换式排序算法的一种。冒泡排序将较小的值“浮”到上面，将较大的值“沉”到底部的一种排序方法。n 个元素的排序将进行 n-1 轮循环，在每一轮排序中对相邻的元素进行比较。如果左边的小于或等于右边的，将保持原位置不变，如果左边的大于右边的，将这两个右边元素的位置交换。重复该步骤，直到将所有的元素移动到正确的位置。

【练习 8】

例如电器公司要对销售额前 5 名员工的成绩进行比较，对他们每人 1 个月销售的电器台数进行冒泡排序，其代码如下所示。

```
public class Bubble {
    public static void main(String[] args) {
        int[] num=new int[]{95,67,58,69,76};
        int temp;
        System.out.println("销售台数排序前的结果: ");
        for(int i=0;i<num.length;i++){
            System.out.print(num[i]+"\t");
        }
        System.out.println("\n销售台数排序后的结果: ");
        for(int j=1;j<num.length;j++){
```

```
            for(int k=0;k<num.length-j;k++){
                if(num[k]>num[k+1]){
                    temp=num[k];
                    num[k]=num[k+1];
                    num[k+1]=temp;
                }
            }
        }
        for(int a=0;a<num.length;a++){
            System.out.print(num[a]+"\t");
        }
    }
}
```

该程序执行结果如图 6-7 所示。

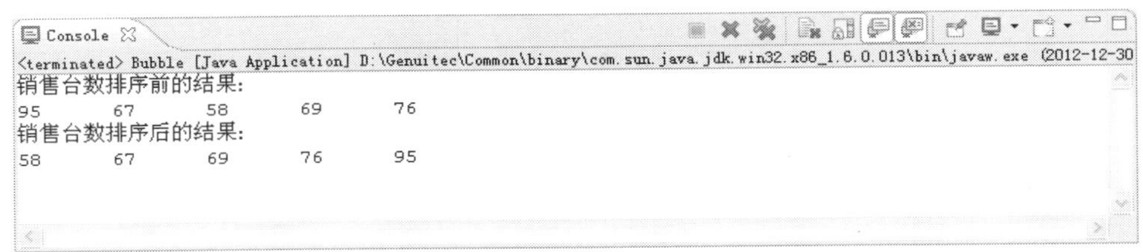

图 6-7　利用冒泡排序法的执行结果

上述代码中的冒泡排序与选择排序非常相似。但是由于比较的对象不同，内循环的次数也因此而不同。冒泡排序比较的是相邻的两个数，然后将较大值一个个往后冒泡排序。

6.1.2　集合

为了保存数量不确定和具有映射关系的数据，Java 提供了集合类。集合类主要负责保存其他的数据，因此集合类也被称为容器类。所有的集合类都位于 java.util 包下。

集合类和数组不一样，集合是用来存储和管理其他对象的对象，即对象的容器。集合可以扩容，长度可变，可以存储多种类型的数据。而数组长度不可变，只能存储单一类型的元素。集合中具体用来操作对象的是接口，而接口组成了集合框架。不同接口描述一组不同的数据类型。在很大程度上来说，只要理解了接口，就理解了框架。下面将具体讲解如何使用集合存储对象。

6.1.2.1　集合框架

集合框架是为表示和操作集合而规定的一种统一的标准的体系结构。完整的 Java 集合框架位于 java.util 包中，包含多数接口和类，它们用来表示和操作集合的类集合。Java 平台的集合框架提供了一个表示和操作对象集合的统一构架，其内包含了大量集合接口，以及这些接口的实现类和操作它们的算法。一个集合是一个对象，它表示了一组对象，Java 集合中实际存放的是对象的引用值，不能存放基本数据类型值。

集合框架是高性能的，对基本类集的实现是高效率的。任何集合框架都包含三大块内容，对外的接口、接口的实现类和对集合运算的算法（仅作了解，详细可以查阅该实现的 JDK 帮助文档）。

1．接口

集合框架是一个类库的集合，包含了实现集合的接口。接口是集合的抽象数据类型，提供了对集合中所表示的内容进行单独操作的可能。

- **Collection 接口** 该接口是最基本的集合接口，一个 Collection 代表一个元素。
- **List 接口** 该接口实现了 Collection 接口。List 是有序集合，允许有相同的元素。使用 List 能够精确地控制每个元素插入的位置，用户能够使用索引（元素在 List 中的位置，类似于数组下标）来访问 List 中的元素，与数组类似。
- **Set 接口** 该接口也实现了 Collection 接口。它不能包含重复的元素，SortedSet 是按升序排列的 Set 集合。
- **Map 接口** 包含键、值对，Map 不能包含重复的键。SortedMap 是一个按升序排列的 Map 集合。

集合框架中的接口结构如图 6-8 所示。

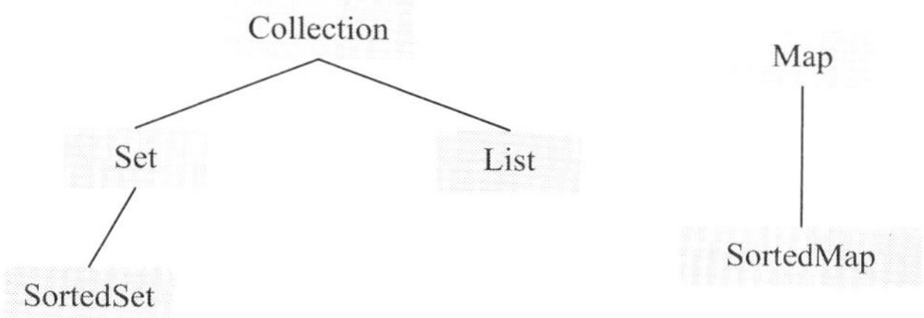

图 6-8 集合框架中的接口结构图

2．接口实现类

Java 平台提供了许多数据集接口的实现类。例如实现 Set 接口的常用类有 HashSet 和 TreeSet，它们都可以容纳所有类型的对象，但是不能保证序列顺序永久不变。而实现 List 接口的常用类有 ArrayList 和 LinkedList，它们也可以容纳所有类型的对象（包括 null），并且能保证元素的存储位置。实现 Map 映射的类是 HashMap，可实现一个键到值的映射。

几种常用类的详细介绍如下。

- **HashSet** 为优化查询速度而设计的 Set。它是基于 HashMap 实现的，HashSet 底层使用 HashMap 来保存所有元素，实现比较简单。
- **TreeSet** 该类不仅实现了 Set 接口，还实现了 java.util.SortedSet 接口。该实现类是一个有序的 Set，这样就能从 Set 里面提取一个有序序列了。
- **ArrayList** 一个用数组实现的 List，能进行快速的随机访问，效率高而且实现了可变大小的数组。
- **LinkedList** 对顺序访问进行了优化，但随机访问的速度相对较慢。此外它还有 addFirst()、addLast()、getFirst()、getLast()、removeFirst()和 removeLast()等方法。能把它当成栈（Stack）或队列（Queue）来用。

集合框架接口中的实现类的结构如图 6-9 所示。

6.1.2.2 Set 集合

Set 集合是 Collection 的子接口，Set 集合没有提供新增的方法，但实现 Set 接口的容器中元素是没有顺序且不可以重复的。根据这个特点，Set 可以被用来过滤其他集合中存放的元素，从而得到一个没有包含重复的集合。Set 集合的主要实现类是 HashSet 类和 TreeSet 类，下面详细介绍它们。

1．HashSet 类

HashSet 类是哈希表的实现。哈希表是一个特殊的数组，使用其哈希算法可以提高集合元素的存取速率。只要理解 HashSet 的添加方法的执行过程，就很容易理解 HashSet 了。

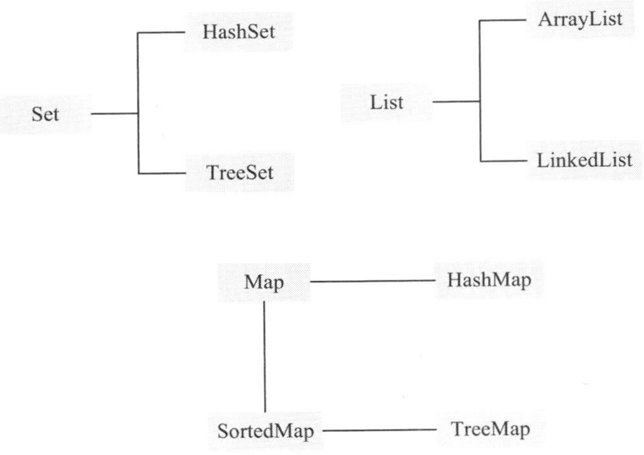

图 6-9　集合框架接口中的实现类结构图

当调用了 HashSet 的添加方法存放元素时，HashSet 会首先调用元素的 hashCode()方法得到该元素的哈希码。HashSet 会使用一个算法把它的哈希码转换成一个数组下标，该下标“标记”了元素的位置，从而获得该元素在集合中的存取位置。

使用 HashSet 创建对象的具体形式，其代码格式如下。

```
HashSet hs=new HashSet();            //调用无参的构造函数创建 HashSet 对象
```

或者：

```
HashSet <String> hss=new HashSet<String> ();      //创建泛型的 HashSet 集合对象
```

在 HashSet 类中，实现了 Collection 接口中的所有方法。下面使用 HashSet 类来创建一个 Set 集合，并具体介绍 HashSet 类中方法的使用。

【练习 9】

创建一个 HashSet 的测试案例，其代码如下所示。

```
package dao;
import java.util.HashSet;
public class HashSetTest {
    public static void main(String[] args) {
        testNormal();
    }
    public static void testNormal(){
        System.out.println("---HashSet 测试---");
        HashSet set=new HashSet();
        set.add("字符串");                                //添加一个字符串
        set.add(new Integer(1));                          //添加一个整数对象
        set.add(34.88);                                   //添加一个浮点数
        System.out.println(set.size());
        set.add("字符串");                                //添加一个重复的字符串
        System.out.println(set.size());                   //再次输出集合里对象的数量
        System.out.println(set.contains(34.88));          //测试是否集合里包含了某个数据
    }
}
```

该程序执行结果如图 6-10 所示。

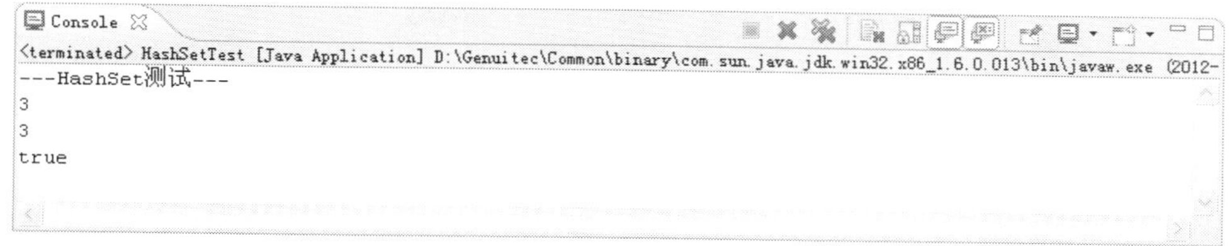

图 6-10 使用 HashSet 的测试结果

上述代码中调用了 HashSet 的无参构造函数创建了一个 set 集合，并调用了 HashSet 类中的 add()方法和 contains()方法。使用 add()方法向集合中添加各种数据，并输出添加对象的数量。使用 contains()方法对数据进行判断，输出结果为 boolean 值，该程序输出结果为 true。

集合只能存储引用数据类型，不能存储基本数据类型。而且细心的读者可以注意到，向集合中添加的重复元素“字符串”，并没有改变输出对象的数量。也就是说，向 Set 集合中添加相同的元素，其实只添加了一个。

2. TreeSet 类

TreeSet 类不仅实现了 Set 接口，还实现了 SortedSet 接口。该类可以对 Set 集合中的元素进行指定方式的排序。TreeSet 类支持两种排序方法：自然排序和定制排序。TreeSet 类默认采用自然排序。

❑ 自然排序

TreeSet 类会调用集合元素的 compareTo(Object obj)方法来比较元素之间的大小关系，然后将集合元素按升序排列，这种方式就是自然排序（比较的前提是两个对象的类型相同）。

Java 提供了一个 Comparable 接口，该接口里定义了一个 compareTo(Object obj)方法，该方法会返回一个整数值。实现该接口的类必须实现该方法，实现了该接口的类的对象就可以比较大小。

对于 TreeSet 集合而言，它判断两个对象不相等的标准是：两个对象通过 equals()方法比较返回 false，或通过 compareTo（Object obj）比较没有返回 0。如不满足以上两个条件，即使两个对象完全相同，TreeSet 也会把它们当成两个对象进行处理。

❑ 定制排序

TreeSet 的自然排序是根据集合元素的大小，将它们以升序排列。如果需要实现定制排序，例如降序，则可以使用 Comparator 接口。该接口里包含一个 Compare()方法，该方法用于比较参数的大小。

实现定制排序，则需要在创建 TreeSet 集合对象时，提供一个 Comparator 对象与该 TreeSet 集合关联，由该 Comparator 对象负责集合元素的排序逻辑。

【练习 10】

下面通过创建实例来说明自然排序的作用。

（1）在新建类中重写 equals()方法，使之返回的结果总是 false。又重写了 compareTo()方法，结果总是返回正整数。其代码如下所示。

```
package dao;
public class Test4 implements Comparable{
    int age;
    public Test4(int age)
    {
        this.age = age;
```

```
    }
    public boolean equals(Object obj)
    {
        return false;
    }
    public int compareTo(Object obj)
    {
        return 1;
    }
}
```

（2）定义其测试类 TestTreeSet 类，然后在测试类 TestTreeSet 中调用 TreeSet 的无参构造函数创建一个 set 集合，并调用了 TreeSet 类中的 add()方法。使用 add()方法向集合中添加各种数据，并输出添加对象的数量使之输出 set 集合。然后修改 set 集合的第一个元素的 age 属性为 9，修改结果为 set 集合的最后一个元素的 age 属性值。其代码如下所示。

```
package dao;
import java.util.TreeSet;
public class TestTreeSet {
    public static void main(String[] args)  {
        TreeSet set = new TreeSet();
        Test4 z1 = new Test4(6);
        set.add(z1);
        System.out.println(set.add(z1));
        System.out.println(set);
        ((Test4)(set.first())).age = 9;
        System.out.println(((Test4)(set.last())).age);
    }
}
```

（3）该程序执行结果如图 6-11 所示。

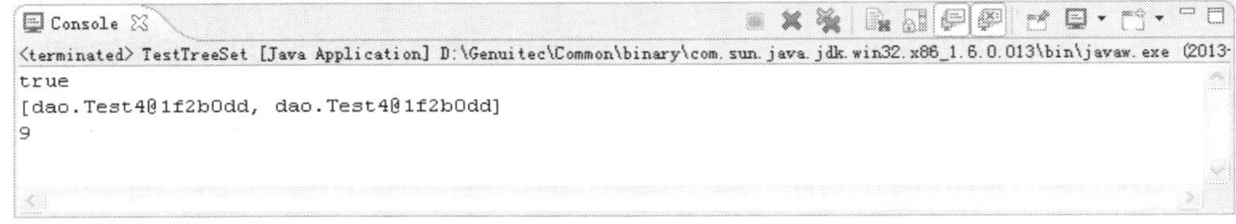

图 6-11　TreeSet 类自然排序执行结果

【练习 11】

下面创建 TreeSet 类的定制排序案例，具体讲解 TreeSet 的作用。

（1）新建一个类并定义该类的属性、构造方法和 toString()方法，其代码如下所示。

```
package dao;
public class Test5 {
    int age;
    public Test5(int age) {
        this.age = age;
    }
    public String toString()  {
```

```
        return "测试对象(age: " + age + ")";
    }
}
```

(2)创建其测试类 CustomMade 类，在该类中创建了一个 Comparator 接口的匿名内部类对象，该对象负责 ts 集合的排序。当把 Test5 对象添加到 ts 集合中时，无须 Test5 类实现 Comparable 接口，因为此时 TreeSet 无须通过 Test5 对象来比较大小，而是由与 TreeSet 关联的 Comparator 对象来负责集合元素的排序。代码如下所示。

```
package dao;
import java.util.Comparator;
import java.util.TreeSet;
public class CustomMade {
    public static void main(String[] args) {
        TreeSet ts = new TreeSet(new Comparator() {
            public int compare(Object o1, Object o2) {
            Test5 t1 = (Test5) o1;
            Test5 t2 = (Test5) o2;
            if (t1.age > t2.age) {
                return -1;
            } else if (t1.age == t2.age) {
                return 0;
            } else {
                return 1;
            }
            }
        });
        ts.add(new Test5(3));
        ts.add(new Test5(10));
        ts.add(new Test5(-4));
        System.out.println(ts);
    }
}
```

(3)该程序执行结果如图 6-12 所示。

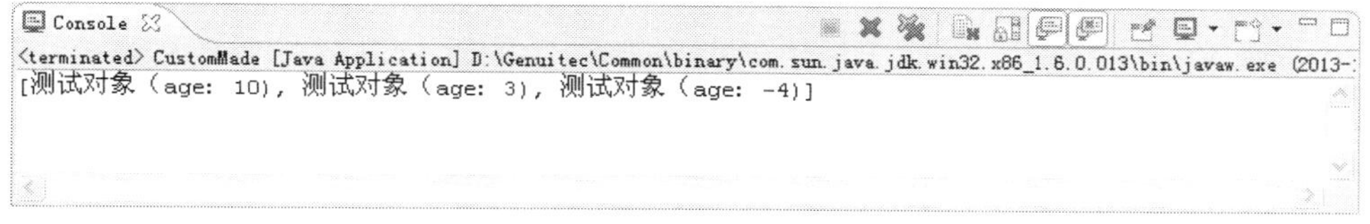

图 6-12 TreeSet 类定制排序执行结果

由该案例可以看出，使用定制排序时，TreeSet 对集合元素排序是不管集合元素本身的大小的，而是由 Comparator 对象负责集合元素的排序规则。

6.1.2.3 List 列表集合

List 列表包括 List 接口以及其接口的所有实现类。因为 List 接口实现了 Collection 接口，所以 List 接口拥有 Collection 接口提供的所有常用方法。此外，List 接口还提供了一些自身常用的方法，如表 6-1 所示。

表 6-1　List 接口中的方法

方法名及返回值类型	功 能 简 介
Object get()	获取此集合中指定索引位置的元素
int index()	返回此集合中第一次出现指定元素的索引。如果此集合不包含该元素，则返回-1
int lastIndexOf()	返回此集合中最后一次出现指定元素的索引。如果此集合不包含该元素，则返回-1
Element set()	将此集合中指定索引位置的元素修改为 Element 参数指定的对象。此方法返回此集合中指定索引位置的原元素
List< Element >subList()	返回一个新的集合，新的集合中包含 fromIndex 和 toIndex 索引之间的所有元素（包含 formIndex 处的元素，不包含 toIndex 索引处的元素）

从表中可以看出，List 接口提供的适合于自身的常用方法均与索引有关，这是因为 List 集合为列表类型，以线性方式存储对象，可以通过对象的索引操作对象。

List 接口的常用实现类有 ArrayList 和 LinkedList。在使用 List 集合时，通常情况下声明为 List 类型。实例化时根据实际情况的需要，实例化为 ArrayList 或 LinkedList。

1. ArrayList 类

ArrayList 类是 List 接口的可变数组的实现。它实现了所有可选列表的操作，并允许包括 null 值在内的所有元素。除了实现 List 接口外，此类还提供一些方法来操作内部用来存储列表的数组的大小。

每个 ArrayList 实例都有一个容量，该容量是指用来存储列表元素的数组的大小。随着向 ArrayList 类中不断添加元素，其容量也自动增长。自动增长会带来数据向新数组的重新复制，因此，如果可预知数据量的多少，可在构造 ArrayList 时指定其容量。

ArrayList 类提供的常用的两种构造方法分别是构造一个默认初始容量为 10 的空列表，以及构造一个包含指定 collection 的元素的列表，这些元素按照该 collection 的迭代器返回它们的顺序排列的。

【练习 12】

例如公司销售部门和市场部门分别新进一名员工后，人事部需要登记他们的相关资料，包括编号、姓名和年龄等。使用 List 集合添加员工信息。

（1）创建一个员工类 Staff，在该类中定义 3 个属性和 toString()方法，其实现代码如下。

```
package dao;
public class Staff {
    private int number;
    private String name;
    private int age;
    public Staff(int number,String name,int age){
        this.number=number;
        this.name=name;
        this.age=age;
    }
    public int getNumber() {
        return number;
    }
    public void setNumber(int number) {
        this.number = number;
    }
```

```
    /*name 和 age 的 get()/set()方法与 number 类似，这里不再给出*/
    public String toString(){
        return "编号: "+number+"\n 姓名: "+name+"\n 年龄: "+age;
    }
}
```

（2）创建 Staff 类的测试类，调用该类的构造函数，向 Staff 类中的属性赋予初始值。并将 Staff 对象保存至 ArrayList 集合中，最后遍历该集合输出员工信息。其代码如下。

```
package dao;
import java.util.ArrayList;
import java.util.List;
public class STest {
    public static void main(String[] args) {
        Staff s1=new Staff(2012,"李明",24);
        Staff s2=new Staff(2013,"张政",23);
        List lt=new ArrayList();
        lt.add(s1);
        lt.add(s2);
        System.out.println("-----新进员工信息-----");
        for(int i=0;i<lt.size();i++){
            Staff s=(Staff)lt.get(i);
            System.out.println(s);
        }
    }
}
```

（3）该程序执行结果如图 6-13 所示。

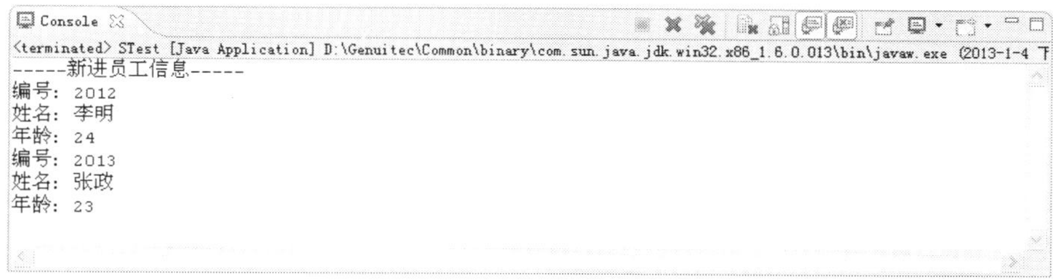

图 6-13　添加员工信息执行结果

2. LinkedList 类

LinkedList 类实现了链表，可初始化为空或者已存在的集合，该类提供了随机访问列表中元素的方法，但是底层依然必须遍历去查找随机访问的对象，因此性能依然有限。

LinkedList 类通常使用表 6-2 中所示的方法。

表 6-2　LinkedList 类中的方法

方法名及返回值类型	功 能 简 介
void addFirst()	将指定元素添加到此集合的开头
void addLast()	将指定元素添加到此集合的末尾
Element getFirst()	返回此集合的第一个元素
Element getLast()	返回此集合的最后一个元素
Element removeFirst()	删除此集合中的第一个元素
Element removeLast()	删除此集合中的最后一个元素

【练习 13】

以“练习 12”为例，公司的考勤制度中，需要每天记录前三名和最后一名到达的员工，以便进行奖惩措施。在 Staff 类中需要显示接受奖惩员工的具体信息和总人数，并且删除第一名和最后一名，最后显示删除之后的人数情况。其实现代码使用上例的 Staff 类，测试类代码如下。

```
package dao;
import java.util.LinkedList;
public class StaffTest {
public static void main(String[] args) {
        Staff s1=new Staff(2011,"刘波",25);
        Staff s2=new Staff(2012,"李明",24);
        Staff s3=new Staff(2014,"钱涛",26);
        Staff slast=new Staff(2009,"王鹏",22);
        LinkedList lt=new LinkedList();
        lt.addFirst(s1);
        lt.add(s2);
        lt.add(s3);
        lt.addLast(slast);
        System.out.println("接受奖惩的员工有: "+lt.size()+"名");
        System.out.println("他们分别是: "+lt);
        Staff first=(Staff)lt.getFirst();
        System.out.println("第一名员工信息为: "+first);
Staff last = (Staff) lt.getLast();
        System.out.println("最后一名员工信息为: "+last);
        lt.removeFirst();      //删除第一名员工
        lt.removeLast();      //删除最后一名员工
        System.out.println("现在的奖惩的员工人数为: "+lt.size()+"名");
}
}
```

该程序执行结果如图 6-14 所示。

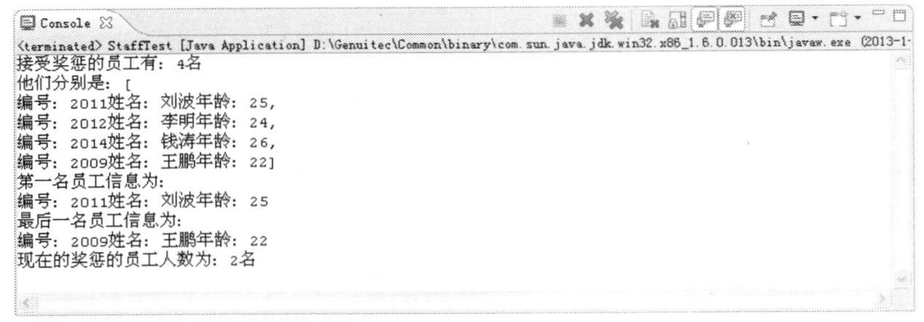

图 6-14 使用 LinkedList 类中方法的执行结果

上述代码中使用了 LinkedList 类中的 addFirst()方法和 addLast()方法分别向集合中的首部和末尾添加元素，也使用了 getFirst()方法和 getLast()方法分别获取集合的首个和末尾元素。如果删除它们，则可以使用 removeFirst()方法和 removeLast()方法。

6.1.2.4 Map 映射集合

Map 映射是 Java 中最常用的集合类之一。Map 提供了一个更通用的元素存储方法。Map 集合类用于存储键-值对(key-value)映射到一个值。就概念而言，可以将 List 看作是具有数值键的 Map。

而实际上除了 List 和 Map 都在定义 java.util 中外，两者并没有直接的联系。

Map 接口与 Collection 接口之间没有继承关系，它们是两个不同的接口。Map 接口的实现类主要有 HashMap 类和 TreeMap 类。其中，HashMap 对 key 进行散列，不允许有重复的 key。而 TreeMap 的 key 是有序的，以自然顺序排列。HashMap 是基于 Hash 算法实现的，其性能通常都优于 TreeMap。实例中通常都应该使用 HashMap，只有在需要使用排序的功能时，才使用 TreeMap。

Map 接口中提供的常用方法如表 6-3 所示。

表 6-3　Map 接口中的常用方法

方法名及返回值类型	功 能 简 介
V get()	返回 Map 集合中指定键对象所对应的值，V 表示值的数据类型
V put()	向 Map 集合中添加键-值对，返回 key 以前对应的 value，如果没有，则返回 null
V remove()	从 Map 集合中删除 key 所对应的键-值对，返回 key 所对应的 value，如果没有，则返回 null
Set entrySet()	返回 Map 集合中所有键-值对的 Set 集合，此 Set 集合中元素的数据类型为 Map.Entry
Set keySet()	返回 Map 集合中所有键对象的 Set 集合

【练习 14】

每个员工对应一个固定且惟一的编号，因此可以根据员工编号查询员工的具体信息，也可以根据编号删除员工信息。可以使用 HashMap 类完成这些功能。

（1）下面新建一个 SMap 类，并在该类中创建 Map 对象。然后将员工信息分别存储到 Map 中，使用循环输出这些员工信息，从控制台输出所有的员工信息可供查询。其实现代码如下。

```
package dao;
import java.util.HashMap;
import java.util.Map;
import java.util.Scanner;
public class SMap {
    public static void main(String[] args) {
        Staff s1=new Staff(2012,"李明",24);
        Staff s2=new Staff(2013,"张政",23);
        Staff s3=new Staff(2014,"钱涛",26);
        Map staffs=new HashMap();
        staffs.put(2012, s1);
        staffs.put(2013, s2);
        staffs.put(2014, s3);
        System.out.println("所有的员工信息如下: ");
        for(Object num:staffs.keySet()){
            System.out.println(num+"----"+staffs.get(num));
        }
    }
/*类中具体内容将在下面步骤中给出，这里省略*/
}
```

（2）在该 SMap 类中提示输入要查询的员工编号，用户输入完之后会显示该编号的员工信息，同时提示输入要删除的员工编号，调用 remove()方法执行该操作，最后输出删除后的员工信息。

```
System.out.println("请输入要查询的员工编号: ");
int sc=new Scanner(System.in).nextInt();    //获取员工编号
```

```
if(staffs.containsKey(sc)){
    //获取要查询的员工信息
    Staff sf=(Staff)staffs.get(sc);
    System.out.println("编号【"+sc+"】的员工信息：");
    System.out.println(sf);
    System.out.println("请输入要删除的员工编号：");
    //获取要删除的员工编号，如果存在则删除该员工
    int sc1=new Scanner(System.in).nextInt();
    if(staffs.containsKey(sc1)){
        staffs.remove(sc1);
        System.out.println("现有的员工信息如下：");
        for(Object num1:staffs.values()){
            Staff staff=(Staff)num1;
            System.out.println(staff);
        }
    }else{
        System.out.println("该编号员工信息不存在！");
    }
}else{
    System.out.println("请输入正确的员工编号！");
}
```

（3）该程序执行结果如图 6-15 所示。

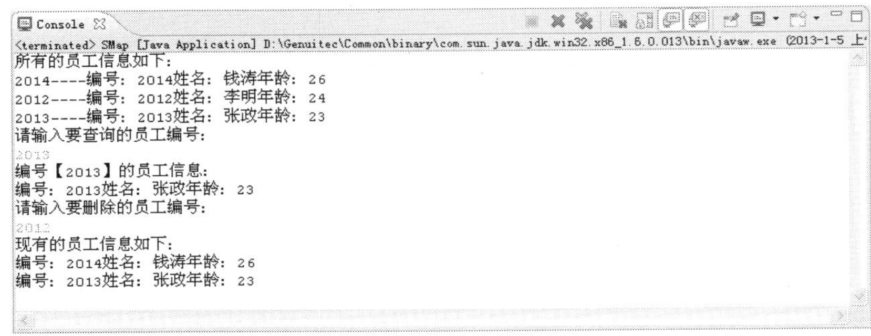

图 6-15　使用 HashMap 的执行结果

注意

将上面实例中的“Map staffs=new HashMap();”更改为“Map staffs=new TreeMap();”，将会根据存放的员工编号对员工信息进行排序。

6.1.2.5　泛型集合

泛型是对 Java 语言的类型系统的一种扩展，以支持创建可以按类型进行参数化的类。可以把类型参数看作是使用参数化类型时指定类型的一个占位符，就像方法的形式参数是运行时传递值的占位符一样。

泛型的作用主要有以下 3 点。

- **类型安全**　泛型的主要目标是提高 Java 程序的类型安全。
- **消除强制类型转换**　泛型的一个附带好处是，消除源代码中的许多强制类型转换，减少了出错机会。
- **潜在的性能收益**　泛型为较大的优化带来可能。在泛型的初始实现中，编译器将强制类型转

换（没有泛型的话，程序员会指定这些强制类型转换）插入生成的字节码中。但是更多类型信息可用于编译器这一事实，为未来版本的 JVM 的优化带来可能。

【练习 15】

下面继续使用上例代码，使用泛型集合存储员工信息，其实现代码如下。

```
package dao;
import java.util.ArrayList;
import java.util.HashMap;
import java.util.List;
import java.util.Map;
public class SGenerics {
public static void main(String[] args) {
        Staff s1=new Staff(2012,"李明",24);
        Staff s2=new Staff(2013,"张政",23);
        Staff s3=new Staff(2014,"钱涛",26);
        //定义泛型 Map 集合，并将员工信息分别存储到 Map 中
        Map<Integer,Staff> staffs=new HashMap<Integer,Staff>();
        staffs.put(2012,s1);
        staffs.put(2013,s2);
        staffs.put(2014,s3);
        //定义泛型的 List 集合
        List<Staff> lt=new ArrayList<Staff>();
        lt.add(s1);
        lt.add(s2);
        lt.add(s3);
        System.out.println("Map 存储的员工信息如下：");
        for(Integer num:staffs.keySet()){
            System.out.println(num+"----"+staffs.get(num));
        }
        System.out.println("List 存储的员工信息如下：");
        for(int i=0;i<lt.size();i++){
            System.out.println(lt.get(i));
        }
}
}
```

上述代码中，使用泛型的 Map 集合获取元素时不需要将“staffs.get(num)”获取的值强制转换为 Staff 类型，程序会自动转换。创建泛型 List 集合时，程序同样会自动转换。在 Map 的泛型集合中创建了一个 Integer 类型的键和 Staff 类型的值，即表明该 Map 集合中存储的键必须是 Integer 类型，而值必须是 Staff 类型。

6.1.2.6 增强型 for 循环

增强型 for 循环是在传统的 for 循环中增加的强大的迭代功能的循环。增强型 for 循环能对数组和集合进行遍历，使用它能使代码短小而精炼。其语法格式如下。

```
for (type 变量名: 集合变量名){
}
```

但是增强型 for 循环有些缺点，例如不能在增强循环里动态地删除集合内容，不能获取下标等。

集合变量除了可以是数组外，还可以是实现了 Iterable 接口的集合类。

【练习 16】

下面使用增强型 for 循环对数和集合进行简单的遍历，其实现代码如下。

```
package dao;
import java.util.ArrayList;
import java.util.Arrays;
import java.util.List;
public class For {
    public static void main(String args[]) {
        For test = new For();
        test.test1();
        test.listToArray();
    }
    public void test1() {
        int arr[] = {100,10,1000};      //定义并初始化一个数组
        System.out.println("----1----排序前的一维数组");
        for (int d : arr) {
            System.out.println(d);      //逐个输出数组元素的值
        }
        //对数组排序
        Arrays.sort(arr);
        System.out.println("----1----排序后的一维数组");
        for (int a : arr) {
            System.out.println(a);      //逐个输出数组元素的值
        }
    }
    public void listToArray() {
        //创建 List 并添加元素
        List<String> list = new ArrayList<String>();
        list.add("9");
        list.add("99");
        list.add("999");
        System.out.println("----2----for 语句输出集合元素");
        for (String b : list) {
            System.out.println(b);
        }
        //将 ArrayList 转换为数组
        Object s[] = list.toArray();
        System.out.println("----2----for 语句输出集合转换而来的数组元素");
        for (Object c : s) {
        System.out.println(c.toString()); //逐个输出数组元素的值
        }
    }
}
```

该程序执行结果如图 6-16 所示。

上述代码中，多次使用 for(int a:arr)形式的语句，其代替了 for(int a;a<arr.length;a++)这种形式的语句，实现了相应的循环迭代功能，从而使得代码更加短小、方便。

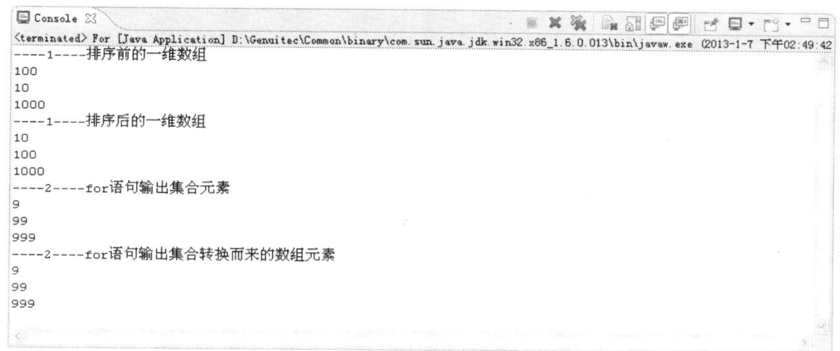
```
<terminated> For [Java Application] D:\Genuitec\Common\binary\com.sun.java.jdk.win32.x86_1.6.0.013\bin\javaw.exe (2013-1-7 下午02:49:42
----1----排序前的一维数组
100
10
1000
----1----排序后的一维数组
10
100
1000
----2----for语句输出集合元素
9
99
999
----2----for语句输出集合转换而来的数组元素
9
99
999
```

图 6-16　增强型 for 循环遍历数组和集合

6.2 实例应用：使用集合模拟百度贴吧

6.2.1 实例目标

在本课中，通过大量的实践案例详细讲解了数组和集合的用法及区别，显然集合的使用更加广泛、灵活。本节将综合应用集合的知识来编写一个模拟百度贴吧的案例，其主要功能如下。

- 按编号从 1 开始递增发布主帖，每条主帖都有编号、标题、内容和发表时间 4 个属性。
- 跟帖也按编号从 1 开始发布，每条跟帖都有编号、标题、内容、发表时间和主帖对象 5 个属性。
- 根据主帖信息可查询到该主帖下的跟帖列表。

6.2.2 技术分析

实现百度贴吧按编号发帖和按编号跟帖功能，其中与技术相关的最主要的知识点如下所示。

- 分别创建主帖和跟帖的属性变量，使之一一对应，然后分别对这些属性变量进行封装。
- 使用泛型集合分别存储主帖和跟帖的信息。
- 使用 if-else 和 for 表达式进行不同的语句控制。

6.2.3 实现步骤

使用集合模拟百度贴吧的相关功能步骤如下。

（1）在 BaiduPostBar.java 文件中创建 BaiduPostBar 类，使其作为贴吧主类。在主帖中定义编号、标题、内容和发表时间 4 个属性，并给出这些属性的封装。然后定义 toString()方法。实现代码如下。

```
package dao;
public class BaiduPostBar {
private int num;
private String title;
private String content;
private String time;
public BaiduPostBar(int num,String title,String content,String time){
        this.num=num;
```

```
            this.title=title;
            this.content=content;
            this.time=time;
        }
        /*上面 4 个属性的 getter 和 setter 方法这里将不再给出*/
    public String toString(){
            return num+"\n 主帖标题:"+title+"\n 主帖内容:"+content+"\n 发表时间:"+time;
    }
    }
```

（2）创建一个类 BaiduPostBar1，在该类中定义一个静态的泛型集合属性，用于存储主帖信息，并定义一个查询所有主帖列表的方法。代码如下。

```
    package dao;
    import java.util.ArrayList;
    import java.util.List;
    public class BaiduPostBar1 {
    public  static  List<BaiduPostBar>  barList=new  ArrayList<BaiduPostBar>();
    //定义泛型集合
        public void selectBar(){//查询主帖
            for(int i=0;i<barList.size();i++){
                System.out.println(barList.get(i));
            }
        }
    }
```

（3）创建一个 Thread 类，使其作为跟帖类。在类中定义编号、标题、内容、发表时间和主帖对象 5 个属性，并给出它们的 getter 和 setter 方法。然后创建该类的 toString()方法。代码如下。

```
    package dao;
    public class Thread {
        private int num;
    private String title;
    private String content;
    private String time;
    private BaiduPostBar bar;
    public Thread(int num,String title,String content,String time,BaiduPostBar
    bar){
        this.num=num;
            this.title=title;
            this.content=content;
            this.time=time;
            this.bar=bar;
        }
        /*上面 5 个属性的 getter 和 setter 方法这里将不再给出*/
        public String toString(){
            return "\t"+num+"\n\t 标题: "+title+"\n\t 内容: "+content+"\n\t 跟帖时间:
            "+time;
        }
    }
```

（4）创建一个类 Thread1，在该类中定义一个静态的泛型 Map 集合，用于存储跟帖列表信息。

其中，该 Map 集合的键-值分别为主帖的编号和一个 List 集合。然后在跟帖业务类中，还需要定义一个根据主帖查询跟帖的方法。实现代码如下。

```
package dao;
import java.util.ArrayList;
import java.util.HashMap;
import java.util.List;
import java.util.Map;
public class Thread1 {
    public static Map<Integer,List<Thread>> map=new HashMap<Integer,
    List<Thread>>();
    public List<Thread> selectThread(BaiduPostBar b){
        for(Integer barnum:map.keySet()){
            if(barnum==b.getNum()){
                return map.get(barnum);
            }else{
                return null;
            }
        }
        return null;
    }
}
```

（5）创建一个测试类 PostBarTest 类，在该类中定义 3 个 BaiduPostBar 对象，并将这 3 个对象存储在 BaiduPostBar1 类的集合中。然后调用 BaiduPostBar1 类中的 selectBar()方法输出主帖列表。再创建两个 Thread 对象，并将其存储在 List 泛型集合中，接着将其存储到 Thread1 类中的 map 中。而键为第 2 个主帖对象的编号，值为 List 集合。最后打印输出结果，其代码如下。

```
package dao;
import java.util.ArrayList;
import java.util.List;
public class PostBarTest {
    public static void main(String[] args) {
        BaiduPostBar bar1=new BaiduPostBar(1,"讨论 Java 的兴衰","今年 Java 依然屹
        立于编程语言的前列，风生水起，以后 Java 仍会在议论中成长吗？","2013-1-1");
        BaiduPostBar bar2=new BaiduPostBar(2,"新人学习 Java 指导","新手怎样快速学
        习 Java 语言？","2013-1-2");
        BaiduPostBar bar3=new BaiduPostBar(3,"Java 版本问题","Java 的版本是怎样升
        级的？","2013-1-3");
        BaiduPostBar1.barList.add(bar1);
        BaiduPostBar1.barList.add(bar2);
        BaiduPostBar1.barList.add(bar3);
        new BaiduPostBar1().selectBar();
        Thread th1=new Thread(1,"新人学习 Java 指导","通过阅读 Java 相关书籍,增加知识面
        ","2013-1-3",bar2);
        Thread th2=new Thread(2,"新人学习 Java 指导","通过参加课外 Java 辅导课，帮助理解
        ","3013-1-3",bar2);
        List<Thread> td=new ArrayList<Thread>();
        td.add(th1);
        td.add(th2);
        Thread1.map.put(bar2.getNum(), td);
```

```
            System.out.println("\t 主题编号为 2 的跟帖有: ");
            for(int i=0;i<new Thread1().selectThread(bar2).size();i++){
                System.out.println(new Thread1().selectThread(bar2).get(i) );
            }
        }
    }
```

（6）该程序执行结果如图 6-17 所示。

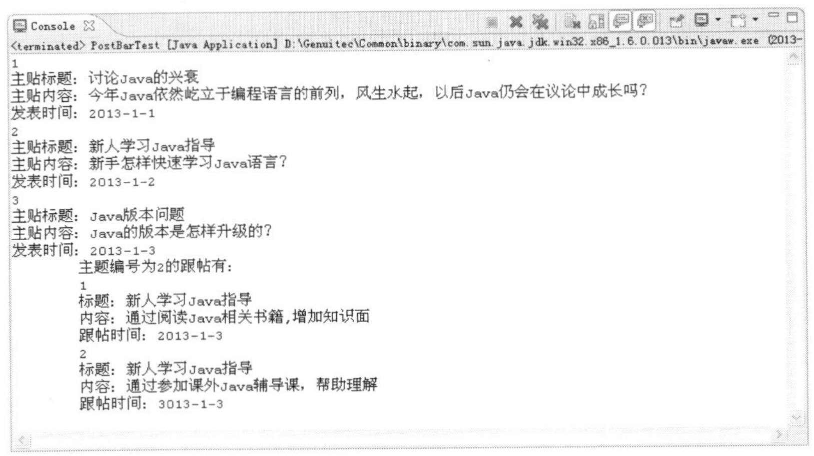

图 6-17　模拟百度贴吧执行结果

本次实例中使用泛型集合 List 和 Map 分别用于存储主帖信息和相对应的跟帖列表信息。使用泛型的作用在于，遍历集合时不需要使用强制类型转换，即程序自动将其转换为需要的类型。

6.3 拓展训练

1．实现购物结账的应用程序

编写一个程序，实现商场购物结账功能。商场里每件商品都有对应的单价，结账时收银员需要录入顾客购买商品的数量和单价，即商品数量乘以单价来进行结算。

该程序可以使用数组的形式来存储这些商品名称和对应的单价。首先定义两个数组，分别用于存储商品名称和商品单价；然后使用 for 循环，遍历存储商品名称的数组并输出商品名称；接着提示用户输入商品编号和购买数量；最后输出结账计算。

执行结果如图 6-18 所示。

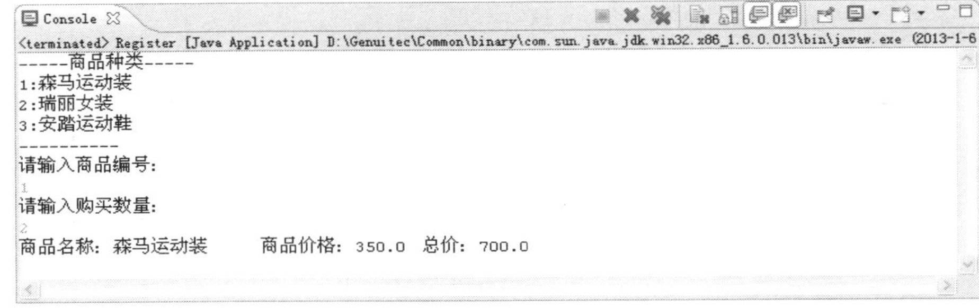

图 6-18　购物结账应用程序执行结果

2．实现忽略字符串大小写排序的应用程序

Java 中的 String 排序算法是根据字典编排顺序排序的，所以数字排在字母前面，大写字母排在小写字母前面。本程序需要完成忽略大小写字母将单词放在一起排序的功能。

定义 String 数组中有“234”、“abc”、“edf”和“GHI”4 个元素，忽略字符串大小写排序后的执行结果如图 6-19 所示。

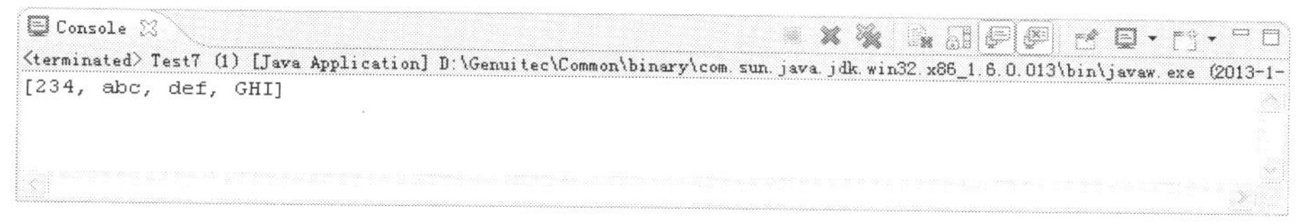

图 6-19 忽略字符串大小写排序执行结果

3．实现学生成绩查询的应用程序

在数学考试选拔赛中，有 5 位同学成绩入围。需要查询本次考试中是否有满分存在，并把这 5 位同学的成绩从低到高进行排列。

本程序可以使用 TreeSet 类集合对象，并向该集合中添加 5 个对象；然后调用该对象的 contains() 方法获取该集合中是否有满分存在；最后创建 Iterator 对象对集合进行由低到高的排序。执行结果如图 6-20 所示。

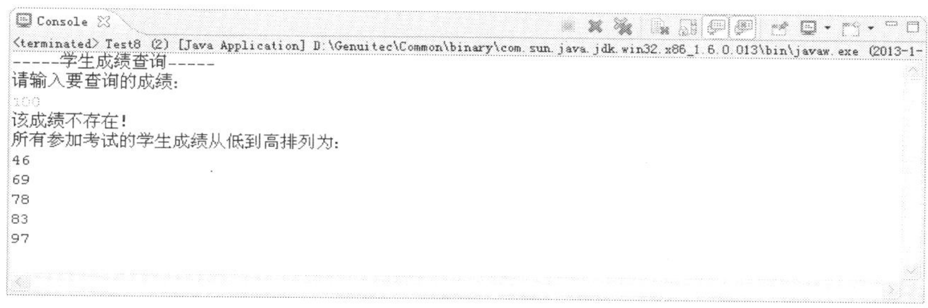

图 6-20 学生成绩查询执行结果

6.4 课后练习

一、填空题

1. Java 语言中，数据类型分为基本数据类型和__________。
2. 在 Java 中使用关键字__________创建数组对象。
3. 声明数组包括数组的名称、数组元素的__________。
4. 集合框架包含三大块内容，即__________、实现类和对集合运算的算法。
5. Collection 接口是最基本的集合接口，它是 Set 接口和__________接口的父接口。
6. List 接口的可变数组的实现类是__________，它实现了可变大小的数组。
7. Map 接口的实现类是__________，它实现了一个键到值的映射，对键有排序功能。

二、选择题

1. 下面数组的声明中，__________是错误的。

   A. int[] num

   B. double num[]

C. String[] name

D. String() name

2. Java 中数组的初始化有__________方式。

A. 1

B. 2

C. 3

D. 4

3. 在 Java 的数组排序法中，__________使用每次选择出最小的值放在前面第一个位置进行排序。

A. 快速排序法

B. 选择排序法

C. 冒泡排序法

D. 以上都对

4. 下面集合框架的接口中，__________接口允许有相同的元素。

A. Set 集合

B. List 列表

C. Map 映射

D. 以上都不允许

5. 下面程序中，空格处应该填入的代码是__________选项时，程序不能正确输出结果。

```
package dao;
import java.util.ArrayList;
import java.util.List;
public class Test9 {
    public static void main(String[] args) {
        __________
        lt.add("我们");
        lt.add("学习");
        System.out.println(lt);
    }
}
```

A. List lt=new ArrayList();

B. List lt=new LinkedList();

C. ArrayList lt=new new ArrayList();

D. LinkedList lt=new LinkedList();

6. Map 接口中的方法 put()，其功能为__________。

A. 返回 Map 集合中指定键对象所对应的值

B. 向 Map 集合中添加键-值对，返回 key 以前对应的 value，如果没有，则返回 null

C. 返回 Map 集合中所有键对象的 set 集合

D. 从 Map 集合中删除 key 所对应的键-值对，返回 key 所对应的 value，如果没有则返回 null

三、简答题

1. 编写程序，自定义 5 个数值，然后使用数组来计算其中的最大值和最小值。
2. 编写程序，使用数组来计算 5 个 double 类型值的平均数，这个数组为{13.2,34.0,45.6,26.5,78.5}。
3. 简述集合和数组的区别及适用情况。
4. 简述集合框架接口的常用实现类。
5. 简述泛型集合都有哪些优点。

第 7 课
异常

俗话说“天有不测风云，人有旦夕祸福”，程序代码也是一样的，也会出现问题。在程序中，出现的导致程序运行失败的问题就是异常。在编程的过程中，开发人员应尽可能去避免错误和异常的发生，对于不可避免、不可预测的情况则要考虑异常发生时该怎么处理。Java 中提出了异常处理机制，就是为了提高程序的健壮性。通过获取 Java 异常信息，也为程序的开发提供了方便，一般通过异常信息就能很快找到异常问题的所在。作为 Java 语言的一大特色，异常处理机制也是一个难点，掌握异常处理可以让代码更健壮和易于维护。

本课将详细的介绍 Java 语言的异常处理机制。

本课学习目标：

- 理解异常处理的基本概念
- 掌握异常的类型
- 熟练使用 try-catch 语句捕获异常
- 熟练使用多重 catch 语句捕获异常
- 熟练使用 try-catch-finally 语句捕获异常
- 掌握异常的抛出和声明
- 掌握自定义异常的创建和使用

7.1 基础知识讲解

7.1.1 异常概述

在 Java 语言中，异常处理是程序设计的一大重点，正如程序中所写的 if-else 语句，也是一个异常处理的表现。在 Java 中，所有的异常都可以用一个类来表示，不同类型的异常对应不同的子类异常。本小节将对异常的基本概念和类型进行介绍。

下面通过一个简单的例子来对异常有一个初步的了解。

```
import java.util.Scanner;
public class test1 {
    public static void main(String[] args) {
        Scanner s=new Scanner(System.in);
        System.out.println("请输入两个操作数: ");
        int a=s.nextInt();
        int b=s.nextInt();
        System.out.println("a/b="+a/b);
    }
}
```

在上述代码中，按照正常情况，用户会输入两个整型数据且第二个数据不为 0，那么程序会正常执行。假如用户没有按要求输入正常的数据，例如输入一个字符“a”，或者输入的第二个数据的值为 0，那么程序将出现如图 7-1 和图 7-2 所示的错误。

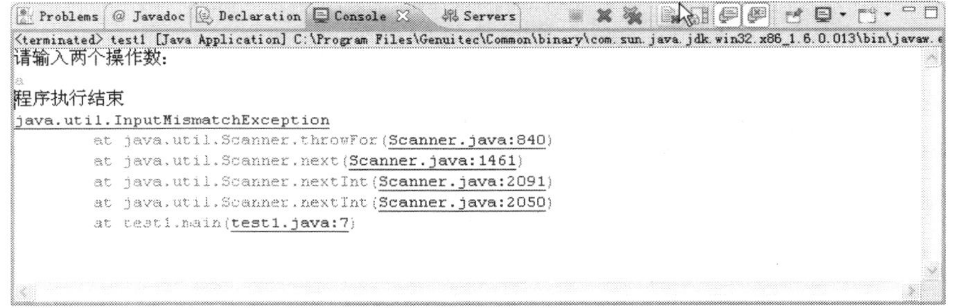

图 7-1　除法运算出错示例 1

```
<terminated> test1 [Java Application] C:\Program Files\Genuitec\Common\binary\com.sun.java.jdk.win32.x86_1.6.0.013\bin\javaw.e
请输入两个操作数:
4
0
java.lang.ArithmeticException: / by zero
        at test1.main(test1.java:9)
程序执行结束
```

图 7-2　除法运算出错示例 2

上述的例子中，读者可以从控制台的输出发现程序运行出错了，这就是异常的一种表现。在 Java 中，异常（Exception，又称“例外”）是一个在程序执行期间发生的错误。为了能够及时有效地对异常进行处理，Java 专门引入了异常类。

异常主要有两个来源，一个是 Java 运行时环境自动抛出系统生成的异常，而不管程序员是否愿意捕获和处理，比如说图 7-2 中的除数为 0 的情况；第二种是程序员自己定义的，也可以是 Java 语言定义的异常，用 throw 关键字抛出，这种异常主要来向调用者报告某些异常的信息。

在实际编程中，编程人员会遇到各种各样的异常。为了便于了解各种异常，在表 7-1 中列出一些常见的异常类型及其作用。

表 7-1　Java 中常见的异常类型及作用

异　常	说　明
Exception	异常层次结构的根类
RuntimeException	运行时异常，多数 java.lang 异常的根类
ArithmeticException	算术错误异常，如除零运算
ArrayIndexOutOfBoundException	数组大小大于或小于实际的数组大小
NullPointerException	尝试访问空指针对象成员
ClassNotFoundException	不能加载所需的类
NumberFormatException	数字转换格式异常
IOException	I/O 异常的根类
FileNotFoundException	找不到文件
EOFException	文件结束
InterruptedException	线程中断
IllegalArgumentException	方法接收到非法参数

7.1.2　异常分类

Java 语言中不同异常有不同的分类，每个异常都对应一个异常（类的）对象。任何异常对象都是 java.lang.Throwable 类或者子类的对象，即所有异常类型都是内置类 Throwable 类的子类。

7.1.2.1　异常分类

在 Throwable 类中，通常把异常分为两个不同的分支：Exception 和 Error，如图 7-3 所示。

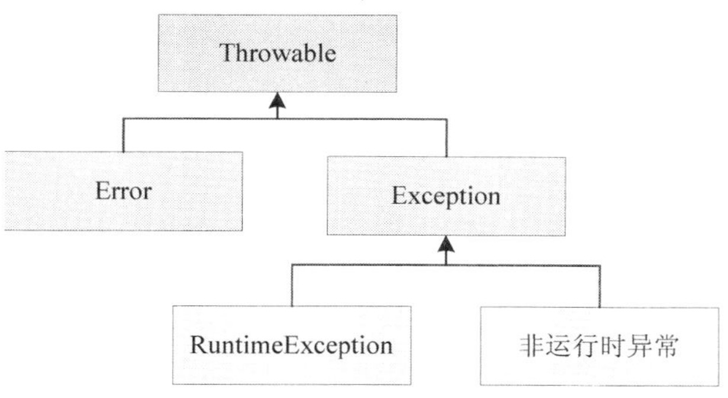

图 7-3　异常结构图

从图 7-3 可以看出，Throwable 是所有异常和错误的超类，分别有一个错误（Error）子类和一个异常（Exception）子类，而其中的异常子类又分为运行时异常（RuntimeException）和非运行时异常。Exception 类是所有异常的父类，定义了各种各样可能出现的异常事件，一般需要用户显示的声明或捕获。

Java 的异常处理机制提供一种结构性和控制性的方式来处理程序执行期间发生的事件，其处理方式如下。

- 在方法中使用 try-catch 语句来捕获并处理异常，catch 语句可以有多个，用来匹配多个异常。
- 对于处理不了的异常或者要转型的异常，在方法声明处通过 throws 语句抛出异常，即由上层的调用方法来处理。

7.1.2.2 运行时异常

运行时异常都是 RuntimeException 类及其子类异常，如 NullPointerException、IndexOutOfBoundsException 等。这些异常是不检查异常，在程序中可以选择捕获处理，也可以不捕获处理，显示的声明或捕获会对程序可读性和运行效率影响很大，因此这些异常由系统自动检测并被交给默认的异常处理程序。这些异常一般由程序逻辑错误引起，程序应该从逻辑角度尽可能避免这类异常的发生。

7.1.2.3 可控异常

可控异常又称非运行时异常，它是 RuntimeException 以外的异常，从类型上讲属于 Exception 类及其子类，从程序语法角度讲是必须进行处理的异常，如果不处理，程序就不能编译通过。如 IOException、SQLException 等以及用户自定义的 Exception 异常，一般情况下不自定义可控异常。

7.1.3 Java 异常处理

Java 语言提供了异常处理机制来解决程序中出现的错误。异常处理机制给出了一些可能会出现的问题的解决办法，如在程序中出现了异常，程序就会按照预先制定好的处理办法来对异常进行处理，处理完毕之后程序继续执行。Java 中的异常处理是通过 try、catch、throw、throws 和 finally 5 个关键字来实现的。本节重点介绍如何使用 try、catch 和 finally 来捕获异常、抛出异常以及自定义异常。

7.1.3.1 捕获异常

Java 使用面向对象的方式来处理异常。Java 在执行过程中如果出现异常，可以生成一个异常类的对象，该异常类对象封装了异常事件的信息，并将其提交给 Java 运行时的系统，这个过程称之为抛出（throw）异常。当 Java 程序运行时，如果系统接收到异常对象，Java 虚拟机会寻找能处理该异常的代码并把异常交给其处理，这个过程称之为捕获（catch）异常。

Java 的异常处理需要 5 个关键字来实现：try、catch、throw、throws 和 finally。try-catch 语句用于捕获并处理异常；finally 语句是在任何情况下（除特殊情况外）都必须执行的代码；throw 语句用于抛出异常；throws 语句用于声明可能会出现的异常。

1. 使用 try-catch 语句捕获异常

在实际的项目开发中，最经常使用的捕获异常的方法就是使用 try-catch 语句块。try-catch 语句块的语法格式如下所示。

```
try{
逻辑代码块;
}
catch(异常类型名 参数名){
处理代码块;
}
```

上述的语法格式中将可能出现异常的语句放在 try 语句块中，用来捕获可能出现的异常。如果 try 语句块中没有发生异常，正常执行，那么 catch 语句块中的代码将不被执行，直接执行 catch 语句块后的代码；如果在 try 语句块中出现异常，那么将由 catch 语句块捕获到发生的异常并进行处理，处理结束后，程序会跳过 try 语句块中剩余的语句，直接执行 catch 语句块后的第一条语句。

在上述的语法格式中，可以使用如下方法来查看相应的异常信息。

- ❑ **printStackTrace()方法** 指出异常的类型、性质、栈层次及出现在程序中的位置。
- ❑ **getMessage()方法** 输出错误的性质。
- ❑ **toString()方法** 给出异常的类型。

【练习 1】

声明一个一维数组并对其进行初始化，再随意取出该数组中某个元素。在这种情况下用户有可能输入的数字会比数组的长度要大，这样就容易出现数组越界的情况。代码如下。

```
public class test2 {
    public static void main(String[] args) {
        int a[]={1,2,3,4};
        System.out.println("程序开始执行");
        try {
            System.out.println(a[5]);
            System.out.println("我可以执行吗？");
        } catch (Exception e) {
            e.printStackTrace();
        }
        System.out.println("程序执行结束");
    }
}
```

运行效果如图 7-4 所示。

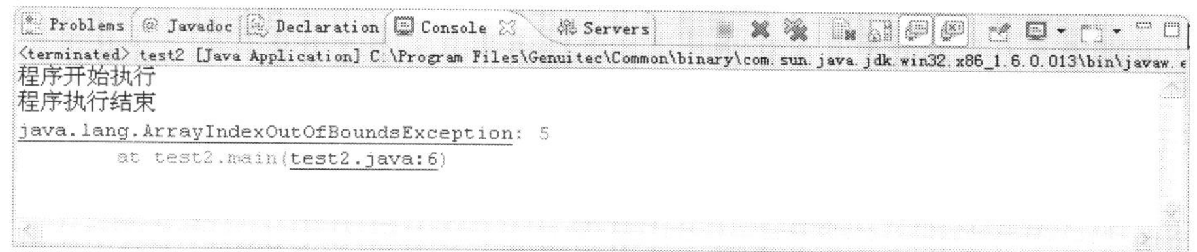

图 7-4 练习 1 运行效果图

在上述代码中，程序中的 3 条输出语句只执行了 2 条，并且在程序输出结果中有异常信息的出现。将会发生异常的代码放在 try 语句块中，出现的异常被 catch 块语句捕获，程序会跳出 try 语句块继续执行 catch 语句块后的内容，因此会出现后面“程序执行结束”的输出，而“我可以执行吗”这个输出语句将没有机会执行。由于在 catch 块中调用了 printStackTrace()方法，因此系统会将出错信息打印到控制台。

2．使用多重 catch 语句捕获异常

catch 语句可以有多个，用来匹配多个异常，匹配上多个中的一个后，执行匹配上的 catch 块中的语句。catch 中异常的类型可以是 Java 语言中定义好的，也可以是程序员自己定义的表示代码抛出的异常的类型，异常的变量名表示对抛出的异常对象的引用。如果 catch 匹配并捕获了该异常，那么就可以直接使用这个异常变量名，此时该异常变量名指向所匹配的异常，并在 catch 代码块中直接引用。

编程中，代码运行出现多个错误的情况很频繁，在一段代码执行中引发多个错误的情况下，就可以使用一个 try 语句块后面跟多个 catch 语句块的格式来分别处理多个不同的异常。其语法结构如下所示。

```
try{
逻辑代码快
}
catch(异常类型名 1 参数名 1){
处理代码块 1
}
catch(异常类型名 2 参数名 2){
处理代码块 2
}
...
catch(异常类型名 n 参数名 n){
处理代码块 n
}
```

上述代码块中，程序在执行时会从上到下分别对每个 catch 语句块处理的异常类型进行检验，并执行第一个与异常类型匹配的 catch 语句块。匹配是指 catch 所处理的异常类型与所发生的异常类型完全一致或是它的父类。执行其中一个语句块后，其他的 catch 语句块将被忽略。如果程序所发生的异常和所有 catch 处理的异常都不匹配，那么这个异常将被 Java 虚拟机捕获并处理，此时和不使用异常处理的效果是一样的。

catch 语句块中，异常的类型必须是从特殊到一般，最后一个一般都是 Exception 类型。

【练习 2】

在程序中输入学生的总成绩和学生人数，求学生的平均成绩。要求输入的学生成绩以及学生的人数不能小于零或者是负数，在程序中使用多重 catch 块来捕获各种可能出现的异常。主要步骤如下。

（1）创建类，编写 main()方法，在 main()方法中编写代码，定义一个 Scanner 对象用来接收输入的学生成绩跟学生的人数。代码如下所示。

```
System.out.println("请输入学生的总成绩: ");
Scanner scanner=new Scanner(System.in);
int total;
total =scanner.nextInt();
System.out.println("请输入学生的人数: ");
int num ;
num= scanner.nextInt();
```

（2）如果学生的成绩跟学生的人数不符合条件就一再提示请用户重新输入，这个可以通过一个 while 循环来实现。代码如下所示。

```
//学生总成绩判断
while(total <=0){
    System.out.println("学生总成绩不能为零或者负数，请重新输入");
    total=scanner.nextInt();
}
//学生人数判断
while (num<0){
    System.out.println("输入的学生个数不能是负数，请重新输入");
```

```
        num= scanner.nextInt();
    }
```

（3）求学生的平均成绩并输出结果，代码如下。

```
    int avg = total/num;
    System.out.println(num+"个学生的平均成绩是"+avg);
```

（4）代码中可能出现的异常的处理。代码如下所示。

```
    catch (InputMismatchException e) {
        System.out.println("输入的数据类型不匹配");
    }catch (ArithmeticException e) {
        System.out.println("学生的个数不能为 0");
    }catch(Exception e){
        System.out.println("出错了");
    }
```

（5）运行上述代码，首先输入成绩为 0，程序提示“学生成绩不能为零或者负数”；再次输入一个负数，程序提示“学生成绩不能为零或者是负数”；接着输入一个正整数，程序提示“输入正确”。输入学生个数时，输入一个负数，再次提示错误，直到输入的数据符合要求，程序才执行完成。运行效果如图 7-5 所示。

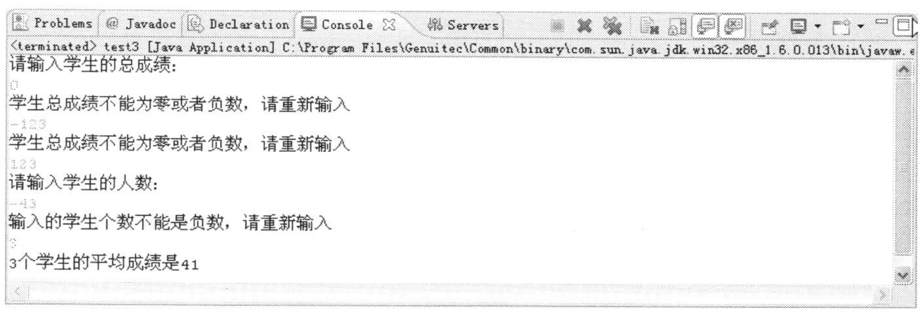

图 7-5 练习 2 运行效果图 1

（6）运行练习 2 代码，输入学生个数时，输入“0”，程序输出的是“学生个数不能为零”。这句输出语句是在异常类型为 ArithmeticException 的 catch 语句块中的，所以程序运行时发生了算术错误异常，具体是除数为零运算异常，程序执行结束。运行效果如图 7-6 所示。

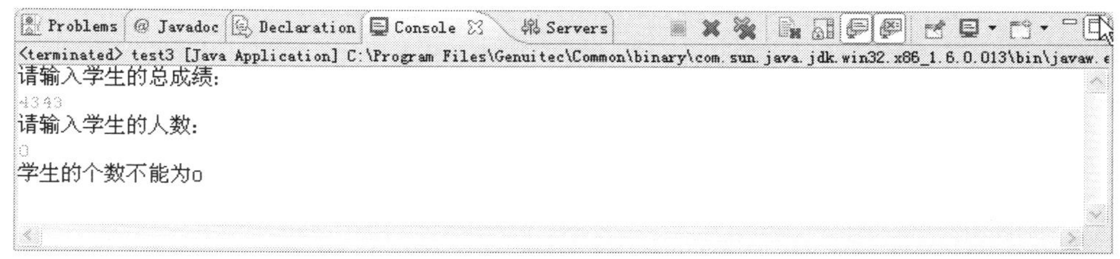

图 7-6 练习 2 运行效果图 2

（7）运行练习 2 代码，输入学生成绩时，输入一个字符，输出的是“输入的数据类型不匹配”。这句输出语句是在异常类型为 InputMismatchException 的 catch 语句块中的，所以程序运行时发生了输入类型不匹配异常，程序执行结束。运行效果如图 7-7 所示。

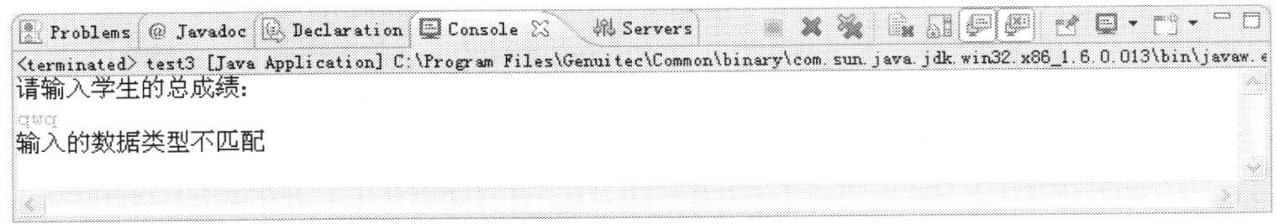

图 7-7 练习 2 运行效果图 3

3. 使用 try-catch-finally 语句捕获异常

在实际的项目开发中，try-catch 语句块中的代码有可能无法完全被执行，而有些代码是必须得到执行的，例如文件的关闭、资源的释放，这些必须得到执行的代码就可以放在 finally 语句块中，这样就形成了一种新的处理异常的语法格式：try-catch-finally。具体的语法格式如下所示。

```
try{
逻辑代码块 ;
}
catch(异常类型名 参数名){
处理代码块 ;
}
finally{
清理代码块
}
```

对于 try-catch-finally 语法格式，如果出现异常，finally 语句块甚至在没有与该异常相匹配的情况下也要被执行，其执行情况大概分为 3 种。

- 如果 try 代码块中没有抛出异常，则执行完 try 代码块后直接执行 finally 语句块，然后执行整个 try-catch-finally 语句块之后的代码。
- 如果 try 代码块中抛出异常，并被 catch 语句块捕获到，那么在抛出异常的地方终止 try 语句块，转而执行与之匹配的 catch 语句块中的代码，最后执行 finally 中的代码。后面的流程主要有两种情况，如下所示。
  - 如果 finally 语句块中没有发生异常，那么就直接执行 finally 语句块之后的语句。
  - 如果 finally 语句块中发生异常，则将异常传递给方法的调用者。
- 如果在 try 语句块中发生异常，但是没有被任何 catch 语句块捕获到，那么将直接执行 finally 语句块中的语句，并把异常传递给该方法的调用者。

finally 语句是在任何情况下都必须执行的代码，这样编程人员可以将一些必须执行的代码放在 finally 语句块中，比如在执行数据库操作时发生异常，可以将释放数据库连接的代码放在其中。finally 语句先于 return 之前执行，不论其先后位置，也不管 try 块是否出现异常。finally 惟一不被执行的情况就是执行了 System.exit()方法。finally 语句块中，不能通过给变量赋新值的方式来改变 return 的返回值，也不建议在 finally 语句块中设置 return 语句。

finally 语句块也可以搭配 try 语句块直接使用，语法格式如下所示。

```
//与 try 语句块匹配的语法格式，此情况会导致异常丢失，所以不常见
try{
逻辑代码块
}
finally{
清理代码块
}
```

【练习 3】

当使用输入流获取文件内容时，有可能会发生文件未找到（FileNotFoundException）异常，但还是应该在结束时关闭数据流。主要步骤如下所示。

（1）创建一个类，在类中编写一个方法，用来测试一个输入流是否可以创建成功，然后定义一个文件输入流，它的参数是字符串“E:\\123.java”，如果发生异常就进行捕获，并输出提示信息。代码如下所示。

```
public void testIO() {
    FileInputStream streamIn = null;
    try {
        streamIn = new FileInputStream("E:\\123.java");
    } catch (FileNotFoundException e) {
        e.printStackTrace();
    System.out.println("我是文件未找到异常，我被捕获了，我在 catch 语句块里");
    }
}
```

（2）在 finally 语句块中编写关闭流的方法，首先要进行流是否为空的判断。代码如下所示。

```
if (streamIn != null) {
    try {
        streamIn.close();
    } catch (IOException e) {
        e.printStackTrace();
    }
}
System.out.println("finally 语句块被执行了");
```

（3）执行上述代码。执行效果如图 7-8 所示。

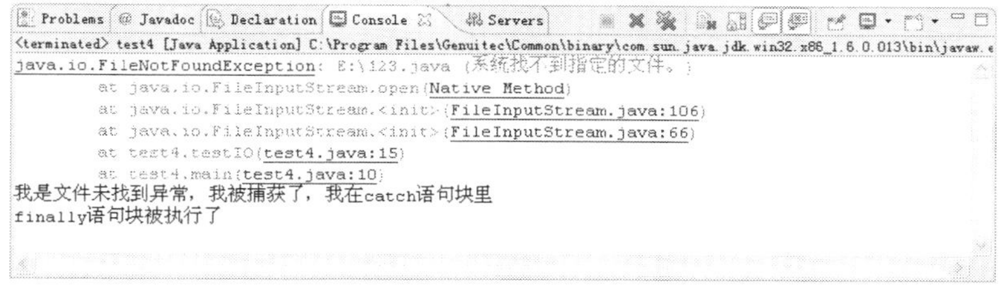

图 7-8　练习 3 运行效果图 1

在上述的代码中，文件不存在时程序发生文件未找到异常，被 catch 语句块捕获，catch 语句块中的内容得到执行，输出“我是文件未找到异常，我被捕获了，我在 catch 语句块里”语句，同时控制台会输出 printStackTrace()方法获取到的异常信息，最后 finally 块中的语句执行。上述代码说明不论在是否发生异常的情况下，finally 语句块中的内容都会被执行。

（4）在 E 盘创建一个文件名为 123.java 的文件，重新执行上述代码，程序没有发生异常，在执行完 try 语句块中的内容后直接执行了 finally 语句块中的内容。运行效果如图 7-9 所示。

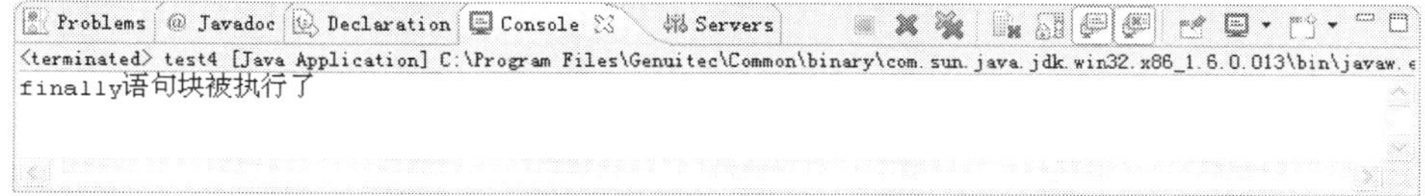

图 7-9　练习 3 运行效果图 2

4．异常的注意事项

上述 3 个练习中，对异常的捕获做了很详尽的介绍。在使用 try 语句块、catch 语句块、finally 语句块捕获异常时，还有下面几点值得注意。

- 避免过大的 try 语句块，尽量不要将不会出现异常的代码放进 try 语句块中。
- 将异常类型细化，尽量避免将异常类型直接写成 Exception。
- 不要用 try-catch 参与流程控制。

7.1.3.2 自定义异常

在实际编程中，Java 提供的内置异常类型不一定能够满足程序设计的需要，编程人员可以定义自己的异常类型。自定义异常类必须继承于 Exception 类或者其子类。其形式如下所示。

```
<class> 自定义异常类型名 <extends> <Exception>
```

在规范命名中自定义异常类型名一般格式为 XXXException，其中 XXX 用来代表所定义异常类的作用。自定义异常类一般包含两个构造函数，一个是无参的默认的构造函数，另一个是带一个参数的构造函数。这个参数是一个字符串形式的定制的异常消息，并将该消息传递给父类的构造函数。

创建一个 RangeException 的自定义异常类继承 Exception 类，分别编写一个有参、一个无参的构造函数。代码如下。

```
public class RangeException extends Exception{
    public RangeException() {
        super();
    }
    public RangeException(String message) {
        super(message);
    }
}
```

在上述代码中，自定义异常类 RangeException 继承了 Exception 类，包含两个构造函数。在这里要注意，如果定义了有参数的构造函数，那么默认的无参构造函数将失效，需要手动编写。

【练习 4】

创建测试类，调用自定义异常类 RangeException 进行测试。主要步骤如下。

（1）创建测试类，提示用户输入密码，输入完成之后，对密码进行判断，密码小于六位或者大于八位时都抛出自定义异常。代码如下。

```
Scanner s=new Scanner(System.in);
System.out.println("请输入密码: ");
String  res=s.next().trim();
if (res.length()<6){
    throw new RangeException("密码长度小于六位");
}
else if(res.length()>8){
    throw new RangeException("密码长度大于八位");
}else {
    System.out.println("您的密码为: "+res);
}
```

（2）运行上述代码，当用户输入的字符串长度小于六位或者大于八位时，会抛出

RangeException 自定义异常，执行相对应的 catch 语句块中的代码，控制台输出相应的异常信息。假如控制台输入字符串的长度是 4，满足长度小于 6 的条件，那么程序必然要发生异常。如图 7-10 所示。

图 7-10 练习 4 运行效果 1

（3）再次运行该程序，当用户输入的字符串长度在 6 到 8 之间，没有异常抛出，程序正常执行。执行效果如图 7-11 所示。

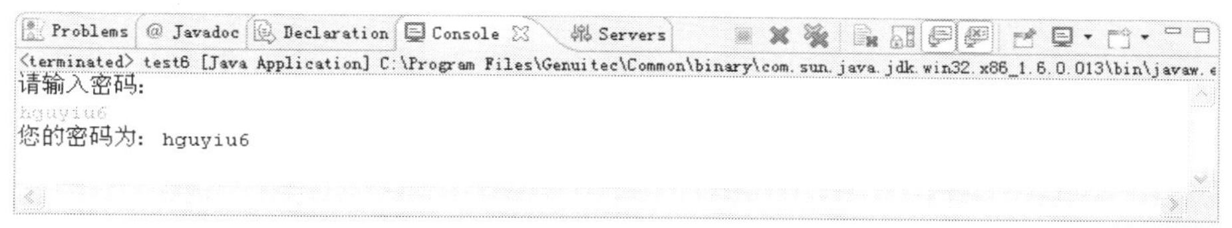

图 7-11 练习 4 运行效果 2

7.1.3.3 抛出异常和声明异常

在 Java 运行过程中，Java 虚拟机的异常处理程序会主动为编程人员处理所发生的部分异常，除了系统捕获到的异常外，还可以在程序中主动抛出异常和声明异常。

1．抛出异常

throw 语句用来直接抛出一个异常，后面接一个可抛出的异常类对象。throw 关键字通常用在方法体中，并且抛出一个异常对象。程序在执行到 throw 语句时立刻停止，其后的语句都不执行，此时程序转向调用程序，寻找与之相匹配的 catch 语句，执行相应的处理程序。如果没有找到相匹配的 catch 语句，则再转向上一层的调用程序。这样逐层向上，直到最外层的异常处理程序终止程序并打印出调用者情况。其语法格式如下所示。

```
throw ExceptionObject;
```

上述语法格式中，ExceptionObject 必须是 Throwable 类或其子类的对象。如果是自定义异常类也必须是 Throwable 的直接或间接子类。

2．声明异常

声明异常是通过 throws 关键字来实现的，在某个方法可能发生异常时使用。当一个方法产生一个它不处理的异常时，那么就需要在声明该方法时声明这个异常，以便于将这个异常传递到方法的调用者进行处理。可以使用一个 throws 关键字在一个方法的头部声明一个异常，其语法格式如下所示。

```
语法类型 方法名（参数表）throws Exception1,Exception2,…{
…
}
```

其中，Exception1，Exception2…表示异常类。如果有多个异常类，它们之间用逗号隔开。这些异常类可以是方法中调用了可能抛出的异常的方法而产生的异常，也可以是方法体中生成并抛出的异常。

3. throw 和 throws 的区别

throw 关键字和 throws 关键字分别用来抛出异常和声明异常，使用方法的几点区别如下所示。

- throws 是用来声明一个方法可能抛出的所有异常信息，throw 则是指抛出的一个具体的异常类型。
- 通常在一个方法（类）的声明处通过 throws 声明方法（类）可能抛出的异常信息，而在方法（类）内部通过 throw 声明一个具体的异常信息。
- throws 通常不用显示捕获的异常，可由系统自动将所有捕获的异常信息抛给上级方法；throw 则需要用户自己捕获相关的异常，而后对其进行相关包装，最后将包装后的异常信息抛出。

【练习 5】

下面通过一个例子来综合了解抛出异常和声明异常。在网上进行购物时，当顾客选择购买后，系统会要求顾客选择购买商品的数量，顾客从键盘输入一个数字作为购买商品的数量。当商品数量为负数或者商品数量过大以及输入的内容不是数字时，系统会出现异常，而这种情况是必须避免的，所以需要对这类异常进行捕获，进而做出相应的操作来保证购物活动的正常进行。示例代码如下。

（1）定义一个 MyException 类，继承 Exception 类，需要一个有两个参数的构造方法，一个参数 id 作为错误类型的种类，参数 message 存储获取到的异常说明字符串。

```
public class MyException extends Exception {
    private int id;
    public int getId() {
        return id;
    }
    public void setId(int id) {
        this.id = id;
    }
    public MyException(String message, int id) {
        super(message);
        this.id = id;
    }
}
```

（2）创建一个 enterNum(int num)方法，用于接收用户要购买的数量并对数量进行判断：如果数量小于 0，抛出 MyException 异常；如果数量大于 1000，抛出 MyException 异常。代码如下所示。

```
public void enterNum(int num) throws MyException {
    if (num < 0) {
        throw new MyException("购买数量不能为负数", 1);
    }
    if (num > 1000) {
        throw new MyException("购买数量超出库存", 2);
    }
    System.out.println("购买数量为" + num);
}
```

（3）创建一个 buy(int num)方法，在方法中调用 enterNum (int num)，如果出现异常就获取异常信息，否则就在控制台输出购买的数量。代码如下所示。

```
public void buy(int num) {
    try {
        enterNum(num);
        System.out.println("本次购买成功");
    } catch (MyException e) {
        e.printStackTrace();
        System.out.println("购买失败，出错种类" + e.getId());
        System.out.println("本次购买失败");
    }
}
```

（4）编写 main()方法，获取用户输入的购买商品的数量。

```
public static void main(String[] args) throws InputMismatchException {
    System.out.println("请输入要购买的数量: ");
    Scanner scanner = new Scanner(System.in);
    int num = scanner.nextInt();
}
```

（5）调用 buy(int num)方法，以之前接收到的购买的商品数量作为参数。

```
test5 t = new test5();
t.buy(num);
```

（6）执行程序，当输入数据类型不正确时控制台将异常信息输出，程序中断。执行效果如图 7-12 所示。

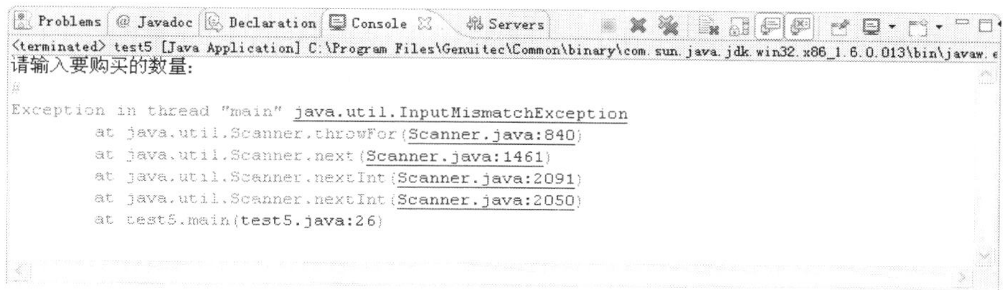

图 7-12 练习 5 执行效果图 1

（7）执行程序，当从控制台接收到的数据类型匹配无误的情况下，会对接收到的数据进行判断，如果数据小于 0 或者数据大于 1000 将会抛出“购买数量为负数”或者是“购买数量大于库存”的异常，而 buy(int num)方法将捕获到异常，程序执行相应的 catch 语句块。程序执行结束。执行效果如图 7-13 所示。

```
Problems @ Javadoc Declaration Console Servers
<terminated> test5 [Java Application] C:\Program Files\Genuitec\Common\binary\com.sun.java.jdk.win32.x86_1.6.0.013\bin\javaw.e
请输入要购买的数量:
443434
购买失败，出错种类2
本次购买失败
MyException: 购买数量超出库存
        at test5.enterNum(test5.java:9)
        at test5.buy(test5.java:15)
        at test5.main(test5.java:28)
```

图 7-13 练习 5 执行效果图 2

（8）重新执行程序，在上述代码中如果从控制台接收到的数据类型匹配没有出错，数据也通过了 enterNum(int num)的判断，没有发生异常，程序顺序执行，输出“本次购买成功”。例如从控制台输入 999，满足数据大于 0 小于 1000 的条件，程序正常情况下可以正确执行。执行效果如图 7-14 所示。

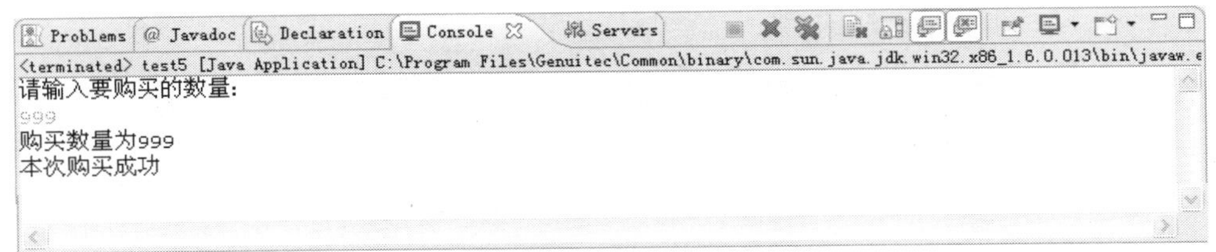

图 7-14　练习 5 执行效果图 3

7.2 实例应用：优化错误提示信息

7.2.1　实例目标

计算类（compute）要求用户输入两个数执行相除并保存结果用异常类进行处理。首先可以定义一个数组，对其进行简单的封装，用来接收键盘输入的操作数，然后编写测试类，使用多重 catch 获取异常信息，并针对不同异常做出不同的优化。

7.2.2　技术分析

在这个实例中要求有用户的输入、除零运算以及数组的访问，而这些异常又需要对其进行捕获和处理。在这个案例中使用的技术主要如下所示。

- 使用 Scanner 类接收用户的输入。
- 使用数组存放用户输入的值。
- 数组越界会引起 ArrayIndexOutOfBoundException 异常。
- 除零运算会引起 ArithmeticException 异常。
- 输入的类型不匹配时会引起 InputMismatchException 异常。
- 使用 try-catch-finally 语句块捕获异常。

7.2.3　实现步骤

（1）创建计算类，声明一个长度为 2 的 int 类型的一维数组，接着编写 get()和 set()方法，代码如下。

```
public class Compute {
    private int[] num=new int[2];
    public int[] getNum() {
        return num;
    }
    public void setNum(int[] num) {
        this.num = num;
```

```
    }
}
```

（2）在 main()方法中编写代码，获取数组，定义一个 int 类型的变量 res 用来接收计算的结果，将从控制台接收到的 int 类型的数据存储到数组中，例如输入一个 Y 表示将计算的结果存储到数组下标为 2 的位置，接着在控制台输出结果。代码如下。

```
Compute c = new Compute();
int array[] = c.getArray();
int res = 0;
String YorN = null;
Scanner in = new Scanner(System.in);
try {
    System.out.println("请输入第一个整数: ");
    array[0] = in.nextInt();
    System.out.println("请输入第二个整数: ");
    array[1] = in.nextInt();
    res = array[0] / array[1];
    System.out.println("是否保存结果请输入 Y 或者 N");
    YorN = in.next();
    if (YorN.equals("Y")) {
        array[2] = res;
    }
    System.out.println(array[0] + "除以" + array[1] + "的结果是" + res);
}
```

（3）使用 catch 分别捕获可能出现的异常，代码如下所示。

```
catch (ArrayIndexOutOfBoundsException e) {
    System.out.println("出现数组越界错误了，下标过大或者过小了");
} catch (ArithmeticException e) {
    System.out.println("出现算术运算错误了，除数不能为 0 哦");
} catch (InputMismatchException e) {
    System.out.println("输入的数据类型不匹配");
} catch (Exception e) {
    System.out.println("我是错误，请改正");
}
```

（4）运行程序，输入第一个数据，输入类型正确，接着输入第二个数据 0，程序发生算术运算异常，异常被异常类型为 ArithmeticException 的 catch 语句块捕获，执行相应的操作，控制台输出“出现算术运算错误了，除数不能为 0 哦”。执行效果如图 7-15 所示。

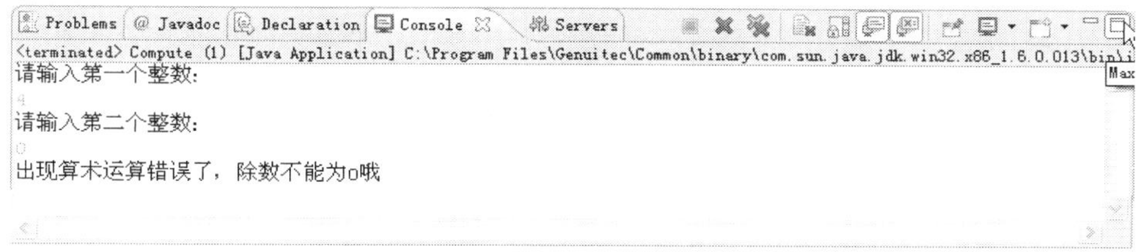

图 7-15 实例运行效果图 1

（5）重新运行程序，输入第一个数据，输入类型正确，接着输入第二个数据，输入一个字符，程序发生输入类型不匹配异常，异常被类型为 InputMismatchException 类型的 catch 语句块捕获，执行相应操作，控制台输出“输入的数据类型不匹配”。执行效果如图 7-16 所示。

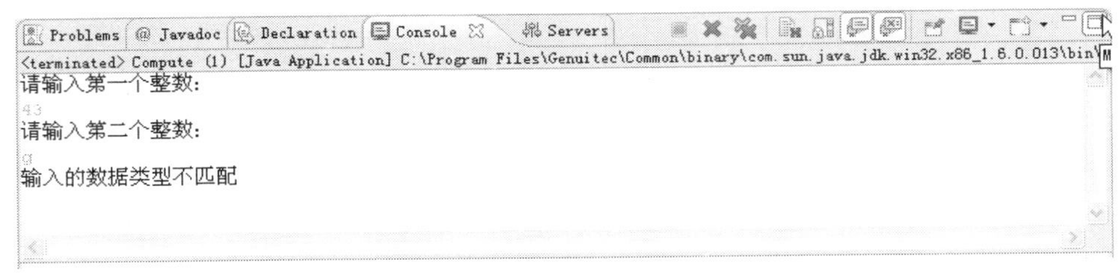

图 7-16 实例运行效果图 2

（6）继续运行程序，输入第一个数据，输入类型正确，接着输入第二个数据，输入类型正确，控制台输出“是否保存结果请输入 Y 或者 N”，输入“Y”，程序发生数组越界异常，因为长度为 2 的数组，其下标最大为 1。将结果保存在 array[2]出现数组越界错误，执行相应 catch 块中的处理语句，控制台输出“出现数组越界错误了，下标过大或者过小了”。执行效果如图 7-17 所示。

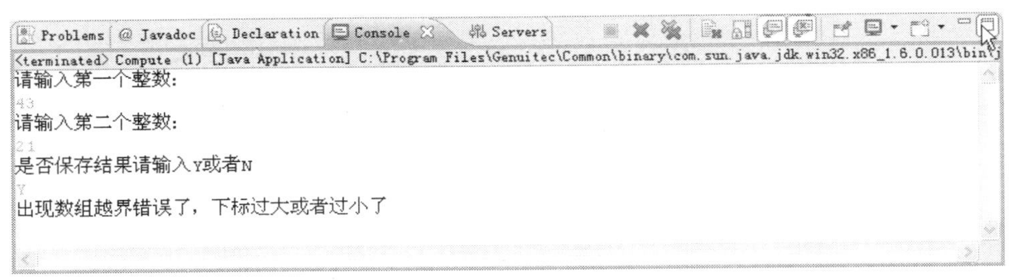

图 7-17 实例运行效果图 3

（7）再次运行程序，输入数据类型都正确，当控制台输出“是否保存结果请输入 Y 或者 N”时，输入“N”，表示不保存运行结果，也就不需要对下标为 2 的地址空间的访问，那么不会发生数组越界异常，程序就可以顺序执行到 try 语句块中的最后一个输出语句。执行效果如图 7-18 所示。

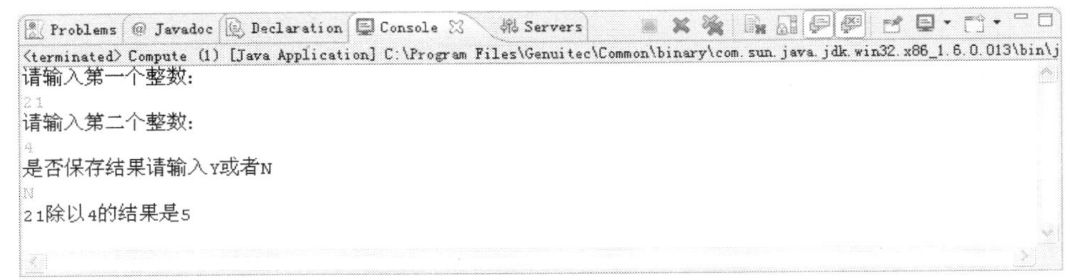

图 7-18 实例运行效果图 4

7.3 拓展训练

1．编写程序，完成用户名合法性检查

设计一个使用自定义异常类，使用 try-catch 语句块捕获异常的综合案例。在线注册，输入用户名，要求用户名只能是字母组成的，用户名的长度在 6~16 位之间，出错时将异常信息进行优化后打印到控制台。运行效果如图 7-19（用户名长度大于 16 或者小于 6 时的运行效果图）、图 7-20（用户名中包含非字母元素的运行效果图）以及图 7-21（程序正确运行的运行效果图）所示。

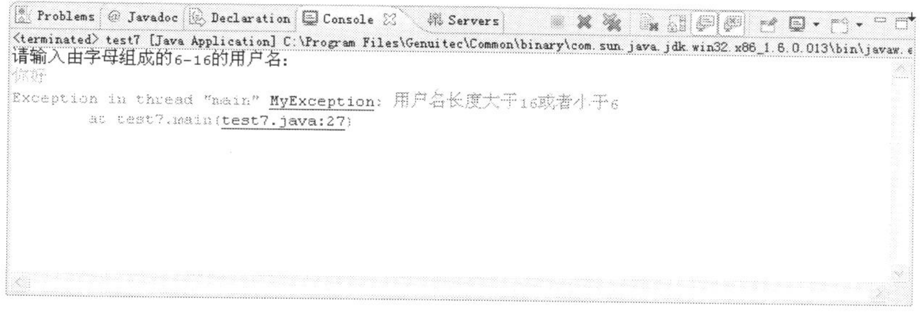

图 7-19　拓展训练 1 运行效果图 1

图 7-20　拓展训练 1 运行效果图 2

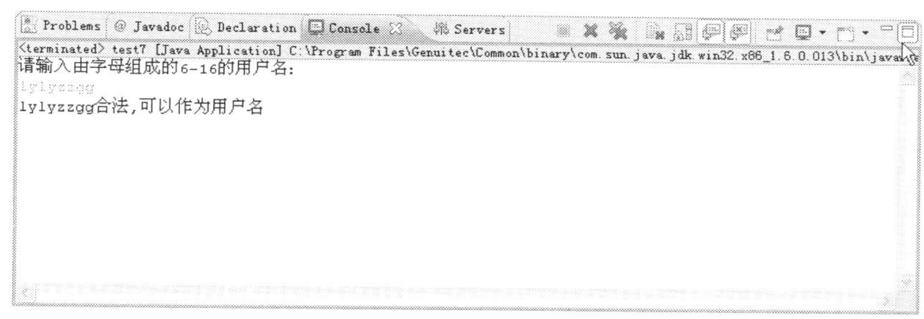

图 7-21　拓展训练 1 运行效果图 3

2．编写程序，完成用户年龄判断功能

自定义一个异常类，要求使用 try-catch 语句块，结合 throws、throw 完成一个判断用户年龄是否合法的小程序。要求用户的年龄要在 0~120 之间。如果年龄小于 0，抛出“年龄不能小于 0”异常；如果年龄大于 120，抛出“年龄不能大于 120”异常。如果输入的值不是数字，则抛出“请输入数字异常”。运行效果如图 7-22（用户输入年龄为负数时的运行效果图）、图 7-23（用户输入年龄大于 120 时的运行效果图）、图 7-24（用户输入数据不为数字时的运行效果图）以及图 7-25（用户输入数据在 0~120 之间的运行效果图）所示。

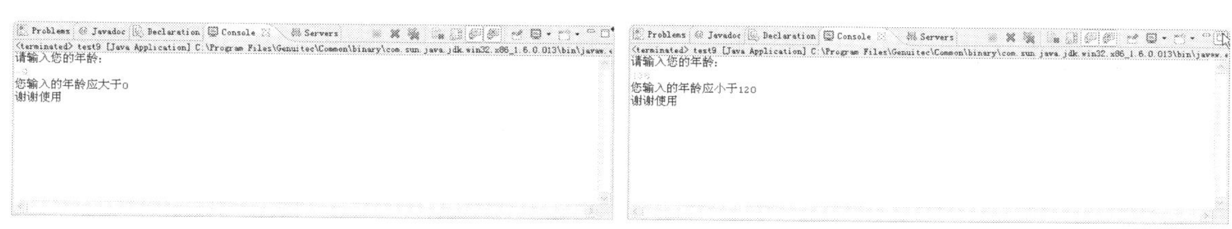

图 7-22　拓展训练 2 运行效果图 1　　图 7-23　拓展训练 2 运行效果图 2

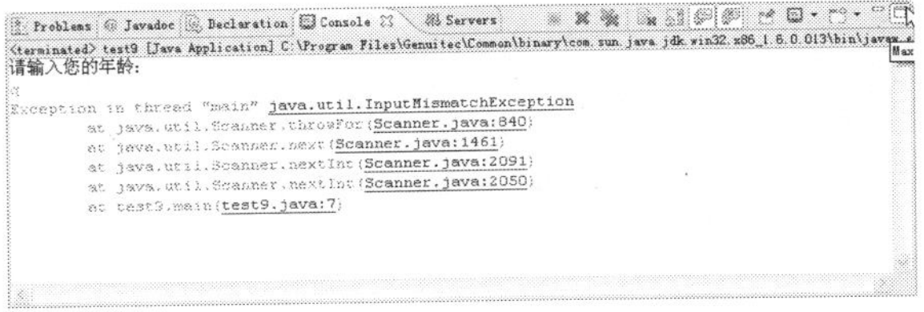

图 7-24　拓展训练 2 运行效果图 3

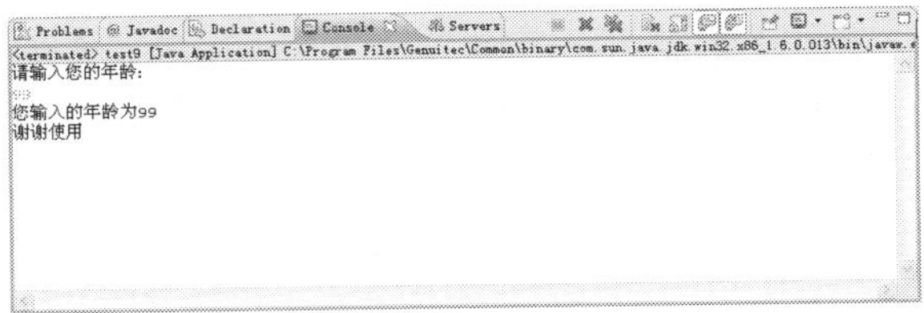

图 7-25　拓展训练 2 运行效果图 4

7.4 课后练习

一、填空题

1. Throwable 类是所有异常和错误的超类，有两个子类 Error 和__________，分别表示错误和异常。
2. 除零运算会报__________异常。
3. Java 异常的 5 个关键字分别是：try、catch、__________、throw、throws。
4. 抛出异常的关键字是__________。

二、选择题

1. 对于已经被定义过可能抛出异常的语句，在编程时__________。

   A. 必须使用 try-catch 语句处理异常，或用 throw 将其抛出

   B. 如果程序错误，必须使用 try-catch 语句处理异常

   C. 可以置之不理

   D. 只能使用 try-catch 处理

2. 下面代码的执行结果是__________。

```
public class test8 {
    public static void main(String[] args) {
        try {
            return ;
        } finally{
            System.out.println("这是 finally");
        }
    }
}
```

   A. 编译会通过，但是会报一个异常

   B. 程序正常运行，并输出 “finally”

   C. 程序正常运行，但不输出任何结果

   D. 因为没有 catch 块，所以不能通过运行

三、简答题

1. 简述 Java 的异常处理机制。
2. 若一个方法抛出异常，该方法一定要处理该异常吗？若不处理，那么怎么才能使该方法通过编译？
3. 说明 try-catch-finally 结构的执行顺序。
4. 系统预定义异常怎么抛出？用户自定义异常如何抛出？

第 8 课 线程

小学的作业中，常常会要求学生使用“一边……一边”来造句，例如小明一边看电视，一边吃薯片。在现实生活中，这样的例子不胜枚举。如果按照以往的要求，编写程序只能从头至尾地执行线索，编程初学者就要犯难了。为了解决这一类问题，Java 引进了线程机制，这也是 Java 的一大特质。Java 的多线程允许几个执行体的同时存在，按照不同的执行线索同时工作，它使得编程人员可以开发出能够同时处理多个任务的应用程序。由于单核处理器的计算机在某一时刻只能执行一个线程，所以所谓的同时执行多个线程是一种错觉，只是 Java 能够控制迅速地在不同的线程之间转换。

本课重点介绍线程的相关知识，如线程的基本概念、创建方法以及生命周期等。

本课学习目标：

- ❑ 了解线程的基本概念
- ❑ 掌握线程的创建方式
- ❑ 掌握线程的状态
- ❑ 理解线程的生命周期
- ❑ 理解线程的优先级
- ❑ 掌握线程的休眠、让步和等待
- ❑ 掌握线程同步机制

8.1 基础知识讲解

8.1.1 线程基本概念

在以往的程序中，多以一个任务完成后再进行下一个任务的模式做开发，这样就必须要求前一个任务完成才能进行下一个任务，因此对程序的效率有一定的影响，也对系统资源有一定浪费。而Java 语言提供的多线程机制，可以保证程序中执行多个线程，每一个线程完成一定的工作，并与其他线程同期完成，这就是 Java 中的多线程。

要了解线程的执行，首先需要清楚什么是进程。进程是一段代码的一次动态执行过程，它代表了一段代码的从加载到执行，再到执行完毕的一个整体过程，这个过程是进程从产生、发展至消亡的一个过程。如果把白领族上班比作是一个进程，那么这个进程的开始就是打卡上班，而打卡下班就是它的消亡。

线程是比进程更小的程序执行单位，一个进程的执行过程中包含多个线程，形成了不同的执行线索，每条线索，也就是每个线程也有自己的产生、执行和消亡。线程是彼此互相独立的、能独立运行的子任务，并且每个线程都有自己的调用栈。所谓的多任务是通过周期性地将 CPU 时间片切换到不同的子任务，虽然从微观上看来，单核的 CPU 上同时只运行一个子任务，但是从宏观来看，每个子任务似乎是同时连续运行的。

在 Java 中，线程指的是两个不同的内容，一个是 java.lang.Thread 类的一个对象，另外也可以指线程的执行。线程对象和其他对象一样，在堆上创建、运行和死亡。但不同之处是，线程的执行是一个轻量级的进程，有它自己的调用栈。相关人员在运行 Java 程序时一个 main()方法对应一个主线程，一个新线程一旦被创建，就产生一个新的调用栈，与主线程并发执行。

8.1.2 线程实现

Java 中线程的实现主要有两种方式，分别是继承 java.lang.Thread 类和实现 java.lang.Runnable 接口。

8.1.2.1 继承 Thread 类

Thread 类是 java.lang 包中的一个类，这个类中实例化的对象代表线程。程序员启动一个新线程需要建立 Thread 实例，Thread 本质上也是实现了 Runnable 接口的一个实例。启动线程的惟一方法就是 Thread 类的 start()实例方法，start()方法是一个 native 方法，它将启动一个新线程，并执行 run()方法。Thread 类中常用的两个构造方式如下。

```
public  Thread(String threadName);
public  Thread();
```

其中第一个方法是创建一个名称为 threadName 的新线程对象。

继承 Thread 类创建一个新线程的语法如下。

```
public class Thread1 extends Thread{
…
}
```

当 Thread 类被继承后，子类可以覆盖父类的 run()方法，将实现该线程功能的代码写在 run()

方法体中。

run()方法的语法格式如下。

```
public void run(){
...
}
```

在 main()方法中调用 Thread 类的 start()方法启动一个线程，也就是调用其 run()方法。格式如下。

```
public void main (String[] args){
    new Thread1().start();
}
```

【练习 1】

创建一个 test1 类以继承 Thread 类，重写 run()方法，分别在 main()方法和其他线程中使用 for 循环输出信息，代码如下。

```
public class test1 extends Thread{
    private String threadName;
    public test1(){
    }
    public  test1(String threadName){
        this.threadName=threadName;
    }
    @Override
    public void run() {
        for(int i=0;i<3;i++){
            System.out.println(threadName+"输出"+i);
        }
    }
    public static void main(String[] args) {
        test1 T1=new test1("线程一");
        test1 T2=new test1("线程二");
        T1.start();
        T2.start();
        for (int i = 0; i < 3; i++) {
            System.out.println("main 方法输出"+i);
        }
    }
}
```

在上述代码中，重写了 Thread 类的 run()方法，实现数据输出功能，并创建了两个新线程，调用 start()方法启动线程，程序执行结果如图 8-1 和图 8-2 所示。

```
Console
<terminated> test1 (1) [Java Application] C:\Program Files\Genuitec\Common\binary\com. sun.
main方法输出0
main方法输出1
main方法输出2
线程二输出0
线程二输出1
线程二输出2
线程一输出0
线程一输出1
线程一输出2
```

图 8-1　练习 1 运行效果 1

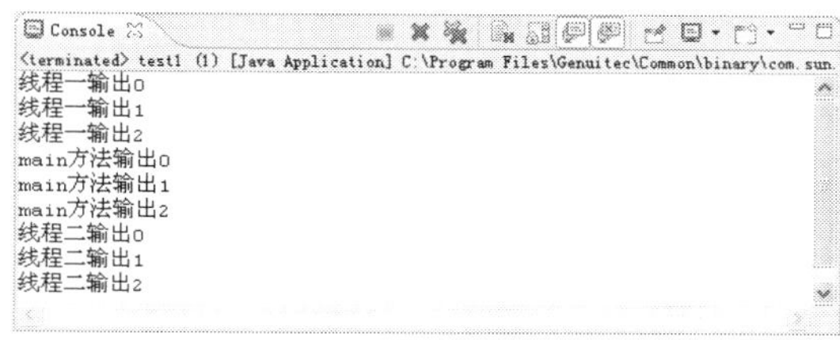

图 8-2　练习 1 运行效果 2

对练习 1 的程序代码的 main()方法进行简单修改，修改后代码如下所示。

```
public static void main(String[] args) {
    test1 T1=new test1("线程一");
    test1 T2=new test1("线程二");
    T1.run();
    T2.run();
    for (int i = 0; i < 3; i++) {
        System.out.println("main 方法输出"+i);
        }
    }
}
```

执行上述代码，运行效果如图 8-3 所示。

```
Problems @ Javadoc Declaration Console Servers
<terminated> test1 (1) [Java Application] C:\Program Files\Genuitec\Common\binary\com.sun.java.jdk.win32.x86_1.6.0.013\bin\jav
线程一输出0
线程一输出1
线程一输出2
线程二输出0
线程二输出1
线程二输出2
main方法输出0
main方法输出1
main方法输出2
```

图 8-3　练习 1 修改后执行效果图

上述 3 个不同的执行效果是由于调用了 start()方法和 run()方法两个不同的方法而产生的，它们的区别在于 start()方法实现了多继承，而 run()方法没有实现多继承，只是一个普通的方法调用，还是在主线程中执行。它们之间的区别如下所示。

- 用 start()方法启动线程，真正地实现了多线程，这时它不需要等待 run()方法体中的代码执行完毕而直接执行下面的代码。通过调用 Thread 类的 start()方法来启动一个线程，这时这个线程就处于就绪状态，但并没有运行，只要得到 CPU 分配的时间片，就开始执行 run()方法。这里的 run()方法称之为线程体，它包含要执行的这个线程的内容，run()方法执行完毕，此线程结束。
- run()方法只是类的一个普通方法。如果直接调用 run()方法，程序依然只有主线程这一个线程，程序只有一条执行顺序，即顺序执行，程序会等待 run()方法体中的代码执行完毕后再执行下面的程序。这样就没有达到重写线程的目的。

8.1.2.2　实现 Runnable 接口

在之前的介绍中接触到的多继承都是通过继承 Thread 类来实现的，而当类中出现还要继承其他类的情况，就无法再继承 Thread 类，这时编程人员可以使用 Runnable 接口来实现。

实现 Runnable 接口的代码格式如下所示。

```
public class Thread1 extends Object implements Runnable
```

查询 API 会发现，Thread 类的本质是实现了 Runnable 接口的，因为 Thread 类的 run()方法其实是 Runnable 接口中的 run()方法的具体实现。

下面通过两个小的示例来介绍 Runnable 接口的使用。

【练习 2】

通过实现 java.lang.Runnable 接口来实现多线程。代码如下。

```
public class test2 implements Runnable{
    @Override
    public void run() {
        for (int i=0;i<3;i++){
            System.out.println("这里是 run 方法体"+i);
        }
    }
    public static void main(String[] args) {
        test2 test=new test2();
        Thread aThread=new Thread(test);
        Thread bThread=new Thread(test);
        aThread.start();
        bThread.start();
    }
}
```

【练习 3】

使用参数形式的内部类实现多线程。代码如下。

```
public class test3 {
    public static void main(String[] args) {
        Thread test=new Thread(new Runnable() {
            @Override
            public void run() {
                for (int i=0;i<3;i++){
                    System.out.println("这里是 run 方法体"+i);
                }
            }
        }
        );
        test.start();
    }
}
```

综合上述两个示例，实现 java.lang.Runnable 接口和使用参数形式的内部类之间的区别如下：第一种方式使用无参构造函数创建线程，当线程开始工作时，它将调用自己的 run()方法；第二种方式使用带参数的构造函数创建线程，告诉这个新线程使用新写的 run()方法，而不是它自己的。

实现 Runnable 接口与继承 Thread 类相比较，其优势如下。

- 适合多个相同的程序代码的线程去处理同一个资源。
- 可以避免 java 中的单继承的限制。
- 增加程序的健壮性。代码可以被多个线程共享，代码和数据独立。

8.1.3 线程的生命周期

线程具有生命周期，如同人的生命周期一样，它具有 7 种不同的状态，分别是新建状态、就绪状态、运行状态、等待状态、休眠状态、阻塞状态以及死亡状态。下面是线程的生命周期中的各个状态及转换情况，如图 8-4 所示。

下面是图 8-4 中线程各个状态之间转换的详细说明。

- 新建状态就是用户在创建线程时所处的状态。在用户调用 start()方法之前，线程属于新建状态。
- 在用户调用了 start()方法之后，线程进入就绪状态。
- 当线程获取到系统资源后进入运行状态。
- 线程进入运行状态之后，如果系统资源被剥夺，就会再次进入就绪状态，等待下一次系统资源的分配；同时在运行状态期间也有可能进入等待、休眠、阻塞或者死亡状态。

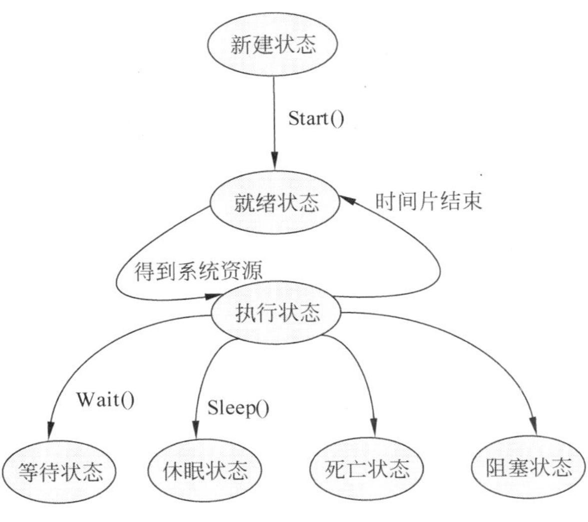

图 8-4　线程的生命周期状态图

- 当处于运行状态的线程调用 Thread 类的 wait()方法，线程就处于等待状态，只能被 notify()方法或者 notifyAll()方法唤醒，而 notifyAll()方法会唤醒所有处于等待状态的线程。
- 当线程调用 Thread 类的 sleep()方法时，线程进入休眠状态。
- 当一个正在运行的线程发出输入/输出请求时，该线程进入阻塞状态，在其等待输入/输出期间，即使系统资源空闲，该线程也只能处于阻塞状态，等待输入/输出完成后转回就绪状态。
- 当线程的 run()方法执行完毕后，程序进入死亡状态。

8.1.4　线程的调度

在 Java 虚拟机中，每一时刻只能执行一条指令，每个线程只有获得 CPU 的使用权才能执行指令。对于多线程的运行来说，从宏观上看，各个线程会轮流获得 CPU 的使用权，分别执行各自的任务，在运行池中就会有多个就绪状态的线程在等待 CPU。处于就绪状态的线程首先进入就绪队列等候 CPU 的处理，多线程系统会给每个线程分配一个优先级。任务比较紧急的重要线程的优先级就高，相反则较低。

在线程排队时，优先级较高的线程排在较前的位置，能优先获取到系统资源。而优先级较低的线程只能等到排在它前面、优先级较高的程序执行完毕才能执行。对于优先级相同的线程，则遵循队列的“先进先出”原则，即先进入就绪状态排队的线程被优先分配到处理器资源。当一个在就绪队列中排队的线程被分配到处理器资源而进入运行状态之后，这个线程就称为是被“调度”或被线程调度管理器选中了。线程调度管理器负责管理线程排队和处理器在线程间的分配，一般都配有一个精心设计的线程调度算法。在 Java 系统中，线程调度依据优先级基础上的“先到先服务”的原则。

一个线程放弃 CPU，必然是因为以下 3 个原因。

- Java 虚拟机让当前线程暂时放弃 CPU，转到就绪状态，使其他程序获得运行机会。
- 线程因为某些原因进入阻塞状态。
- 线程执行结束。

8.1.4.1　线程优先级

Thread 类有 3 个有关线程优先级的静态常量，分别是 Thread.MIN_PRIORITY、Thread.MAX_PRIORITY 和 Thread.NORM_PRIORITY，它们的值分别是 1、10 和 5。如果需要对

线程的优先级进行调整，可以调用 Thread 类的 setPriority()方法来设置线程的优先级，设置值必须在 1 到 10 之间，否则会抛出 IllegalArgumentException 异常。优先级越高，调度越优先排入执行，如果优先级相同，则采用轮转法调度。

【练习 4】

线程优先级的简单练习，创建两个线程，分别设置其优先级为 3 和 8，代码如下。

```
public class test4 implements Runnable {
    @Override
    public void run() {
        for (int i = 1; i < 5; i++) {
            System.out.println("线程" + Thread.currentThread().getName() + "
            运行第"+ i + "次");
        }
    }
    public static void main(String[] args) {
        Thread thread1 = new Thread(new test4(), "A");
        Thread thread2 = new Thread(new test4(), "B");
        thread1.setPriority(3);
        thread2.setPriority(8);
        thread1.start();
        thread2.start();
    }
}
```

上述代码的运行结果如图 8-5 所示。可以看出运行结果并不是如预期的那样，线程 B 并没有优先于线程 A 执行，这说明并不是线程的优先级越高，就优先执行，线程的执行先后顺序还是取决于哪个进程先获取到系统资源。

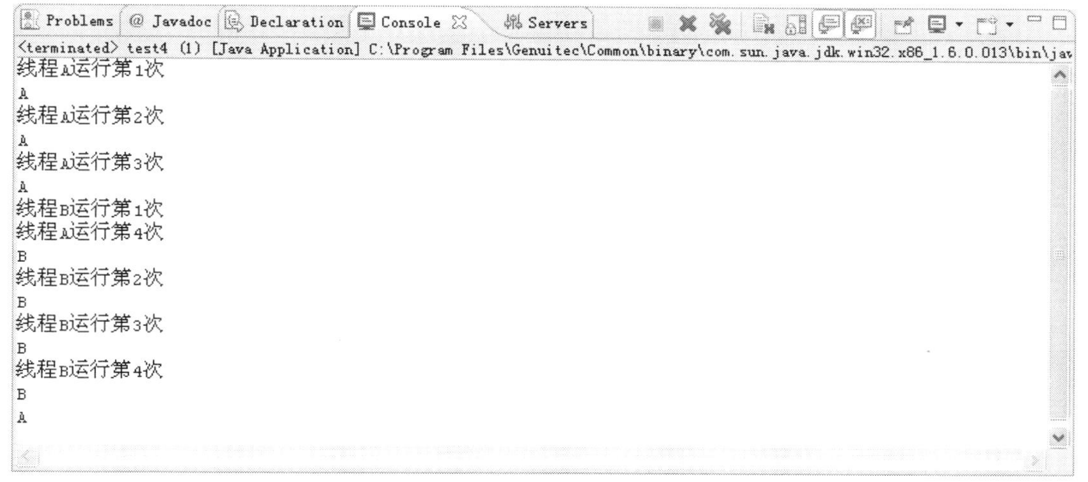

图 8-5 练习 4 运行效果图

8.1.4.2 线程加入 join()

程序在执行过程中，如果已经有一个线程 A 正在运行，而用户希望插入一个其他线程，例如线程 B，并要求线程 B 先于线程 A 执行完毕，这时可以使用 join()方法来完成。

当线程使用 join()加入到另一个线程时，另一个线程会等待被加入的线程执行完毕，然后再继

续执行。join()的意思表示将线程加入成为另一个线程的流程。

【练习 5】

下面进行线程加入的简单练习。创建线程 A 和线程 B，线程 B 调用 join()方法。代码如下。

```
public class test5 implements Runnable{
    @Override
    public void run() {
        System.out.println("线程 A 开始执行");
        for (int i=1;i<10;i+=2){
            System.out.println("线程 A"+i);
        }
        System.out.println("线程 A 结束执行");
    }
    public static void main(String[] args) {
        Thread aThread=new Thread(new test5());
        aThread.start();
        Thread bThread=new Thread(new Runnable() {
        @Override
        public void run() {
            System.out.println("线程 B 开始执行");
            for (int i=2;i<10;i+=2){
                System.out.println("线程 B"+i);
            }
            System.out.println("线程 B 结束执行");
        }
        });
        bThread.start();
        try {
            bThread.join();
        } catch (InterruptedException e) {
            e.printStackTrace();
        }
        System.out.println("main 方法执行完毕");
    }
}
```

上述程序执行效果如图 8-6 所示。

```
Problems  @ Javadoc  Declaration  Console  Servers
<terminated> test5 (1) [Java Application] C:\Program Files\Genuitec\Common\binary\com.sun.java.jdk.win32.x86_1.6.0.013\bin\jav
线程A开始执行
线程B开始执行
线程B2
线程B4
线程B6
线程B8
线程B结束执行
main方法执行完毕
线程A1
线程A3
线程A5
线程A7
线程A9
线程A结束执行
```

图 8-6　练习 5 执行效果图

将上述代码多次运行会发现，线程 B 的执行总是先于主线程完成，也就是 main()方法产生的线程执行结束，而与线程 A 的执行顺序没有关系，这就表示线程的 join()方法会使加入的线程早于被加入的线程执行完毕。如果线程 B 没有加入主线程，那么 main()方法产生的线程和线程 B 哪个先结束执行就很难确定。如果加入的线程处理的时间太久，不想一直等下去，可以在 join()上指定时间，例如 join(10000)秒，表示加入成为流程之一的线程最多处理 10000 毫秒，也就是 10 秒。这样加入的线程到规定时间还没有执行完毕就不会再对它进行处理，原线程继续执行。

8.1.4.3 线程休眠 sleep()

在程序的执行过程中，如果遇到执行过快，而且对即时性要求也不那么高的程序，读者可以使用 sleep()方法让线程休眠一段时间，来减轻 CPU 的一些压力。在 Thread 类中方法中的 sleep()方法，其参数是毫秒。在使用 sleep()方法时，会抛出检查异常 InterruptedException。对于检查异常，要么声明，要么捕获处理。

【练习 6】

下面进行线程休眠的简单练习。创建 3 个线程交替执行，每次进入循环体，线程休眠 10 毫秒。代码如下所示。

```
public class test6 implements Runnable{
    @Override
    public void run() {
        for(int i=0;i<5;i++){
            System.out.println(Thread.currentThread().getName()+"运行"+i);
            try {
                Thread.sleep(10);
            } catch (InterruptedException e) {
                e.printStackTrace();
            }
        }
    }
    public static void  main(String[] args) {
        Thread aThread=new Thread(new test6(),"线程 A");
        Thread bThread=new Thread(new test6(),"线程 B");
        Thread cThread=new Thread(new test6(),"线程 C");
        aThread.start();
        bThread.start();
        cThread.start();
    }
}
```

上述代码中 3 个线程同时执行，其中哪个线程先抢到 CPU 就会先执行，所以每次程序的运行结果会比较随机。现在设置了线程每进一次循环体就会休眠 10 毫秒，其他线程就有了运行机会，这样造成的运行结果就是 3 个线程不固定先后顺序输出 3 个 0、3 个 1、3 个 2、3 个 3。程序执行效果如图 8-7 所示。

针对上述代码，如果将 sleep()代码段注释掉，则会发现执行结果会发生很大变化。这是由于在程序中没有了休眠方法，线程会进行资源竞争，CUP 时间片会随机分配给各个线程，这样出现的运行结果也是随机的。运行效果如图 8-8 所示。

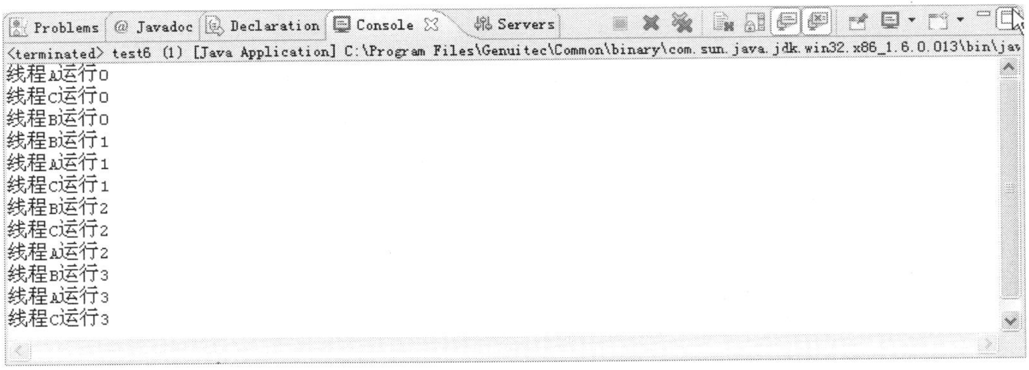

```
Problems  @ Javadoc  Declaration  Console ⊠  Servers
<terminated> test6 (1) [Java Application] C:\Program Files\Genuitec\Common\binary\com.sun.java.jdk.win32.x86_1.6.0.013\bin\jav
线程A运行0
线程C运行0
线程B运行0
线程B运行1
线程A运行1
线程C运行1
线程B运行2
线程C运行2
线程A运行2
线程B运行3
线程A运行3
线程C运行3
```

图 8-7　练习 6 运行效果图

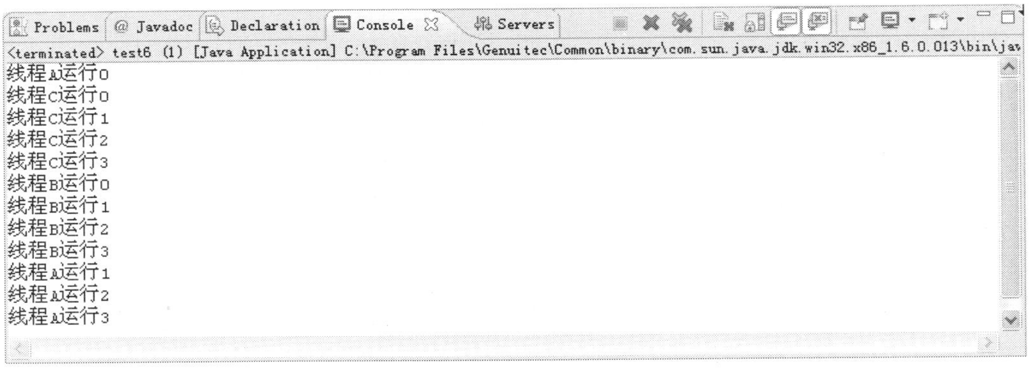

```
Problems  @ Javadoc  Declaration  Console ⊠  Servers
<terminated> test6 (1) [Java Application] C:\Program Files\Genuitec\Common\binary\com.sun.java.jdk.win32.x86_1.6.0.013\bin\jav
线程A运行0
线程C运行0
线程C运行1
线程C运行2
线程C运行3
线程B运行0
线程B运行1
线程B运行2
线程B运行3
线程A运行1
线程A运行2
线程A运行3
```

图 8-8　练习 6 修改后执行效果图

8.1.4.4　线程让步 yield()

在 Thread 类中提供了一种礼让方法，即 yield()方法。yield()方法的作用是给当前正处在运行状态下的线程一个提醒，告知它可以将资源礼让给其他线程，但没有任何一种机制保证当前线程会将资源礼让。使用 yield()方法使具有同样优先级的线程有可能进入可执行状态的机会，如果当前线程放弃执行权时会再度回到就绪状态。但对于目前的操作系统来说，不需要调用 yeild()方法，因为系统会自动为线程分配 CPU 时间片来执行。

【练习 7】

下面运行线程礼让的练习。设计一个计数器，当计数器的值为 2 时调用线程礼让方法。代码如下。

```
public class test7 implements Runnable{
    @SuppressWarnings("static-access")
    @Override
    public void run() {
        int count=5;
        while(--count!=0){
            if (count==2){
                System.out.println("线程礼让");
                Thread.currentThread().yield();
            }
            System.out.println("运行之后计数器的值为"+count);
        }
```

```
        }
        public static void main(String[] args) {
            Thread th=new Thread(new test7());
            th.start();
        }
    }
```

在上述代码中，定义的计数器每次先完成自减运算再进入 if 语句块进行条件判断，当经过三次自减运算后，计数器的值变为 2，满足 if 语句的条件，则执行 if 语句块内的代码段，调用其中的让步方法，执行完毕后，线程继续执行。其运行结果如图 8-9 所示。

```
Problems  @ Javadoc  Declaration  Console  Servers
<terminated> test7 (1) [Java Application] C:\Program Files\Genuitec\Common\binary\com.sun.java.jdk.win32.x86_1.6.0.013\bin\jav
运行之后计数器的值为4
运行之后计数器的值为3
线程礼让
运行之后计数器的值为2
运行之后计数器的值为1
```

图 8-9　练习 7 运行效果图

如果将 yeild()方法注释掉之后，再次运行程序，对比发现两段程序的执行效果是相同的，这就说明 yeild()方法不一定会礼让资源，并没有任何的措施保证资源礼让一定会发生。

8.1.5 线程同步

火车票网上购票系统中，当用户成功提交订单之后系统打印出购票信息，这时这张票将处于锁定状态，锁定 45 分钟，要求客户在 45 分钟内完成付款操作，如果 45 分钟内没有完成付款操作，此票将可以由他人再次购买，在这里这张车票就是一个互斥资源，在同一时间只允许一个用户访问。在编程过程中，编程人员会发现很多类似的情况，为了防止这些资源访问的冲突，Java 提供了进程的同步机制。

8.1.5.1 线程安全

线程的安全问题，在实际开发中有很多的表现，如银行的排队系统、网站的售票系统等。这种多线程的程序对于线程的安全性要求会很高。假如两个买家在网上同时购买一件商品，在代码中判断当前剩余货品的数量是否大于 0，如果大于 0 则可以将商品出售，但是如果两个买家同时完成了判断，并且都表示可以购买，这样两个买家就都完成了购买操作，那么卖家就会出现货品短缺的问题。所以在编写这类的程序时，就要考虑到类似的问题，实际上就是资源的互斥访问。

【练习 8】

创建类实现 Runnable 接口，模拟顾客购买商品。假设商品只剩下两件，但是有 5 名顾客在同时进行购买操作。实现代码如下。

```
public class test8 implements Runnable{
    int count =3;
    @Override
    public void run() {
        while(true){
                if(count>0){
                    try {
                            Thread.sleep(100); //线程休眠 100 毫秒
```

```
                    } catch (InterruptedException e) {
                        e.printStackTrace();
                    }
                    System.out.println(Thread.currentThread().getName()+
                    "购买倒数第"+(count--)+"件商品");
                }
            }
        }
        public static void main(String[] args) {
            test8 test=new test8();
    //依次创建名为"顾客一、二、三、四、五的新线程"
            Thread ta=new Thread(test,"顾客一");
            Thread tb=new Thread(test,"顾客二");
            Thread tc=new Thread(test,"顾客三");
            Thread td=new Thread(test,"顾客四");
            Thread te=new Thread(test,"顾客五");
            //线程的启动
            ta.start();
            tb.start();
            tc.start();
            td.start();
            te.start();
            try {
            //线程的加入
                ta.join();
                tb.join();
                tc.join();
                td.join();
                te.join();
            } catch (InterruptedException e) {
                e.printStackTrace();
            }
        }
    }
```

运行效果图如图 8-10 所示。

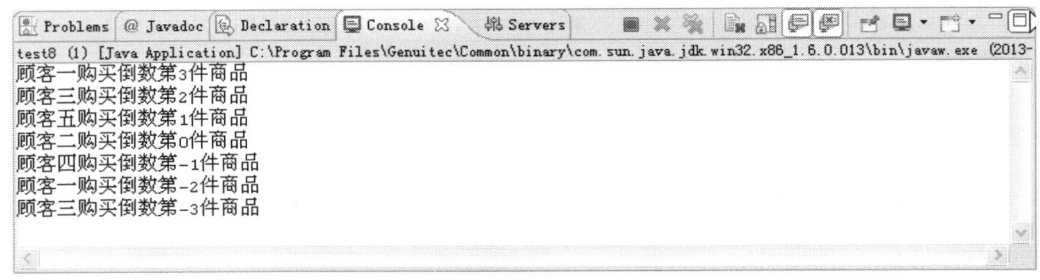

图 8-10　练习 8 运行效果图

从运行效果图可以发现，后面的购买是不合法的：当货品已经存货为 0 时，顾客依然可以进行购买，这是由于同时创建了 5 个线程，这 5 个线程执行 run()方法，在 count 变量的值为 1 时，5 个线程都对其有操作功能，当其中一个线程先执行 run()方法时，还未来得及对 count 的值进行自减操作，其他线程判断 count 的值仍为 1，满足执行条件，于是其他 4 个线程也进行了购买操作，最终得出了负值。

8.1.5.2 线程同步机制

在多线程访问资源冲突的情况下，基本都会采用给定时间内只允许一个线程访问共享资源的方式来解决。这种方式的主要实现方法是采用锁机制，在需要共享的资源上加一把锁。这就好比在银行办理业务，一个窗口一次只允许一个用户办理业务，只有前一个用户的业务办理完毕，接下来的用户才可以办理业务。实现这种机制一般采用同步块或者同步方法来完成。

1．同步块

在 Java 中提供了同步机制，同步机制使用的关键字是 synchronized，主要解决资源冲突问题。synchronized 语句块的语法格式如下所示。

```
synchronized(Object){
…
}
```

上述代码中的 Object 为任意一个对象，每个对象都有一个标志位，它的值为 0 或 1。一个线程运行到同步块时首先检查该对象的标志位，如果为 0 状态，表明此同步块中存在其他线程的运行。这时该线程进入就绪状态，直到处于同步块中的线程执行完同步块中的代码为止。这时该对象的标志位设置为 1，该线程才能执行同步代码块中的代码，并将 Object 对象的标志位设置为 0，表示资源占用中，其他进程无权访问，只能等待 Object 对象的值重新变为 1。

【练习 9】

修改练习 8 的代码，将对剩余货品数量 count 的操作放在 synchronized 同步块中。main()方法中的代码不用修改，代码如下。

```
public class test8 implements Runnable{
    int count =3;
    @Override
    public void run() {
        while(true){
            synchronized ("") {
                if(count>0){
                    try {
                        Thread.sleep(100);
                    } catch (InterruptedException e) {
                        e.printStackTrace();
                    }
                    System.out.println(Thread.currentThread().getName()+
                    "购买倒数第"+(count--)+"件商品");
                }
            }
        }
    }
}
```

运行效果如图 8-11 所示。

图 8-11　练习 9 运行效果图

从运行效果图发现，输出在控制台的货品数量没有出现负数。这是因为将互斥资源放在了同步块中，这个部分就可以称之为临界区。当其他线程要访问资源时必须等待要访问的资源得到释放。

2．同步方法

用 synchronized 关键字进行修饰的方法就称之为同步方法。当调用同步方法之后，该对象上的其他同步方法必须等待该同步方法执行完毕之后才能被执行，必须将能访问共享资源的每个方法都加上 synchronized 关键字，其语法如下。

```
synchronized void func(){}
```

【练习 10】

修改练习 8 的代码，将操作 count 的代码放在一个同步方法中。主要步骤如下。

(1) 创建一个同步方法，将对 count 操作的代码放在一个新创建的同步方法中。

```
public class test8 implements Runnable{
    int count =3;
    public synchronized void  buy(){
        while(true){
            if(count>0){
                try {
                    Thread.sleep(100); //如果商品数量大于 0，线程休眠 100 毫秒
                } catch (InterruptedException e) {
                    e.printStackTrace();
                }
            System.out.println(Thread.currentThread().getName()+"购买倒数第"
            +(count--)+"件商品");
            }
        }
    }
}
```

(2) 重写 run()方法，在 run()方法中添加调用同步方法的代码，具体如下所示。

```
@Override
public void run() {
    buy();
}
```

(3) 运行程序，运行效果如图 8-12 所示。

Problems　@ Javadoc　Declaration　Console　Servers

test8 (1) [Java Application] C:\Program Files\Genuitec\Common\binary\com.sun.java.jdk.win32.x86_1.6.0.013\bin\javaw.exe (2013-

顾客一购买倒数第3件商品
顾客一购买倒数第2件商品
顾客一购买倒数第1件商品

图 8-12　练习 10 运行效果图

从运行效果发现，将共享资源放在同步方法中产生的效果和在同步块中是相同的，都可以避免资源被破坏的问题。

8.2 实例应用：实现进度条

8.2.1 实例目标

选择一个背景图片，在背景图片的下方显示一个进度条，进度条上显示进度值的变化，当进度值变化为 100 时进度条停止滚动，弹出加载完毕对话框，单击确定之后，图片以及进度条都消失。

8.2.2 技术分析

在这个实例中要实现进度条的效果需要使用到的技术如下所示。

- 使用图形界面进行编程。
- for 循环。
- 线程。
- try-catch 捕获异常。

8.2.3 实现步骤

（1）创建一个类，继承 JWindow 类并且实现 Runnable 接口。定义一个 Jlable 组件用来显示一张图片，再定义一个 JProgressBar 组件用来显示一个进度条，定义一组变量来保存 Jlable 组件的高度和宽度，定义一组变量来保存屏幕的宽度和高度。代码如下所示。

```
public final int lable_width=350;                              //设置加载图片的宽度
public final int lable_height=250;                             //设置加载图片的高度
public  final  int  width=Toolkit.getDefaultToolkit().getScreenSize().width;
//获取屏幕的宽度
public  final  int  height=Toolkit.getDefaultToolkit().getScreenSize().height;
//获取屏幕的高度
public JLabel lable;                        //定义一个 JLable 组件
public JProgressBar progressBar;    //定义一个 JProgressBar 组件
```

（2）创建该类的无参构造方法，代码如下所示。

```
public ProgressBar() {
}
```

（3）在构造方法中设置 JLable 组件要显示的图片以及 JLable 组件的位置和大小，代码如下所示。

```
lable  =new JLabel(new ImageIcon("image/16697.jpg"));  //设置要显示的图片
lable.setBounds(0, 0, lable_width, lable_height);      //指定 lable 的大小和位置
```

（4）设置 JProgressBar 组件的前景色、背景色，设置在 JProgressBar 中显示其当前进度条的值、是否显示边框以及位置大小。代码如下所示。

```
progressBar =new JProgressBar();
```

```
progressBar.setForeground(new  Color(123, 123, 123));  //设置进度条的前景色
progressBar.setBackground(new Color(0, 0, 0));         //设置进度条的背景色
progressBar.setStringPainted(true);                    //显示当前进度条的值
progressBar.setBorderPainted(true);                    //是否绘制边框
progressBar.setBounds(0, lable_height-15, lable_width, 15);//指定进度条的大小和位置
```

（5）将两个组件添加到窗体，设置两个组件的布局、位置、大小以及是否可见。代码如下所示。

```
this.add(lable);
this.add(progressBar);
this.setLayout(null);                          //设置布局为 null
//设置标签及进度条出现在屏幕上的位置,这时正好是屏幕的中心
this.setLocation((width-lable_width)/2,(height-lable_height)/2);
this.setVisible(true);                         //是否可见
this.setSize(lable_width,lable_height);        //设置大小
```

（6）重写 run()方法，进度条的值每次增加 2，每增加一次线程休眠 100 毫秒。设置休眠的目的是为了使用户可以清晰地看到进度条值的变化。如果加载完成弹出对话框，提示用户“加载完成，请按确定按钮退出”。退出时释放掉屏幕资源，否则该窗体将一直显示在屏幕上。代码如下所示。

```
@Override
public void run() {
    for(int  i=0;i<100;i+=2){//进度条的值每次增加 2
        try {
            //线程休眠 100 毫秒
            Thread.sleep(100);
        } catch (InterruptedException e) {
            e.printStackTrace();
        }
        progressBar.setValue(i);
    }
    JOptionPane.showMessageDialog(this,"加载完成，请按确定按钮退出");//弹出对话框
    this.dispose();//释放屏幕资源
}
```

（7）编写 main()方法，创建该类的实例，以该类的实例为参数创建新的线程并启动线程，代码如下所示。

```
public static void main(String[] args) {
    new  Thread(new ProgressBar()).start();//创建新线程并启动
}
```

（8）运行上述代码，运行效果如图 8-13（加载未完成时运行效果图）和图 8-14（加载完成弹出对话框运行效果图）所示。

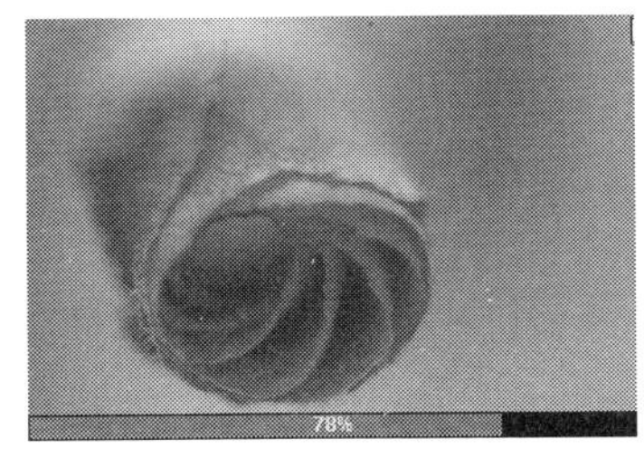

图 8-13　进度条效果图 1

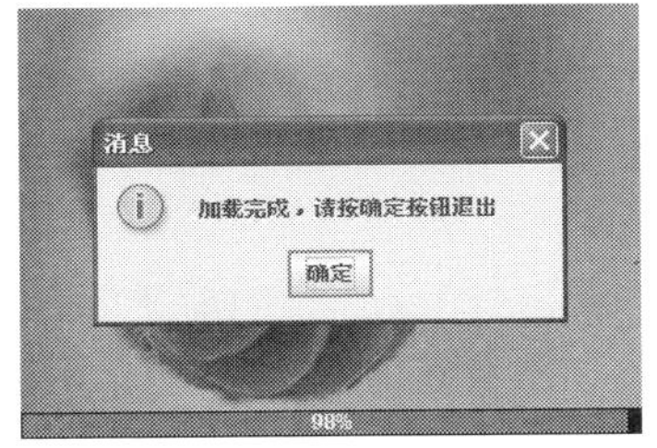

图 8-14　进度条效果图 2

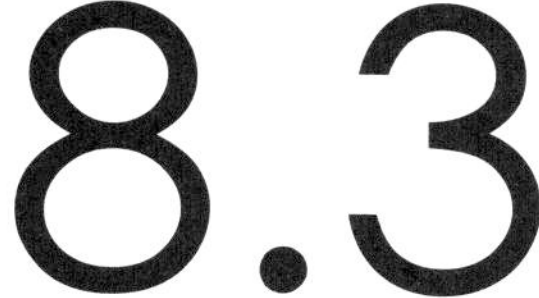

8.3 拓展训练

编写代码，模拟生产者和消费者问题

使用多线程知识完成生产者和消费者功能的模拟。首先创建一个货品类，需要编写其有参构造方法用于后面的实例化，再分别编写生产类和消费类，都实现 Runnable 接口。

在生产类的 run()方法中编写代码要求实现的功能是当库存超过 6 件时，生产停止，等待消费，如果下次执行的依然是生产操作，则继续等待；当库存小于 6 件时，要唤醒等待的生产线程继续生产。

在消费类的 run()方法中编写代码要求实现的功能是当库存为 0 件时，停止消费，等待生产，如果下次执行的依然是消费操作，则继续等待；当库存大于 0 件时，可以唤醒等待的消费线程继续消费。

在测试阶段需要注意线程退出的问题，可以使用 system.exit(0)方法。运行效果如图 8-15 所示。

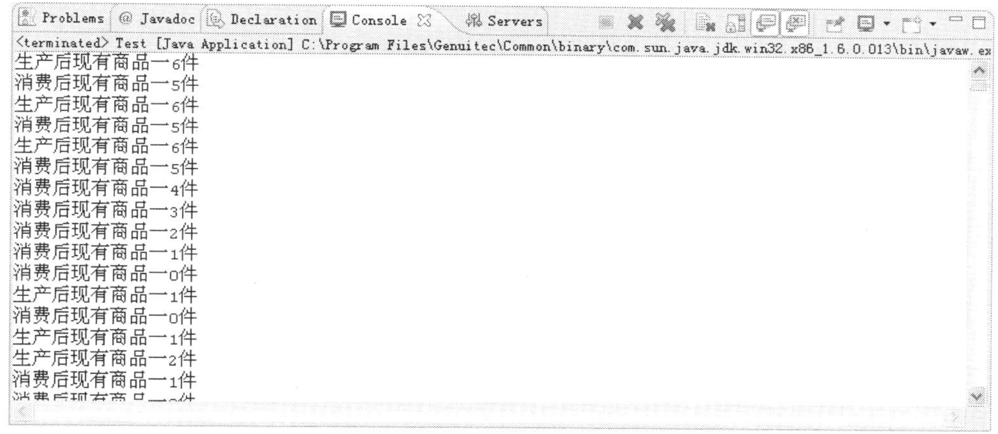

图 8-15 拓展训练运行效果图

8.4 课后练习

一、填空题

1. 在 Java 中，实现 run()方法的方式有实现 Runnable 接口和__________。
2. 用__________方法可以改变线程的优先级。
3. 多线程程序设计的含义就是把一个程序任务分成几个并行的__________。
4. 一个进程可以包含多个__________。

二、选择题

1. 下面__________说法是错误的。

   A. 线程就是程序

   B. 线程是一个程序的单个执行流

   C. 多线程是指一个线程的多个执行流

D. 多线程用于实现并发

2. Java 中提供了一个__________线程，自动回收动态分配的内存。

A. 异步

B. 消费者

C. 守护

D. 垃圾收集

3. 下列说法中错误的一项是__________。

A. 一个线程是一个 Thread 类的实例

B. 线程从传递的 Runnable 实例 run()方法开始执行

C. 线程操作的数据来自 Runnable 实例

D. 新建的线程调用 start()方法就能立即进入运行状态

4. 下列__________方法可以使线程从运行状态进入阻塞状态。

A. sleep

B. wait

C. yield

D. start

5. 下列有关线程的叙述中正确的一项是__________。

A. 一旦线程被创建，它就立刻开始运行

B. 使用 start()方法可以使一个线程成为可运行的，但是它不一定立即开始运行

C. 当一个线程因为抢占机制而停止运行时，它被放在可运行队列的前面

D. 一个线程可能因为不同的原因而终止并进入终止状态

三、简答题

1. 多线程有几种实现方法，都是什么？同步有几种实现方法，都是什么？

2. 试简述 Thread 类的子类或实现 Runnable 接口两种方法的异同。

3. 线程有哪几个基本状态？它们之间如何转化？简述线程的生命周期。

4. 启动一个线程是用 run() 还是 start()？简述理由。

5. 同步和异步有何异同，在什么情况下分别使用它们？举例说明。

第 9 课 Java 常用类

Java 是面向对象的编程语言之一，类作为数据结构是 Java 语言中最重要的基础知识之一。除了前面讲到的一些类与对象之外，Java 中还有一些常用的工具类，例如 Object 类、包装类、字符串、日期类和 Random 类。下面本课将详细介绍这些常用类的操作。

本课学习目标：

- 了解 Object 类和包装类
- 掌握 Integer、Character 类的使用
- 掌握字符串的创建和常用方法
- 掌握字符串的连接和替换等操作
- 掌握 StringBuffer 类的创建和使用
- 掌握日期类的使用和格式化
- 掌握 Random 类中方法的使用

9.1 基础知识讲解

9.1.1 Object 类

Object 类是 Java 类库中的一个特殊类，也是类层次的根类，即类库中所有类的父类。Object 类中的成员都是方法，用户自定义的所有类都继承了这些方法。

Object 类有一个默认构造方法 public Object()，在构造子类实例时，都会先调用这个默认构造方法。Object 类的变量只能用作各种值的通用持有者。

Object 类中常见的方法及其说明如表 9-1 所示。

表 9-1 Object 类中常用的方法

方　法	功 能 简 介
Object clone()	创建与该对象的类相同的新对象
boolean equals(Object object)	比较两对象是否相等
void finalize()	当垃圾回收器确定不存在对该对象的更多引用时，由对象的垃圾回收器调用此方法
Class getClass()	返回一个对象的运行时类
int hashCode()	返回该对象的散列码值
void notify()	激活等待在该对象的监视器上的一个线程
void notifyAll()	激活等待在该对象的监视器上的全部线程
String toString()	返回该对象的字符串表示
void wait()	在其他线程调用此对象的 notify()方法或 notifyAll()方法前，导致当前线程等待

9.1.2 包装类

Java 语言是一个面向对象的语言，但是 Java 中的基本数据类型却是不面向对象的。这在实际使用时存在很多的不便，为了解决这个不足，在设计类时为每个基本数据类型设计了一个对应的类进行代表。

Java 中的类把方法与数据连接在一起，并构成了自包含式的处理单元。但在 Java 中不能定义基本类型，为了能将基本类型视为对象来处理，并能连接相关的方法，Java 为每个基本类型都提供了包装类，这样便可以把这些基本类型转化为对象来处理了。所以在 Java 中，针对 8 种基本数据类型，提供了针对每个基本数据类型的包装类。下面将详细介绍 Java 包装类和其中最具代表性的 Integer 类、Character 类。

9.1.2.1 理解 Java 包装类

包装类（Wrapper Class）为了方便使用基本类型规定了一些方法。因为 Java 是面向对象的，所有的方法都会定义在所属类身上。所以，包装类就是把基本类型包装为对象类型。对于包装类来说，这些类的用途主要有以下两种。

- 作为和基本数据类型对应的类型存在，方便涉及到对象的操作。
- 包含每种基本数据类型的相关属性如最大值、最小值等，以及相关的操作方法。

Java 中所有的包装类如表 9-2 所示。

表 9-2 Java 中基本数据类型对应的包装类

基本数据类型	包装类	基本数据类型所占字节数
int（整型）	Integer	4 个字节
char（字符型）	Character	2 个字节
float（单精度浮点型）	Float	4 个字节
double（双精度浮点型）	Double	8 个字节
byte（字节型）	Byte	1 个字节
short（短整型）	Short	2 个字节
long（长整型）	Long	8 个字节
boolean（布尔型）	Boolean	依编译环境而定

运用 Java 包装类来解决相应的问题，能很好地提高编程效率。所有的包装类都有下面几点共同的方法。

- 带有基本值参数并创建包装类对象的构造方法。如可以利用 Integer 包装类创建对象，Integer obj=new Integer(50)。
- 带有字符串参数并创建包装类对象的构造函数。如 Character character=new Character(-4.0)。
- 生成字符串表示法的 toString()方法，如 obj.toString()。
- 对同一个类的两个对象进行比较的 equals()方法，如 obj1.eauqls(obj2)。
- 生成哈稀表代码的 hashCode()方法，如 obj.hasCode()。
- 将字符串转换为基本值的 parseType 方法，如 Integer.parseInt(args[8])。
- 可生成对象基本值的 typeValue 方法，如 obj.intValue()。

9.1.2.2 Integer 类

Integer 类在对象中包装了一个基本类型 int 的值。Integer 类型的对象包含一个 int 类型的字段。该类提供了多个方法，能在 int 类型和 String 类型之间互相转换，还提供了处理 int 类型时非常有用的一些常量和方法。

Integer 类内部的一些常用方法如表 9-3 所示。

表 9-3 Integer 类中常用的方法

方法	返回值	功能简介
byteValue()	byte	以 byte 类型返回该 Integer 的值
shortValue()	short	以 short 类型返回该 Integer 的值
intValue()	int	以 int 类型返回该 Integer 的值
toString()	String	返回一个表示该 Integer 值的 String 对象
equals(Object obj)	boolean	比较此对象与指定对象是否相等
compareTo(Integer notherInteger)	int	在数字上比较两个 Integer 对象
valueOf(String s)	Integer	返回保存指定的 String 值的 Integer 对象
parseInt(String s)	int	将数字字符串转换为 int 数值

Integer 类型和其对应的 int 数值，可以实现相互间的转换。其代码格式如下。

```
int Id=Integer.parseInt("2012");      //将字符串转换为 int 数值
System.out.println(Id);
String s=Integer.toString(2013);      //将 int 类型的数值转换为字符串
System.out.println(s);
```

【练习 1】

下面编写一个实例，具体讲解 Integer 类中变量和方法的使用。代码如下。

```
package dao;
public class Test1 {
    public static void main(String[] args) {
        System.out.println("Integer 类的最大值为: "+Integer.MAX_VALUE);
                                                    //获取 int 类型可取的最大值
        System.out.println("Integer 类的最小值为: "+Integer.MIN_VALUE);
                                                    //获取 int 类型可取的最小值
        System.out.println("Integer 类的二进制位为: "+Integer.SIZE);
                                                    //获取 int 类型的二进制位
        //转换为 byte 类型的数
        Integer bytes = new Integer("110");
        byte str1 = bytes.byteValue();
        System.out.println(str1);
        //比较两个 Integer 对象
        Integer byte1 = new Integer("110");
        System.out.println(byte1.compareTo(bytes));
        //equals (Object object)比较两对象
        System.out.println(bytes.equals(byte1));
        //valueOf()静态方法创建 Integer 对象
        System.out.println(Integer.valueOf(12));
        System.out.println(Integer.valueOf("123"));
    }
}
```

上述代码中，常量 MAX_VALUE、MIN_VALUE 和 SIZE 为 Integer 类的 3 个常量，它们分别获取 int 类型可取的最大值、最小值和二进制位。而在方法应用中，byteValue()方法返回字节型的值 110；用 compareTo()方法在数字上比较 bytes 和 byte1，结果相等则返回 0（如果 byte1 小于 bytes，则返回负数，大于则返回正数）；用 equals()方法比较两对象是否相等，返回结果为 True；而用 valueOf()方法返回保存指定的 Integer 对象，输出结果分别为 12 和 123。

该程序执行结果如图 9-1 所示。

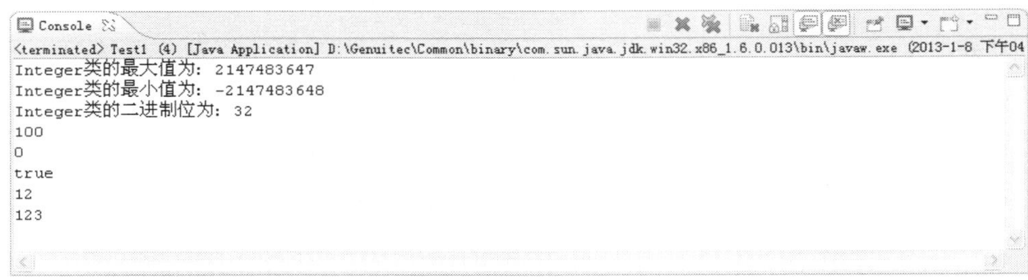

图 9-1　Integer 类的方法和常量执行结果

9.1.2.3　Character 类

Character 类在对象中包装一个基本类型 char 的值。Character 类型的对象包含类型为 char 的单个字段。该类提供了几种方法，以确定字符的类别（小写字母，数字等），并将字符从大写转换成小写，反之亦然。

1．Character 类的属性

Character 类包含以下 5 个属性。

- **MIN_RADIX**　返回最小基数。
- **MAX_RADIX**　返回最大基数。

- **MAX_VALUE** 字符类型的最大值。
- **MIN_VALUE** 字符类型的最小值。
- **TYPE** 返回当前类型。

【练习 2】

下面使用实例具体演示 Character 类 5 个属性的使用。其代码如下所示。

```
package dao;
public class Test2 {
    public static void main(String[] args) {
        System.out.println("最小基数为：  " + Character.MIN_RADIX );
        System.out.println("最大基数为：  " + Character.MAX_RADIX );
        System.out.println("字符类型的最大值为：  " + (int)Character.MAX_VALUE );
        System.out.println("字符类型的最小值为：  " + (int)Character.MIN_VALUE );
        System.out.println("返回当前类型为：" + Character.TYPE);
    }
}
```

该程序执行结果如图 9-2 所示。

```
Console
<terminated> Test (3) [Java Application] D:\Genuitec\Common\binary\com.sun.java.jdk.win32.x86_1.6.0.013\bin\javaw.exe (2013-1-9 上午08:
最小基数为： 2
最大基数为： 36
字符类型的最大值为： 65535
字符类型的最小值为： 0
返回当前类型为：char
```

图 9-2 Character 类 5 个属性使用执行结果

2. Character 类的构造方法

Character 类的构造方法格式如下。

```
public Character(char value)
```

构造一个新分配的 Character 对象，用以表示指定的 char 值。而且所有方法均为 public 修饰符。使用该构造方法，创建一个 Character 对象，代码如下。

```
Character character = new Character('a');
```

3. Character 类的常用方法

Character 类内部包含了一些和基本数据类型操作有关的方法，其常用方法如表 9-4 所示。

表 9-4 Character 类的常用方法

方　法	功能简介
void Character(char value)	构造一个新分配的 Character 对象，用以表示指定的 char 值
char charValue()	返回此 Character 对象的值，此对象表示基本的 char 值
int compareTo()	根据数字比较两个 Character 对象
boolean equals()	将此对象与指定对象比较，当且仅当参数不是 null，而是一个与此对象包含相同 char 值的 Character 对象时，结果才为 true
boolean isDigit()	确定指定的字符是否为数字，如果通过 Character.getType(ch)提供的字符的常规类别类型为 DECIMAL_DIGIT_NUMBER，则字符为数字
boolean isLetter()	确定指定字符（Unicode 代码点）是否为字母

续表

方　　法	功 能 简 介
boolean isLetterOrDigit()	确定指定字符（Unicode 代码点）是否为字母或数字
boolean isLowerCase()	确定指定字符是否为小写字母
boolean UpperCase()	确定指定字符是否为大写字母
char toLowerCase()	使用来自 UnicodeData 文件的大小写映射信息将字符参数转换为小写
char toUpperCase()	使用来自 UnicodeData 文件的大小写映射信息将字符参数转换为大写

【练习 3】

例如在申请银行账户时，需要用户填写账户名、密码、身份证号和地址等信息，判断其是否符合标准。只有填写信息正确，才可进行申请。

（1）下面新建一个 ApplicationAccount 类，先在该类中定义相关变量，其代码如下所示。

```
package dao;
import java.util.Scanner;
public class ApplicationAccount {
    public static void main(String[] args) {
        boolean b1=false;
        boolean b2=false;
        boolean b3=false;
        Scanner sc=new Scanner(System.in);
    /*类中具体内容将在下面步骤中具体讲解*/
    }
}
```

（2）接着在该类中使用 Character 类来实现相应功能。账户验证先使用 for 循环验证字符是否符合要求，然后调用 isLetter()方法验证账户名是否全部由字母组成：如果是则账户验证通过进行下一步；反之则终止循环。代码如下所示。

```
System.out.println("-----开始申请账户，请按要求进行填写！-----");
System.out.println("请填写账户名：");
String account=sc.next();
for(int i=0;i<account.length();i++){
    if(Character.isLetter(account.charAt(i))){
        b1=true;
    }else{
        b1=false;
        break;
    }
}
```

（3）而密码验证也是使用 for 循环验证字符是否符合要求，然后调用 isLetterOrDigit()方法，验证密码只能由数字或字母组成。其代码如下所示。

```
if(b1){
    System.out.println("账户名已生效！");
    System.out.println("请填写密码：");
    String password=sc.next();
    for(int j=0;j<password.length();j++){
```

```
            if(Character.isLetterOrDigit(password.charAt(j))){
                b2=true;
            }else{
                b2=false;
                break;
            }
        }
    }
```

（4）验证完密码以后是身份证号的验证，该验证调用 isDigit()方法，验证其格式是否正确。其代码如下。

```
    if(b2){
        System.out.println("密码已生效！ ");
        System.out.println("请填写身份证号： ");
        String card=sc.next();
        for(int k=0;k<card.length();k++){
            if(Character.isDigit(card.charAt(k))){
                b3=true;
            }else{
                b3=false;
                break;
            }
        }
    }
    if(b3){
        System.out.println("身份证号已生效！ ");
        System.out.println("账户申请成功！ ");
    }else{
        System.out.println("身份证号错误，请重新填写！ ");
        }
    }else{
        System.out.println("密码只能由数字或字母组成！ ");
        }
    }else{
        System.out.println("账户名只能由字母组成！ ");
    }
```

（5）运行该程序，账户申请失败和成功的结果，分别如图 9-3 和图 9-4 所示。

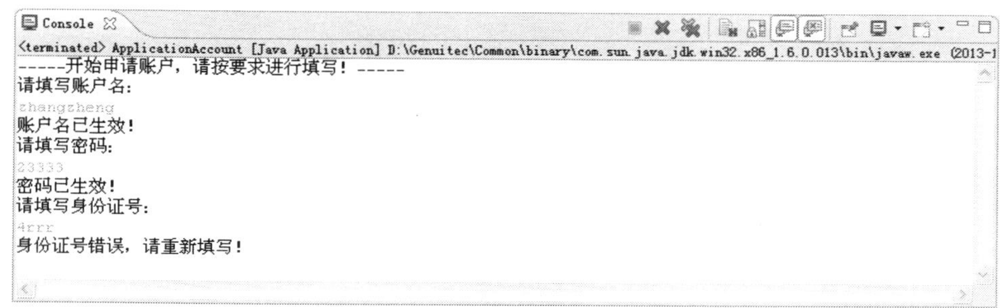

图 9-3 账户申请错误执行结果

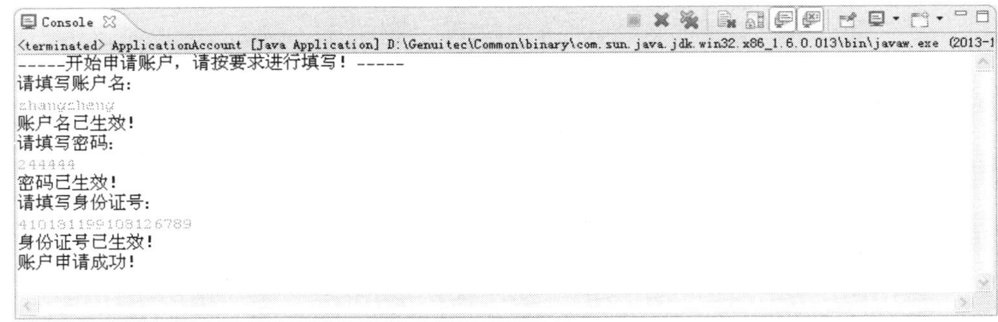

图 9-4　账户申请成功执行结果

9.1.3　字符串

Java 语言中字符串是一连串的字符组成的序列。与其他计算机语言将字符串作为字符数组处理不同，Java 将字符串作为 String 类型对象来处理。字符串在 Java 语言中无所不在，是非常重要的数据类型。

9.1.3.1　创建字符串

Java 使用 String 类创建一个字符串变量，字符串是 String 类的一个实例。字符串对象创建后其值将不会改变，但是可以通过修改原字符串来创建新的定长字符串，即对定长字符串的操作会产生一个新的字符串。定长字符串的操作封装在 String 类中。

创建字符串的方式主要有两种，一种是常量赋值，另一种是通过 new 关键字来创建字符串变量。其代码格式如下。

```
String str1="Hello Java";
```

或者：

```
String str2=new String("我爱 Java");
```

使用 new 关键字创建字符串变量，即使用 String 类的构造方法。因为 String 类的定义中声明有多种构造方法。因此在创建对象时，可以选择使用不同的初始化方式。String 类的几种构造方法如下所示。

- **String()方法**　初始化一个新创建的 String 对象，表示一个空字符串。
- **String str=new String()方法**　str 变量引用的将是一个内容为空的字符串对象。
- **String (char chars[])方法**　传入一个字符数组，将参数中的字符数组元素，全部变为字符串。该字符数组的内容已经被复制，后续对字符数组的修改不会影响新创建的字符串。其代码格式如下。

```
char a[]={"A","B","C","D"};
String sChar=new String(a);
a[0]='4';
```

【练习 4】

字符串的典型格式，是使用由 ASCII 字符集构成的 8 位数组。因为 8 位 ASCII 字符串是共同的，当给定一个字节数组时，String 类提供了两个初始化字符串的构造函数。其代码格式如下。

```
package dao;
```

```
public class Test {
    public static void main(String[] args) {
        byte ascii []={65,66,67,68,69,70};
        String s1=new String(ascii);
        System.out.println(s1);
        String s2=new String(ascii,2,3);
        System.out.println(s2);
    }
}
```

该程序运行效果如下所示。

```
ABCDEF
CDE
```

字符串都是程序操作的主要对象，基本上可以作为程序数据的代码。而字符串对象经常使用的方法如表 9-5 所示。

表 9-5 String 类常用方法列表

功　能	方　法	说　明
字符串的长度	int length()	返回此字符串的长度
字符串的比较	boolean equals(Object anObject)	将此字符串与指定的对象比较
	boolean equalsIgnoreCase()	将此字符串与指定字符串比较，忽略大小写
	int compareTo(String anotherString)	按字典顺序比较两个字符串
	boolean startsWith()	判断此字符串是否以指定的前缀开始
	boolean endsWith()	判断此字符串是否以指定的后缀结束
搜索字符串	int indexOf(int ch)	返回指定字符在此字符串中第一次出现的索引值
	int indexOf(String ch)	返回指定字符串在此字符串中第一次出现的索引值
	int lastIndexOf(int ch)	返回指定字符在此字符串中最后一次出现的索引值
	int lastIndexOf(String str)	返回指定字符串在此字符串中最后一次出现的索引值
提取字符串	char charAt(int ch)	返回指定索引的 char 值
	String substring(int beginIndex)	提取索引从 beginIndex 开始的字符串部分
	String substring(int begin,int end)	提取 begin 和 end 位置之间的字符串部分
	String trim()	返回一个前后不含任何空格的调用字符串副本
连接字符串	String concat(String str)	将指定字符串连接到此字符串的结尾
替换字符串	String replace(String oldChar,String newChar)	返回一个新的字符串，它是通过用 newChar 替换此字符串中出现的所有 oldChar 得到的
字符串分割	String[] split(String regex)	根据给定正则表达式的匹配拆分此字符串
字符串大小写替换	String toUpperCase()	使用默认语言环境的规则将此 String 中的所有字符都转换为大写
	String toLowerCase()	使用默认语言环境的规则将此 String 中的所有字符都转换为小写

9.1.3.2 连接字符串

在编写应用程序的时候，往往需要将多个字符串连接起来以完成特定的功能。在 Java 语言中，可以使用“+”运算符来对多个字符串进行连接。或者使用 String 类的 concat()方法进行连接。下面具体讲解这两种连接方式。

1. 使用“+”运算符连接

使用“+”运算符的连接方式是 Java 应用中最简单的连接方式。该运算符可以实现数据类型的隐式转换。也就是说，字符串也可同其他基本数据类型进行连接。如果将字符串同这些数据类型进行连接时（如数值型的数据），会将这些数据直接转换成字符串。

对于长的字符串，Java 代码不能够分为两行来写。遇到这种情况时，可以使用“+”运算符将两个字符串连接起来，方便阅读。示例代码如下。

```
String str="员工手册的功能作用如下："
    +"员工手册是企业规章制度、企业文化与企业战略的浓缩，是企业内的"法律法规"。"
    +"它覆盖了企业人力资源管理的各个方面规章制度的主要内容，又弥补了规章制度制定上的一些疏漏。"
    +"站在企业的角度，合法的"员工手册"可以成为企业有效管理的"武器"";
```

【练习 5】

例如使用“+”运算符将图书馆的图书名称和其编号连接起来，示例代码如下。

```
package dao;
public class Book {
    public static void main(String[] args) {
        int[] bookNum=new int[]{110,111,112};
        String [] bookName=new String[]{"梦里花落知多少","泡沫之夏","谁的青春不
        迷茫"};
        for(int i=0;i<bookNum.length;i++){
            System.out.println(bookNum[i]+"——"+bookName[i]);
        }
    }
}
```

该程序运行效果如图 9-5 所示。

```
Console
<terminated> Book [Java Application] D:\Genuitec\Common\binary\com.sun.java.jdk.win32.x86_1.6.0.013\bin\javaw.exe (2013-1-10 上午09:55:
110——梦里花落知多少
111——泡沫之夏
112——谁的青春不迷茫
```

图 9-5　使用“+”连接字符串执行结果

上述代码中，首先定义了两个数组 bookNum 和 bookName，分别用于存储图书编号和名称。然后使用 for 循环遍历输出这两个数组，接着使用“+”运算符将两个数组元素连接成一个字符串。

2．使用 String 类的 concat()方法连接

concat()方法是将指定字符串连接到此字符串的结尾。如果参数字符串的长度为 0，则返回此 String 对象。否则，创建一个新的 String 对象，用来表示由此 String 对象表示的字符序列和参数字符串表示的字符序列连接而成的字符序列。

其语法格式如下。

```
字符串 a.concat(字符串 b);
```

该语句表示，字符串 a 后面连接了字符串 b。实例代码如下。

```
String str1=new String("There are always");
String str2=new String(" lots of sunshine");
String str3=new String(" in our daily life");
String str=str1.concat(str2);
String res=str.concat(str3);
```

```
System.out.println(res);
```

该程序执行结果如下。

```
There are always lots of sunshine in our daily life
```

9.1.3.3 字符串操作

除了上节讲解的连接字符串功能，字符串的操作还有提取、比较和搜索等。下面将具体讲解这些常用操作。

1．字符串提取

字符串提取主要使用 String 类的 substring()方法，该方法主要有两种重载形式，分别为 substring(int beginIndex)和 substring(int begin,int end)。它们分别表示提取索引从 beginIndex 开始的字符串部分和提取 begin 和 end 位置之间的字符串部分。

【练习 6】

百度视频里每天都有新电影的更新，同时附上每部电影的简介。往往简介内容太长后面需省略，这时候就需要使用字符串的 substring()方法来截取其内容，只显示简介的前 20 个字。使用字符串提取功能完成该操作，其代码格式如下。

```
package dao;
public class Introduce {
    public static void main(String[] args) {
        String[] introduce=new String []{"大东奉盟主之令护送刘备回银时空,但在过程中
        发生时空共振(也就是《终极三国》中刘备被振回银时空的那一个事件)",
        "杰克（成龙 饰）为领取国际文物贩子劳伦斯开出的巨额奖金，四处寻找"圆明园"十二生肖中
        失散的最后四个兽首",
        "隋唐时期,江湖纷争,英雄辈出,《隋唐英雄》是历代民间传说及历史故事综合改编的古装传奇,
        情感,战争大剧"};
        String [] movie=new String[]{"终极一班","十二生肖","隋唐英雄"};
        System.out.println("=====电影简介=====");
        for(int i=0;i<introduce.length;i++){
            if(introduce[i].length()>20){
                System.out.println(movie[i]+"——"+introduce[i].substring
                (0,20)+"......");
            }else{
                System.out.println(movie[i]+"——"+introduce[i]);
            }
        }
    }
}
```

该程序运行结果如图 9-6 所示。

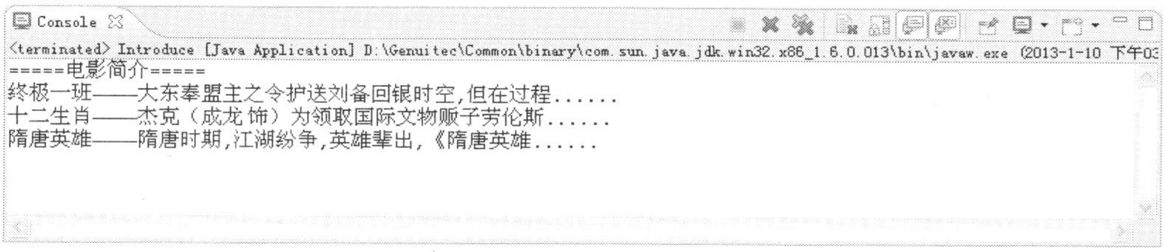

```
Console
<terminated> Introduce [Java Application] D:\Genuitec\Common\binary\com.sun.java.jdk.win32.x86_1.6.0.013\bin\javaw.exe (2013-1-10 下午03
=====电影简介=====
终极一班——大东奉盟主之令护送刘备回银时空,但在过程......
十二生肖——杰克（成龙 饰）为领取国际文物贩子劳伦斯......
隋唐英雄——隋唐时期,江湖纷争,英雄辈出,《隋唐英雄......
```

图 9-6　字符串提取执行结果

上述代码中，首先定义了两个存储简介和电影名称的数组，然后使用 for 循环遍历输出数组内容。在循环体中，判断简介数组元素是否大于 20，如果大于则使用 String 类的 substring()方法提取其前 20 个字符并输出，否则输出数组所有内容。

2．字符串比较

Java 中字符串比较常用的两种方式为 equals()方法和 equalsIgnoreCase()方法。下面详细介绍这两种方法的使用。

❑ 使用 **equals()**方法比较

equals()方法将此字符串与指定的对象比较，字符的大小写也在检查的范围之内。该方法的语法格式如下。

```
字符串 a.equals(字符串 b);
```

其实例如下所示。

```
String str1="I Love Java";
String str2=new String("I Love java");
String str3="I Love Java";
System.out.println(str1.equals(str2));
System.out.println(str1.equals(str3));
```

该程序返回结果如下。

```
false
true
```

❑ 使用 **equalsIgnoreCase()**方法比较

由上例可以看出，使用 equals()方法对于大小写的区分很明确，所以当需要忽略大小写的比较时，可以使用 equalsIgnoreCase()方法。其语法格式如下。

```
字符串 a.equalsIgnoreCase(字符串 b);
```

示例代码如下。

```
String str1="I Love Java";
String str2=new String("I Love java");
String str3="I Love Java";
System.out.println(str1.equalsIgnoreCase(str2));
```

该程序返回结果如下。

```
True
```

3．字符串搜索

字符串搜索分为两种形式，一种是在字符串中获取匹配字符或字符串的索引值，另一种是在字符串中获取指定索引位置的字符。

第一种字符串搜索的形式是在字符串中获取匹配字符或字符串的索引值。该形式有两种方法可以获取，分别是 indexOf()方法和 lastIndexOf()方法。

❑ indexOf()方法用于返回指定字符或字符串在此字符串中第一次出现的索引值。找到索引值则正常输出，否则返回-1。该方法主要有以下两种重载形式。

```
str.indexOf(value)
str.indexOf(value,int fromIndex)
```

index()方法的使用示例如下。

```
String str="I Love Java";
int index1=str.indexOf('v');
int index2=str.indexOf('v',2);
System.out.println(index1);
System.out.println(index2);
```

该程序返回结果如下。

```
4
4
```

- lastIndexOf()方法用于返回指定字符或字符串在此字符串中最后一次出现的索引值。找到索引值则正常输出，否则返回-1。该方法有以下两种重载形式。

```
str lastIndexOf(value)
str lastIndexOf(value,int fromIndex)
```

lastIndexOf()方法的使用示例如下。

```
String str="I Love Java";
int index1=str.lastIndexOf('o');
int index2=str.lastIndexOf('o',2);
System.out.println(index1);
System.out.println(index2);
```

该程序返回结果如下。

```
3
-1
```

另一种字符串搜索的形式是在字符串中获取指定索引位置的字符。该形式的使用方法为 String 类的 charAt()方法，返回指定索引的字符。该方法的语法格式如下。

```
字符串名.charAt(索引值)
```

charAt()方法的使用示例如下所示。

```
String str="I Love Java";
char ch=str.charAt(4);
System.out.println(ch);
```

该程序返回结果如下。

```
v
```

【练习 7】

在模拟注册淘宝账户时，需要输入用户名和密码。该输入规则为，用户名以“.tao”结尾，而密码必须包含“#”和“.”符号。

（1）在新建类 Taobao 中使用控制台获取用户输入的用户名和密码字符串，其代码格式如下。

```
package dao;
import java.util.Scanner;
```

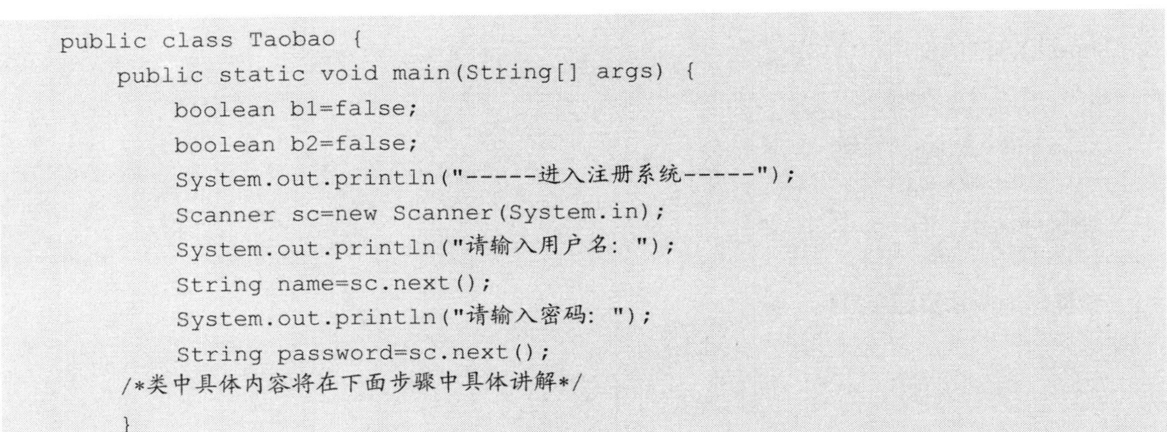

```
public class Taobao {
    public static void main(String[] args) {
        boolean b1=false;
        boolean b2=false;
        System.out.println("-----进入注册系统-----");
        Scanner sc=new Scanner(System.in);
        System.out.println("请输入用户名: ");
        String name=sc.next();
        System.out.println("请输入密码: ");
        String password=sc.next();
    /*类中具体内容将在下面步骤中具体讲解*/
    }
}
```

（2）使用 lastIndexOf()方法判断输入的用户名中“.”所在的位置，然后使用 charAt()方法判断“.”之后的字符串是否为“tao”。而在判断密码中，则先使用 indexOf()方法判断输入的密码中是否含有“#”符号，然后判断“.”符号是否在“#”符号之后。如果两个条件都满足，则注册成功，否则不成功。代码如下所示。

```
int index=name.lastIndexOf('.');
if(index!=-1&&name.charAt(index+1)=='t'&&
name.charAt(index+2)=='a'&&name.charAt(index+3)=='o'){
    b1=true;
}else{
    System.out.println("用户名格式错误！");
}
if(password.indexOf('#')!=-1&&password.indexOf('.')>password.indexOf('#')){
    b2=true;
}else{
System.out.println("密码格式错误！");
}
if(b1&&b2){
    System.out.println("恭喜，注册成功！");
}else{
    System.out.println("抱歉，注册失败！");
}
```

（3）执行结果分别如图 9-7 和图 9-8 所示。

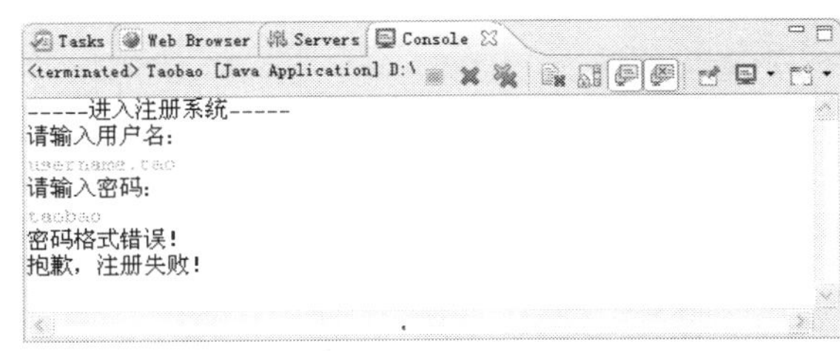

图 9-7　注册失败执行结果

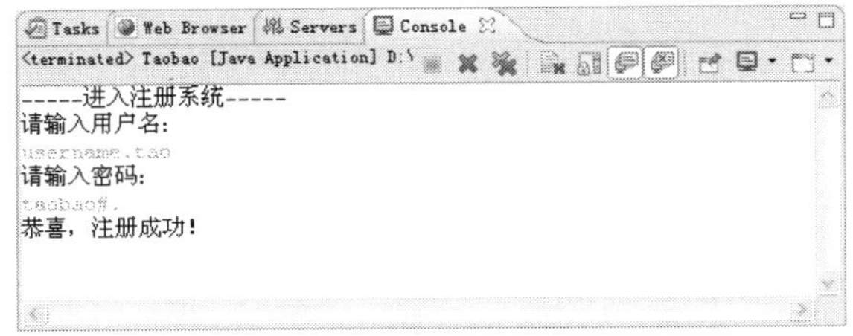

图 9-8　注册成功执行结果

9.1.3.4　字符串替换

字符串替换可以使用 String 类提供的 3 种方法，分别是 replace()、replaceFirst()和 replaceAll()

方法。

1. replace()方法

replace()方法可实现将指定的字符或字符串替换成新的字符或字符串。其语法格式如下所示。

```
字符串.replace(String oldChar,String newChar)
```

表示目标字符串的是oldChar，而newChar表示用于替换的字符串。replace()方法返回的结果是一个新的字符串，如果字符串oldChar没有出现在该对象表达式中的字符串序列中，则将原字符串返回。示例如下。

```
String str="Merry christmas";
String newstr=str.replace("c", "C");
System.out.println(newstr);
```

该程序执行结果如下。

```
Merry Christmas
```

2. replaceFirst()方法

replaceFirst()方法可实现将指定的字符串中，匹配某正则表达式的第一个字符串替换成新的字符串，其语法格式如下。

```
字符串. replaceFirst(String regex,String replacement)
```

表示正则表达式的是regex，而replacement表示用于替换的字符串。示例如下。

```
String str="周一 上班 周二 上班 周三 上班 周四 休 周五放假";
String newstr=str.replaceFirst("[休]","上班");
System.out.println(newstr);
```

该程序执行结果如下。

```
周一 上班 周二 上班 周三 上班 周四 上班 周五放假
```

3. replaceAll()方法

replaceAll()方法可实现将指定字符串中，匹配某正则表达式的所有字符串替换成新的字符串，其语法格式如下。

```
字符串. replaceAll(String regex,String replacement)
```

表示正则表达式的是regex，而replacement表示用于替换的字符串。示例代码如下。

```
String str="周一 上班 周二 休 周三 上班 周四 休 周五放假";
String newstr=str.replaceAll("[休]","上班");
System.out.println(newstr);
```

该程序执行结果如下。

```
周一 上班 周二 上班 周三 上班 周四 上班 周五放假
```

9.1.3.5 StringBuffer类

StringBuffer类和String类一样，也用来代表字符串，只是由于StringBuffer类的内部实现方式和String类不同，所以StringBuffer类在进行字符串处理时，不生成新的对象，在内存使用上要优于 String 类。

StringBuffer 类是可变字符串类，所以在实际使用时，如果经常需要对一个字符串进行修改，例如插入、删除等操作，使用 StringBuffer 类要更加适合一些。在 StringBuffer 类中存在很多和 String 类一样的方法，这些方法在功能上和 String 类中的功能是完全一样的。

1. StringBuffer 对象的初始化

通常情况下一般使用构造方法对 StringBuffer 对象进行初始化。该类提供了以下 3 种构造方法。

- **public StringBuffer()** 构造一个空的字符串缓冲区，并且初始化 16 个字符的容量。
- **public StringBuffer(int length)** 创建一个空的字符串缓冲区，并且初始化为指定长度 length 的容量。
- **public StringBuffer(String str)** 创建一个字符串缓冲区，并将其内容初始化为指定的字符串内容 str，字符串缓冲区的初始容量为 16 加上字符串 str 的长度。

需注意的是，StringBuffer 类和 String 类属于不同的类型，也不能直接进行强制类型转换，错误代码如下所示。

```
//赋值类型不匹配
StringBuffer s = "apple";
//不存在继承关系，无法进行强制类型转换
StringBuffer s = (StringBuffer)"apple";
```

StringBuffer 对象和 String 对象之间可以互转的代码如下。

```
String s = "apple";
StringBuffer sb1 = new StringBuffer("123");
StringBuffer sb2 = new StringBuffer(s);     //String 转换为 StringBuffer
String s1 = sb1.toString();                 //StringBuffer 转换为 String
```

2. StringBuffer 类的常用方法

StringBuffer 类中的方法主要偏重于针对字符串的变化，例如追加、插入和删除等操作，这个也是 StringBuffer 类和 String 类的主要区别。StringBuffer 类的常用方法如表 9-6 所示。

表 9-6 StringBuffer 类的常用方法

功 能	方 法	功 能 简 介
长度	int length()	返回 StringBuffer 对象的长度
类型转换	String toString()	转换为 String 形式
替换	StringBuffer replace()	使用参数指定的字符串替换该序列中指定范围的内容
	void setCharAt()	用指定字符替换该序列中指定索引处的字符
追加	StringBuffer append(Object obj)	向该序列追加参数所指定的对象的字符串形式
	StringBuffer append(String str)	向该序列追加参数所指定的字符串
	StringBuffer append(StringBuffer sb)	向该序列追加参数所指定的序列
删除	StringBuffer deleteCharAt(int index)	从该序列中删除指定索引处的字符
	StringBuffer delete(int start,int end)	从该序列中删除参数所指定的子序列
插入	StringBuffer insert(int offset,Object obj)	向该序列中指定的索引处插入指定对象的字符串形式
	StringBuffer insert(int offset,String str)	向该序列中指定的索引处插入指定字符串
排序	StringBuffer reverse()	把该序列反序排列
容量	int capacity()	返回 StringBuffer 对象当前的容量

下面详细介绍 StringBuffer 类的一些常用方法的使用。

❑ **append()方法**

append()方法的作用是追加内容到当前 StringBuffer 对象的末尾，类似于字符串的连接。调用该方法以后，StringBuffer 对象的内容也发生改变，示例如下。

```
StringBuffer sb = new StringBuffer("apple");
sb.append(5);
System.out.println(sb);
```

则对象 sb 的输出值为“apple5”。

❑ **insert()方法**

该方法的作用是在 StringBuffer 对象中插入内容，然后形成新的字符串。示例如下。

```
StringBuffer sb = new StringBuffer("apple 5");
sb.insert(5,"4s、");
System.out.println(sb);
```

上述代码中，是在对象 sb 的索引值 5 的位置插入字符串“4s、”，形成新的字符串，则执行以后对象 sb 的值是“apple4s、5”。

❑ **deleteCharAt()方法**

deleteCharAt()方法的作用是删除指定位置的字符，然后将剩余的内容组合形成新的字符串。示例如下。

```
StringBuffer sb = new StringBuffer("apple4s");
sb. deleteCharAt(6);
System.out.println(sb);
```

上述代码的作用是删除字符串对象 sb 中索引值为 6 的字符，也就是删除第 7 个字符，剩余的内容组成一个新的字符串。对象 sb 的输出结果为“apple4”。

而 StringBuffer 类中与该方法功能类似的还有一个 delete 方法。该方法的作用是删除指定区间内的所有字符，包含 start，不包含 end 索引值的区间。示例如下。

```
StringBuffer sb = new StringBuffer("apple4、4s、5");
sb. delete (5,7);
System.out.println(sb);
```

上述代码的作用是删除索引值 5（包括）到索引值 7（不包括）之间的所有字符，剩余的字符形成新的字符串。所以对象 sb 的输出结果为“apple4s、5”。

❑ **reverse()方法**

reverse()方法的作用是将 StringBuffer 对象中的内容反转，然后形成新的字符串。示例如下。

```
StringBuffer sb = new StringBuffer("apple4s");
sb.reverse();
System.out.println(sb);
```

上述代码中，字符串经过反转以后，对象 sb 中的内容将变为“s4elppa”。

9.1.4 日期类

Java 日期类包括 java.util.Date 类、java.sql.Date 类和 java.util.Calendar 类等，每个类都实现了不同的信息封装。本节将详细介绍 java.util.Date 类和 java.util.Calendar 类。

9.1.4.1 Date 类

Date 类是一个日期类，它保存的时间可以精确到毫秒。Date 类的很多方法已经过时，下面介绍没有过时的两个构造方法，代码如下。

```
Date()
Date(long date)
```

其中 Date()方法表示分配 Date 对象并用当前时间初始化此对象，以表示分配它的时间（精确到毫秒）。而第二个方法表示分配 Date 对象并初始化此对象，以表示自从标准基准时间（称为“历元（epoch）”，即 1970 年 1 月 1 日 00:00:00 GMT）以来的指定毫秒数。

Date 类的常用方法如表 9-7 所示。

表 9-7　Date 类中的常用方法

方　　法	描　　述
boolean after(Date when)	判断此日期是否在指定日期之后
boolean before(Date when)	测试此日期是否在指定日期之前
int compareTo(Date anotherDate)	比较两个日期的顺序
boolean equals(Object obj)	比较两个日期的相等性
long getTime()	返回自 1970 年 1 月 1 日 00:00:00GMT 以来此 Date 对象表示的毫秒数
String toString()	把此 Date 对象转换为以下形式的 String：dow mon dd hh:mm:ss zzz yyyy

在 String toString()方法的描述中，dow 是指一周中的某一天（Sun，Mon，Tue，Wed，Thu，Fri，Sat)。mon 是指月份(Jan，Feb，Mar，Apr，May，Jun，Jul，Aug，Sep，Oct，Nov，Dec)。dd 是指一月中的某一天（01～31），显示为两位十进制数。hh 是指一天中的小时（00～23），显示为两位十进制数。mm 是指小时中的分钟（00～59），ss 是指小时中的秒数（00～59），显示为两位十进制数。zzz 是指时区（并可以反映夏令时）。标准时区缩写包括方法 parse 识别的时区缩写。如果不提供时区信息，则 zzz 为空，即根本不包括任何字符。yyyy 是年份，显示为四位十进制数。

【练习 8】

在网上购物发货时，会有物流跟踪货物到达情况。物流会记录该货物的发货时间，当用户查看时，需要将现在的时间与商家发货时间进行比较。然后判断该事情是否已经发生了。在 Java 程序中使用 Date 类来模拟实现该功能。其示例代码如下。

```
package dao;
import java.util.Date;
import java.util.Scanner;
    public class DeliverGoods {
        public static void main(String[] args) {
        Scanner sc=new Scanner(System.in);
        System.out.println("请输入货物名称：");
        String thing=sc.next();
        Date d1=new Date();
        try{
            Thread.sleep(10000);
            System.out.println("【"+thing+"】货物的发货时间为："+d1);
        }catch(Exception e){
            e.printStackTrace();
        }
        Date d2=new Date();
```

```
        System.out.println("现在时间为: "+d2);
        System.out.println("【"+thing+"】现在距离发货时间已经过去了"+(d2.getTime()
        -d1.getTime())/1000+"秒! ");
    }
}
```

上述代码中，使用 Date 类的无参构造方法创建了两个 Date 对象，分别表示卖家发货时间和当前时间。然后使用了 Thread.sleep()方法让时间暂停 10 秒钟，即现在时间在发货时间 10 秒之后。最后输出当前时间和发货时间差值。

该程序执行结果如图 9-9 所示。

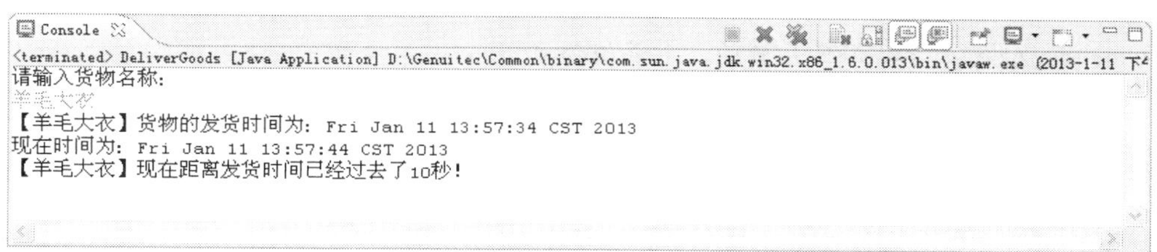

图 9-9 Date 类执行结果

9.1.4.2 Calendar 类

Calendar 类是个抽象类，是系统时间的抽象表示，它为特定瞬间与一组诸如 YEAR、MONTH、DAY_OF_MONTH、HOUR 等日历字段之间的转换提供了一些方法，并为操作日历字段（例如获得下星期的日期）提供了一些方法。瞬间可用毫秒值来表示，它是距标准基准时间的偏移量。

Calendar 类提供了一个类方法 getInstance()，以获得此类型的一个通用的对象。Calendar 的 getInstance 方法返回一个 Calendar 对象，其日历字段已由当前日期和时间初始化。

一个 Calendar 类的实例是系统时间的抽象表示，从 Calendar 类的实例可以知道年月日星期月份时区等信息。Calendar 类中有一个静态方法 get(int a)，通过这个方法可以获取到相关实例的一些值（年月日星期月份等）。参数 a 是一个产量值，在 Calendar 中有定义。

Calendar 类中的常用方法如表 9-8 所示。

表 9-8 Calendar 类的常用方法

方 法	描 述
void add(int field,int amount)	根据日历的规则，为给定的日历字段 field 添加或减去指定的时间量 amount
boolean after(Object when)	判断此 Calendar 表示的时间是否在指定时间 when 之后，并返回判断结果
boolean before(Object when)	判断此 Calendar 表示的时间是否在指定时间 when 之前，并返回判断结果
void clear()	清空 Calendar 中的日期时间值
int compareTo(Calendar anotherCalendar)	比较两个 Calendar 对象表示的时间值（从历元至现在的毫秒偏移量），大则返回 1，小则返回-1，相等则返回 0
int get(int field)	返回指定日历字段的值
int getActualMaximum(int field)	返回指定日历字段可能拥有的最大值
int getActualMinimum(int field)	返回指定日历字段可能拥有的最小值
int getFirstDayOfWeek()	获取一周的第一天。根据不同的国家、地区，返回不同的值
static Calendar getInstance()	使用默认时区和语言环境获得一个日历
static Calendar getInstance(TimeZone zone)	使用指定时区和默认语言环境获得一个日历

续表

方　法	描　述
Date getTime()	返回一个表示此 Calendar 时间值（从历元至现在的毫秒偏移量）的 Date 对象
long getTimeInMillis()	返回此 Calendar 的时间值，以毫秒为单位
void set(int field,int value)	为指定的日历字段设置给定值
void set(int year,int month,int date)	设置日历字段 YEAR、MONTH 和 DAY_OF_MONTH 的值
void setFirstDayOfWeek(int value)	设置一周的第一天是哪一天
void setTimeInMillis(long millis)	用给定的 long 值设置此 Calendar 的当前时间值

Calendar 类中需要注意以下几点事项。

- Calendar 的星期是从周日开始的，常量值为 0。
- Calendar 的月份是从一月开始的，常量值为 0。
- Calendar 的每个月的第一天值为 1。

【练习 9】

下面编写一个综合案例，具体讲解如何使用 Calendar 类处理日期时间，示例代码如下所示。

```
package dao;
import java.util.Calendar;
import java.util.Date;
public class Test3 {
    public static void main(String[] args) {
        //如果不设置时间，则默认为当前时间
        Calendar cal=Calendar.getInstance();
        cal.setTime(new Date());
        System.out.println("当前时间为: "+cal.getTime());      //获取当前时间
        int year=cal.get(Calendar.YEAR);
        System.out.println("当前是"+year+"年");                //获取当前年份
        int month=cal.get(Calendar.MONTH)+1;                   //获取当前月份
        System.out.println(month+"月");
        int day=cal.get(Calendar.DATE);                        //获取日
        System.out.println(day+"日");
        int week=cal.get(Calendar.DAY_OF_WEEK)-1;
                                       //获取今天是星期几（以星期日为第一天）
        System.out.println("星期"+week);
        int hour=cal.get(Calendar.HOUR_OF_DAY);      //获取当前小时数（24 小时制）
        System.out.println(hour+"时");
        int minute=cal.get(Calendar.MINUTE);                 //获取当前分钟数
        System.out.println(minute+"分");
        int second=cal.get(Calendar.SECOND);                 //获取当前秒数
        System.out.println(second+"秒");
        int millisecond=cal.get(Calendar.MILLISECOND); //获取当前毫秒数
        System.out.println(millisecond+"毫秒");
    }
}
```

该程序执行结果如图 9-10 所示。

9.1.4.3　GregorianCalendar 类

GregorianCalendar 类是 Calendar 类的一个具体子类，提供了世界上大多数国家使用的标准日历系统。

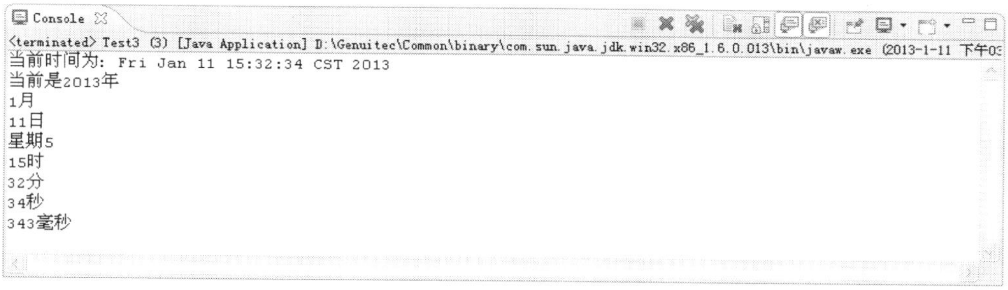

```
Console ⊠
<terminated> Test3 (3) [Java Application] D:\Genuitec\Common\binary\com.sun.java.jdk.win32.x86_1.6.0.013\bin\javaw.exe (2013-1-11 下午03
当前时间为: Fri Jan 11 15:32:34 CST 2013
当前是2013年
1月
11日
星期5
15时
32分
34秒
343毫秒
```

图 9-10 Calendar 类执行结果

GregorianCalendar 类继承了 Calendar 的 getInstance()方法，但返回的仍然是 Calendar 对象。要构造 GregorianCalendar 类的对象，可以通过下面的构造函数，其代码如下。

```
GregorianCalendar gc = new GregorianCalendar();
```

GregorianCalendar 类对 Calendar 类所有的抽象方法都提供了实现。

【练习 10】

下面使用案例，具体讲解如何使用 GregorianCalendar 类处理日期时间，示例代码如下所示。

```
package dao;
import java.util.Calendar;
import java.util.GregorianCalendar;
public class Test5 {
    public static void main(String[] args) {
        GregorianCalendar cal = new GregorianCalendar();
        int curYear = cal.get(Calendar.YEAR);              //获取当前年份
        int curMonth = cal.get(Calendar.MONTH)+1;          //获取当前年份
        int curDate = cal.get(Calendar.DATE);              //获取当前日
        int curHour = cal.get(Calendar.HOUR_OF_DAY);       //获取当前小时数
        int curMinute = cal.get(Calendar.MINUTE);          //获取当前分钟数
        System.out.println(curYear + "年\t"
            + curMonth + "月\t"
            + curDate +"日\t"
            + curHour + "时\t"
            + curMinute + "分\n");
    }
}
```

该程序执行结果如图 9-11 所示。

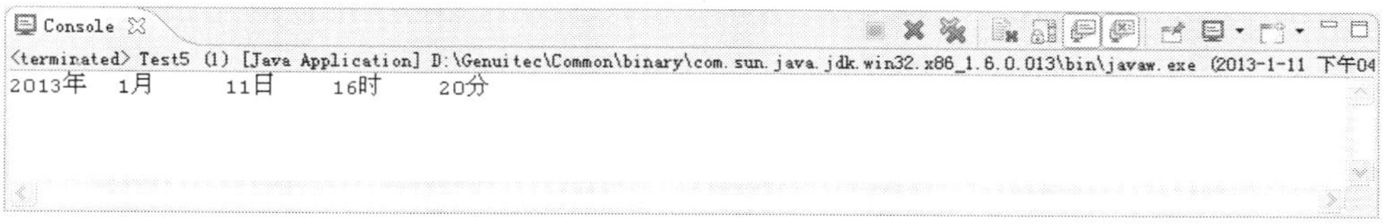

```
Console ⊠
<terminated> Test5 (1) [Java Application] D:\Genuitec\Common\binary\com.sun.java.jdk.win32.x86_1.6.0.013\bin\javaw.exe (2013-1-11 下午04
2013年	1月	11日	16时	20分
```

图 9-11 GregorianCalendar 类执行结果

9.1.4.4 DateFormat 类

DateFormat 类是一个日期的格式化类，进行专门的格式化日期的操作。因为 java.util.Date 类本身就已经包含了完整的日期，所以只要将此日期格式化显示就行了。

DateFormat 类是一个抽象类，不能使用 new 关键字创建，而应该使用该类的静态方法

getDateInstance()。其语法格式如下。

```
DateFormat df=DateFormat.getDateInstance();
```

DateFormat 类中提供了许多方法来对日期/时间进行格式化。其常用方法如表 9-9 所示。

表 9-9　DateFormat 类的常用方法

方　法	描　述
String format(Date date)	将 Date 格式化为日期/时间字符串
Calendar getCalendar()	获取与此日期/时间格式相关联的日历
static DateFormat getDateInstance()	获取具有默认格式化风格和默认语言环境的日期格式
static DateFormat getDateInstance(int style)	获取具有指定格式化风格和默认语言环境的日期格式
static DateFormat getDateInstance(int style,Locale locale)	获取具有指定格式化风格和指定语言环境的日期格式
static DateFormat getDateTimeInstance(int dateStyle, int timeStyle)	获取具有指定日期/时间格式化风格和默认语言环境的日期/时间格式
static DateFormat getDateInstance(int dateStyle,int timeStyle,Locale locale)	获取具有指定日期/时间格式化风格和指定语言环境的日期/时间格式
static DateFormat getTimeInstance()	获取具有默认格式化风格和默认语言环境的时间格式
static DateFormat getTimeInstance(int style)	获取具有指定格式化风格和默认语言环境的时间格式
static DateFormat getTimeInstance(int style,Locale locale)	获取具有指定格式化风格和指定语言环境的时间格式
void setCalendar(Calendar newCalendar)	为此格式设置日历
Date parse(String source)	将给定的字符串解析成日期/时间

【练习 11】

使用 DateFormat 类格式化日期/时间的示例代码如下。

```
package dao;
import java.text.DateFormat;
import java.util.Date;
public class DateTest {
    public static void main(String[] args) {
        DateFormat d1=null;
        DateFormat d2=null;
        d1=DateFormat.getInstance();//得到日期的 DataFormat 对象
        d2=DateFormat.getDateInstance();//得到日期时间的的 DataFormat 对象
        System.out.println("当前日期为:"+d1.format(new Date()));//按照日期格式化
        System.out.println("当前日期为:"+d2.format(new Date()));
    }
}
```

上述代码中，通过 DateFormat 类可以直接将 Date 类的显示进行合理的格式化操作，此时采用的是默认的格式化操作。该程序执行结果如图 9-12 所示。

```
Console
<terminated> DateTest [Java Application] D:\Genuitec\Common\binary\com.sun.java.jdk.win32.x86_1.6.0.013\bin\javaw.exe (2013-1-11 下午05:
当前日期为:13-1-11 下午5:28
当前日期为:2013-1-11
```

图 9-12　DateFormat 类默认的格式化操作

【练习 12】

除了上例 DateFormat 类使用的默认的格式化操作以外，该类也可以通过 Locale 对象指定要显示的区域，以中国为例的代码如下。

```
package dao;
import java.text.DateFormat;
import java.util.Date;
import java.util.Locale;
public class DateTest1 {
    public static void main(String[] args) {
        DateFormat d1=null;
        DateFormat d2=null;
        d1=DateFormat.getDateInstance(DateFormat.DATE_FIELD,new Locale("zh",
        "CN"));//得到日期的 DataFormat 对象
        d2=DateFormat.getDateInstance(DateFormat.ERA_FIELD,new Locale("zh",
        "CN"));//得到日期时间 的 DataFormat 对象
        System.out.println("当前中国日期为:"+d1.format(new Date()));
                                                    //按照日期格式化
        System.out.println("当前中国日期为:"+d2.format(new Date()));
                                                    //按照日期时间格式化后
    }
}
```

该程序执行结果如图 9-13 所示。

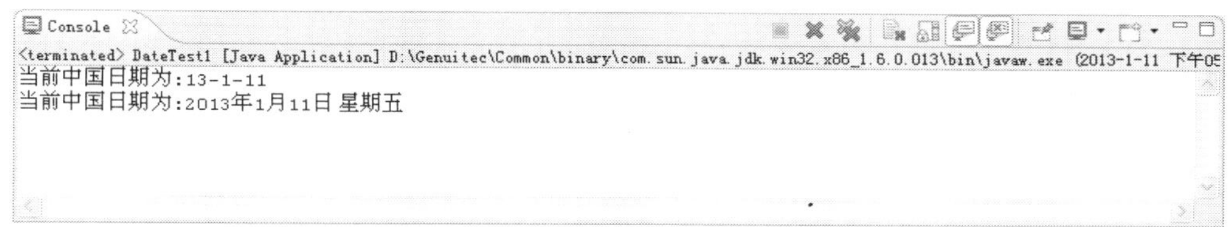

图 9-13 使用 Locale 对象执行结果

上述两个示例主要介绍了 DateFormat 类可以对日期进行不同风格的格式化，以及该类中方法与常量的结合使用。

9.1.4.5 SimpleDateFormat 类

除了上节讲到的 DateFormat 类格式化日期/时间以外，Java 中还提供了更为灵活的 SimpleDateFormat 类，该类可以实现把日期转换成想要的格式，或把字符串转换成一定格式的日期。

SimpleDateFormat 类是一个以与语言环境相关的方式来格式化和分析日期的具体类。它允许进行格式化（日期->文本）、分析（文本->日期）和规范化。SimpleDateFormat 使得可以选择任何用户定义的日期-时间格式的模式。

自定义格式中常用的字母及其含义如表 9-10 所示。

表 9-10 日期/时间格式中的字母及其含义

字　母	含　义
y	年份，一般用 yy 表示两位年份，yyyy 表示四位年份
M	月份，一般用 MM 表示月份，如果使用 MMM，则会根据语言环境显示不同语言的月份
d	月份中的天数，一般用 dd 表示天数
D	年份中的天数，表示当天是当年的第几天，用 D 表示即可

续表

字　母	含　义
E	星期几，用 E 表示即可，会根据语言环境的不同，显示不同语言的星期几
H	一天中的小时数（0—23），一般用 HH 表示小时数
h	一天中的小时数（0—12），一般使用 hh 表示小时数
m	分钟数，一般使用 mm 表示分钟数
s	秒数，一般使用 ss 表示秒数
S	毫秒数，一般使用 SSS 表示毫秒数

在 SimpleDateFormat 类使用的时候，必须注意的是在构造对象的时候要传入匹配的模板，其构造方法格式如下。

```
SimpleDateFormat(String pattern)
```

该代码表示用指定的格式和默认语言环境的日期格式符号构造 SimpleDateFormat。

【练习 13】

下面创建使用 SimpleDateFormat 类格式化输出日期/时间的示例，其代码格式如下。

```
package dao;
import java.text.SimpleDateFormat;
import java.util.Date;
public class DateTest3 {
    public static void main(String[] args) {
        String strDate="2013-1-14 10:13:14.520";
        //定义模板从字符串中提取数字
        String path1="yyyy-MM-dd HH:mm:ss.SSS";
        //定义模板将取出来的日期转换成指定格式
        String path2="yyyy 年 MM 月 dd 日  HH 时 mm 分 ss 秒 SS 毫秒";
        SimpleDateFormat sdf1=new  SimpleDateFormat(path1);
        SimpleDateFormat sdf2=new  SimpleDateFormat(path2);
        Date d=null;
        try {
            d=sdf1.parse(strDate);                    //从给定的字符串中提取日期
        } catch (Exception e) {
            e.printStackTrace();
        }
        System.out.println(sdf2.format(d));      //将日期变为新的格式
    }
}
```

该示例运行结果如图 9-14 所示。

Console ⊠

<terminated> DateTest3 [Java Application] D:\Genuitec\Common\binary\com.sun.java.jdk.win32.x86_1.6.0.013\bin\javaw.exe (2013-1-12 上午09

2013年01月14日 10时13分14秒520毫秒

图 9-14　SimpleDateFormat 类执行结果

9.1.5 Random 类

Java 实用工具类库中的 java.util.Random 类提供了产生各种类型的随机数字的方法。Random 类中实现的随机算法是伪随机，也就是有规则的随机。在进行随机时，随机算法的起源数字称为种子数(seed)，在种子数的基础上进行一定的变换，从而产生需要的随机数字。

相同种子数的 Random 对象，相同次数生成的随机数字是完全相同的。也就是说，两个种子数相同的 Random 对象，第一次生成的随机数字完全相同，第二次生成的随机数字也完全相同。

Random 类包含两个构造方法，下面依次进行介绍。

- **public Random()** 该构造方法使用一个和当前系统时间对应的相对时间有关的数字作为种子数，然后使用这个种子数构造 Random 对象。
- **public Random(long seed)** 该构造方法可以通过制定一个种子数进行创建。

Random 类中常用的方法如表 9-11 所示。

表 9-11 Random 类中常用的方法

方法	说明
protected int next(int bits)	生成下一个伪随机数
public boolean nextBoolean()	生成一个随机的 boolean 值，生成 true 和 false 值的几率相等
public double nextDouble()	生成一个随机的 double 值，数值介于[0,1.0)，含 0 而不包含 1.0
public float nextFloat ()	生成一个随机的 float 值，数值介于[0,1.0)，含 0 而不包含 1.0
public int nextInt()	生成一个随机的 int 值，该值介于 int 的区间，即-2^{31}到$2^{31}-1$之间。如果需要生成指定区间的 int 值，则需要进行一定的数学变换
public int nextInt(int n)	生成一个随机的 int 值，该值介于[0,n)的区间，含 0 而不包含 n。如果需要生成指定区间的 int 值，也需要进行一定的数学变换
public long nextLong()	生成一个随机的 long 值，该值介于 long 的区间
public void setSeed(long seed)	重新设置 Random 对象中的种子数。设置完种子数以后的 Random 对象和相同种子数使用 new 关键字创建出的 Random 对象相同

【练习 14】

在体育彩票中，七星彩的摇奖规则是随机摇出 7 位号码。前 6 位是一组，最后 1 位号码单独一组。使用 Java 代码模拟实现该功能。使用 Random 类来随机生成由一组 6 位数字和一组 1 位数字组成的号码。示例代码如下。

```
package dao;
import java.util.Random;
import java.util.Scanner;
public class RandomTest {
    public static void main(String[] args) {
        int num=0;
        int num1=0;
        Random rd=new Random();
        int[] random=new int[10];
        for(int i=0;i<10;i++){
            String randomNum=((Integer)(int)(rd.nextDouble()*100000)).toString();
            if(randomNum.length()<6){
                randomNum+=3;
            }
            random[i]=Integer.parseInt(randomNum);
```

```
        }
        num=rd.nextInt(10);
        for(int i=0;i<10;i++){
            String randomNum=((Integer)(int)(rd.nextDouble()*10)).toString();
        }
        num1=rd.nextInt(10);
        System.out.println("摇奖开始了......");
        System.out.println("前 6 位号码是: "+random[num]);
        System.out.println("最后 1 位号码是:"+num1);
    }
}
```

该程序执行结果如图 9-15 所示。

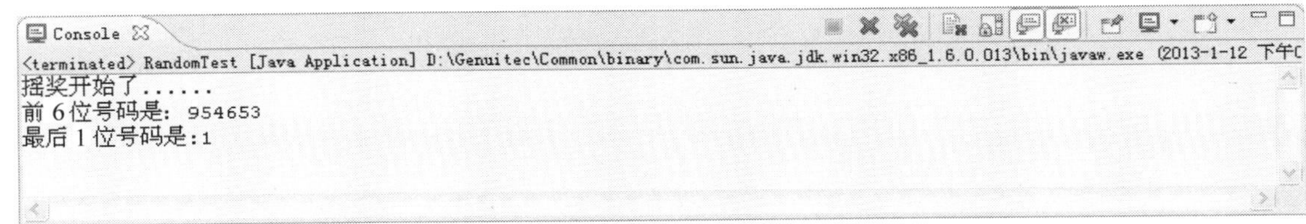

```
<terminated> RandomTest [Java Application] D:\Genuitec\Common\binary\com.sun.java.jdk.win32.x86_1.6.0.013\bin\javaw.exe (2013-1-12 下午
摇奖开始了......
前 6 位号码是: 954653
最后 1 位号码是:1
```

图 9-15　摇奖号码执行结果

上述代码中，前 6 位号码的生成，先定义了一个长度为 10 的数组，用于存储生成的 10 个 6 位数字组成的号码。然后在 for 循环中，使用代码将生成的 0～1.0 之间的小数扩大 100000 倍，从而生成 100000～999999 的数。因为需要判断生成的号码位数是否为 6，因此需要将生成的 Double 类型的数字转化为 String 类，即借助于包装类中的 toString()方法。然后对生成的号码使用 if 条件语句判断，如果不够 6 位，在低位补 3，并将号码赋值给 random 数组中的每个元素。最后一位号码的生成，则直接获取 0～10（包含 0，不包含 10）之间的整型随机数。

9.2 实例应用：模拟实现 QQ 空间签到查询

9.2.1 实例目标

通过本课的学习，大家了解了字符串连接、替换等操作，还有日期类中 Date 类、Calendar 类和 SimpleDateFormat 类的使用。下面本节将综合应用这些知识来编写一个模拟实现 QQ 空间签到查询的案例，其主要功能如下。

- 查询出指定日期所在周的周一日期。
- 计算出当天日期和本周周一日期差值。
- 完成指定日期的查询。

9.2.2 技术分析

根据获取指定日期所在周的周一日期，计算出两个指定日期的差数，然后获取指定日期所在周周几的日期功能。其中与技术相关的最主要的知识点如下所示。

- 使用 Calendar 类完成获取指定日期和改变日期的操作。

- 使用 SimpleDateFormat 对象完成日期转换，用 Date 类进行日期运算。
- 使用 switch 语句进行语句控制。
- 通过声明静态方法、属性和实例方法来进行不同的访问。

9.2.3 实现步骤

模拟实现 QQ 空间签到查询的相关功能步骤如下。

（1）创建一个 SignIn 类，在该类中定义静态方法 getMonday()，用来获取本周周一日期。传递 Date 日期参数作为 Calendar 对象的日期，并调用 Calendar 类的 set 方法改变 Calendar 中的日期，并将使用 SimpleDateFormat 类格式化后的日期返回。其代码格式如下。

```
package dao;
import java.text.SimpleDateFormat;
import java.util.Calendar;
import java.util.Date;
public class SignIn {
    public static String getMonday(Date date){
        Calendar cl=Calendar.getInstance();
        cl.setTime(date);
        cl.set(Calendar.DAY_OF_WEEK,Calendar.MONDAY);
        return new SimpleDateFormat("yyyy-MM-dd").format(cl.getTime());
    }
}
```

（2）在该类中定义一个静态方法 getTwoDay()，用来获取两个日期差数。在该方法中，需要创建一个 SimpleDateFormat 对象，并调用此对象的 parse()方法将传递过来的 String 类型的日期形式转换为 Date 类型，使这两个 Date 类型的日期计算差值，并返回一个 int 类型的变量。其代码如下所示。

```
public static int getTwoDay(String s1,String s2){
    SimpleDateFormat sf=new SimpleDateFormat("yyyy-MM-dd");
    int day=0;
    try{
        Date date=sf.parse(s1);
        Date date1=sf.parse(s2);
        day=(int)((date.getTime()-date1.getTime())/(24*60*60*1000));
    }catch(Exception e){
        return 0;
    }
    return day;
}
```

（3）继续在该类中创建方法，使用静态的两个方法完成 String 类型的日期与 Date 类型的相互转换，其代码如下。

```
public static Date strToDate(String str){
    SimpleDateFormat sf=new SimpleDateFormat("yyyy-MM-dd");
    Date date=null;
    try{
        date=sf.parse(str);
```

```
        }catch(Exception e){
            e.printStackTrace();
        }
        return date;
    }
    public static String DateToStr(Date date){
        SimpleDateFormat sf=new SimpleDateFormat("yyyy-MM-dd");
        String str=sf.format(date);
        return str;
    }
```

（4）在 SignIn 类中定义方法 getDate()，用于获取本周的指定星期的日期，例如当前日期为 2013-01-15。该方法传递一个表示指定日期的参数和一个表示星期几的参数。在该方法中，将 String 类型的日期转换为 Date 类型的日期，使其作为 Calendar 类对象日期，并使用 Calendar 类中的 set() 方法改变日期，返回格式化后的日期。其实现代码如下。

```
    public static String getDate(String sdate,String num){
        Date d=strToDate(sdate);
        Calendar cl=Calendar.getInstance();
        cl.setTime(d);
        int dNum=Integer.parseInt(num);
        switch(dNum){    //返回周一到周日所在的日期
            case 1:
                cl.set(Calendar.DAY_OF_WEEK, Calendar.MONDAY);
                break;
            case 2:
                cl.set(Calendar.DAY_OF_WEEK, Calendar.TUESDAY);
            break;
            case 3:
                cl.set(Calendar.DAY_OF_WEEK, Calendar.WEDNESDAY);
                break;
            case 4:
                cl.set(Calendar.DAY_OF_WEEK, Calendar.THURSDAY);
                break;
            case 5:
                cl.set(Calendar.DAY_OF_WEEK, Calendar.FRIDAY);
                break;
            case 6:
                cl.set(Calendar.DAY_OF_WEEK, Calendar.SATURDAY);
                break;
            case 7:
                cl.set(Calendar.DAY_OF_WEEK, Calendar.SUNDAY);
                break;
        }
        return new SimpleDateFormat("yyyy-MM-dd").format(cl.getTime());
    }
```

（5）创建新的测试类 SignInTest，调用 SignIn 类中的方法，完成签到查询。获取本周周一的日期和该日期与当前日期相差数值，最后可以查询本周中任意一天的日期。其代码如下。

```
public class SignInTest {
    public static void main(String[] args) {
        Scanner sc=new Scanner(System.in);
        Date date=new Date();
        String date2=SignIn.getMonday(date);
        System.out.println("这周一的日期为: ====="+date2+"=====");
        String nowStr=SignIn.DateToStr(date);
        int num1=SignIn.getTwoDay(nowStr, date2);
        System.out.println("今天签到距离相差====="+num1+"=====天");
        System.out.println("\n 请输入要查询本周周几的签到日期(注: 1 表示周一, 2 表示周
        二......)");
        String dNum=sc.next();
        int num2=Integer.parseInt(dNum);
        String str="";
        switch(num2){
            case 1:
                str="周一";
                break;
            case 2:
                str="周二";
                break;
            case 3:
                str="周三";
                break;
            case 4:
                str="周四";
                break;
            case 5:
                str="周五";
                break;
            case 6:
                str="周六";
                break;
            case 7:
                str="周日";
                break;
        }
        System.out.println("本周【"+str+"】签到的日期为: "+SignIn.getDate(nowStr,
        dNum));
    }
}
```

（6）该程序执行结果如图 9-16 所示。

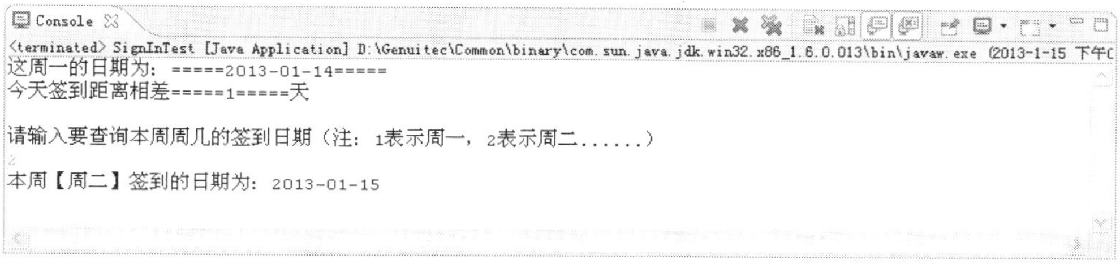

```
Console
<terminated> SignInTest [Java Application] D:\Genuitec\Common\binary\com.sun.java.jdk.win32.x86_1.6.0.013\bin\javaw.exe (2013-1-15 下午
这周一的日期为：=====2013-01-14=====
今天签到距离相差=====1=====天

请输入要查询本周周几的签到日期（注：1表示周一，2表示周二......）
2
本周【周二】签到的日期为：2013-01-15
```

图 9-16　QQ 空间签到查询执行结果

该程序主要综合使用了日期类的 Date 类、Calendar 类和 SimpleDateFormat 类完成了查询功能。其中，Calendar 类的 set()方法在日期操作方面比较常用。

9.3 拓展训练

1．实现“计算 2013 年的第一个星期五是几号”的应用程序

编写一个程序，实现计算 2013 年的第一个星期五是几号的功能。

该程序可以使用 SimpleDateFormat 类实现把日期转换成想要的格式（格式不限）。然后使用 Calendar 类中的常量 YEAR、WEEK_OF_YEAR 和 DAY_OF_WEEK 来分别定义年为 2013 年，星期为第一个并且为星期五。

其中一种形式执行结果如图 9-17 所示。

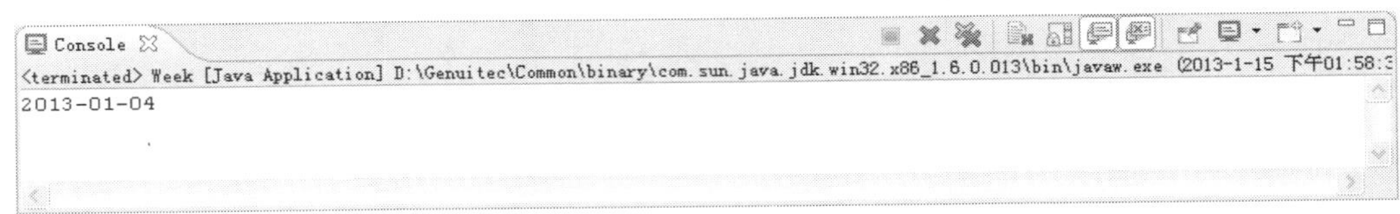

图 9-17　时间类号数的应用程序执行结果

2．实现“从字符串到日期类型的转换”的应用程序

编写应用程序，实现指定的字符串到日期类型的转换功能。

该程序可以使用 SimpleDateFormat 类，使其构造函数的样式与字符串的样式必须相符，例如，2013 年 01 月 02 日。然后使用 SimpleDateFormat 对象的 parse()方法，使字符串转换为 Date 类型的日期形式。

执行结果如图 9-18 所示。

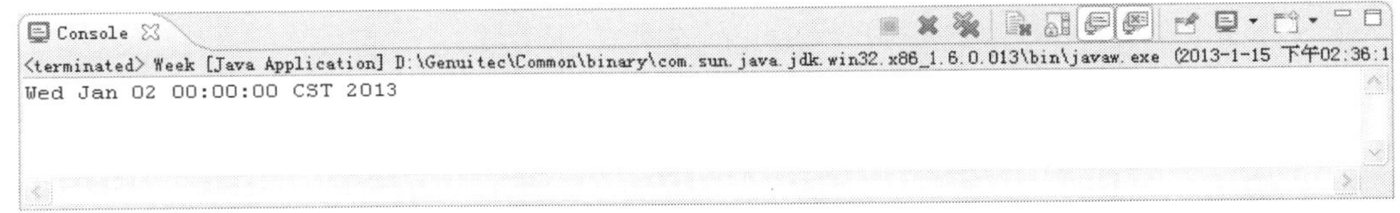

图 9-18　类型转换执行结果

9.4 课后练习

一、填空题

1. Java 类库中所有类的父类是__________，每一个类都是从该类中继承的。

2. Java 是面向对象的，所有的方法都会定义在所属类身上。而包装类就是把基本类型包装为__________。

3. 下面程序的输出结果为__________。

```
public class Tests {
    public static void main(String[] args) {
        String str1=new String("I Love ");
        String str2=new String("Music");
        String str=str1.concat(str2);
        System.out.println(str);
    }
}
```

4. indexOf()方法返回指定字符串在此字符串中__________出现的索引值。

5. 下面程序的执行结果为__________。

```
public class Tests {
    public static void main(String[] args) {
        StringBuffer str1=new StringBuffer("我爱我家");
        System.out.println(str1.capacity());
    }
}
```

6. after()方法用于判断此 Calendar 表示的时间是否在指定时间 when__________，并返回判断结果。

7. 阅读下面的代码，输出结果为：__________。

```
import java.text.SimpleDateFormat;
import java.util.Calendar;
public class Tests {
    public static void main(String[] args) {
        SimpleDateFormat sf=new SimpleDateFormat("yyyy-MM-dd");
        Calendar cl= Calendar.getInstance();
        try{
            cl.setTime(sf.parse("2013-1-10"));
        }catch(Exception e){
            e.printStackTrace();
        }
        System.out.println(cl.get(Calendar.DATE));
    }
}
```

二、选择题

1. Java 中提供了__________种基本数据类型的包装类。

   A. 4

   B. 6

   C. 8

   D. 10

2. Character 类的属性中，其中 TYPE 返回的结果是__________。

   A. 字符类型的最大值

   B. 字符类型的最小值

   C. 当前类型

D. 返回最大基数

3. 下面程序中，__________选项返回 true。

```
public static void main(String[] args) {
    String str1="eppla";
    String str2="apple";
    char c[]={'a','p','p','l','e'};
}
```

A. str1.equals(c);

B. str2.equals(c);

C. c.equals(str2);

D. str2.equals(String.valueOf(c));

4. 下面程序中，错误代码是__________。

```
public static void main(String[] args) {
    StringBuffer sb1="早餐";          //第一行
    sb1.append(sb1);                 //第二行
    StringBuffer sb2="晚餐";          //第三行
    sb2.append(sb2);                 //第四行
}
```

A. 第一行

B. 第一行和第二行

C. 第一行和第三行

D. 第三行和第四行

5. 关于下面代码中，说法正确的是__________。

```
String str="apple";                          //第一行
StringBuffer s=new StringBuffer("apple");    //第二行
if(s.equals(str)){                           //第三行
    str=null;                                //第四行
}
if(str.equals(s)){                           //第五行
    s=null;                                  //第六行
}
```

A. 编译成功，但执行在第三行有异常出现

B. 编译成功，执行时没有异常出现

C. 第一行编译错误，String 的构造器必须明确调用

D. 第五行编译错误，str 与 s 类型不同

6. 下面选项中，是 Calendar 类中定义的常量，其用来表示星期几的是__________。

A. Calendar.DATE

B. Calendar.DAY_OF_MONTH

C. Calendar.HOUR_OF_DAY

D. Calendar.DAY_OF_WEEK

7. 下面关于 Random 类中常用的方法 nextInt()，解释正确的是__________。

A. 生成一个随机的 int 值，该值介于 int 的区间

B. 生成一个随机的 int 值，该值介于[0,n)的区间，含 0 而不不包含 n

C. 生成下一个伪随机数

D. 生成一个随机的 double 值，数值介于[0,1.0)，含 0 而不包含 1.0

三、简答题

1. 简述 Object 类中的常用方法及作用。
2. 简写创建字符串和连接字符串的代码格式。
3. 如何将字符串中所有字母转换为小写？如何将字符串中所有字母转换为大写？
4. 简写字符串替换几种方法的语法格式。
5. 简述如何获取当前日期并格式化，这个过程中需要使用到哪些类中的哪些方法。

第 10 课 Java 的输入输出流

在高速发展的信息化时代，计算机成了人们办公娱乐的必需品之一。各个公司之间文件的传输、邮件的发送以及电影、歌曲的下载等，都可以理解为数据的输入输出操作。在 Java 语言中为相关人员提供了 java.io 包用于完成 Java 的输入输出操作。Java 的输入输出操作也称之为 I/O 操作，操作的对象是数据流，数据流就好像水管，将两个容器连接起来。将数据从外存中读取到内存中的称为输入流，将数据从内存写入外存中的称为输出流。

本课重点介绍 Java 的输入输出操作，主要是字节流、字符流的输入输出操作以及文件的操作。

本课学习目标：

- 理解输入输出流的基本含义
- 掌握字节输入流的用法
- 掌握字符输入流的用法
- 掌握字节输出流的用法
- 掌握字符输出流的用法
- 掌握文件的各种操作
- 能够根据程序要求选择合适的流类型
- 能够完成文件的随机访问

10.1 基础知识讲解

10.1.1 输入输出流概述

只有了解什么是输入输出，才能了解输入输出流。Java 的 io 包通过数据、序列化和文件为系统提供输入输出。什么是输入呢？输入就是将数据从各种输入设备（包括文件、键盘等）中读取到内存中。而输出则正好相反，是将数据写入到各种输出设备（比如文件、显示器、磁盘等）。例如键盘就是一个标准的输入设备，而显示器就是一个标准的输出设备，但是文件既可以作为输入设备，又可以作为输出设备。

数据流是 Java 进行 I/O 操作的对象，它按照不同的标准可以分为不同的类别，如下所示。

- 按照流的方向主要分为输入流和输出流两大类。
- 数据流按照数据单位的不同又分为字节流和字符流。
- 按照功能又可以划分为节点流和处理流。

数据流的处理只能按照数据序列的顺序来进行，即前一个数据处理完之后才能处理后一个数据。数据流以输入流的形式被程序获取到，再以输出流的形式将数据输出到其他设备。如图 10-1 所示。

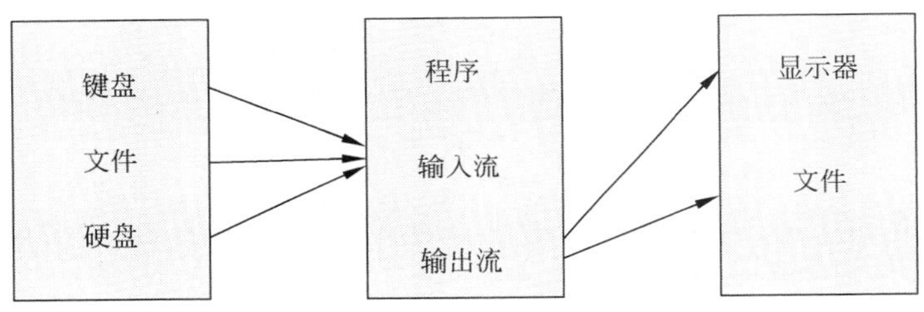

图 10-1 输入输出流

在 java.io 包中，所有的字节输入流类都是抽象类 InputStream（字节输入流）或抽象类 Reader（字符输入流）的子类；而所有字节输出流都是抽象类 OutputStream（字节输出流）或抽象类 Writer（字符输出流）的子类。另外还有两个与文件有关的类：File（文件类）和 RandomAccessFile（随机访问文件类）。File 类用于管理文件系统中的文件或目录，RandomAccessFile 类提供了随机读写文件的功能。java.io 包中类层次结构如图 10-2 所示。

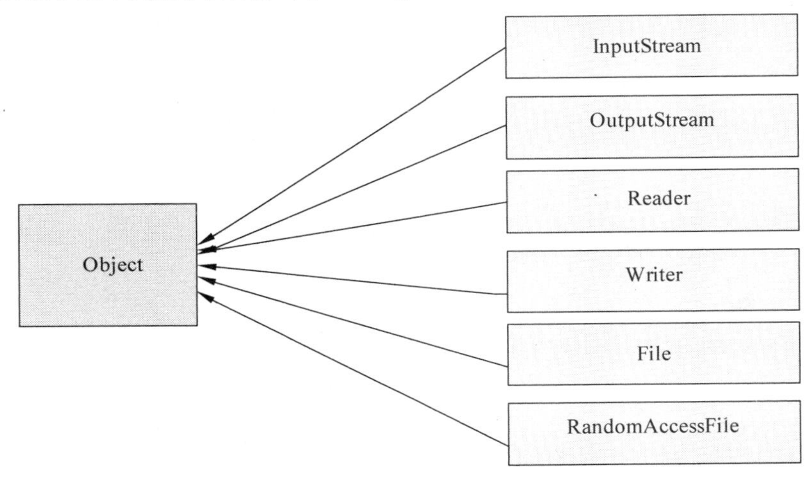

图 10-2 I/O 类层次结构图

10.1.2 字节输入输出流

Java 的字节输入流是以二进制的形式从数据源中读取数据的。字节输入流的超类是 InputStream，它包括了 FileInputStream、FileInputStream、FilterInputStream、pipedInputStream 等类。Java 的字节输出流的超类是 OuputStream，它包括了 FileOutputStream、FileOutputStream、FilterOutputStream 和 pipedOutputStream 类。下面将对字节输入流和字节输出流进行详细的介绍。

10.1.2.1 InputStream 类和 OutputStream 类

下面介绍 InputStream 类的层次结构以及 OutputStream 类的层次结构，如图 10-3 和图 10-4 所示。

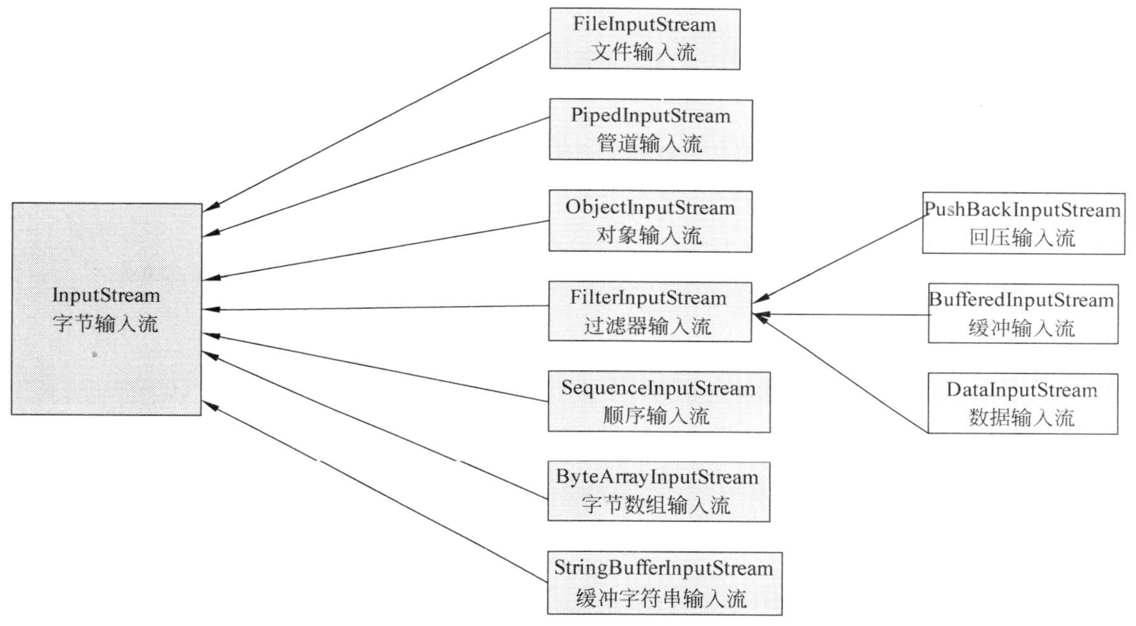

图 10-3 InputStream 类层次结构图

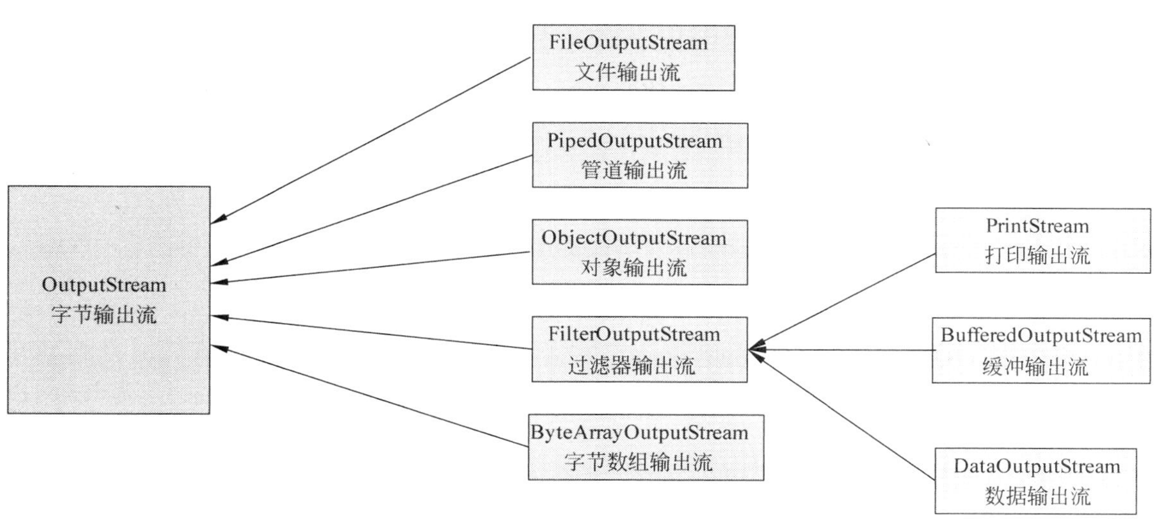

图 10-4 OutputStream 类层次结构图

从图 10-3 中可以看出，只有 FilterInputStream 类有自己的子类，其中还包括一个

LineNumberInputStream 子类，但是该类已经过时，就不多做解释。

与 InputStream 类类似，OutputStream 类中包含文件输出流、管道输出流、对象输出流等，其中 FilterOutputStream 类对其进行了扩展。

1．字节输入流 InputStream 类

InputStream 类是所有字节输入流的超类，该类是抽象类，不能被实例化。它提供了一系列跟数据读取有关的方法。

- **int read()** 从输入流读入一个 8 位字节的数据，将它转换成一个 0~255 之间的整数，返回一个整数，如果遇到输入流的结尾返回-1。
- **int read(byte[] b)** 从输入流读取若干字节的数据保存到参数 b 指定的字节数组中，返回的字节数表示读取的字节数。如果遇到输入流的结尾返回-1。
- **int read(byte[] b,int off,int len)** 从输入流读取若干字节的数据保存到参数 b 指定的字节数组中。其中 off 是指在数组中开始保存数据位置的起始下标，len 是指读取字节的位数。返回的是实际读取的字节数，如果遇到输入流的结尾则返回-1。
- **void close()** 关闭数据流，当完成对数据流的操作之后需要关闭数据流。
- **int available()** 返回可以从数据源中读取的数据流的位数。
- **skip(long n)** 从输入流跳过参数 n 指定的字节数目。
- **boolean markSupported()** 判断输入流是否可以重复读取，如果可以就返回 true。
- **void mark(int readLimit)** 如果输入流可以被重复读取，从流的当前位置开始设置标记，readLimit 指定可以设置标记的字节数。
- **void reset()** 使输入流重新定位到刚才被标记的位置，这样可以重新读取标记过的数据。

对于上述介绍的方法，后 3 个方法一般会结合在一起使用，首先使用 markSupported()方法进行判断，如果可以重复读取，则使用 mark(int readLimit)方法进行标记，标记完成之后可以使用 read()方法读取标记范围内的字节数，最后可以使用 reset()方法使输入流重新定位到标记的位置，继而完成重复读取操作。

2．字节输出流 OutputStream 类

OutputStream 类是所有字节输出流的超类，用于以二进制的形式将数据写入目标设备。该类是抽象类，不能被实例化。与 InputStream 类相对应，它提供了一系列跟数据输出有关的方法。

- **int write (b)** 将指定字节的数据写入到输出流。
- **int write (byte[] b)** 将指定字节数组的内容写入输出流。
- **int write (byte[] b,int off,int len)** 将指定字节数组从 off 位置开始的 len 个字节的内容写入输出流。
- **close()** 关闭数据流。当完成对数据流的操作之后需要关闭数据流。
- **flush()** 刷新输出流。强行将缓冲区的内容写入输出流。

10.1.2.2 FileInputStream 类和 FileOutputStream 类

FileInputStream 类和 FileOutputStream 类是文件输入流和文件输出流，分别继承自 InputStream 类和 OutputStream 类。它们可以重写或者实现父类中的所有方法，通过这两个类可以完成对磁盘文件的读写操作。

1．字节文件输入流 FileInputStream 类

FileInputStream 类用于以字节流的形式读取文件，它从超类中继承了 read()和 close()等方法。FileInputStream 类常用的构造方法如下。

```
public FileInputStream(File file) ;
```

```
public FileInputStream(String filePath);
```

第一种构造方法使用示例如下。

```
File file=new File("test1.java");
FileInputStream in=new FileInputStream(file);
```

第二种构造方法使用示例如下。

```
FileInputStream in= new FileInputStream("D:st.java");
```

第一个构造函数中的参数是一个 File 对象，第二个构造函数中的参数是一个表示文件路径的字符串。当然这里的 File 对象和文件的路径都是存在的，不然在程序运行时会发生 FileNotFoundException 异常。

2．字节文件输出流 FileOutputStream 类

字节文件输出流也称为 FileOutputStream 类，它用于将字节流数据写入文件。FileOutputStream 类也有两个与 FileInputStream 类具有相同参数的构造方法，另外它还有其他 3 个构造函数，它的所有构造方法如下所示。

- ❑ public FileOutputStream(File file)。
- ❑ public FileOutputStream(String filePath)。
- ❑ public FileOutputStream(File file，boolean append)。
- ❑ public FileOutputStream(String filePath，boolean append)。
- ❑ public FileoutputStream(FileDescriptor fdObj)。

第一种方法是使用通过 file 对象创建 FileOutputStream；第二种方法中参数 filePath 表示文件的路径名，通过文件路径创建 FileOutputStream；第三种方法通过 file 对象创建 FileOutputStream，append 为 true 或者 false 表示是否在文件末尾添加；第四种方法中 filePath 表示文件的路径名，通过文件路径创建 FileOutputStream，append 为 true 或者 false 表示是否在文件末尾添加；第五种方法中 fdObj 表示文件描述符，通过文件描述符创建 FileOutputStream 对象。

【练习 1】

使用 FileInputStream 类和 FileOutputStream 类来读写文件时，先执行写文件操作，再执行读文件操作。示例代码如下。

```
import java.io.File;
import java.io.FileInputStream;
import java.io.FileOutputStream;
import java.io.IOException;
public class Fileips {
    public static void main(String[] args) throws IOException {
        File file=new File("d:/abc.txt");
        FileOutputStream out=new FileOutputStream (file,true);
        byte [] b="hello everybody".getBytes();
        out.write(b);
        out.close();
        FileInputStream in=new FileInputStream(file);
        int res;
        while((res=in.read())!=-1){
            System.out.print((char)res);
        }
```

```
            in.close();
        }
    }
```

运行效果如图 10-5 所示。

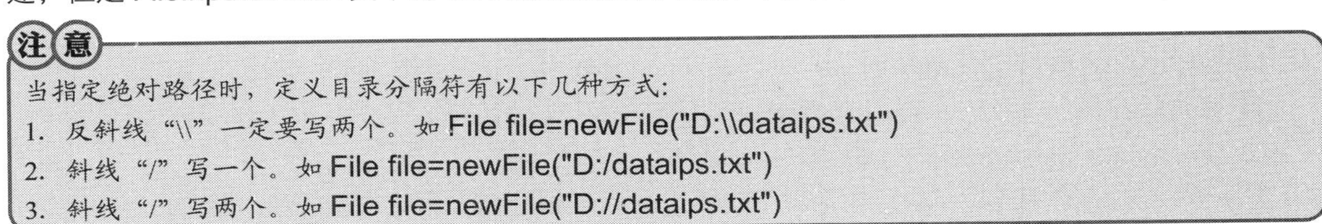

图 10-5　练习 1 运行效果图

在上述代码中，首先创建了一个输出流，该输出流使用带参数 file 和参数 append 的构造函数来创建。使用输出流将字符串“hello everybody”写入 file 对象所指的文件中，然后通过创建的文件输出流将 file 对象所指文件中的内容以字节为单位再读入到程序中，打印到控制台，程序执行完成，没有发生异常。字符串成功写入文件并成功读取。在上述的代码中 FileOutputStream 类的构造函数中的 file 对象可以是不存在的。程序在执行时会自行判断，如果 file 对象不存在，程序会自动创建，但是 FileInputStream 类中的 file 对象必须是存在的，否则会出现 FileNotFoundException 异常。

注意

当指定绝对路径时，定义目录分隔符有以下几种方式:

1. 反斜线“\\”一定要写两个。如 File file=newFile("D:\\dataips.txt")
2. 斜线“/”写一个。如 File file=newFile("D:/dataips.txt")
3. 斜线“/”写两个。如 File file=newFile("D://dataips.txt")

10.1.2.3　FilterInputStream 类和 FilterOutputStream 类

输入流过滤器也称为 FilterInputStream 类，它是 InputStream 类的子类，但是又进行了扩展，它的下面还有其他的子类，包括 BufferedInputStream（字节缓冲区输入流）、DataInputStream（数据输入流）、PushBackInputStream（回压数据流）等类。

输出流过滤器也称为 FilterOutputStream 类，它是 OutputStream 类的子类，但是又进行了扩展，它的下面还有其他的子类，包括 BufferedOutputStream（字节缓冲区输出流）、DataOutputStream（数据输出流）、ObjectOutputStream（对象输出流）等类。

FilterInputStream 类和 FilterOutputStream 类分别对其他输入/输出流进行操作，它们在读写数据的同时对数据进行特殊的处理。另外还提供了同步机制，使得某一时刻只有一个线程可以访问输入/输出流。

【练习 2】

列出指定目录下带过滤器的文件清单。在当前目录中列出文件名形如“f*.java”的文件，并输出到控制台。主要步骤如下所示。

（1）创建一个 FilterDirs 类，该类实现 FilenameFilter 接口，然后在该类中定义两个字符串用来存放文件名的前缀和后缀，代码如下所示。

```
public class FilterDirs implements FilenameFilter{
    private String prefix="",suffix="";//前缀和后缀
}
```

（2）创建一个名为 FilterDirs 的方法，该方法用于获取过滤器给出的文件名格式中的前缀和后缀。其中前缀的值就取“*”前的字符串，后缀的值就取“.”后的字符串，用于与获取的符合条件文件

的名称比对，其具体代码如下所示。

```
public  FilterDirs(String filterStr){
    filterStr=filterStr.toLowerCase();
    int i=filterStr.indexOf('*');
    int j=filterStr.indexOf('.');
    if(i>0){
        prefix= filterStr.substring(0, i);
    }
    if(j>0){
        suffix=filterStr.substring(j+1);
    }
}
```

（3）在 main()方法中首先定义一个过滤器，该类实现 FilenameFilter 接口，该接口的主要功能是过滤 file 类的 list 方法中的目录清单，因此必须实现该接口中的 accept(File dir,String name)方法，该方法的目的是测试符合过滤器要求的文件是否存在于指定的文件目录中。

main()方法的代码如下。

```
public static void main(String[] args) {
    FilenameFilter filter= new FilterDirs("f*.java");//定义过滤器
}
```

accept(File dir,String name)方法的代码如下。

```
@Override
public boolean accept(File dir, String name) {
    boolean yes=true;
    try {
        name=name.toLowerCase();
        yes=name.startsWith(prefix)&name.endsWith(suffix);
    } catch (Exception e) {
        e.printStackTrace();
    }
    return yes;
}
```

（4）在 main()方法中获取当前的文件目录，使用 list()方法列举目录下面符合条件的文件名称，先将其保存在一个字符串数组中，将其取出后依次输出到控制台并且输出文件的个数。代码如下所示。

```
File file1=new File("");
File curDir=new File(file1.getAbsoluteFile(),"");
System.out.println(curDir.getAbsolutePath());
String[] str=curDir.list(filter);
System.out.println(str.length);
for(int i=0;i<str.length;i++){
    System.out.println("\t"+str[i]);
}
```

（5）运行程序，运行效果如图 10-6 所示。

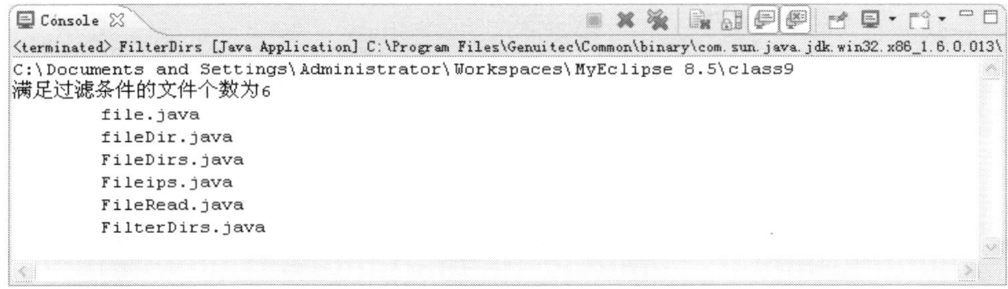

图 10-6　练习 2 运行效果图

在这里重点要介绍一下文件当前目录调用的 list(FilenameFilter fileter)方法，这个方法的完整形式是 public String[] list(FilenameFilter filter)，返回类型是一个字符串数组，这些字符串指定此抽象路径名表示的目录中满足指定过滤器的文件和目录，除了返回数组中的字符串必须满足过滤器外，此方法的行为与 list()方法相同。

如果给定 filter 为 null，则接受所有名称。否则当且仅当在此抽象路径名及其表示的目录中的文件名或目录名上调用过滤器的 accept(java.io.File, java.lang.String)方法返回 true 时，该名称才满足过滤器。

在程序中得到的结果就是调用了 accept(File dir, String name)方法后满足条件的文件名。它们都是以 f 开头，以 java 结尾。在这里要注意的是该方法的匹配格式是只取“*”前的内容作为前缀，取“.”以及其后的内容作为后缀，而“*”之后和“.”之前的内容不做考虑。

10.1.2.4　BufferedInputStream 类和 BufferedOutputStream 类

字节缓冲区输入流 BufferedInputStream 类和字节缓冲输出流 BufferedOutputStream 类是一类特殊的输入输出流，它们是带有缓冲机制的流，具有更高的效率。下面将对这两类流来进行详细的介绍。

1．字节缓冲区输入流 BufferedInputStream 类

BufferedInputStream 类是对 InputStream 类的子类 FilterInputStream 的一个扩展，该输入流不但可以提高系统的性能，而且该类采用缓冲机制进行字节流的输入，使 mark()方法和 reset()方法的使用成为可能。BufferedInputStream 类有两个构造函数，如下所示。

```
BufferedInputStream (InputStream out);
BufferedInputStream (InputStream in,int size);
```

第一种形式的构造函数创建了一个带 32 字节缓冲区的缓冲字节流，第二种形式的构造函数创建指定大小的缓冲区的字节流。最优缓冲区的大小要根据所使用的操作系统以及可使用的内存空间和机器的配置来决定。

对输入流的缓冲操作可以实现部分数据的回流，除了 InputStream 类中常用的 read()方法和 skip()方法，它还可以使用 mark()方法和 reset()方法完成数据的回流操作。当使用 markSup()ported 方法确定可以重复读取之后，使用 mark()方法在指定位置进行标记，标记完成使用 read()方法完成读取，再使用 reset()方法完成让以后的 read()方法重新从 mark()方法的标记处开始读取的工作。

2．字节缓冲区输出流 BufferedOutputStream 类

BufferedOutputStream 类是对 OutputStream 类的子类 FilterOutputStream 的扩展，该类采用缓冲区机制进行字节流输出。有如下两个构造方法。

```
BufferedOutputStream (OutputStream in);
BufferedOutputStream (OutputStream in,int size);
```

第一种形式的构造函数创建一个 OutputStream 类和默认为 32 字节大小的缓冲区的缓冲字节流，第二种形式的构造函数创建参数 size 指定大小的缓冲区字节流。

【练习 3】

练习使用 BufferedInputStream 类和 BufferedOutputStream 类完成文件内容的读写，主要步骤如下所示。

（1）创建一个类，在 main()方法中定义一个 File 对象，参数为字符串“D://浮夸.txt”，创建以 File 对象为参数的字节文件输出流，创建字节缓冲区输入流，以字节文件输出流对象为参数，代码如下所示。

```
public static void main(String[] args) throws IOException {
    File file=new File("D://浮夸.txt");//文件不存在则创建
    FileOutputStream out=new FileOutputStream(file);
    BufferedOutputStream bos=new BufferedOutputStream(out);
}
```

（2）定义一个 byte 数组接收字符串调用 getBytes()方法返回的字节数组，将数组中的内容写入到指定文件，关闭输出流。代码如下所示。

```
byte [] bout="有人问我我就会讲,但是无人来,我期待 到无奈 有话要讲,得不到装载,我的心情犹豫像樽盖,人潮内愈文静 愈变得不受理睬自己要搞出意外像突然 地高歌 任何地方也像开四面台着最闪的衫 扮十分感慨有人来拍照要记住插袋".getBytes();//将文件读到字节数组中
bos.write(bout);     //将数组中的内容写到 file 对象所指的文件中
bos.close();         //关闭输出流
```

（3）读出文件中的内容将其输出到控制台。这里需要定义一个字节文件输入流和一个字节缓冲区输入流，将文件中的内容一次性地读取到程序中，然后关闭输入流。验证后如果定义的字节数组的长度和文件的长度相同，则只需要一次读操作就可以完成读操作，代码如下所示。

```
int count =0;
System.out.println("浮夸的歌词: ");
FileInputStream in=new FileInputStream(file);
BufferedInputStream bis=new BufferedInputStream(in);
byte[] b=new byte[(int) file.length()];      //获取文件的长度
while(bis.read(b,0,b.length)!=-1){           //读取文件中的内容
    System.out.print(new String (b));        //以字符串的形式输出数组中的内容
    count++;
}
bis.close();
System.out.println();
System.out.println("=====================================================");
System.out.println("输出语句运行的次数为"+count);
```

（4）运行程序，运行效果如图 10-7 所示。

```
<terminated> Bufferips [Java Application] C:\Program Files\Genuitec\Common\binary\com.sun.java.jdk.win32.x86_1.
浮夸的歌词:
有人问我我就会讲,但是无人来,我期待 到无奈 有话要讲,得不到装载,我的心情犹豫像樽盖,人潮内;
=====================================================
输出语句运行的次数为1
```

图 10-7 练习 3 执行效果图

通过上述示例的代码可以发现：使用 BufferedInputStream 类和 BufferedOutputStream 类进行输入和输出，具有更高的效率。另外对于有多个流递归调用的时候，关闭流只用关闭最外层的流，直接调用 close()方法就可以关闭所有递归关联流。

10.1.2.5 DataInputStream 类和 DataOutputStream 类

数据输入流 DataInputStream 类和数据输出流 DataOutputStream 类主要用于读写指定数据类型的数据。下面是对这两类数据流的解释说明。

1. 数据输入流 DataInputStream 类

数据输入流用于读取跟 Java 相关的基本类型数据，如 byte、int、short、boolean 等。通过查询 API 可以发现，它的方法包含很多在 read 后直接跟基本数据类型命名的方法，例如 readBoolean()、readByte()等。它们的含义如下。

- **readBoolean()** 读取 1 个字节数据，并转换成 boolean 类型。
- **readChar()** 读取 1 个字节数据，并转换成 char()类型。
- **readDouble()** 读取 8 个字节数据，并转换成 double 类型。
- **readInt()** 读取 4 个字节数据，并转换成 int 类型。

在这里只简单地列举几个 DataInputStream 类中的方法，它们都用于读取指定数据类型的数据。另外还有读入一个以使用 UTF-8 修改版格式编码的字符串的方法 readUTF()，在使用时要根据读取文件的类型选择适当的方法。

2. 数据输出流 DataOutputStream 类

数据输出流用于将 Java 基本类型数据写入输出流，如 byte、int、short、boolean 等。通过查询 API 可以发现，它的方法中包含很多以 write 与基本数据类型相结合命名的方法，例如 writeBoolean()、writeByte()等。它们的含义如下。

- **writeBoolean()** 写 boolean 类型数据。
- **writeChar()** 写 char()类型数据。
- **writeDouble()** 写 double 类型数据。
- **writeInt()** 写 int 类型数据。

在这里只简单地列举了几个 DataOutputStream 中的方法，它们都用于写指定数据类型的数据到输出流。另外还有写入一个以使用 UTF-8 修改版格式编码的字符串的方法 readUTF()，在使用时要根据写入文件的类型选择适当的方法。

【练习 4】

使用 DataInputStream 类和 DataOutputStream 类完成文件内容的写入和读取，主要步骤如下所示。

（1）创建一个类，编写 main()方法，在方法中创建一个 File 对象，作为读写操作的对象。代码如下。

```
public static void main(String[] args) throws IOException {
    File file=new File("D://dataips.txt");
}
```

（2）编写代码完成文件的写操作，将 3 个不同类型的数据依次写入到文件中，代码如下所示。

```
FileOutputStream out=new FileOutputStream(file);
DataOutputStream outs=new DataOutputStream(out);      //创建数据输出流
outs.writeBoolean(true);                               //写入 boolean 类型的数据
outs.writeUTF("hello,数据字节流");                     //写入 unicode 编码格式的字符
```

```
串
    outs.writeInt(8);//写入 int 类型的数据
    outs.close();
```

（3）编写代码完成文件的读操作，将数据按照写入时的顺序，使用相应的读取方法读出并输出到控制台。

```
    FileInputStream in= new FileInputStream(file);
    DataInputStream dis=new DataInputStream(in);
    boolean resB=dis.readBoolean();      //读出 boolean 类型的数据
    String resU=dis.readUTF();           //写入 unicode 编码格式的字符串
    int resI=dis.readInt();              //读出 int 类型的数据
    dis.close();
    System.out.println(resB+"====="+resU+"====="+resI);
```

（4）执行程序，运行效果如图 10-8 所示。

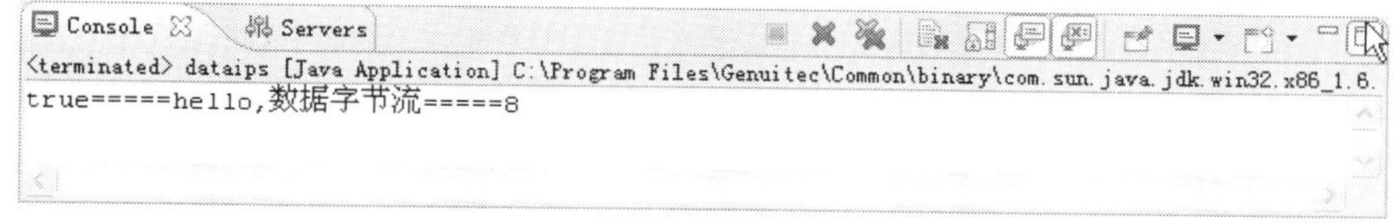

图 10-8　练习 4 运行效果图

（5）打开 dataips.txt 文件，如图 10-9 所示。

图 10-9　dataips.txt 中的内容

从图 10-9 中会发现看到的内容与在程序中所写的不同，是一些看不懂的内容，但是输出到控制台的内容却是正确的，这就类似对字符串进行加密后写入到文件中，但是其内部明白如何解密。但是这种方法使用起来不是很直观，所以 java.io 提供了专门操作字符的输入输出流，这些内容将在后续的小节中进行介绍。

10.1.2.6　ObjectInputStream 类和 ObjectOutputStream 类

对象输入流 ObjectInputStream 类和对象输出流 ObjectOutputStream 类主要完成对象的读取和写入工作，相当于完成对象的成员变量的存取。ObjectInputStream 类和 ObjectOutputStream 类不会保存 transient 和 static 类型的成员变量。使用 ObjectInputStream 类和 ObjectOutputStream 类保存对象的机制叫做序列化。序列化的好处在于：它可以将任何实现了 Serializable 接口的对象转换为连续的字节数据，这些数据以后仍可被还原为初始对象状态。

【练习 5】

使用 ObjectInputStream 类和 ObjectOutputStream 类将一个 book 对象写入到 book.txt 中并读入程序，输出到控制台。主要步骤如下所示。

（1）创建一个 Book 类，实现序列化接口，包含 name、price 和 author 3 个成员变量，并编写 get()和 set()方法。编写有参数的构造函数，用于初始化。示例代码如下。

```
import java.io.Serializable;
```

```
public class Book implements Serializable{
    private String  bookName;
    private double price;
    private String author;
    public Book(String bookName, double price, String author) {
        this.bookName = bookName;
        this.price = price;
        this.author = author;
    }
    public String getBookName() {
        return bookName;
    }
    public void setBookName(String bookName) {
        this.bookName = bookName;
    }
    public double getPrice() {
        return price;
    }
    public void setPrice(double price) {
        this.price = price;
    }
    public String getAuthor() {
        return author;
    }
    public void setAuthor(String author) {
        this.author = author;
    }
}
```

（2）创建类，编写 main()方法，创建一个 File 对象，创建对象输出流，将新建的 Book 对象写入 File 对象指定的文件中，刷新对象输出流，将内容成功写入文件之后将输出流关闭。代码如下所示。

```
File file =new File("D://book.txt");
FileOutputStream fos=new FileOutputStream(file);
ObjectOutputStream oos=new ObjectOutputStream(fos);
Book book=new Book("小时代", 29.8, "郭敬明");
oos.writeObject(book);
oos.flush();//刷新缓存
oos.close();
```

（3）创建对象输入流将用来读取文件中存储的 Book 对象，使用新定义的一个 Book 对象接收读取到的对象，关闭对象输入流，将读取到对象的各个成员变量的值输出到控制台，代码如下所示。

```
FileInputStream fis=new FileInputStream(file);
ObjectInputStream ois=new ObjectInputStream(fis);
Book book2=(Book) ois.readObject();
Ois.close();
System.out.println("书本的名称: "+book2.getBookName());
System.out.println("书本的价格 : "+book2.getPrice()+"元");
```

```
System.out.println("书本的作者: "+book2.getAuthor());
```

（4）运行程序，运行效果如图 10-10 所示。

```
<terminated> Objectips [Java Application] C:\Program Files\Genuitec\Common\binary\com.sun.java.jdk.win32.x86_1.
书本的名称: 小时代
书本的价格: 29.8元
书本的作者: 郭敬明
```

图 10-10　练习 5 运行效果图

10.1.2.7　PrintStream 类

字节打印流是属于过滤器输出流的子类，PrintStream 类提供一系列与 print()和 println()相关的方法，它实现了将基本数据格式转化成字符串进行输出。在前文大量使用的 System.out.println()和 System.out.print()就是 PrintStreamde 类的实例。PrintStream 类有 3 个构造函数。如下所示。

```
PrintStream(OutputStream out);
PrintStream(OutputStream out,boolean auotflush);
PrintStream(OutputStream out,boolean auotflush, String encoding);
```

其中 autoflush 控制在 Java 中遇到换行符(\n)时是否自动清空缓冲区，encoding 是指定编码方式。Println()方法与 print()方法的区别是：前者会在打印完的内容后再多打印一个换行符(\n)，所以 println()等于 print("\n")。

【练习 6】

练习使用 PrintStream 类向指定文件写入内容，主要步骤如下。

（1）创建名为 Prints 的类，在 main()方法中编写代码，创建一个 File 对象，作为写入数据的文件对象。创建一个 PrintStream 对象，用于向文件中写入内容，代码如下。

```
public class Prints {
    public static void main(String[] args) throws IOException {
        File f = new File("D:\\abc.txt") ;
        PrintStream p=new PrintStream(new FileOutputStream(f));//创建字节打印流
    }
}
```

（2）向目标文件中写入一个 boolean 类型的值，再写入一个字符串类型的值，代码如下所示。

```
p.print(true);
p.print("你好");
```

（3）运行程序，执行效果如图 10-11 所示。

图 10-11　练习 6 的运行效果

10.1.3 字符输入输出流

Java 中的字符是 Unicode 编码，是双字节的，而 InputStream 类与 OutputStream 类是用来处理字节的，在处理字符文本时不太方便，需要编写额外的程序代码。Java 为字符文本的输入输出专门提供了一套单独的类：字符输入流 Reader 和字符输出流 Writer 两个抽象类。

字符输入流是所有字符输入流的超类，用于以字符的形式从数据源中读取数据，它包括 FileReader、BufferedReaderde 等子类。

字符输出流是所有字符输出流的超类，用于以字符的形式将数据写入指定位置，它其中包括 FileWriter、BufferedWriter、PrinterWriter 等子类。

下面将对字符输入流和字符输出流进行详细的介绍。

10.1.3.1 Reader 类和 Writer 类

字符输入流 Reader 和字符输出流 Writer 是和 InputStream 类以及 OutputStream 类相对应的处理字符的类，它们使程序在处理字符时变得简单。Reader 和 Writer 也属于抽象类，不能被实例化，只能由子类进行实现。

1. 字符输入流 Reader 类

Reader 类的方法如下。

- **abstract void close()** 关闭输入流。
- **void mark()** 在输入流中标记当前位置。
- **boolean markSupported()** 测试输入流是否支持 mark()和 reset()方法。
- **int read()** 从输入流读取下一个字符。
- **int read(char[] cbuf)** 从输入流读取若干字符数据，并存储到字符数组。
- **abstract int read(char[] buf,int off,int len)** 从输入流重新定位到 mark()方法标记的位置。
- **boolean void ready()** 是否准备读取数据流。
- **void reset()** 将输入流重新定位到 mark()方法标记的位置。
- **long skip(long n)** 跳过输入流中 n 个字符数据。

上述介绍的方法中，close()方法和 read(char[] buf,int off,int len)方法是抽象方法，需要其子类实现该方法，Reader 类的子类有 FilterReader、BufferedReader、PipedReader 等，Reader 类层次结构如图 10-12 所示。

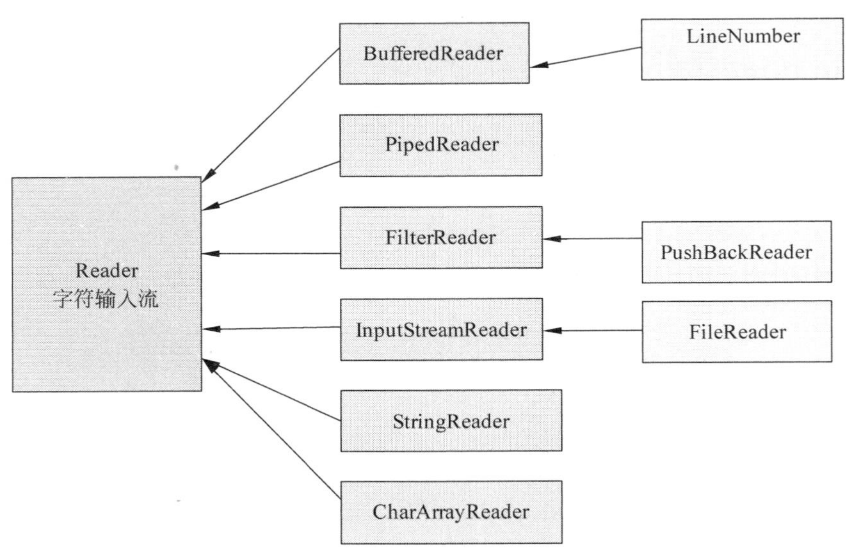

图 10-12 Reader 的层次结构

2．字符输出流 Writer 类

Writer 类的方法如下。

- **abstract void close()** 关闭输入流。
- **abstract void flush()** 刷新输出流，强制将缓冲区中的内容写入到输出流。
- **void writer(char[] buf)** 将指定字符数组的内容写入输出流。
- **abstract int writer(char[] buf,int off,int len)** 将指定字符数组从 off 位置开始的 len 个字符写入输出流。
- **writer(int c)** 将指定的字符串写入输出流。
- **writer(String str)** 将指定的字符串写入输出流。
- **writer(String str,int off，int len)** 将指定字符串从 off 位置开始的 len 个字符写入输出流。

在上述介绍的方法中，close()方法、flush()方法和 writer(int b)方法为抽象方法，需要其子类实现该方法。Writer 类的子类有 FileWriter、bufferedWriter、PipedWriter 等。Writer 类的层次结构如图 10-13 所示。

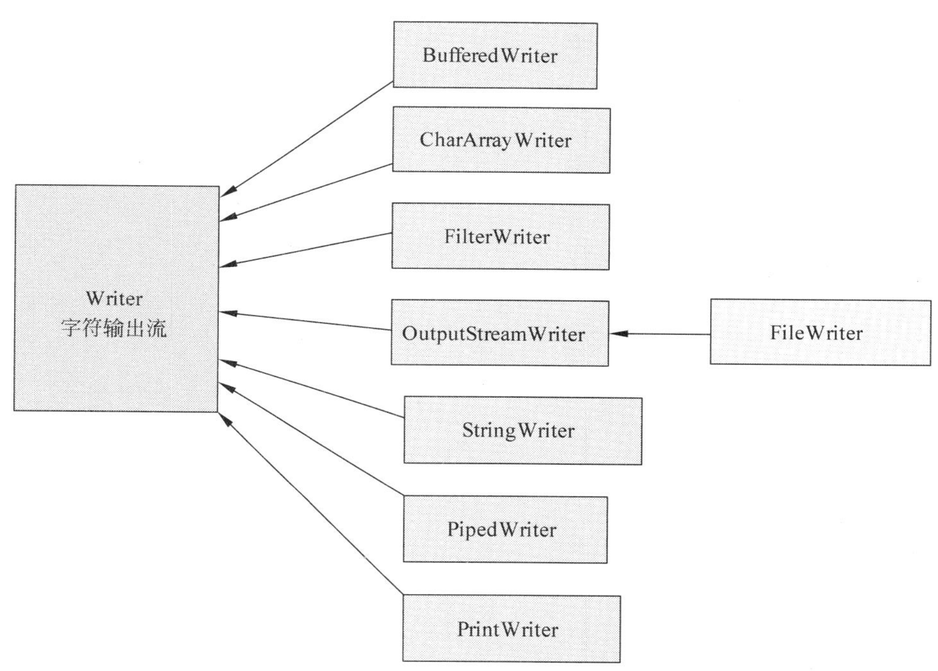

图 10-13 Writer 的层次结构

10.1.3.2 FileReader 类和 FileWriter 类

采用字符流读写文件时，通常采用 FileReader 和 FileWriter 两个类，它们分别用于字符文件的读和写操作。下面是对这两个类的简单介绍。

1．字符文件输入流 FileReader 类

字符文件输入流也称 FileReader 类，用于从文件读取字符数据。它是 Reader 类的子类 InputStreamReader 的子类，有 3 种形式的构造函数，如下所示。

- **FileReader(File file)** file 对象创建文件字符文件输入流。
- **FileReader(FileDescriptor fd)** fd 为文件描述符，通过文件描述符创建 FileReader。
- **Filereader(String pathName)** pathName 为文件路径名，通过文件路径创建 FileReader。

2．字符文件输出流 FileWriter 类

字符文件输出流也称为 FileWriter 类，用于将字符数据写入目标文件。它是 Writer 类的子类 OutputStreamWriter 的子类，有 5 种形式的构造函数，如下所示。

- Public FileWriter (File file)。
- public FileWriter (String filePath)。
- public FileWriter (File file，boolean append)。
- public FileWriter (String filePath，boolean append)。
- public FileWriter (FileDescriptor fdObj)。

第一种方法是使用定义好的 file 对象创建 FileWriter。第二种方法是使用字符串类型的 filePath 作为参数，通过文件路径创建 FileWriter 类。第三种方法是在第一种方法的基础上增加了一个 boolean 类型的 append 作为参数，表示是否在文件末尾添加。第四种方法也是增加了一个 append 参数。第五种方法使用 FileDescriptor 作为参数，这种方法一般很少使用。

另外 FileWriter 类也包含了五种不同形式的 write()方法，两种写字符串的方法、两种写字符数组的方法以及一种写 int 类型数据的方法，在这里就不再做具体的介绍，可以根据程序需要选择适当的方法。

> **注意**
>
> 字符文件输出流的特点如下所示。
>
> 1. 用于处理文本文件。
> 2. 该类中有临时缓冲。

【练习 7】

使用 FileReader 类和 FileWriter 类向文件中写入字符串再读出。代码如下。

```
import java.io.File;
import java.io.FileReader;
import java.io.FileWriter;
import java.io.IOException;
public class FileRead {
    public static void main(String[] args) throws IOException {
        File file =new File("D://reader.txt");
        FileWriter fw=new FileWriter(file);
        fw.write("你好，字符文件输入流！");
        fw.close();
        FileReader fr=new FileReader(file);
        char [] c=new char[512];
        int len=fr.read(c);
        System.out.println(new String (c,0,len));
        fr.close();
    }
}
```

运行效果如图 10-14 所示。

```
Console ☒   Servers
<terminated> FileRead [Java Application] C:\Program Files\Genuitec\Common\binary\com.sun.java.jdk.win32.x86_1.6
你好，字符文件输入流！
```

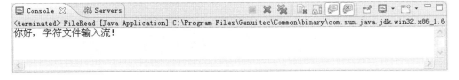

图 10-14　练习 7 运行效果图

在上述的代码中，使用 FileWriter 类把字符串写入了 file 对象指定的文件中，并且没有出现乱码，然后使用 FileReader 类把文件中的内容又成功读入到程序中，在控制台完成输出。

修改上述程序代码，将“fw.close();”这一行代码注释掉，重新执行程序，发现无法将字符串的内容写入指定文件中；然后再把“fw.close();”这行代码换为“fw.flush ();”后，程序正常执行，能够完成要求实现的功能，这说明 FilleWriter 是带缓冲区的，使用 fw.flush ()方法可以将内容刷入数组中。

InputStreamReader 类和 InputStreamWriter 类作为 FileReader 和 FileWriter 的父类，也可以直接使用来进行文件的读写操作。InputStreamReader 类可作为字节流通向字符流的桥梁，它使用指定的 charset 读取字节并将其解码为字符。它使用的字符集可以由名称指定或显式给定，否则可能接受平台默认的字符集。下面就使用 InputStreamReader 类和 InputStreamWriter 类来完成一个小的例子。

【练习 8】

使用 InputStreamReader 类和 InputStreamWriter 类将一个文件内容中的小写字母“d”转换成大写字母“B”后存入另一文件。

（1）创建一个类，创建两个 File 对象，分别作为源文件和目标文件，再创建一个大小为源文件长度的字符数组。代码如下所示。

```
public class AddAndChange {
    File file =new File ("D://wendang.txt");
    File copyOffile =new File("D:copyOfwedang.txt");
    char [] c=new char[(int) file.length()];
}
```

（2）在类中创建一个名为 read 的方法，用来读出源文件的内容，将内容保存在字符数组中。代码如下所示。

```
public void read() throws IOException{
    FileInputStream in=new FileInputStream(file);
    InputStreamReader ir=new InputStreamReader(in);
    ir.read(c);
    ir.close();
}
```

（3）创建一个名为“change”的方法，用来将数组中的小写字母“d”换为大写字母“B”，代码如下。

```
public void change(){
    for(int i=0;i<c.length;i++){
        if(c[i]=='d'){
            c[i]='B';
        }
    }
}
```

（4）创建一个名为“write”的方法，将字符数组中的内容写入到目标文件中，代码如下所示。

```
public void write() throws IOException{
    FileOutputStream out=new FileOutputStream(copyOffile);
    OutputStreamWriter osw=new OutputStreamWriter(out);
    osw.write(c);
```

```
        osw.close();
    }
```

（5）创建 main()方法，在 main()方法中依次调用 read()方法、change()方法和 write()方法。代码如下所示。

```
    AddAndChange aac=new AddAndChange();
    aac.read();
    aac.change();
    aac.write();
```

（6）运行上述代码，运行效果如图 10-15（源文件 wendang.txt 中的内容示意图）和图 10-16（目标文件 copyOfwedang.txt 中的内容示意图）所示。

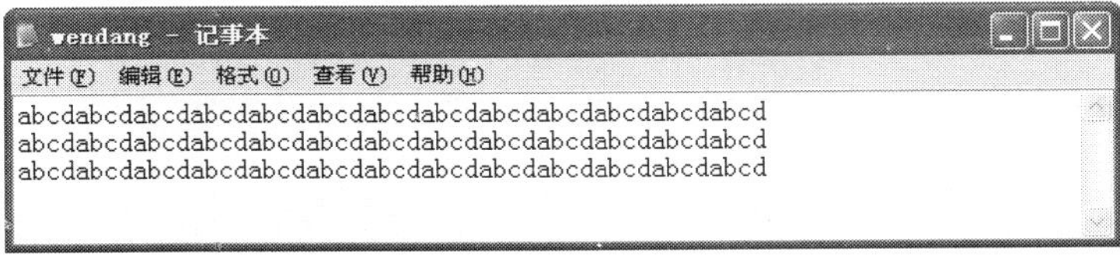

图 10-15　源文件中的内容

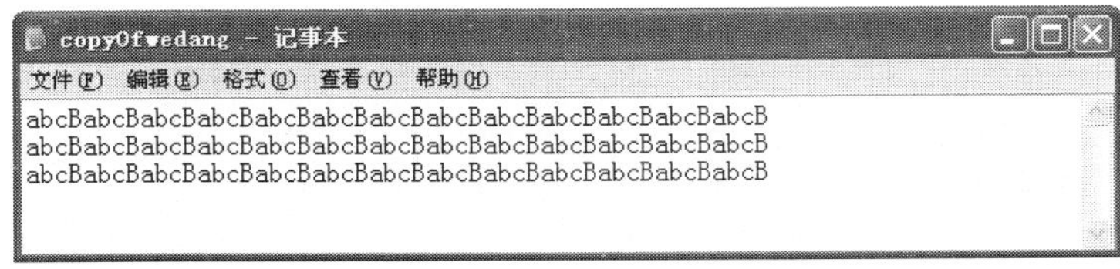

图 10-16　目标文件中的内容

上述示例的代码执行完成后发现目标文件中成功地写入了内容，而且写入的内容是源文件将其中的小写字母“d”修改成大写字母“B”后的内容。

10.1.3.3　BufferedReader 类和 BufferedWriter 类

BufferedReader 类和 BufferedWriter 类是与 BufferedInputStream 类和 BufferedOutputStream 类相对应的输入输出流，与 BufferedInputStream 类和 BufferedOutputStream 类所不同的是，它们主要完成的是对字符文件的操作。下面是对 BufferedReader 类和 BufferedWriter 类的简单介绍。

1．字符缓冲区输入流 BufferedReader 类

字符缓冲区输入流也称 BufferedReader 类，是带有缓冲机制的字符输入流，支持 mark()和 reset()方法，这两个方法的使用和前边介绍的 BufferedInputStream 类中 mark()和 reast()方法类似，在这里就不再多进行介绍。BufferedReader 类有两个构造函数。如下所示。

```
BufferedReader(Reader in);          //Reader 对象 in 为参数创建 BufferedReader
BufferedReader(Reader in,int size); //Reader 对象 in 为参数创建 BufferedReader,
                                      并且指定缓冲区的大小
```

BufferedReader 类中有一个 readLine()方法，返回值是 String 类型，可以读取一行文本。

2．字符缓冲区输出流 BufferedWriter 类

字符缓冲区输出流也称为 BufferedWriter 类，是带有缓冲机制的字符输出流，将文本写入字符输出流，缓冲各个字符，从而提供单个字符、数组和字符串的高效写入。可以指定缓冲区的大小，但是正常情况下，默认的缓冲区大小可以满足使用要求。BufferedWriter 类有两个构造方法。如下所示。

```
BufferedWriter(Writer out);          //Writer 对象 out 为参数创建 BufferedWriter
BufferedWriter(Writer out,int size); //Writer 对象 out 为参数创建 BufferedWriter,
                                       并且通过参数 size 指定缓存区的大小
```

【练习 9】

使用 BufferedReader 类和 BufferedWriter 类完成文本文件的读写。代码如下。

```
public class BufferedRead {
    public static void main(String[] args) throws IOException {
        File file =new File("D://buffer.txt");
        FileWriter fw=new FileWriter(file);
        BufferedWriter bw=new BufferedWriter(fw);
        bw.write("Hello,字符缓冲输出流! ");
        bw.write("咿呀咿呀哟! ");
        bw.flush();
        bw.close();
        FileReader fr=new FileReader(file);
        BufferedReader br=new BufferedReader(fr);
        String line=null;
        while((line=br.readLine())!=null){
            System.out.println(line);
        }
        br.close();
    }
}
```

运行效果如图 10-17 所示。

图 10-17　练习 9 运行效果图

上述代码中，首先创建一个 File 对象 file，将 file 对象作为参数传递给创建的 FileWriter 对象，再创建一个字符缓冲输出流，参数是 FileWriter 对象 fw，将字符串的内容写入缓冲区。当读取文件中数据时使用 readLine()方法，每次读一行文本，返回值是字符串类型。

【练习 10】

在编程中，文件的复制是很常见的功能，下面将结合 BufferedReader 类和 BufferedWriter 类实现文件的复制功能，主要步骤如下所示。

（1）创建一个类，编写 main()方法，定义两个 File 对象分别代表源文件和目标文件。创建一个 FileReader 对象用来读取源文件的内容，创建一个 FileWriter 对象用来向目标文件写数据。分别以 FileReader 和 FileWriter 为参数创建 BufferedReader 和 BufferedWriter，代码如下所示。

```
public static void main(String[] args) throws IOException {
    File source=new File("D://source.txt");
    FileReader fr=new FileReader(source);
    File object=new File("D://object.txt");
    FileWriter fw=new FileWriter(object);
    BufferedReader br=new BufferedReader(fr);
```

```
    BufferedWriter bw=new BufferedWriter(fw);
}
```

（2）使用 BufferedReader 类读取源文件的内容，将读取到的内容使用 BufferedWriter 类一次性地写入到目标文件中。代码如下所示。

```
char [] c=new char[(int) source.length()];
int len=br.read(c);
bw.write(c, 0, len);
```

（3）关闭 BufferedReader 对象和 BufferedWriter 对象。代码如下所示。

```
br.close();
bw.close();
```

（4）运行程序，运行效果如图 10-18 和图 10-19 所示。

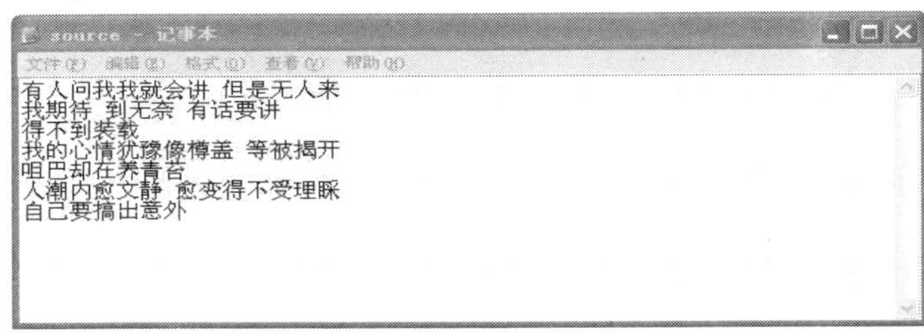

图 10-18　source.txt 的内容

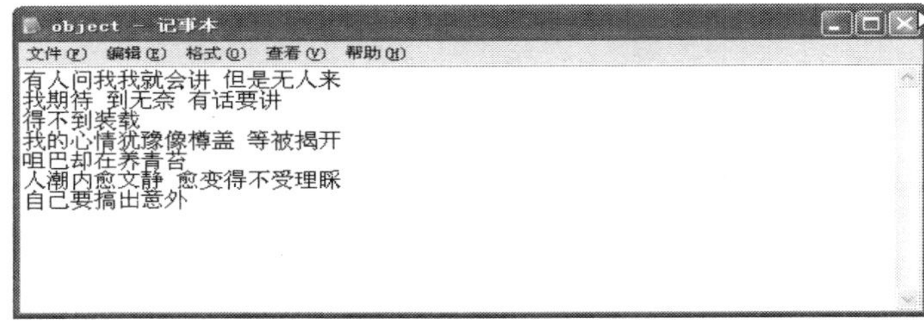

图 10-19　object.txt 的内容

通过上面运行效果图的对比发现：source.txt 和 object.txt 中的内容是相同的，这说明已经达到了复制文件的目的。在上面步骤中，首先创建了两个 File 对象，分别将源文件的路径和目录文件的路径作为参数，接着创建字符文件输入输出流作为缓冲字符输入输出流的参数，以文件中内容的长度为大小创建字符数组，从源文件中一次将内容读取到字符数组中，接着将字符数组中的内容写入目标文件。

10.1.3.4　PrintWriter 类

字符打印流 PrintWriter 类用于将字符数据进行输出，PrintWriter 类在输出时会进行字符格式的转换，默认使用当前操作系统的编码格式。PrintWriter 类中包含很多和打印相关的方法。基本格式如下所示。

```
print(dataType variableName);   //输出相应类型的数据
println(dataType variableName); //输出相应类型的数据加换行符
```

【练习 11】

使用 PrintWriter 类向指定文本内写数据。主要步骤如下所示。

（1）创建一个类，创建 main()方法。定义一个 File 对象 file，它的参数为“D://printW.txt”。以新定义的 file 对象为参数定义一个 FileWriter 对象，再以新创建的 FileWriter 对象为参数创建 PrintWriter 类。代码如下所示。

```
public static void main(String[] args) throws IOException {
    File file=new File("D://printW.txt");
    FileWriter fw=new FileWriter(file);
    PrintWriter pw=new PrintWriter(fw);
}
```

（2）使用 PrintWriter 类的 print()方法向文件内写入一个 boolean 类型的 true，使用 println()方法向文件中写入一个换行。使用 print()方法向文件内写入一个字符串，关闭 PrintWriter 对象。代码如下所示。

```
pw.print(true);
pw.println();
pw.println("Hello,字符打印流");
pw.close();
```

（3）运行程序，运行效果如图 10-20 所示。

图 10-20 练习 11 运行效果图

10.1.4 文件

在输入输出流的使用中，最常处理到的就是文件，Java 语言提供了 File 类和 RandomAccessFile 类来完成文本的处理。下面将对这两个类进行详细介绍。

10.1.4.1 File 类

File 类是 Java 语言提供的惟一用来获取文件本身信息的类，如文件所在的目录、文件的长度以及文件的读写权限等。File 类中还定义了许多可以对文件或者目录进行操作的方法，如文件或者目录的创建、删除以及获取指定目录的路径名等。在 Java 中，目录也被当做一种特殊的文件来处理，可以使用 list()方法列出目录下的文件名。下面主要介绍 File 类的构造函数以及一些常用方法。

File 类的 3 种形式的构造函数，如下所示。

```
File(String fileName);      //fileName 为文件名，该文件与当前应用程序在同一目录中
File(String directoryPath,String fileName);     //directoryPath 是文件路径
File(file f,String fileNme);                    //f 是指定成目录的一个文件
```

File 的一些常用方法，如下所示。

- **canWrite()** 返回文件是否可写。
- **canRead()** 返回文件是否可读。
- **delete()** 从文件系统内删除该文件。

- **exists()** 判断文件夹是否存在。
- **getAbsolutePath()** 返回文件的完整路径。
- **getPath()** 返回文件的潜在相对路径。
- **getParentFile()** 返回文件所在文件夹的路径。
- **isFile()** 判断该路径指示的是否是文件。
- **mkdir()** 生成指定的目录。
- **lastModified()** 返回文件的最后修改时间标志。
- **getName()** 返回文件名称。
- **getParent()** 返回文件父目录路径。
- **list()** 返回文件和目录清单。

【练习 12】

File 类的简单使用方法列举代码如下所示。

```
public class file {
    public static void main(String[] args) throws IOException {
        File file=new File("D://abc.txt");
        File file2 =new File("D://cba.txt");
        System.out.println("路径"+file.getAbsolutePath());  //获取文件的绝对路径
        System.out.println("可读"+file.canRead());          //文件是否可读
        System.out.println("可写"+file.canWrite());         //文件是否可写
        System.out.println("上一级目录"+file.getParent());   //输出上一级目录
        System.out.println("是不是目录"+file.isDirectory()); //输出是不是目录
        if(file.exists()){                           //如果文件存在直接删除，重新创建
            file.delete();
            file2.mkdir();
        }else{
            file.createNewFile();
        }
    }
}
```

运行效果如图 10-21 所示。

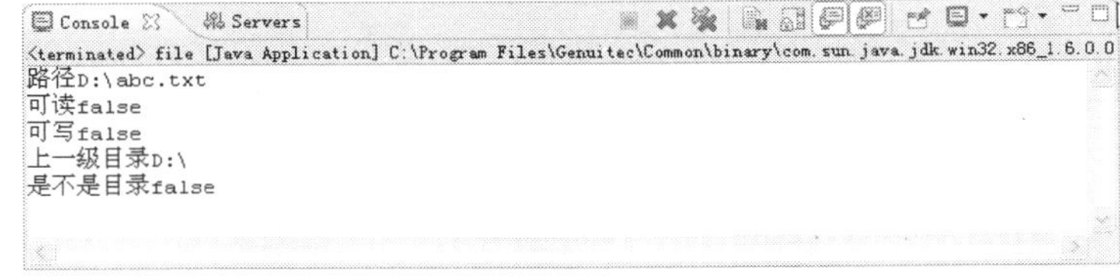

图 10-21 练习 12 运行效果图

上述程序运行效果图是 file 对象不存在时的运行效果，文件不存在当然不可读不可写。上级目录是 D 盘，最后判断文件是否存在，如果不存在就会以指定的名称创建新的文件或者目录，程序运行完成后查看 D 盘会发现多了一个 abc.txt 文件。

10.1.4.2 RandomAccessFile 类

RandomAccessFile 类用于随机的读写文件，它与其他输入输出流最大的区别就在于随机，Random 的最大含义就是它可以从任意位置开始访问。

RandomAccessFile 对象包含一个记录指针，用于标识当前流的读写位置，这个指针可以向前或者向后移动。RandomAccessFile 类包含两个方法来操作这个记录指针，方法如下所示。

- **long getFilePoint()** 记录文件指针的当前位置。
- **void seek(long pos)** 将文件记录指针定位到 pos 位置。

在 RandomAccessFile 类中，也包括了 InputStream 类的 3 个 read()方法和 OutputStream 类的 3 个 write()方法以及多个跟数据类型有关的读写方法，在这里就不再做详细介绍。

【练习 13】

使用 RandomAccessFile 类向文件中写入中文，再从文件中第 5 个字节开始进行读取，具体实现步骤如下所示。

（1）创建一个类，编写 main()方法，在 main()方法中创建一个 File 对象，它要进行操作的文件是 D 盘的 random.txt 文件，如果文件存在就删除该文件创建新的文件，代码如下所示。

```
public static void main(String[] args) throws IOException {
    File file=new File("D://random.txt");
    if(file.exists()){
        file.delete();
        file.createNewFile();
    }
}
```

（2）定义一个 RandomAccessFile 对象用来以读写的方式操作 File 对象，定义一个字符串，再对其进行格式的转换，这样是为了使其写入文件的内容不至于乱码，将转换后的内容写入文件。代码如下所示。

```
RandomAccessFile raf=new RandomAccessFile(file, "rw");
String str1="你好你好你好，我不好";
String str2=new String(str1.getBytes("GBK"),"iso8859-1");
raf.writeBytes(str2);
```

（3）打印出当前指针的位置，然后将其移动到第 4 个字节，定义了一个长度为 2 的 byte 数组，然后开始进行内容的循环读取，将读出的内容以字符串的形式输出到控制台。代码如下所示。

```
raf.writeBytes(str2);
System.out.println(raf.getFilePointer());
raf.seek(4);
byte []buffer=new byte[2];
int len=0;
while((len=raf.read(buffer, 0, 2))!=-1){
    System.out.print (new String(buffer,0,len));
}
```

（4）运行程序，程序运行效果如图 10-22 所示，输出了写完字符串后指针的位置和从新的指针位置开始读取到的字符串的内容，图 10-23 为写入文件中的字符串内容。

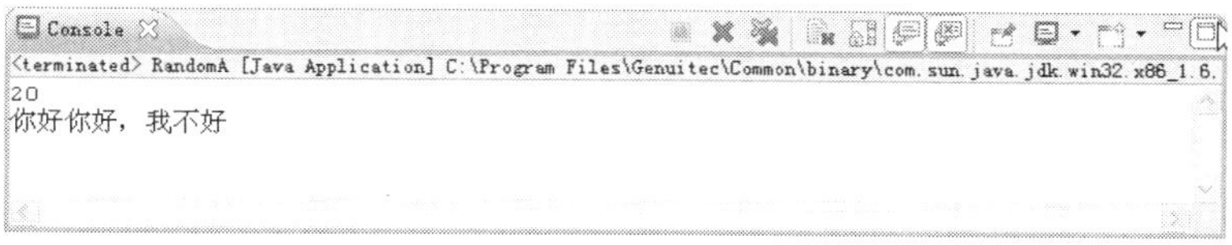

```
Console
<terminated> RandomA [Java Application] C:\Program Files\Genuitec\Common\binary\com.sun.java.jdk.win32.x86_1.6.
20
你好你好，我不好
```

图 10-22 练习 13 运行效果图

图 10-23　random.txt 内容

对比图 10-22 和图 10-23 发现，中文字符串已成功写入记事本中，但是读出的字符串的内容少了两个字，这是由于使用了 RandomAccessFile 类的 seek()方法跳过了前两个中文。在这段程序中首先将中文字符串进行了重新编码，然后写入文件，再使用带有 3 个参数的 read()方法将记事本中的内容读取出来。需要注意的是，如果要写进文本的内容是中文，如果不进行字符的转换，写进去的会是乱码，读取出来的内容也会是乱码。

【练习 14】

使用 RandomAccessFile 类的方法编写程序，将学生对象的信息放入 D://student.txt 文件中，首先读出第 3 位学生的信息，再读出第 2 位和第 1 位学生的信息。要求学生信息中包括姓名和年龄字段，鉴于中国人取名的习惯，要求名字的长度不超过 8 个字符。具体实现步骤如下所示。

（1）创建一个学生类，它包括学生的姓名和学生的年龄两个成员变量，编写它们的 get()和 set()方法，要求 name 的长度小于 8 时使用空格填充，如果字符串的长度大于 8 只取前 8 位。代码如下所示。

```
public class Student {
    private String name;
    private int age;
    public Student(String name, int age) {
        if(name.length()>8){
            name.substring(0, 8);
        }else{
            while (name.length()<8){
                name+="\u0000";
            }
        }
        this.name = name;
        this.age = age;
    }
    public String getName() {
        return name;
    }
    public void setName(String name) {
        this.name = name;
    }
    public int getAge() {
        return age;
    }
    public void setAge(int age) {
        this.age = age;
```

```
        }
    }
```

（2）创建一个类，编写 main()方法，在 main()方法中新建一个以字符串“D://student.txt”为参数的 File 对象 file，如果文件不存在就创建，如果文件存在就将原文件删除之后再创建，代码如下。

```
    File file=new File("D://student.txt");
    if (!file.exists()){
        file.createNewFile();
    }else{
        file.delete();
        file.createNewFile();
    }
```

（3）创建一个 RandomAccessFile 对象，对 file 对象有读写权限。将 3 个 Student 对象存入 Student 数组。使用循环的方式将数组中的内容取出来依次写入 file 对象所指的文件中，代码如下所示。

```
    RandomAccessFile raf=new RandomAccessFile(file, "rw");
    Student [] students={new Student("姚翔帆",21),new Student("张珍珠",5),new
Student("liyuan",22)};
    for(int i=0;i<students.length;i++){
        raf.write(students[i].getAge());
        raf.write(students[i].getName().getBytes());
    }
```

（4）创建一个长度为 8 的 byte 数组，将文件中的内容倒序读出，每次读取将指针移动到对象开始保存的位置，将取出来的信息输出到控制台上。代码如下所示。

```
    byte[] b=new byte[8];
    for(int i=students.length;i>0;i--){
        String nameStr=null;
        raf.seek((i-1)*12);
        int age=raf.read();
        int len=raf.read(b);
        nameStr=new String (b,0,len).trim();
        System.out.println("学生"+i+"的信息为姓名: "+nameStr+"===="+"年龄:"+age);
    }
```

（5）在程序结束之前关闭流释放掉资源，直接调用 close()方法。代码如下。

```
    raf.close();
```

（6）运行程序，效果如图 10-24 所示。

```
Console
<terminated> Access [Java Application] C:\Program Files\Genuitec\Common\binary\com.sun.java.jdk.win32.x86_1.6.0
学生3的信息为姓名: liyuan====年龄:22
学生2的信息为姓名: 张珍珠====年龄:5
学生1的信息为姓名: 姚翔帆====年龄:21
```

图 10-24　练习 14 运行效果图

10.2 实例应用：读取指定文本，并在末尾添加新内容

10.2.1 实例目标

创建一个文本文档，在里边放一些数据之后保存，将这个文档作为要处理的文档；接着编写程序，随意选择一种输入流，将文档中的内容原样输出到控制台，之后再将字符串“你当我是浮夸吧夸张只因我很怕”写在该文本的末尾。

10.2.2 技术分析

要实现该实例有一种方法就是把原内容取出来之后保存在一个字符串中，然后和新的内容拼接在一起，再将内容重新写进原来的文件，这样就可以将新内容添加到文档中的末尾。在实现的过程中要用到下面的技术。

- 使用 File 类完成文件对象的创建。
- 使用字符文件输入输出流完成对文件的操作。
- 使用数组完成流的读取。
- 字符串拼接。

10.2.3 实现步骤

（1）创建一个类，编写 main()方法，定义一个 File 对象 file，以 file 为参数定义一个 FileReader，接着定义一个长度和 file 文件长度相同的 char 型数组，将文本文件中的内容依次读取出来保存在一个字符串中，并将该字符串输出到控制台，关闭 FileReader。代码如下所示。

```
public static void main(String[] args) throws IOException {
    File file =new File ("D://浮夸.txt");
    FileReader fr=new FileReader(file);
    char [] c=new char[(int) file.length()];//定义字符数组
        System.out.println(str);
    String newStr=str+"\n"+"你当我是浮夸吧 夸张只因我很怕";
        /*fr.read(c);//将文件的内容如入字符数组中
    String oldStr=new String (c);
    System.out.println(oldStr);
    fr.close();
}
```

（2）将文本中原来的内容加上一个新的字符串作为要写入文件的内容，创建一个新的字符文件输入流，仍然以 File 对象 file 作为要写入内容的文件。将内容写入文件中，关闭文件，代码如下所示。

```
String newStr=oldStr+"\n"+"你当我是浮夸吧 夸张只因我很怕";*/
FileWriter fw=new FileWriter(file);
fw.write(newStr);
fw.flush();
fw.close();
```

（3）运行程序，运行效果如图 10-25（第一次运行）和图 10-26（第二次运行）所示。

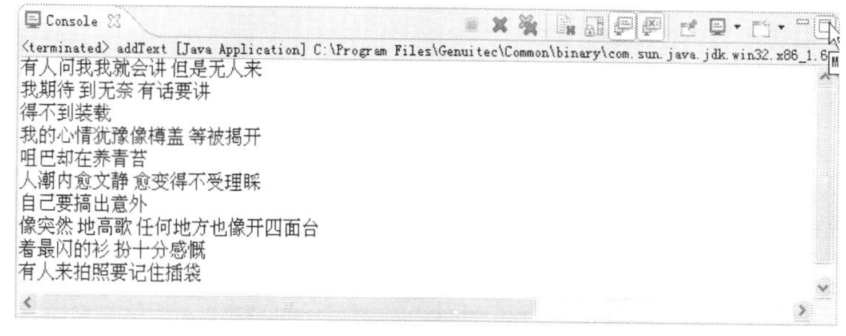

图 10-25　实例运行效果图 1

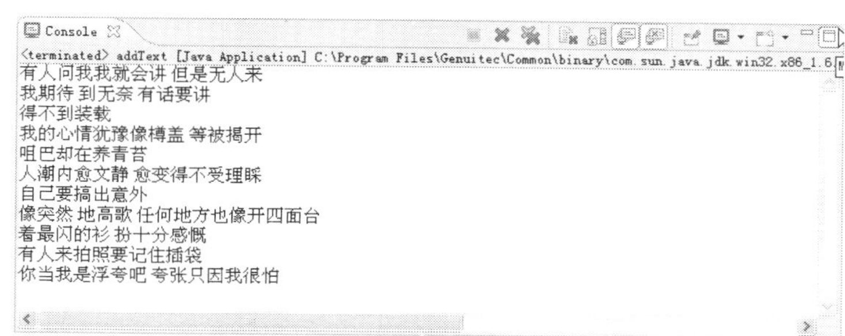

图 10-26　实例运行效果图 2

对比上述的两个运行效果图发现，图 10-26 比图 10-25 多了一行内容，内容与我们要写进文件的内容一致，这说明上述程序把要写进文件的内容正确地写入了文件，而且之前的内容并没有发生变化，说明程序满足题目要求。

在上述的代码中，有几行注释掉的代码，这几行代码实际完成的作用和下面使用的代码的不同主要就在于字符数组定义的不同。在注释掉的代码段中，定义的字符数组的长度的是 12，因为数组长度较小，所以有可能无法一次读完文本中的内容，所以需要循环不断地将内容读出来。而在程序中使用到的代码中，定义的字符数组的长度是文本的长度，这样就可以使用一次读取将文本的内容读入字符数组，不用再进行循环读取，可以对代码进行简化。

10.3 拓展训练

1．使用 File 完成指定目录下文件的非递归遍历

文件的遍历是非常常用的一项功能，结合本课所学习的内容实现一个文件的遍历，要求使用 File 类的方法完成对指定目录下文件的遍历操作，要求只打印出目录下的目录和文件就可以，但是目录下所有文件夹的名字也都要打印出来，不对样式做要求。运行效果如图 10-27 所示。

2．使用 File 完成指定目录下文件的递归遍历

在拓展训练 1 中，要求使用非递归的方法完成目录文件的遍历。拓展训练 1 只要求完成目录文件的遍历，对于遍历的结果形式没有做任何要求，这样用户无法清晰地看出文件之间的层级关系。在此拓展训练中，要求使用递归的方法实现文件的遍历，而且要求有一定的格式来显示文件间的层级关系，也就是说如果该文件夹下包含内容，则其包含内容应显示在它的下面一行或者几行。运行效果如图 10-28 所示。

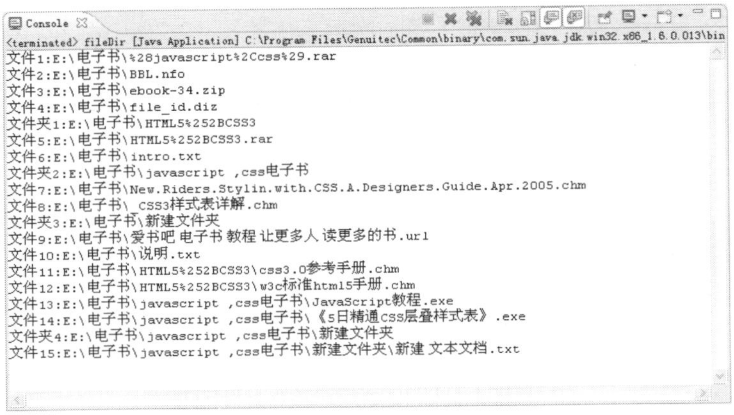

```
Console
<terminated> fileDir [Java Application] C:\Program Files\Genuitec\Common\binary\com.sun.java.jdk.win32.x86_1.6.0.013\bin
文件1:E:\电子书\%28javascript%2Ccss%29.rar
文件2:E:\电子书\BBL.nfo
文件3:E:\电子书\ebook-34.zip
文件4:E:\电子书\file_id.diz
文件夹1:E:\电子书\HTML5%252BCSS3
文件5:E:\电子书\HTML5%252BCSS3.rar
文件6:E:\电子书\intro.txt
文件夹2:E:\电子书\javascript ,css电子书
文件7:E:\电子书\New.Riders.Stylin.with.CSS.A.Designers.Guide.Apr.2005.chm
文件8:E:\电子书\_CSS3样式表详解.chm
文件夹3:E:\电子书\新建文件夹
文件9:E:\电子书\爱书吧 电子书 教程 让更多人 读更多的书.url
文件10:E:\电子书\说明.txt
文件11:E:\电子书\HTML5%252BCSS3\css3.0参考手册.chm
文件12:E:\电子书\HTML5%252BCSS3\w3c标准html5手册.chm
文件13:E:\电子书\javascript ,css电子书\JavaScript教程.exe
文件14:E:\电子书\javascript ,css电子书\《5日精通css层叠样式表》.exe
文件夹4:E:\电子书\javascript ,css电子书\新建文件夹
文件15:E:\电子书\javascript ,css电子书\新建文件夹\新建 文本文档.txt
```

图 10-27　拓展训练 1 运行效果图

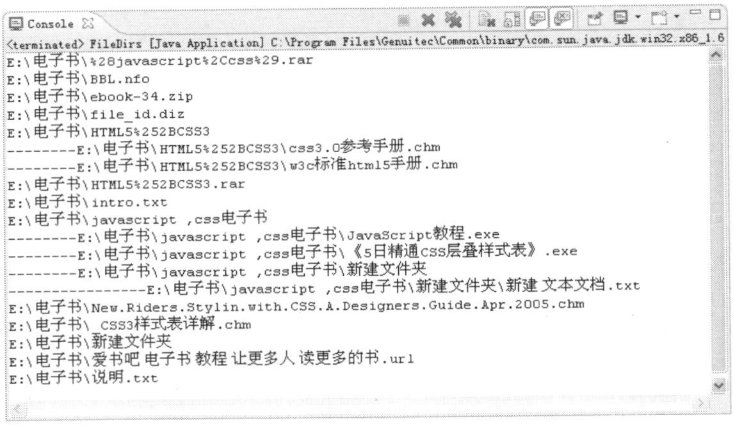

```
Console
<terminated> FileDirs [Java Application] C:\Program Files\Genuitec\Common\binary\com.sun.java.jdk.win32.x86_1.6
E:\电子书\%28javascript%2Ccss%29.rar
E:\电子书\BBL.nfo
E:\电子书\ebook-34.zip
E:\电子书\file_id.diz
E:\电子书\HTML5%252BCSS3
--------E:\电子书\HTML5%252BCSS3\css3.0参考手册.chm
--------E:\电子书\HTML5%252BCSS3\w3c标准html5手册.chm
E:\电子书\HTML5%252BCSS3.rar
E:\电子书\intro.txt
E:\电子书\javascript ,css电子书
--------E:\电子书\javascript ,css电子书\JavaScript教程.exe
--------E:\电子书\javascript ,css电子书\《5日精通css层叠样式表》.exe
--------E:\电子书\javascript ,css电子书\新建文件夹
----------------E:\电子书\javascript ,css电子书\新建文件夹\新建 文本文档.txt
E:\电子书\New.Riders.Stylin.with.CSS.A.Designers.Guide.Apr.2005.chm
E:\电子书\_CSS3样式表详解.chm
E:\电子书\新建文件夹
E:\电子书\爱书吧 电子书 教程 让更多人 读更多的书.url
E:\电子书\说明.txt
```

图 10-28　拓展训练 2 运行效果图

10.4 课后练习

一、填空题

1. 就流的方向而言，流可以分为__________。
2. Java 中的非字符输出流都是__________抽象类的子类。
3. Java 中的字符输出流都是抽象类__________的子类。
4. DataOutputStream 数据流向文件里写数据的方法是__________。
5. Java 的输入输出流包括__________、字符流、文件流、对象流以及多线程之间通信的管道。

二、选择题

1. 下列数据流中，属于__________输入流。
   A. 从内存流向硬盘的数据流
   B. 从键盘流向内存的数据流
   C. 从键盘流向显示器的数据流
   D. 从网络流向显示器的数据流
2. Java 中的输入输出功能必须借助输入输出类库的__________包来实现，这个包中的类大部分是用来完成输入输出的流类。

A. java.net

B. java.awt

C. java.io

D. java.sql

3. 要将 Java 基本数据类型的数据写入流，所用到的类是__________。

A. ByteArrayInputStream

B. LineNumberInputStream

C. FileInputStream

D. DataInputStream

4. 读者可以使用 File 类的__________方法获取文件潜在的相对路径。

A. getPath()

B. getParentFile()

C. canWrite()

D. canRead()

5. 当读者需要实现一个字符文件的阅读功能时需要继承的类是__________。

A. Writer

B. Reader

C. InputStream

D. OutputStream

6. 流的传递方式是_________的。

A. 并行

B. 并行和串行

C. 串行

D. 以上都不对

7. 获取一个不包含路径的文件名的方法是__________。

A. String getName()

B. String getPath()

C. String getAbslutePath()

D. String getParent()

三、简答题

1. 什么叫流？流式输入输出有什么特点?
2. Java 中流被分为字节流、字符流两类，两者有什么区别?
3. File 类有哪些构造函数和常用方法。
4. Java 的输入流是指对程序的输入吗？回答是或者不是并进行解释。
5. 简述如何实现数据的重读。

第 11 课 图形用户界面应用

随着应用软件越来越要求界面友好、功能强大而又使用简单，所以在 Java 中需要进行图形用户界面（GUI）设计。GUI 已经成为程序发展的方向。

AWT 和 Swing 是 Java 设计 GUI 用户界面的基础。AWT 是一组 Java 类，此组 Java 类允许创建图形用户界面。与 AWT 的重量级组件不同，Swing 中大部分是轻量级组件。正是由于这个原因 Swing 几乎无所不能，不但有各式各样先进的组件，而且更为美观易用。但 Swing 是架构在 AWT 之上的，没有 AWT 就没有了 Swing。

AWT 提供了各种用于 GUI 设计的标准组件。可以将这些类归纳为图形界面组件、布局管理器和事件处理对象。下面本课将详细介绍如何使用 AWT 的组件设计用户的图形界面。

本课学习目标：

- 了解 AWT 工具包
- 掌握 Frame、Dialog 和 Panel 类
- 掌握常用布局管理器的使用
- 掌握如何使用 AWT 的按钮组件
- 掌握如何使用 AWT 的标签组件
- 掌握文本框的灵活运用
- 掌握文本域的使用
- 掌握复选框和列表组件的创建
- 掌握 AWT 中各组件的事件处理方式
- 了解 Swing 组件集
- 掌握 Applet 应用程序

11.1 基础知识讲解

11.1.1 AWT 概述

抽象窗口工具包 AWT（Abstract Window Toolkit）是为 Java 程序提供的建立图形用户界面的 GUI（Graphics User Interface）工具集，它可用于 Java 的 applet 和 applications 中。AWT 支持图形用户界面编程的功能包括：用户界面组件、事件处理模型、图形和图像工具（包括形状、颜色和字体类）、布局管理器（可以进行灵活的窗口布局而与特定窗口的尺寸和屏幕分辨率无关）。

AWT 工具包提供了基本的 Java 程序的 GUI 设计工具。它主要包括以下 3 个部分：组件（Component）、容器（Container）和布局管理器（LayoutManager）。

1．组件

Java 的图形用户界面的最基本组成部分是组件，组件是一个可以以图形化的方式显示在屏幕上并能与用户进行交互的对象，例如一个按钮和一个标签等。组件不能独立地显示出来，必须将组件放在一定的容器中才可以显示出来。

Java 中的类 java.awt.Component 是许多组件类的父类，Component 类中封装了组件通用的方法和属性，如图形的组件对象、大小、显示位置、前景色和背景色、边界、可见性等，因此许多组件类也就继承了 Component 类的成员方法和成员变量。

2．容器

容器也是一个类，它实际上是 Component 的子类。而容器本身也是一个特殊的组件，具有组件的所有性质。它的主要功能是包含其他基本的 GUI 组件，即容器是可以存放组件的区域，可以在容器上进行绘制和着色。一个容器可以容纳多个组件，并使它们成为一个整体。容器可以简化图形化界面的设计，以整体结构来布置界面。java.awt 包中的 Container 类可派生出两个常用容器：框架（Frame 类）和面板（Panel 类）。

❑ 框架——**Frame**

框架创建的窗口是不依赖于 Applet 和浏览器的可独立运行的主窗口，通常用于开发桌面应用程序。它定义了一个包含标题栏、系统菜单栏、最大化/最小化按钮及可选菜单栏的完整窗口。Frame 窗口被创建以后，需要调用多个方法来设置窗口的布局。Frame 默认的布局管理器是 BorderLayout。

❑ 面板——**Panel**

面板是可以将许多组件组合起来的一种容器。其最简单的创建方式是通过构造函数 Panel()来进行，必须将面板添加到窗体中。Applet 的默认布局是 FlowLayout。在没有设置新的布局前，向容器中添加组件都按照该容器的默认布局排列。

3．布局管理器

Java 为了实现跨平台的特性并且获得动态的布局效果，将容器内的所有组件安排给一个“布局管理器”负责管理，例如排列顺序、组件的大小和位置等。当窗口移动或调整大小后组件如何变化等功能，都授权给对应的容器布局管理器来管理。不同的布局管理器使用不同算法和策略，容器可以通过选择不同的布局管理器来决定布局。

Java 中的布局管理器包括下面几种。

❑ **BorderLayout**　边界布局管理器。

❑ **FlowLayout**　流式布局管理器。

❑ **CardLayout**　卡片布局管理器。

- GridLayout　网格布局管理器。
- GridBagLayout　网格包布局管理器。

由于每个布局管理器的用途不同，需要因情况不同而选择合适的布局管理器。

11.1.2 容器

Java 中容器是 Component 的子类，因此容器对象本身也是一个组件。除了具有组件的所有性质，可以调用 Component 的所有方法以外，容器还可以用来存放别的组件。AWT 中有几种常用类型的容器：Frame、Dialog 和 Panel。

11.1.2.1 框架（Frame）类

Frame 窗体是一个容器，通常用于生成一个窗口。Frame 窗口的外观就像我们平常在 Windows 系统下见到的窗口，有标题、边框、菜单和大小等。每个 Frame 的对象实例化以后，都是没有大小和不可见的，因此必须调用其常用方法来显示。

Frame 类的常用方法如表 11-1 所示。

表 11-1 Frame 类的常用方法

方 法 名	描 述
void setSize(int width,int height)	设置窗口的尺寸，其中 width 表示窗口的宽，height 表示窗口的高，单位为像素
void setSize(Dimension d)	设置窗口的尺寸，其中可以使用 Dimension（表示矩形，包含宽 width 和高 height 信息）对象的 width 和 height 指定
getSize()	获取窗口的大小，该方法返回的窗口大小是一个 Dimension 对象
setBounds(int x,int y,int width,int height)	设置窗口的大小，其中 x 和 y 表示窗口的左上顶点的坐标，width 和 height 为窗口的宽和高
setVisible(boolean flag)	设置窗口是否可见，其中参数 flag 的数据类型为 boolean，如果 flag 为 true，则显示框架窗口，否则表示隐藏该窗口
setTitle(String newTitle)	设置框架窗口的标题，其中 newTitle 是窗口的新标题

Frame 窗口被创建后，可以通过以下方法使其成为可见的。

- 调用 setSize(int width,int height)方法显示高和宽。
- 调用 setBounds(int x,int y,int width,int height)方法显示大小。
- 调用 pack()方法自动确定大小。
- 调用 setVisible(true)方法使 Frame 成为可见的。

【练习 1】

创建一个标题为 Java 的窗口，使其成为可见的，大小设置为：高 260，宽 500。其实现代码如下所示。

```
package dao;
import java.awt.Frame;
public class Test1 {
        public static void main(String[] args) {
        Frame fr=new Frame("Java");
        fr.setSize(500,260);
        fr.setVisible(true);
    }
}
```

该程序运行结果如图 11-1 所示。

图 11-1　Frame 窗口

11.1.2.2　对话框（Dialog）类

Dialog 对话框类和 Frame 类拥有相同的父类，都是从顶级 Window 类继承而来的。但 Dialog 类必须依赖于某个窗口或组件，当它所依赖的窗口或组件消失时，对话框也消失；当它所依赖的窗口或组件可见时，对话框会自动恢复。

对话框的模式分为两种：一种是有模式对话框，即对话框处于激活状态，只让程序响应对话框内部的事件，程序不能再激活它所依赖的窗口或组件，并堵塞其他线程的执行；另一种是无模式对话框，对话框处于非激活状态，程序仍能激活它所依赖的窗口或组件，它也不堵塞线程的执行。

Dialog 类的常用方法如下所示。

- **Dialog(Frame f,String s)**　构造一个具有标题 s 的初始不可见的对话框，f 是对话框所依赖的窗口。
- **Dialog(Frame f,String s,boolean b)**　构造一个具有标题 s 的初始不可见的对话框，f 是对话框所依赖的窗口，b 决定对话框是有模式或无模式。
- **getTitle()**　获取对话框的标题。
- **setTitle()**　设置对话框的标题。
- **setModal(boolean b)**　设置对话框的模式。
- **setSize()**　设置对话框的大小。
- **setVisible(boolean b)**　显示或隐藏对话框。

【练习 2】

创建一个 MyDialog 类，在该类中创建一个模式窗口和 Frame 窗口，并在模式窗口中添加两个按钮。其实现代码如下。

```
public class MyDialog {
    public static void main(String[] args) {
        Frame fra=new Frame("提交对话框");
        fra.setBounds(350, 200,500, 300);
        Dialog dia=new Dialog(fra,"确定要提交吗？ ",true);
        dia.setSize(170, 150);
        Panel pan=new Panel();
        pan.add(new Button("确定"));
        pan.add(new Button("取消"));
        dia.add(pan);
        fra.setVisible(true);
```

```
        dia.setVisible(true);
    }
}
```

运行该程序会得到一个 Frame 窗口和一个模式窗口。如图 11-2 所示。

图 11-2 模式窗口执行结果

该程序中为了使对话框在父窗体中弹出，先定义一个 Frame 窗体，然后创建一个 Dialog 对象和一个 Panel 对象，并将两个按钮置于该 Panel 中，最后将所有组件添加到 Frame 窗口对象中。

11.1.2.3 面板（Panel）类

Panel 类也是一种容器，它可以作为容器容纳其他组件。一个 Panel 对象代表了一个区域。其构造方法如下所示。

- **Panel()** 使用默认的布局管理器创建新的面板，默认的布局管理器为 FlowLayout。
- **Panel(LayoutManager layout)** 创建具有指定布局的管理器的新面板。

可以通过 Panel 类的默认构造方法来创建一个 Panel 对象，然后通过 Panel 的 add()方法向 Panel 中添加组件。

【练习 3】

创建一个 MyPanel 面板类，该类继承自 Frame 类成为窗体组件，同时设置面板和窗口的颜色。实现代码如下。

```
import java.awt.Color;
import java.awt.Frame;
import java.awt.Panel;
public class MyPanel extends Frame{
    //实例化一个 Panel 对象，指定面板的父窗体、标题和类型
    public MyPanel (String str){
            super(str);
    }
    public static void main(String args[]){
            MyPanel fr = new MyPanel("我的窗口");
        Panel pan=new Panel();                  //新建一个 Panel 对象
        fr.setSize(500,350);
        fr.setBackground(Color.black);          //为 Frame 窗口设置背景色
        fr.setLayout(null);
        pan.setSize(200,150);
```

```
        pan.setBackground(Color.BLUE);        //为 Panel 面板设置背景色
        fr.add(pan);
        fr.setVisible(true);
    }
}
```

该程序运行结果如图 11-3 所示。

图 11-3　Panel 类执行结果

上述代码中，设置框架的大小和背景颜色为黑色，并取消布局管理器。然后设置面板的大小和背景颜色为蓝色。最后用 add()方法把面板添加到框架中。

除了 Panel 面板类之外，还有一个面板容器 ScrollPanel 类。该类是 Container 类的子类，是一个带滚动条的容器，只能向该容器中添加一个组件，所以经常把一些组件添加到一个面板容器中，然后再将面板添加到 ScrollPanel 类中。

ScrollPanel 类有如下两个构造方法。

- **ScrollPanel()**　初始时滚动条不可见，当添加的组件的可见范围大于滚动窗口时，滚动条自动出现。
- **ScrollPanel(int a)**　参数 a 指定滚动条的初始状态。

【练习 4】

下面创建一个 MyScrollPanel 类，该类继承自 Frame 类成为窗体组件，并在该类中创建 ScrollPanel 滚动面板组件。其实现代码如下。

```
public class MyScrollPane extends Frame {
    public MyScrollPane (String str){
        super(str);
    }
    public static void main(String[] args) {
        MyScrollPane pan=new MyScrollPane("Window");
        pan.setSize(500,260);
        pan.setVisible(true);
        //创建一个文本域
        TextArea ta=new TextArea("这\n是\n一\n个\n我\n们\n已\n经\n知\n道\n的
        \n文\n本\n域",20,50);
        ScrollPane sp=new ScrollPane();
```

```
            pan.add(ta);
        }
    }
```

运行该程序，实现结果如图 11-4 所示。

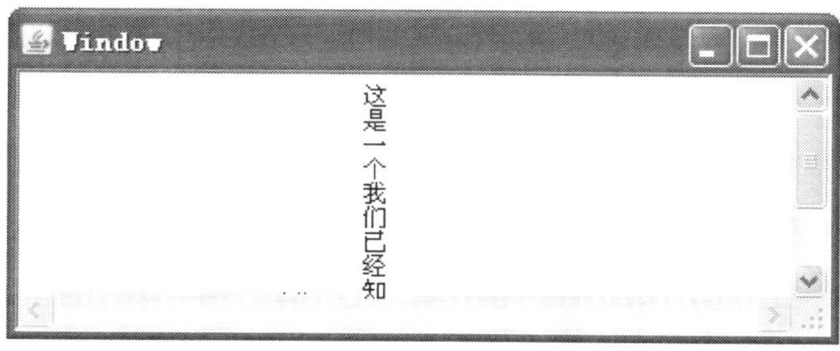

图 11-4 滚动面板的执行结果

从上述代码中可以看出，在滚动面板中添加了一个文本域，然后通过 setVisible()方法将该文本域设置为可见，初始化编译器时滚动条不可见。当添加的文本域的可见范围大于滚动窗口时，滚动条自动出现了。

11.1.3 常用布局管理器

每个组件在容器中都有一个具体的位置和大小，这些设置通常是由布局管理器（LayoutManager）来管理的。每个 Container（如 Panel 和 Frame）均有一个默认的布局管理器，用户也可通过 setLayout()方法指定其他的布局管理器。使用布局管理器比直接在容器中控制组件的位置和大小要方便得多，而且可以有效地处理整个窗体的布局。

Java 中常用的布局管理器包括 BorderLayout 管理器、FlowLayout 管理器、CardLayout 管理器、GridLayout 管理器和 GridBagLayout 管理器。下面将具体介绍这几种布局管理器的使用。

11.1.3.1 BorderLayout 管理器

BorderLayout 是边界布局管理器，该布局管理器对应的类为 java.awt.BorderLayout。该管理器是一个布置容器的边框布局，它可以对容器组件进行安排，并调整其大小，使其符合下列五个区域：北、南、东、西、中。每个区域最多只能包含一个组件，并通过相应的常量进行标识：NORTH（北，占据面板上方）、SOUTH（南，占据面板下方）、EAST（东，占据面板右侧）、WEST（西，占据面板左侧）、CENTER（中，是在前面的区域都填满后剩下的区域）。

BorderLayout 布局管理器的构造函数如下。

- **BorderLayout()** 创建一个 Border 布局，组件之间没有间隙。
- **BorderLayout(int hgap,int vgap)** 创建一个 Border 布局，其中 hgap 表示组件之间的横向间隔，vgap 表示组件之间的纵向间隔，其单位是像素。

【练习 5】

下面使用 BorderLayout 布局管理器对 5 个按钮（下一小节会具体讲解）进行布局，并使按钮互相的横向和纵向之间间隔 10 像素。实现代码如下。

```
public class MyBorderLayout {
    public static void main(String[] args) {
        Frame f=new Frame("BorderLayout");
        f.setSize(500,260);
        //为 Frame 窗口设置布局为 BorderLayout，并设置按钮的间隔
```

```
        f.setLayout(new BorderLayout(10,10));
        Button btn=new Button("BorderLayout.NORTH");    //设置按钮在面板上方
        f.add(btn,BorderLayout.NORTH);
        btn=new Button("BorderLayout.SOUTH");           //设置按钮在面板下方
        f.add(btn,BorderLayout.SOUTH);
        btn=new Button("BorderLayout.EAST");            //设置按钮在面板右侧
        f.add(btn,BorderLayout.EAST);
        btn=new Button("BorderLayout.West");            //设置按钮在面板左侧
        f.add(btn,BorderLayout.WEST);
        btn=new Button("BorderLayout.CENTER");          //设置按钮在面板中间
        f.add(btn,BorderLayout.CENTER);
        f.pack();
        f.setVisible(true);
    }
}
```

该程序执行结果如图 11-5 所示。

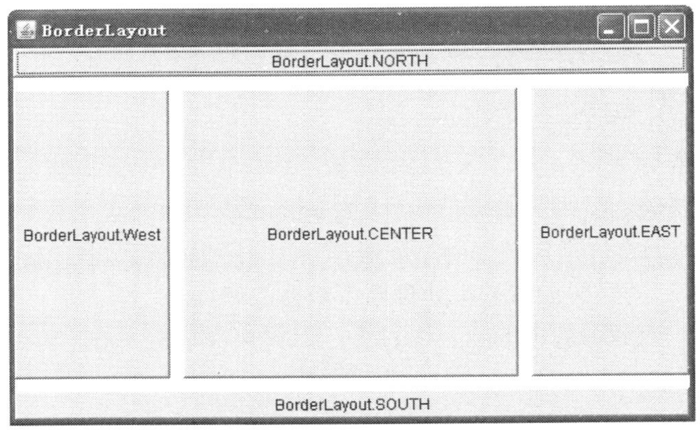

图 11-5　使用 BorderLayout 布局管理器

上述代码中，分别使 5 个按钮填充在 BorderLayout 布局中的上、下、左、右和中间区域，并通过相应的 5 个常量进行标识，还使用了构造函数 BorderLayout(int hgap,int vgap)，对按钮之间的横向和纵向间隔进行 10 像素标识。

11.1.3.2　FlowLayout 管理器

FlowLayout 流布局用于安排有向流中的组件，这非常类似于段落中的文本行。流的方向取决于容器的 componentOrientation 属性，它可能是以下两个值中的一个：ComponentOrientation.LEFT_TO_RIGHT 和 ComponentOrientation.RIGHT_TO_LEFT。

FlowLayout 布局管理器对容器中组件进行布局的方式是从上到下、从左到右，对组件逐行的进行定位。与其他布局管理器不同的是，FlowLayout 布局管理器并不强行设定组件的大小，而是允许组件拥有它们自己所希望的尺寸。

FlowLayout 有以下 3 种构造方法。

- **public FlowLayout()**　构造一个新的流布局管理器，它是居中对齐的，默认的水平和垂直间隙是 5 个单位。
- **public FlowLayout(int align)**　构造一个新的流布局管理器，它具有指定的对齐方式，默认的水平和垂直间隙是 5 个单位。

- **public FlowLayout(int align,int hgap,int vgap)** 创建一个新的流布局管理器，它具有指定的对齐方式以及指定的水平和垂直间隙。其中，align 表示组件的对齐方式；hgap 表示组件的横向间隔；vgap 表示组件的纵向间隔；单位为像素。

【练习 6】

下面使用 FlowLayout 布局管理器对 10 个按钮进行布局，并使按钮互相的横向和纵向之间间隔 20 像素。其实现代码如下。

```
public class MyFlowLayout {
        public static void main(String[] args) {
        Frame f=new Frame("FlowLayout");
        f.setSize(600,300);
        //设置窗体使用流式布局管理器，并设置组件之间的水平间隔与垂直间隔
        f.setLayout(new FlowLayout(8,40,50));
        //在容器中循环添加 10 个按钮
        for(int i=0;i<10;i++){
            f.add(new Button("Button"+i));
        }
        f.setVisible(true);
    }
}
```

该程序运行结果如图 11-6 和图 11-7 所示。

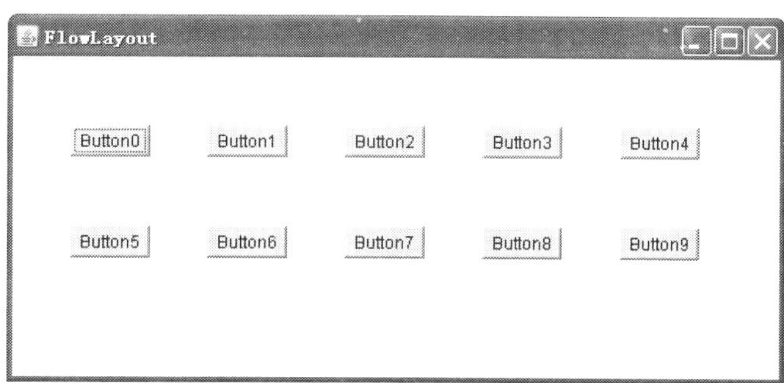

图 11-6　使用 FlowLayout 布局管理器

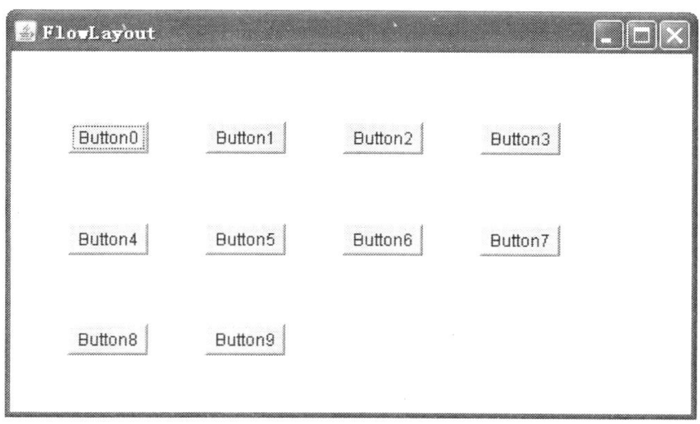

图 11-7　组件更改后的 FlowLayout 布局管理器

从程序运行结果中，可以看出如果改变窗体的大小，其相应的组件摆放位置也会发生变化，这

充分显示了使用流式布局管理器时组件从上到下、从左到右摆放，以对组件进行逐行的定位。

11.1.3.3 CardLayout 管理器

CardLayout 卡片布局管理器将容器中的每个组件看作一张卡片，一次只能看到一张卡片。当容器第一次显示时，第一个添加到 CardLayout 对象的组件为可见组件。

CardLayout 卡片的顺序由组件对象本身在容器内部的顺序决定。CardLayout 定义了一组方法，这些方法允许应用程序按顺序浏览这些卡片，或者显示指定的卡片。其构造方法如下。

- **CardLayout()** 构造一个新布局，默认间隔为 0。
- **CardLayout(int hgap,int vgap)** 创建布局管理器，并指定组件间的水平间隔（hgap）和垂直间隔（vgap）。

【练习 7】

创建一个布局为 CardLayout 的 Frame 窗口，然后创建 3 个按钮和 3 个面板。将这 3 个按钮分别添加到 3 个面板中，接着将 3 个面板组件添加到 Frame 窗口中。设置 CardLayout 布局中要显示的组件对象。其实现代码如下所示。

```
public class MyCardLayout {
    public static void main(String[] args) {
        Frame fr=new Frame("CardLayout");          //创建 Frame 对象
        CardLayout cl=new CardLayout(50,50);      //创建 CardLayout 对象
        fr.setLayout(cl);
        Panel pan1 = new Panel();
        Panel pan2= new Panel();
        Panel pan3 = new Panel();
        Button b1= new Button("Button1");
        Button b2= new Button("Button2");
        Button b3= new Button("Button3");
        //将按钮添加到面板中
        pan1.add(b1);
        pan2.add(b2);
        pan3.add(b3);
        //设置面板的背景色
        pan1.setBackground(Color.LIGHT_GRAY);
        pan2.setBackground(Color.BLUE);
        pan3.setBackground(Color.GREEN);
        fr.setBackground(Color.black);
        fr.setSize(500, 350);                     //设置窗口的大小
        fr.setVisible(true);                      //设置窗口为可见
        //将面板分别添加到窗口中，并指定布局管理器的相关对象
        fr.add(pan1,"No1");
        fr.add(pan2,"No2");
        fr.add(pan3,"No3");
        //指定 CardLayout 布局中要显示的对象为“No1”所对应的组件
        cl.show(fr, "No1");
    }
}
```

该程序执行结果如图 11-8 所示。

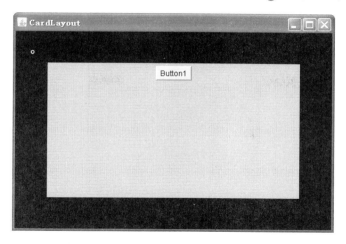

图 11-8 使用 CardLayout 布局管理器

该程序中创建了 3 个面板对象表示“卡片”，每个面板都有不同的按钮和背景颜色。程序最后设置了 CardLayout 布局中要显示的对象，即为“pan1”对象。

在练习 7 中创建了 3 个“卡片”对象，而程序只给出了其中一种“卡片”显示。剩下的两个显示操作，感兴趣的读者可以亲自动手试一试。

11.1.3.4 GridLayout 管理器

GridLayout 网格布局管理器将容器划分为网格状布局，所以组件按照由左至右、由上至下的次序排列。在网格布局管理器中，每个组件的大小都相同，并且网格中的空格个数由网格的行数和列数决定。

GridLayout 的常用构造方法如下所示。

- **GridLayout(int rows,int cols)** 创建一个指定行（rows）和列（cols）的网格布局，而且组件之间没有间隔。
- **GridLayout(int rows,int cols,int hgap,int vgap)** 创建一个指定行（rows）和列（cols）的网格布局，并且可以指定组件之间横向（hgap）和纵向（vgap）的间隔，单位是像素。

【练习 8】

使用 GridLayout 布局设计一个 5 行 5 列的网格，并添加相应的按钮组件。其实现代码如下所示。

```
public class MyGridLayout {
    public static void main(String[] args) {
        Frame f=new Frame("这是一个网格布局窗口");
        f.setSize(500,350);
        //设置容器使用网格布局管理器，并设置 5 行 5 列的网格
        f.setLayout(new GridLayout(5,5,5,5));
        //循环添加按钮
        for(int i=0;i<25;i++){
            f.add(new Button("Button"+i));
        }
        f.setVisible(true);
    }
}
```

运行本程序，结果如图 11-9 所示。

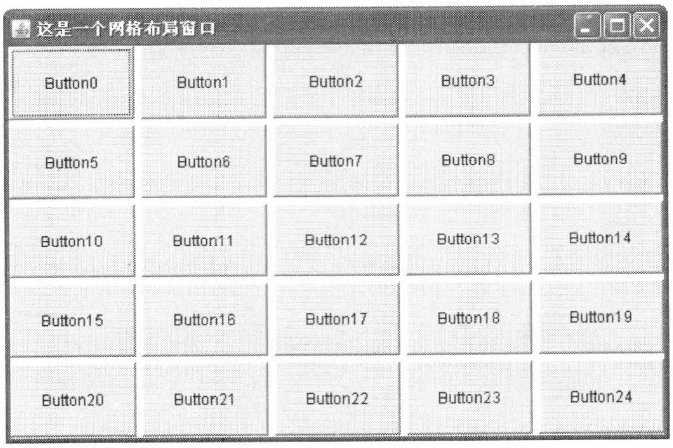

图 11-9　使用 GridLayout 布局管理器

该程序中，组件在窗体中的布局呈现出一个 5 行 5 列的网格，并且添加到该布局中的按钮被循环置于网格中。如果想要尝试改变窗体的大小，会发现其组件中网格的大小也会做相应的改变。

11.1.3.5　GridBagLayout 管理器

GridBagLayout 网格包布局管理器是 Java 里面最重要的布局管理器之一，它可以做出很复杂的布局。GridBagLayout 是一个灵活的布局管理器，它不要求组件的大小相同便可以将组件垂直、水平或沿它们的基线对齐。每个 GridBagLayout 对象维持一个动态的矩形单元网格，每个组件占用一个或多个这样的单元，该单元被称为显示区域。

每个由 GridBagLayout 管理的组件都与 GridBagConstraints 的实例相关联。Constraints 对象指定组件的显示区域在网格中的具体位置，以及组件在其显示区域中的放置方式。除了 Constraints 对象之外，GridBagLayout 还考虑每个组件的最佳尺寸，以确定组件的大小。

为了有效使用网格包布局，必须自定义与组件关联的一个或多个 GridBagConstraints 对象。GridBagConstraints 对象的定制是通过以下变量来实现的。

- **gridx 和 gridy**　用来指定组件左上角在网格中的行和列。容器中最左边列的 gridx=0，最上边行的 gridy=0。这两个变量的默认值是 GridBagConstraints.RELATIVE，表示对应的组件将放在前一个组件的右边或下面。
- **gridwidth 和 gridheight**　用来指定组件显示区域所占的列数和行数，以网格单元而不是像素为单元，默认值为 1。
- **Fill**　指定组件填充网格的方式，可以是如下值：GridBagConstraints.NONE（默认值）、GridBagConstraints.HORIZONTAL（组件横向充满显示区域，但是不改变组件高度）、GridBagConstraints.VERTIVAL（组件纵向充满显示区域，但是不改变组件宽度）、GridBagConstraints.BOTH（组件横向、纵向充满其显示区域）。
- **ipadx 和 ipady**　指定组件显示区域的内部填充，即在组件最小尺寸之外需要附加的像素，默认值为 0。
- **Insets**　指定组件显示区域的外部填充，即组件与其显示区域边缘之间的空间。默认组件没有外部填充。
- **Anchor**　指定组件在显示区域中的摆放位置。可选值有：GridBagConstraints.CENTER（默认值）、GridBagConstraints.NORTH、GridBagConstraints.NORTHEAST、GridBag Constraints.

EAST、GridBagConstraints.SOUTH、GridBagConstraints.SOUTHEAST、GridBagConstraints.WEST、GridBagConstraints.SOUTHWEST、GridBagConstraints.NORTHWEST。

- **weightx 和 weighty** 用来指定在容器大小改变时，增加或减少的空间如何在组件间分配，默认值为 0，即所有组件将聚拢在容器的中心，多余的空间将放在容器边缘与网格单元之间。weightx 和 weighty 的取值一般在 0.0 与 1.0 之间，数值大表明组件所在的行或者列将获得更多的空间。

【练习 9】

下面使用 GridBagLayout 布局创建一个简单案例，使用 GridBagConstraints 的变量来控制按钮组件。其实现代码如下。

```
public class MyGridBagLayout {
    public static void main(String args[]) {
        Frame f = new Frame("这是一个网格包布局窗口");
        GridBagLayout gb = new GridBagLayout();
        GridBagConstraints c = new GridBagConstraints();
        f.setLayout(gb);
        //添加按钮 1
        c.fill = GridBagConstraints.BOTH;
        c.gridheight=2;
        c.gridwidth=1;
        c.weightx=0.0;//默认值为 0.0
        c.weighty=0.0;//默认值为 0.0
        c.anchor=GridBagConstraints.SOUTHWEST;
        Button Button1 = new Button("Buton1");
        gb.setConstraints(Button1, c);
        f.add(Button1);
        //添加按钮 2
        c.fill = GridBagConstraints.NONE;
        c.gridwidth=GridBagConstraints.REMAINDER;
        c.gridheight=1;
        c.weightx=1.0;//默认值为 0.0
        c.weighty=0.8;
        Button Button2 = new Button("Button2");
        gb.setConstraints(Button2, c);
        f.add(Button2);
        //添加按钮 3
        c.fill = GridBagConstraints.BOTH;
        c.gridwidth=1;
        c.gridheight=1;
        c.weighty=0.2;
        Button Button3 = new Button("Button3");
        gb.setConstraints(Button3, c);
        f.add(Button3);
        f.setBackground(Color.gray);      //设置窗口的背景色
        f.setSize(500,500);
        f.setVisible(true);
    }
```

```
}
```

该程序执行结果如图 11-10 所示。

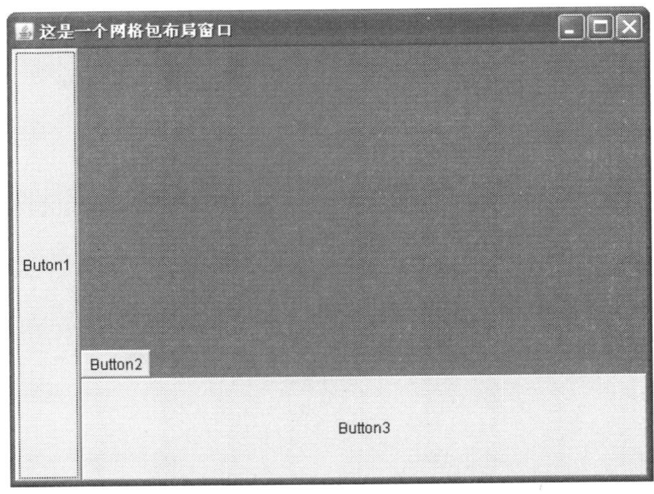

图 11-10　使用 GridBagLayout 布局管理器

上述代码中，在创建了 Frame 对象后，又创建了 GridBagLayout 和 GridBagConstraints 对象，并设置 Frame 窗口的布局为 GridBagLayout。接着在设置了 GridBagConstraints 的属性之后，向窗口中分别添加按钮组件。每个 GridBagConstraints 对象的属性不同，按钮所呈现的状态也不同。最后设置 Frame 窗口状态为可见。

11.1.4　AWT 基本组件

AWT 提供了许多图形界面组件，而组件需要调用运行平台的图形界面来创建和平台一致的对等体，所以 AWT 只能使用所有平台都支持的公共组件。常用的公共组件有按钮组件、标签组件、单行文本域组件、多行文本域组件、复选框组件和列表组件。下面将对这些组件进行详细的介绍。

11.1.4.1　按钮组件

按钮组件是 java.awt 包中 Button 类的对象，即 Button 类创建的一个对象就是一个按钮。Button 类的构造方法和常用方法如下所示。

- **Button()**　创建一个空按钮。
- **Button(String str)**　创建一个显示有 str 文本的按钮。
- **public void setLabel(String text)**　设置按钮上的标签文本。
- **public String getLabel()**　获得按钮上的标签文本。

【练习 10】

创建 5 个按钮和 Frame 窗口，该窗口使用 GridLayout 布局管理器，其实现代码如下所示。

```
public class Btn {
    public static void main(String[] args) {
        Frame f=new Frame("Window");
        f.setSize(500,350);
        f.setLayout(new GridLayout(3,2,5,5));
        for(int i=0;i<5;i++){
            Button btn=new Button("Button"+i);    //创建按钮对象，并设置按钮文本
```

```
            f.add(btn);
        }
        f.setVisible(true);
    }
}
```

该程序运行结果如图 11-11 所示。

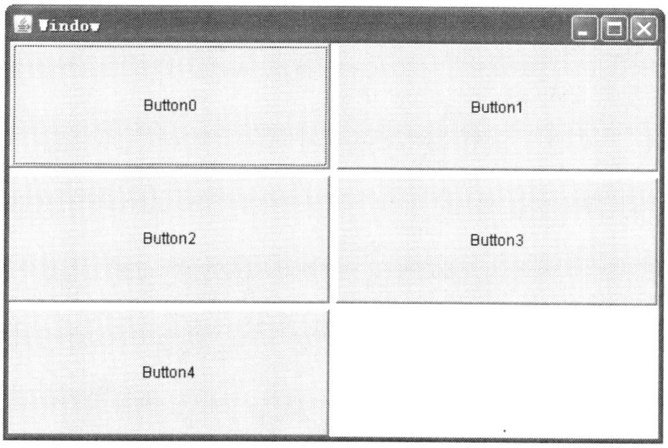

图 11-11 使用 Button 定义的按钮

上述代码中首先创建了 Frame 窗口对象，然后使用 GridLayout 网格布局管理器设置窗体，并设置 3 行 2 列的网格。接着循环添加 5 个按钮，最后设置窗口可见。

11.1.4.2 标签

标签由 Label 类定义，它的功能是只显示文本，不能动态地编辑文本。Label 类的实例就是一个标签。其构造方法和常用方法如下所示。

- **Label()** 创建一个空标签。
- **Label(String str)** 创建一个包含字符串的标签，其中字符串由 str 指定，这个字符串是左对齐的。
- **Label(String str,int align)** 创建一个包含由 str 指定的字符串的标签，字符串的对齐方式由 align 决定。align 的值可以是 Label.LEFT（左对齐）、Label.RIGHT（右对齐）和 Label.CENTER（居中对齐）。
- **public void setText(String str)** 设置或者更改标签中的文本。
- **public String getText()** 获得标签的当前文本。
- **public void setAlignment(int align)** 设置标签内字符串的对齐方式。其中，align 的值可以是 Label.LEFT、Label.RIGHT 和 Label.CENTER。
- **public int getAlignment()** 获得标签当前的文本对齐方式。

【练习 11】

在一个 Frame 窗口中定义一个 Label 标签，并设置该标签的文本居中对齐、文字颜色为白色和背景颜色为深灰色。其实现代码如下。

```
package dao;
import java.awt.Color;
import java.awt.Frame;
import java.awt.Label;
```

```
import javax.swing.SwingConstants;
public class MyLabel {
    public static void main(String[] args) {
        Frame f=new Frame("窗口");
        f.setSize(500,350);
        Label label1=new Label("Hello,I am a Java Label!",Label.CENTER);
        label1.setBackground(Color.DARK_GRAY);
        label1.setForeground(Color.white);
        f.add(label1);
        f.setVisible(true);
    }
}
```

该程序运行结果如图 11-12 所示。

图 11-12　使用 Label 定义标签

上述代码中，首先定义一个 Frame 窗口对象，并设置了窗口的大小。然后定义了 Label 对象，并设置组件中的文本的对齐方式为居中对齐，文本颜色为白色，背景颜色为深灰色。最后将 Label 对象添加到 Frame 窗口中，并设置其可见。

11.1.4.3　文本框

文本框由 TextField 类定义，可以用来显示或编辑一个单行文本，该类继承了 TextComponent 类。TextField 类的常用方法如下所示。

- **TextField()**　创建一个单行文本框组件。
- **TextField(int x)**　创建的文本框长度为 x 个字符长。
- **TextField(String s)**　创建的文本框初始字符串为 s。
- **TextField(String s,int x)**　创建的文本框初始字符串为 s，文本框长度为 x 个字符长。
- **public void setText(String s)**　设置文本框中的文本为 s。
- **public String getText()**　获取文本框中的文本。
- **public void setEchoChar(char c)**　设置文本框中的回显字符，只显示字符 c。
- **public void setEditable(boolean b)**　该方法设置文本框是否可编辑，默认为可编辑的。

【练习 12】

在进行购物结算时，需要输入商品单价和数量，最后进行计算。下面定义 3 个 TextField 文本框，分别显示用户输入的商品单价、商品数量和总价，还要定义一个按钮用于操作结算。其实现代码如下。

```
public class MyTextField extends Frame{
    TextField price ;
    TextField amount ;
    TextField total;
    public MyTextField (){
        Frame f = new Frame("计算价格");
        Button btn=new Button("开始计算");
        Panel p = new Panel();
        TextField price = new TextField(20);
        TextField amount = new TextField(20);
        TextField total= new TextField(20);
        Label label1 = new Label("单价",Label.CENTER);
        Label label2 = new Label("数量",Label.CENTER);
        Label label3 = new Label("总价",Label.CENTER);
        p.add(label1);
        p.add(price);
        p.add(label2);
        p.add(amount);
        p.add(label3);
        p.add(total);
        p.add(btn);
        f.add(p);
        p.setBounds(50, 100, 250, 150);
        f.setBackground(Color.gray);
        f.setLayout(null);
        f.setVisible(true);
        f.setSize(400,350);
    }
    public static void main(String args[]){
        new MyTextField();
    }
}
```

该程序运行结果如图 11-13 所示。

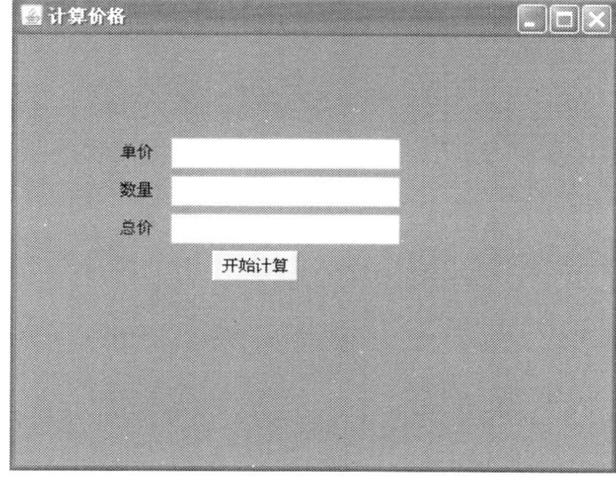

图 11-13 使用 TextField 定义文本框

上述代码中，先将定义的 3 个 Label 组件和 TextField 组件添加到面板 Panel 中，然后分别设置 Frame 窗口、Panel 面板和 TextField 文本框的大小，最后将面板组件添加到 Frame 窗口中，并且该窗口设置为可见。

11.1.4.4 文本域

文本域由 TextArea 类定义，在程序中用来接受用户的多行文字输入。TextArea 类与 TextField 文本框组件最大的不同是：TextField 只能接受用户输入的单行文字，而 TextArea 类则支持多行文字的输入和输出。

TextArea 类的常用构造方法如下。

- **TextArea()** 使用默认值创建一个文本域组件。
- **TextArea(int rows,int columns)** 使用指定的行数 rows 和列数 columns 创建文本域组件。
- **TextArea(Strting text)** 创建的文本域组件中显示指定字符串 text。
- **TextArea(String text,int rows,int cols)** 使用指定的行数 rows 和列数 cols 创建一个文本域组件，并且创建的文本域组件中显示指定字符串 text。
- **TextArea(String text,int rows,int cols,int scrollbars)** 使用指定的行数 rows、列数 cols、字符串 text 和滚动条显示形式来创建一个文本域组件。scrollbars 有 4 个可选值，分别是：SCROLLBARS_BOTH（同时显示垂直和水平滚动条）、SCROLLBARS_HORIZONTAL_ONLY（只显示水平滚动条）、SCROLLBARS_VERTICAL_ONLY（只显示垂直滚动条）和 SCROLLBARS_NONE（不显示任何滚动条）。

TextArea 类的常用方法如表 11-2 所示。

表 11-2 TextArea 类的常用方法

方 法	说 明
void append(String str)	将指定字符串 str 添加到文本域中最后的位置
void setColumns(int columns)	设置文本域的列数
void setRows(int rows)	设置文本域的行数
int getColumns()	获取文本域的列数
int getRows()	获取文本域的行数
int getScrollbarVisibility()	获取文本域的滚动条显示形式
void insert(String str,int position)	插入指定的字符串到文本域的指定位置
void replaceRange(String str,int start,int end)	将指定的开始位置 start 与结束位置 end 之间的字符串用指定的字符串 str 取代

【练习 13】

在百度贴吧中，一个跟帖的回复有长有短，当回复（Content）太长的时候，就需要使用 TextArea 多行文本域组件。其实现代码如下。

```
public class MyTextArea {
    public static void main(String[] args) {
        Frame f=new Frame("贴吧回复");
        f.setSize(500,350);
        Label lab=new Label("Content: ");
        //创建 TextArea 对象，设置只显示垂直滚动条
        TextArea t=new TextArea("请输入回复内容!",10,50,TextArea.SCROLLBARS_VER
        TICAL_ONLY);
        t.setEditable(true);
        //设置 Frame 窗口的布局
```

```
        f.setLayout(new FlowLayout());
        f.setBackground(Color.gray);
        f.add(lab);
        f.add(t);
        f.setVisible(true);
    }
}
```

该程序执行结果如图 11-14 所示。

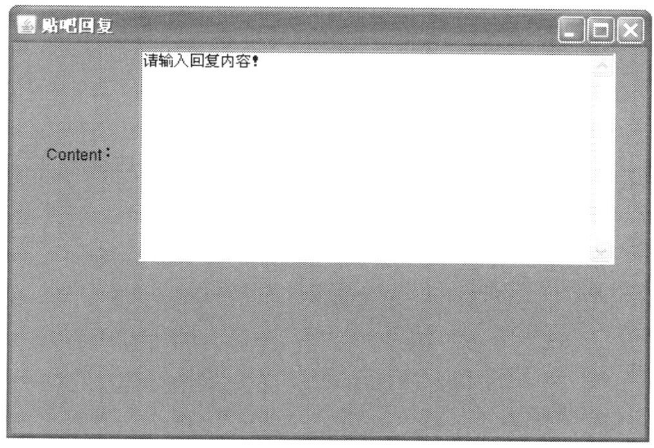

图 11-14 使用 TextArea 定义多行文本域

上述代码中使用 TextArea 类创建一个多行文本域组件，用于接收用户输入的回复内容。并指定该文本域含有垂直滚动条，当输入文字过多时，滚动条自动出现。然后使用 setEditable()方法设置该文本域为可编辑状态。

11.1.4.5 复选框

复选框由 Checkbox 类的对象表示，它提供一个制造单一选择开关的方法，包括一个小框和一个标签。单击复选框可将其状态从“开”更改为“关”，或从“关”更改为“开”。

Checkbox 类提供的构造方法如下所示。

- **Checkbox()** 创建的复选框的标签为空，选择状态为未被选中。
- **Checkbox(String str)** 创建的复选框的标签由 str 指定，选择状态为未被选中。
- **Checkbox(String str,boolean flag)** 允许用户自由设定复选框的初始状态，如果 flag 为 true，则复选框开始即被选中，否则不被选中。
- **Checkbox(String str,boolean flag,CheckboxGroup cbgroup)** 创建一个复选框，文本标签由 str 指定，所在的组由 cbgroup 确定。如果这种复选框不是一个组的一部分，那么 cbgroup 必须为 null。flag 的值将决定复选框的初始选择状态。

在网格布局中创建了一组复选框，关键代码如下。

```
setLayout(new GridLayout(3, 1));
add(new Checkbox("one", null, true));
add(new Checkbox("two"));
add(new Checkbox("three"));
```

标记为 one 的按钮处于“开”状态，其他两个按钮处于“关”状态。在这个例子中，使用了 GridLayout 类，3 个复选框的状态是分别设置的。

为了选择，还可使用 CheckboxGroup 类将一些复选框组成一组，作为单个对象来控制。在一个复选框组中，在任何给定时间内最多只能有一个按钮处于“开”状态。单击并打开一个复选框会强迫同组中其他原来处于打开状态的复选框变为“关”状态。

CheckboxGroup 类的常用方法如下所示。

- **Checkbox getSelectedCheckbox()** 确定当前组中的哪一个复选框被选中。
- **void setSelectedCheckbox(Checkbox checkbox)** 设置组中的一个复选框被选中，checkbox 是想要选择的复选框，同时，以前所选的复选框将被取消选定。

【练习 14】

在餐厅选餐时，一个人可以选择一种套餐，或者选择多个种类搭配。下面可以使用复选框组来实现多种选择，使用 Checkbox 类和 CheckboxGroup 类分别创建复选框组和单选按钮。其实现代码如下。

```
public class MyCheckbox {
    public static void main(String[] args) {
        Frame f=new Frame("复选框");
        f.setSize(400,200);
        Label lab=new Label("请选择种类: ");
        //创建复选框
        Checkbox ck1=new Checkbox("汉堡");
        Checkbox ck2=new Checkbox("薯条",true);
        Checkbox ck3=new Checkbox("可乐",true);
        Checkbox ck4=new Checkbox("鸡翅");
        Label lab2=new Label("请选择套餐: ");
        //创建复选框组
        CheckboxGroup ckp=new CheckboxGroup();
        Checkbox c1=new Checkbox("A 套餐",ckp,false);
        Checkbox c2=new Checkbox("B 套餐",ckp,true);
        Checkbox c3=new Checkbox("C 套餐",ckp,false);
        f.setLayout(new FlowLayout(FlowLayout.LEFT,50,2));
        f.add(lab);
        f.add(ck1);
        f.add(ck2);
        f.add(ck3);
        f.add(ck4);
        f.add(lab2);
        f.add(c1);
        f.add(c2);
        f.add(c3);
        f.setVisible(true);
    }
}
```

该程序结果如图 11-15 所示。

上述代码中，在 Frame 窗口中创建复选框和复选框组。把 4 个复选框中的其中 2 个设置为选中状态，而复选框组只能选中 1 个套餐，默认为 B 套餐。然后设置了该窗口布局为 FlowLayout 流式布局，最后设置显示窗口为可见。

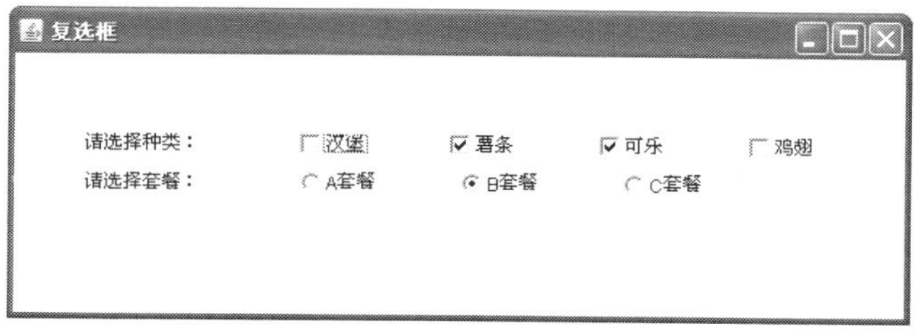

图 11-15 使用复选框（组）执行结果

11.1.4.6 列表组件

列表组件分为两种，即下拉列表框（Choice）和列表框（List）。二者都是带有一系列选项的组件，用户可以从中选择需要的选项。列表框比较直观，它将所有的选项罗列在其中。但下拉列表框看起来更为便捷和美观，它将所有的选项隐藏起来，当用户选择时才会显示出来。下面对它们进行详细的介绍。

1．下拉列表框（Choice）

下拉列表框（Choice）表示一个弹出式选择菜单，当前的选择显示为该菜单的标题。Choice 像一个单选按钮组，它是强制用户从一组可实现的选择中选择一个对象的方法。而且，它是一个实现功能相当简洁的方法，也最易改变选择而不致使用户感到吃力。Java 的选择框不像 Windows 中的组合框可以从列表中选择或输入自己的选择。在一个选择框中只能从列表中选择仅一个项目。

下拉列表框是一个带条状的显示区，它具有下拉功能。在下拉列表框的右方存在一个按钮，当用户单击该按钮，下拉列表框中的选项会以列表形式显示出来。

Choice 类的常用方法如下所示。

- **Choice()** 创建一个下拉列表。
- **public void add(String s)** 向下拉列表中增加一个名为 s 的选项。
- **public void insert(String s,int index)** 将名为 s 的选项插入到下拉列表的指定位置 index 处，index 从 0 开始递增。
- **public int getItemCount()** 返回下拉列表中选项的总数。
- **public String getSelectedItem()** 返回下拉列表中被选中的选项的名字。
- **public int getSelectedIndex()** 返回下拉列表中被选中的选项的索引，索引从 0 开始。
- **public void select(String s)** 将名称为 s 的选项设置为选中状态。如果下拉列表中有多个名称都为 s，则将其中索引值最小的设置为选中状态。
- **public void select(int index)** 将下拉列表中索引值为 index 的选项设置为选中状态。
- **public void remove(String s)** 删除下拉列表中名为 s 的选项。如果有多个选项的名称都为 s，就将索引值最小的选项删除。

【练习 15】

下面使用 Choice 类创建一个购物下拉列表框，方便用户进行选择。其实现代码如下所示。

```
public class MyChoice{
    public static void main(String[] args) {
        Frame f=new Frame("下拉列表框");
        f.setSize(500,200);
        Label lab=new Label("请选择要买的种类: ");
        String[] des = {"衣服", "鞋子", "帽子", "包包", "手表","袜子",};
        Choice c = new Choice();
```

```
        int count = 0;
        for(int i = 0; i < 6; i++) {
            c.addItem(des[count++]);
        }
        f.setLayout(new FlowLayout());
        f.add(lab);
        f.add(c);
        f.setVisible(true);
    }
}
```

该程序运行结果如图 11-16 所示。

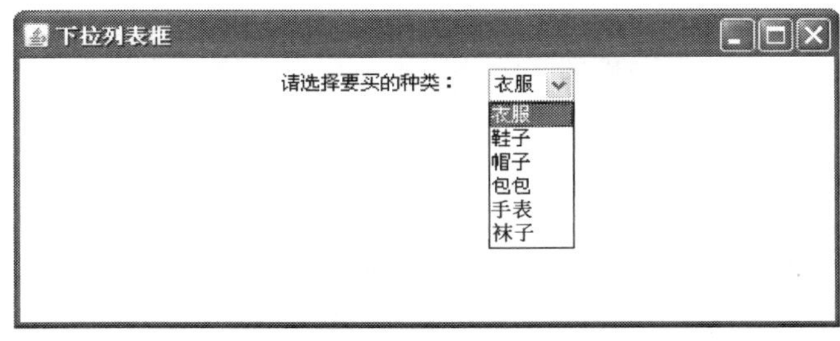

图 11-16　使用下拉列表框执行结果

上述代码中，在 Frame 窗口中创建 Choice 下拉列表框对象，并定义数组 des 用于存储物品名称，然后在 Choice 对象中使用 for 循环遍历物品。当用户单击按钮选中选项时，该选项会在框中自动更换显示。

2．列表框（List）

列表框 List 组件为用户提供了一个可滚动的文本项列表。可设置 List 组件，使其允许用户进行单项或多项选择。

列表框与下拉列表框的区别不仅仅表现在外观上。当激活下拉列表框时，会出现下拉列表框中的内容，但列表框只是在窗体上占据固定的大小。如果需要列表框具有滚动效果，可以将它放入滚动面板中。

列表框 List 的常用方法如下。

- **public void add(String item)**　向滚动列表的末尾添加指定的项。
- **public void add(String item, int index)**　向滚动列表中索引指示的位置添加指定的项。索引是从零开始的。如果索引值小于零，或者索引值大于或等于列表中的项数，则将该项添加到列表的末尾。
- **public String getItem(int index)**　获取与指定索引关联的项。
- **public String[] getItems()**　获取列表中的项。
- **public boolean isIndexSelected(int index)**　确定是否已选中此滚动列表中的指定项。
- **public void replaceItem(String newValue,int index)**　使用新字符串替换滚动列表中指定索引处的项。
- **public void removeAll()**　从此列表中移除所有项。
- **public void remove(int position)**　从此滚动列表中移除指定位置处的项。如果选中了指定位置的项，并且该项是列表中惟一选中的项，则列表将被设置为无选择。
- **public void select(int index)**　选择滚动列表中指定索引处的项。

【练习 16】

下面继续创建一个购物的列表框，使用 List 类的实现代码如下所示。

```
public class MyList {
    public static void main(String[] args) {
        Frame f=new Frame("下拉列表框");
        f.setSize(500,200);
        Label lab=new Label("请选择要买的种类: ");
        String[] s = {"衣服", "鞋子", "帽子", "包包", "手表","袜子",};
        //创建列表框
        List list = new List(6, true);
        int count = 0;
        for(int i = 0; i < 6; i++) {
            list.addItem(s[count++]);
        }
        f.add(list);
        f.setLayout(new FlowLayout());
        f.add(lab);
        f.add(list);
        f.setVisible(true);
    }
}
```

该程序执行结果如图 11-17 所示。

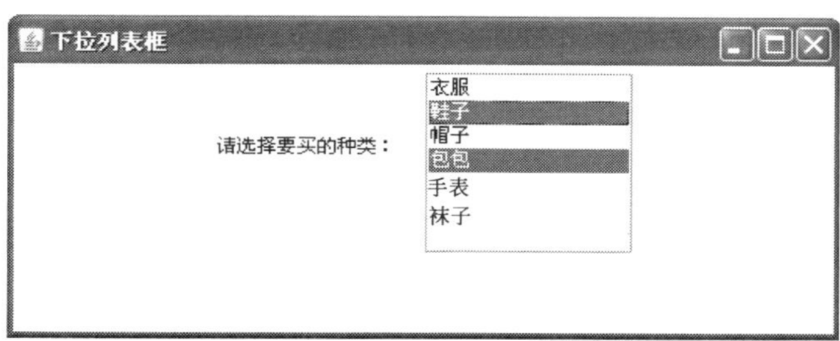

图 11-17　使用列表框执行结果

11.1.5　事件处理机制

在 Java 程序设计中，事件的处理机制是非常重要的。事件处理机制表示程序对事件的响应，对用户的交互或者说对事件的处理是由事件处理程序完成的。操作环境会不断监视事件，并把事件报告给正在运行的程序。每个程序会决定如何响应这些事件。

11.1.5.1　事件处理概述

图形用户界面通过事件机制响应用户和程序的交互。产生事件的组件称事件源。如用户单击某个按钮时就会产生动作事件，该按钮就是事件源。要处理产生的事件，需要在特定的方法中编写处理事件的程序。这样，当产生某种事件时就会调用处理这种事件的方法，从而实现用户与程序的交互，这就是图形用户界面事件处理的基本原理。

在事件处理的过程中，主要涉及以下 3 类对象。

- **Event（事件）**　用户对组件的一个操作称之为一个事件，并以类的形式出现。
- **Event Source（事件源）**　事件发生的场所，通常就是各个组件，如按钮 Button。

- ❑ **Event Handler（事件处理者）** 接收事件对象并对其进行处理的对象事件处理器，通常就是某个 Java 类中负责处理事件的成员方法。

与 AWT 有关的所有事件类都由 java.awt.AWTEvent 类派生，它是 EventObject 类的子类。AWT 事件共有 10 类，可以归为两大类：低级事件和高级事件。

1．低级事件

低级事件是指基于组件和容器的事件。当一个组件上发生事件，如进行鼠标的单击和拖放，或发生组件窗口的关闭时，触发了组件事件。

- ❑ **ComponentEvent** 组件事件，发生于组件大小改变、移动、显示或隐藏时。
- ❑ **ContainerEvent** 容器事件，发生于添加或者删除一个组件时。
- ❑ **WindowEvent** 窗口事件，发生于窗口被激活、屏蔽、最小化、最大化或者关闭时。
- ❑ **MouseEvent** 鼠标事件，发生于鼠标移动、按下、释放、拖动时。
- ❑ **KeyEvent** 键盘事件，发生于键盘上的一个键被按下或者释放时。
- ❑ **FocusEvent** 焦点事件，发生于组件获得焦点或者失去焦点时。

2．高级事件

高级事件是基于语义的事件，它可以不和特定的动作相关联，而依赖于触发事件。例如，在 TextField 中按下回车键会触发 ActionEvent 事件，滑动滚动条会触发 AdjustmentEvent 事件，选中项目列表的某一条就会触发 ItemEvent 事件。

- ❑ **ActionEvent** 动作事件，发生于对应按钮单击、菜单选择、列表框选择、在文本框中按回车键时。
- ❑ **AdjustmentEvent** 调整事件，发生于用户在滚动条上移动滑块时。
- ❑ **ItemEvent** 项目事件，发生于用户从一组选择框或者列表框中进行选择时。
- ❑ **TextEvent** 文本事件，发生于文本框或者文本域中的内容发生改变时。

11.1.5.2 事件监听器

Java 事件监听器即一组动作接口。每个事件类都有相关联的监听器接口，事件从事件源到监听者的传递是通过对目标监听者对象的 Java 方法调用进行的。

对每个明确的事件的发生，都会相应地定义一个明确的 Java 方法。这些方法都集中定义在事件监听者（EventListener）接口中，这个接口要继承 java.util.EventListener。实现了事件监听者接口中一些或全部方法的类就是事件监听者。伴随着事件的发生，系统会自动触发此事件类对象，并通知所委托的事件监听器（若来源对象已经向事件监听器注册），然后事件监听器中所定义的各种方法将处理此事件的各种状况。

例如，键盘事件 KeyEvent 对应的接口如下所示。

```
public interface KeyListener extends EventListener {
    public void keyPressed(KeyEvent ev);
    public void keyReleased(KeyEvent ev);
    public void keyTyped(KeyEvent ev);
}
```

该监听器接口中有 3 个方法，即：当键盘按下去时，将调用 keyPressed()方法执行；当键盘抬起来时，调用 keyReleased()方法执行；当键盘被敲击一次时，将调用 keyTyped()方法执行。

AWT 组件类中提供了注册和注销监听器注册的方法，如下所示。

- ❑ 注册监听器 EventSource.addxxxListener(EventListener)。

❑ **注销监听器** EventSource.removexxxListener(EventListener)。

每个事件类都有与之相对应的接口。常用 Java 事件类、处理该事件的接口及接口中的方法如表 11-3 所示。

表 11-3 常用 Java 事件类、处理该事件的接口及接口中的方法

事 件 类	接 口 名 称	接口方法及说明
ActionEvent 动作事件类	ActionListener 接口	actionPerformed（ActionEvent e）单击按钮、选择菜单项或在文本框中按回车键时
AdjustmentEvent 调整事件类	AdjustmentListener 接口	adjustmentValueChanged（AdjustmentEvent e）当改变滚动条滑块位置时
ComponentEvent 组件事件类	ComponentListener 接口	componentShown（ComponentEvent e）组件显示时
		componentHidden（ComponentEvent e）组件隐藏时
		componentMoved（ComponentEvent e）组件移动时
		componentResized（ComponentEvent e）组件缩放时
ContainerEvent 容器事件类	ContainerListener 接口	componentAdded（ContainerEvent e）添加组件时
		componentRemoved（ContainerEvent e）移除组件时
FocusEvent 焦点事件类	FocusListener 接口	focusGained（FocusEvent e）组件获得焦点时
		focusLost（FocusEvent e）组件失去焦点时
ItemEvent 选择事件类	ItemListener 接口	itemStateChanged（ItemEvent e）选择复选框、选项框、单击列表框、选中带复选框菜单时
KeyEvent 键盘事件类	KeyListener 接口	keyPressed（KeyEvent e）键按下时
		keyReleased（KeyEvent e）键释放时
		keyTyped（KeyEvent e）击键时
MouseEvent 鼠标事件类	MouseListener 接口	mouseClicked（MouseEvent e）单击鼠标时
		mouseEntered（MouseEvent e）鼠标进入时
		mouseExited（MouseEvent e）鼠标离开时
		mousePressed（MouseEvent e）鼠标键按下时
		mouseReleased（MouseEvent e）鼠标键释放时
MouseEvent 鼠标移动事件类	MouseMotionListener 接口	mouseDragged（MouseEvent e）鼠标拖放时
		mouseMoved（MouseEvent e）鼠标移动时
TextEvent 文本事件类	TextListener 接口	textValueChanged（TextEvent e）文本框、多行文本框内容修改时
WindowEvent 窗口事件类	WindowListener 接口	windowOpened（WindowEvent e）窗口打开后
		windowClosed（WindowEvent e）窗口关闭后
		windowClosing（WindowEvent e）窗口关闭时
		windowActivated（WindowEvent e）窗口激活时
		windowDeactivated（WindowEvent e）窗口失去焦点时
		windowIconified（WindowEvent e）窗口最小化时
		windowDeiconified（WindowEvent e）最小化窗口还原时

【练习 17】

课外编程辅导课中，有多种课程可供选择。在下拉列表中选中一门课程后，该课程名将会在定义的文本框中显示出来。当选中的课程名更改时，文本框内容也会随之改变。选完之后，单击窗口的关闭按钮，该窗口将会关闭。

（1）新建一个 MyEvent 类，先导入相关组件的包，其实现代码如下。

```
package dao;
```

```
import java.awt.Choice;
import java.awt.FlowLayout;
import java.awt.Frame;
import java.awt.Label;
import java.awt.Panel;
import java.awt.TextField;
import java.awt.event.ItemEvent;
import java.awt.event.ItemListener;
import java.awt.event.WindowEvent;
import java.awt.event.WindowListener;
public class MyEvent {
    Frame f;
    TextField text=new TextField(25);
    Choice c=new Choice();
    Panel p = new Panel();
    /*类中具体内容将在下面步骤中讲解*/
}
```

（2）在 MyEvent 类中建立其构造方法，并添加各个组件到相应的位置。其实现代码如下所示。

```
public MyEvent(){
    f=new Frame("我的窗口");
    f.setSize(500, 200);
    f.setLayout(new FlowLayout());
    Label lab1=new Label("请选择科目:");
    c.addItem(" Java ") ;
    c.addItem(" Php ") ;
    c.addItem(" Asp.Net ") ;
    c.addItem(" SqlServer ") ;
    final Label lab2=new Label("您选择的科目是: ");
    p.add(lab1);
    p.add(c);
    p.add(lab2);
    p.add(text);
    p.setBounds(50, 50, 250, 100);
    f.add(p);
}
```

（3）接着给各个组件注册监听器。给下拉列表框注册了选择事件，当选择其中的项目时，程序将执行选择的操作，并调用 TextField 组件的 setText()方法将最终结果显示在文本框中。该程序给 Frame 窗口注册了关闭事件，单击窗口右上方的关闭按钮时窗口将会消失。其代码如下。

```
//给下拉列表框注册监听器
    c.addItemListener(new ItemListener(){
        public void itemStateChanged(ItemEvent e){
            text.setText(c.getSelectedItem());
    }
});
//给窗口注册监听器
    f.addWindowListener(new WindowListener(){
        public void windowClosing(WindowEvent f){
            f.getWindow().setVisible(false);
            ((Frame)f.getComponent()).dispose();
```

```
            System.exit(0);
        }
        @Override
        public void windowActivated(WindowEvent e) {
        }
        public void windowClosed(WindowEvent e) {
        }
        public void windowDeactivated(WindowEvent e) {
        }
        public void windowDeiconified(WindowEvent e) {
        }
        public void windowIconified(WindowEvent e) {
        }
        public void windowOpened(WindowEvent e) {
        }
    });
    f.setVisible(true);
    }
    public static void main(String[] args) {
        new MyEvent();
    }
}
```

（4）该程序执行结果如图 11-18 所示。

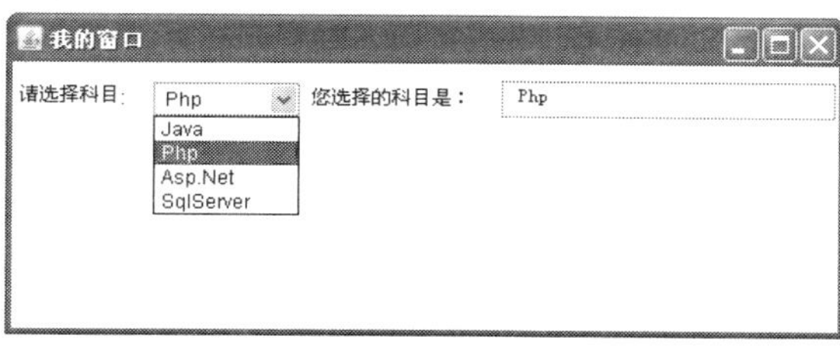

图 11-18　使用事件监听器执行结果

11.1.6　Swing 简介

GUI（图形用户界面）的基础除了前面讲到的 AWT 外，还有一个 AWT 组件的增强组件 Swing。Swing 组件几乎都是轻量组件，顶层容器如窗体、小应用程序、窗口和对话框除外。因为轻量组件是在其容器的窗口中绘制的，而不是在自己的窗口中绘制的，所以轻量组件最终必须包含在一个重量容器中。因此，Swing 的窗体、小应用程序、窗口和对话框都必须是重量组件，以便提供一个可以在其中绘制 Swing 轻量组件的窗口。

1. Swing 特点

Swing 是建立在 AWT 之上的，包括大多数轻量组件的组件集。除提供了 AWT 所缺少的、大量的附加组件外，Swing 还提供了替代 AWT 重量组件的轻量组件。Swing 还包括了一个使人印象深刻的、用于实现包含插入式界面样式等特性的图形用户界面的下层构件。因此，在不同的平台上，Swing 组件都能保持组件的界面样式特性，如双缓冲、调试图形和文本编辑包等。

在 Swing 组件中，大多数 GUI 组件都是 Component 类的直接子类或间接子类，JComponent 类是 Swing 组件各种特性的存放位置，这些组件的特性包括设定组件边界、GUI 组件自动滚动等。

Swing 组件包含 250 多个类，是组件和支持类的集合。Swing 提供了 40 多个组件，是 AWT 组件的 4 倍。除提供替代 AWT 重量组件的轻量组件外，Swing 还提供了大量有助于开发图形用户界面的附加组件。

2．Swing 常用组件

在 Swing 组件中最重要的父类是 Container 类，而 Container 类有两个最重要的子类，分别为 java.awt.Window 与 java.awt.Frame。除了以往的 AWT 组件会继承这两个类之外，现在的 Swing 组件同样也扩展了这两个类。

常用 Swing 组件的名称及定义如表 11-4 所示。

表 11-4　Swing 常用组件

组 件 名 称	定　　义
JButton	代表 Swing 按钮，按钮可以带一些图片或文字
JCheckBox	代表 Swing 中的复选框组件
JComBox	代表下拉列表框，可以在下拉显示区域显示多个选项
JFrame	代表 Swing 的框架类
JDialog	代表 Swing 版本的对话框
JLabel	代表 Swing 中的标签组件
JRadioButton	代表 Swing 的单选按钮
JList	代表能够在用户界面中显示一系列条目的组件
JTextField	代表文本框
JPasswordField	代表密码框
JTextArea	该类代表 Swing 中的文本区域
JOptionPane	代表 Swing 中的一些对话框

11.1.7　Applet

Java 的 Applet 就是用 Java 语言编写的小应用程序，可以直接嵌入到网页中，并能够产生特殊的效果。Applet 是运行在支持 Java 的浏览器上的。它包括生命周期和运行阶段。下面将对它们做详细的介绍。

11.1.7.1　Applet 简介

Applet 就是使用 Java 语言编写的一段代码，它可以在浏览器中运行。Applet 是另一类非常重要的 Java 程序，虽然它的源代码编辑与字节码的编译生成过程与 Java Application 相同，但它却不是一类可以独立运行的程序。

java.Applet 包括一个类和 3 个接口：类 Applet 和接口 AppletContext、AppletStub、AudioClip。在设计 applet 程序时，所有的 applet 都必须继承 Applet 类，Applet 类提供了小应用程序及其环境之间的标准接口。

Applet 一个重要的方法是绘图方法 paint()，它不是 Applet 类里定义的方法，而是继承自 java.awt.Container 类中的 paint 方法。绘图指的是小程序如何在屏幕上显示对象，这些对象可以是文本、几何图形或图像。每当小程序的窗口需要显示或重新显示时，该方法都将被调用。

【练习 18】

下面创建一个简单的程序，其实现代码如下。

```
package dao;
import java.applet.Applet;
import java.awt.Color;
import java.awt.Graphics;
public class Test3 extends Applet{
    public void paint(Graphics screen){
        screen.setColor(Color.blue);
        screen.drawString("Hello,Word!",100,200);
    }
```

```
}
```

该程序执行结果如图 11-19 所示。

图 11-19　使用 Applet 执行结果

从上述代码中可以看出，Applet 中不需要用 main 方法，它要求的是程序中有且必须有一个类是系统类 Applet 的子类，也就是必须有一个类的类头部分以 extends Applet 结尾，然后调用 paint()方法来输出结果。

11.1.7.2　Applet 生命周期

Applet 拥有生命周期控制。Applet 类中提供了四种方法用于生命周期控制。下面是这四种方法的简单介绍。

- **init**　当初始化 applet 时，需要调用该方法。applet 可以有默认的构造函数，但习惯上是在 init 方法中而不是构造函数中进行全部的初始化工作。
- **start**　该方法会在浏览器调用 init 方法之后执行。当用户从其他页面返回到包含 applet 的页面时，该方法也会执行。start 方法可以执行多次，与之相比，init 方法只能执行一次。start 方法经常为 applet 重启一个线程，例如恢复动画。如果 applet 在用户离开当前页面时没有什么需要挂起的，就没有必要实现该方法（或 stop 方法）。
- **stop**　该方法在用户离开包含 applet 的页面时被自动调用。
- **destroy**　该方法只有在浏览器正常关闭时才会被调用。

【练习 19】

下面用输出相应字符串的方式，显示出 Applet 生命周期中 init()、start()、stop()、destroy()方法的执行时间。示例代码如下。

```
package dao;
import java.applet.Applet;
import java.awt.Graphics;
public class Test2  extends Applet{
    String s = "";
    public void init()                  //创建时调用此方法
    {
      s += "初始化";
    }
    public void start()                 //启动时调用此方法
    {
    s+="开始了";
```

```
    }
    public void stop()                      //停止时调用此方法
    {
    s+="停止了";
    }
    public void destroy()                   //退出时调用此方法
    {
    s+="销毁了";
    }
    public void paint(Graphics g)   //被 repaint()调用的方法
    {
    g.drawString(s,20,40);          //绘制字符串
    }
}
```

首次运行显示 init()方法和 start()方法被调用，当停止 Applet 后重新运行，可以发现 stop()方法和 destroy()方法被调用过。这里不再给出结果。

11.1.7.3 Applet 运行方式

Java Applet 与应用程序的区别在于它们的运行方式不同。应用程序是由 Java 解释器通过装载其主类文件来运行的，程序入口是主类文件中的 main 方法。而 Java Applet 是运行在支持 Java 的浏览器上的。

所有的 Java Applet 程序中都必须有一个系统类 Applet 的子类。系统类 Applet 中已经定义了很多的成员域和成员方法，它们规定了 Applet 如何与执行它的解释器——WWW 浏览器配合工作，所以当用户程序使用 Applet 的子类时，因为继承，这个子类将自动拥有父类的有关成员，从而使 WWW 浏览器顺利地执行并实现用户通过程序定义的功能。

Applet 的常用成员方法包括以下几种。

- **AppletContext getAppletContext()方法** 返回当前 applet 的上下文，使 applet 可以查询和影响运行时所处的环境。
- **String getAppletInfo()** 返回当前 applet 的信息，如 applet 的作者、版本、版权等。
- **String getParameter(String name)方法** 返回 HTML 文件中指定参数所对应的值。
- **void resize(Dimension d)方法** 根据新尺寸调整 applet 的大小。
- **void resize(int width, int height)方法** 根据长、宽调整当前 applet 的大小。
- **public final void setStub(AppletStub stub)方法** 设置当前 applet 的存根，它由系统自动调用。
- **void showStatus(String msg)方法** 在状态窗口中显示参数字符串的内容。许多浏览器提供了状态窗口，使用户可以即时获取当前状态的信息。

【练习 20】

下面在 Applet 应用程序中，使用监听器、复选框和文本域来综合完成用户的选择操作。其实现代码如下。

```
public class Test extends Applet implements ItemListener{
    TextArea ta=new TextArea(6,30);
    String[] city={"北京","上海","天津","济南","青岛"};
    Checkbox cb[]=new Checkbox[5];
    public void init(){
```

```
        add(new Label("你选择的城市是: "));
        add(ta);
        add(new Label("请选择你喜爱的城市: "));
        for(int i=0;i<5;i++){
        cb[i]=new Checkbox(city[i]);
        add(cb[i]);
        cb[i].addItemListener(this);
        }
    }
        public void itemStateChanged(ItemEvent e){
        ta.append(e.getItem()+"\t");
        }
    }
```

该程序执行结果如图 11-20 所示。

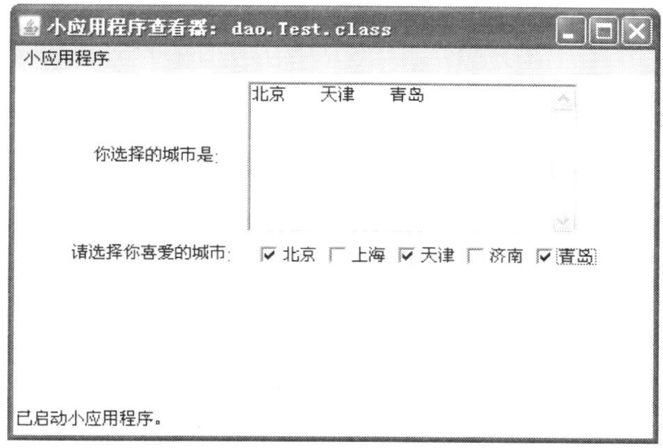

图 11-20 程序综合执行结果

上述代码中给复选框注册了选择事件。当选择其中的项目时，程序将执行选择的操作，并调用 TextArea 组件的 append()方法将最终结果显示在文本域中。使用 Applet 程序省略了 main()方法，结果也能输出。

11.2 实例应用：制作简易记事本

11.2.1 实例目标

通过本课的学习，讲解了 Java 语言中 AWT 的各种组件、容器和常用布局管理器，以及对应的事件处理机制。有了事件处理，才能完成程序与用户的交互，使程序更加完善。本节将使用这些知识完成一个简易记事本。其主要功能如下。

- 记事本能够实现【文件】菜单下的【新建】、【打开】功能。
- 记事本能够实现【文件】菜单下的【保存】、【另存为】和【退出】功能。
- 记事本能够实现【编辑】菜单下的【剪切】和【复制】功能。
- 记事本能够实现【编辑】菜单下的【粘贴】和【全选】功能。

11.2.2 技术分析

实现简易记事本的【新建】、【打开】、【保存】等功能，其中与技术相关的最主要的知识点如下所示。

- 使用 Frame 创建窗口和 TextArea 创建记事本面板。
- 使用窗口和动作事件对各个组件进行事件监听。
- 使用菜单类对界面进行设置，还使用文件类对文件的【新建】和【保存】等进行操作。

11.2.3 实现步骤

制作简易记事本的相关步骤如下。

（1）新建 NoteBook.java 文件，并在该文件中创建 NoteBook 类。首先导入所需要的工具包，实例代码如下。

```
package dao;
import java.awt.*;
//剪贴板组件包
import java.awt.datatransfer.Clipboard;
//指定字符串传输工具包
import java.awt.datatransfer.StringSelection;
//传输操作提供数据所使用类的接口包
import java.awt.datatransfer.Transferable;
import java.awt.event.*;
public class NoteBook {
/**类中内容将在下面做具体讲解，这里省略*/
}
```

（2）然后定义记事本中所需的组件，其代码如下。

```
private Frame frame = new Frame("简易记事本");
//定义菜单工具条
private MenuBar menuBar = new MenuBar();
private TextArea editArea = new TextArea(10,30);
private boolean ifSave = false;
Clipboard clipboard = new Clipboard("");
//定义主菜单对象
Menu file = new Menu("文件");
//定义子菜单对象
MenuItem newItem = new MenuItem("新建");
MenuItem openItem = new MenuItem("打开");
MenuItem saveItem = new MenuItem("保存");
MenuItem saveAsItem = new MenuItem("另存为");
MenuItem pageSetItem = new MenuItem("页面设置");
MenuItem printItem = new MenuItem("打印");
MenuItem exitItem = new MenuItem("退出");
Menu edit = new Menu("编辑");
MenuItem undoItem = new MenuItem("撤销");
MenuItem cutItem = new MenuItem("剪切");
MenuItem copyItem = new MenuItem("复制");
```

```
MenuItem pasteItem = new MenuItem("粘贴");
MenuItem deleteItem = new MenuItem("删除");
MenuItem lookItem = new MenuItem("查找");
MenuItem lookNextItem = new MenuItem("查找下一个");
MenuItem replaceItem = new MenuItem("替换");
MenuItem toItem = new MenuItem("转到");
MenuItem selectAllItem = new MenuItem("全选");
Menu format = new Menu("格式");
MenuItem autoLineItem = new MenuItem("自动换行");
MenuItem fontItem = new MenuItem("字体");
Menu check = new Menu("查看");
MenuItem statusItem = new MenuItem("状态栏");
Menu help = new Menu("帮助");
MenuItem checkHelpItem = new MenuItem("查看帮助");
MenuItem aboutItem = new MenuItem("关于记事本");
```

（3）在 NoteBook 类中定义 init()方法，用于给各个菜单组件注册监听事件，其代码如下所示。

```
public void init()
{
    ActionListener menuFileListener = new ActionListener()
    {
        FileOpen fileOpen = new FileOpen();
        NoteBook noteBookFrame = new NoteBook();
        public void actionPerformed(ActionEvent e) {
        //定义一个对象用来操作正在监听的对象
        String cmd = e.getActionCommand();
        //退出的监听
        if(cmd.equals("退出")) {
            System.exit(0);
        }
        //新建文件的监听
        else if (cmd.equals("新建")) {
            if(ifSave == false)
            {
                editArea.setText("");
            }
        }
        //打开文件的监听
        else if(cmd.equals("打开")) {
            fileOpen.openFile(noteBookFrame);
            fileOpen.open();
            editArea.setText(fileOpen.getText());
        }
        //保存文件的监听
        else if (cmd.equals("保存")) {
            fileOpen.save(getEditArea(),noteBookFrame);
        }
        //另存为文件的监听
        else if(cmd.equals("另存为")) {
```

```
            fileOpen.saveAs(getEditArea(), noteBookFrame);
        }
        //剪切文件的监听
        else if(cmd.equals("剪切")) {
            String text = editArea.getSelectedText();
            StringSelection selection = new StringSelection(text);
            clipboard.setContents(selection, null);
            if(!"".equals(editArea.getText()))
            {
                editArea.setText("");
                System.out.println("dagg");
            }
        }
        //复制文件的监听
        else if(cmd.equals("复制")) {
            String text = editArea.getSelectedText();
            StringSelection selection = new StringSelection(text);
            clipboard.setContents(selection, null);
        }
        //粘贴文件的监听
        else if(cmd.equals("粘贴")) {
            String text = null;
            Transferable contents;
            contents = clipboard.getContents(this);
           editArea.replaceText(text,editArea.getSelectionStart(), editArea.
            getSelectionEnd());
            StringSelection selection = new StringSelection("");
            clipboard.setContents(selection, null);
        }
        //全选文件的监听
        else if(cmd.equals("全选")) {
            editArea.selectAll();
        }
    }
};
```

（4）接着在 init()方法中添加各个组件到相应的位置，其代码如下所示。

```
exitItem.addActionListener(menuFileListener);
newItem.addActionListener(menuFileListener);
openItem.addActionListener(menuFileListener);
saveItem.addActionListener(menuFileListener);
saveAsItem.addActionListener(menuFileListener);
file.add(newItem);
file.add(openItem);
file.add(saveItem);
file.add(saveAsItem);
file.add(new MenuItem("-"));
file.add(pageSetItem);
file.add(printItem);
```

```
file.add(new MenuItem("-"));
file.add(exitItem);
cutItem.addActionListener(menuFileListener);
copyItem.addActionListener(menuFileListener);
pasteItem.addActionListener(menuFileListener);
selectAllItem.addActionListener(menuFileListener);
edit.add(undoItem);
edit.add(new MenuItem("-"));
edit.add(cutItem);
edit.add(copyItem);
edit.add(pasteItem);
edit.add(deleteItem);
edit.add(new MenuItem("-"));
edit.add(lookItem);
edit.add(lookNextItem);
edit.add(replaceItem);
edit.add(toItem);
edit.add(new MenuItem("-"));
edit.add(selectAllItem);
format.add(autoLineItem);
format.add(new MenuItem("-"));
format.add(fontItem);
check.add(statusItem);
help.add(checkHelpItem);
help.add(new MenuItem("-"));
help.add(aboutItem);
menuBar.add(file);
menuBar.add(edit);
menuBar.add(format);
menuBar.add(check);
menuBar.add(help);
frame.setMenuBar(menuBar);
```

（5）然后在 init()方法中为主窗口设置监听事件，其代码如下所示。

```
frame.addWindowListener(new WindowAdapter()
{
    public void windowClosing(WindowEvent e)
    {
        System.exit(0);
    }
});
frame.add(editArea);
frame.pack();
frame.setVisible(true);
}
public Frame getFrame() {
    return frame;
}
public void setFrame(Frame frame) {
```

```
        this.frame = frame;
    }
    public TextArea getEditArea() {
        return editArea;
    }
    public void setEditArea(TextArea editArea) {
        this.editArea = editArea;
    }
```

（6）新建 FileOpen 类用于文件的打开和保存等操作，导入所需的包并定义文件操作对象，其代码如下。

```
    import java.awt.*;
    import java.awt.event.*;
    import java.io.*;
    public class FileOpen {
        private FileDialog filedialog_open;
            private String fileopen = null;
            private String filename = null;          // 用于存放打开文件地址 和文件名
            private File file1;                      // 文件字节流对象
            private FileReader file_reader;          //文件字符流对象
            private FileWriter file_writer;
            private BufferedReader in;               //文件行读取 写入对象
            private StringBuffer text = new StringBuffer();
            NoteBook haffman= null;
    }
```

（7）在 FileOpen 类中创建用于打开文件对话框的方法。其代码如下所示。

```
    public void openFile(NoteBook hf) {
        haffman = hf;
        filedialog_open=new FileDialog(haffman.getFrame(), "打开文件对话框",
        FileDialog.LOAD);
        //为文件对话框注册事件监听
        filedialog_open.addWindowListener(new WindowListener(){
            public void windowClosing(WindowEvent e) {
                filedialog_open.setVisible(false);
            }
            public void windowActivated(WindowEvent e) {
            }
            public void windowClosed(WindowEvent e) {
            }
            public void windowDeactivated(WindowEvent e) {
            }
            public void windowDeiconified(WindowEvent e) {
            }
            public void windowIconified(WindowEvent e) {
            }
            public void windowOpened(WindowEvent e) {
            }
        });
    }
```

```
public void open(){
    String s = "";
    filedialog_open.setVisible(true);
    fileopen = filedialog_open.getDirectory();
    //返回文件对话框中显示的文件所属的目录
    filename = filedialog_open.getFile();
    //返回当前文件对话框中显示的文件名的字符串表示
    //如果不存在就返回 NULL  判断打开的文件是否存在
    if (filename != null) {
        try {
            file1 = new File(fileopen,filename);
            file_reader = new FileReader(file1);
            in = new BufferedReader(file_reader);
            while((s = in.readLine()) != null)
            text.append(s+"\n");
            in.close();
            file_reader.close();
        }
        catch (IOException e2)
        {
            System.out.println("不能打开文件! ");
        }
    }
}
    //返回得到的文本字符串
    public String getText() {
        return new String(text);
    }
```

（8）接着在 FileOpen 类中创建分别用于文件对话框的“保存”和“另存为”的方法。其代码如下所示。

```
public void save(TextArea textArea,NoteBook hf)
{
    char[] charbuf = textArea.getText().toCharArray();
    try{
        if((fileopen != null) && (filename != null)) {
            file1 = new File(fileopen,filename);
            file_writer = new FileWriter(file1);
            file_writer.write(charbuf);
            file_writer.close();
            System.exit(0);
        }
        else {
            saveAs(textArea, hf);
        }
    }
    catch (Exception e) {
        e.printStackTrace();
    }
```

```
    }
    public void saveAs(TextArea textArea,NoteBook hf){
        try{
            haffman = hf;
            char[] charbuf = textArea.getText().toCharArray();
            FileDialog f = new FileDialog(haffman.getFrame(),"另存为",FileDialog.
            SAVE);
            f.setVisible(true);
            filename = f.getDirectory() + f.getFile();
            file_writer = new FileWriter(filename+".txt");
            file_writer.write(charbuf);
            file_writer.close();
            System.exit(0);
        }
        catch (Exception e) {
            e.printStackTrace();
        }
    }
```

（9）最后在 NoteBook 类中封装 Frame 和 TextArea 类，并创建程序的入口 main()方法。其代码如下。

```
    public Frame getFrame() {
            return frame;
        }
        public void setFrame(Frame frame) {
            this.frame = frame;
        }
        public TextArea getEditArea() {
            return editArea;
        }
        public void setEditArea(TextArea editArea) {
            this.editArea = editArea;
        }
        public static void main(String[] args) {
            new NoteBook().init();
        }
```

（10）运行该程序，单击【文件】菜单，则出现子菜单如图 11-21 所示。当单击文件下的【打开】选项时，会弹出“打开文件对话框”，如图 11-22 所示。

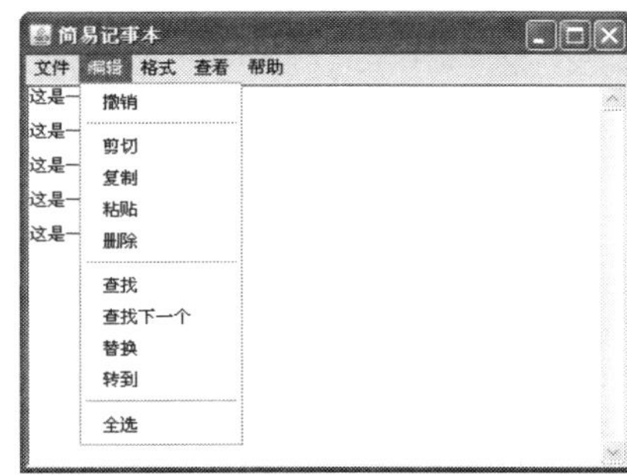

图 11-21　单击【文件】菜单执行结果

图 11-22　单击【打开】时执行结果

（11）当单击编辑菜单下的【全选】选项时，结果如图 11-23 和图 11-24 所示。

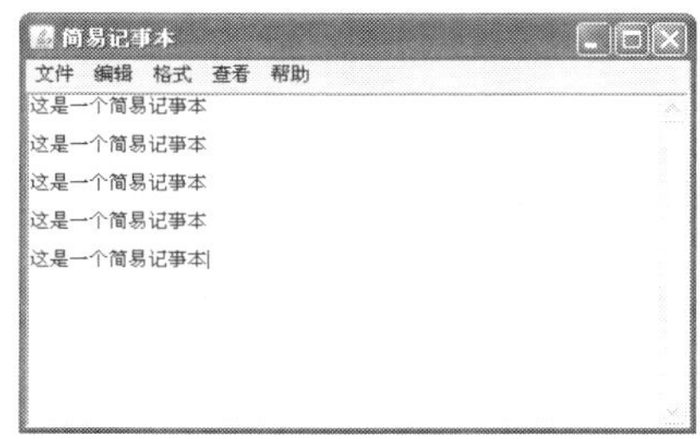

图 11-23　单击【全选】前的执行结果

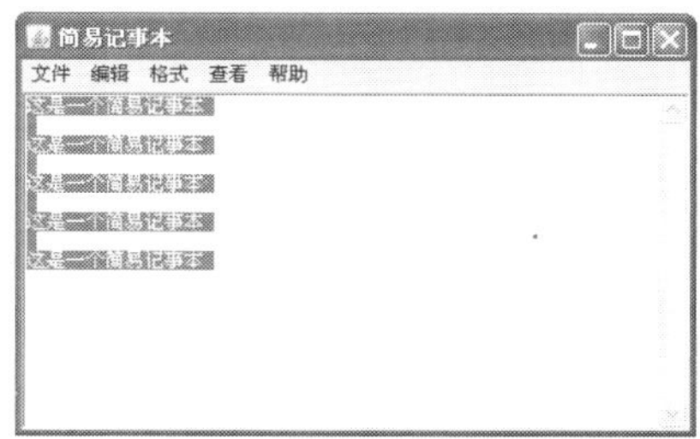

图 11-24　单击【全选】后的执行结果

该程序制作简单的记事本，给每个子菜单项都注册了监听事件。用于完成记事本的【新建】、【保存】和【另存为】等操作。同时也使用了文件操作类，用于操作文件的状态。

本程序中还有许多其他功能没有一一列举，感兴趣的读者可以亲自动手试一试。

11.3 拓展训练

1．实现鼠标单击之后，按钮随之移动的应用程序

编写一个按钮随鼠标单击而移动的程序。实现在一个窗口中有一个【单击】按钮，单击之后显示区域标签文本由原来的“这是显示区域”变为“您单击了按钮”。并且按钮随着鼠标的单击而移动，即鼠标在窗口任何区域单击之后，按钮就会出现在鼠标单击的位置。

该程序可以使用事件类 ActionEvent 和 MouseEvent 分别完成不同的操作。执行结果如图 11-25 和图 11-26 所示。

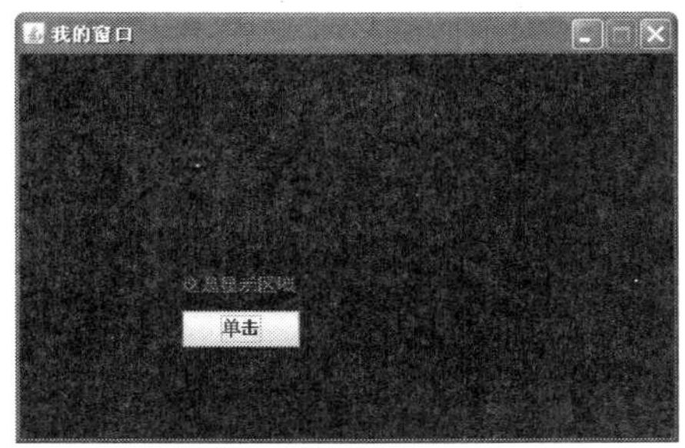

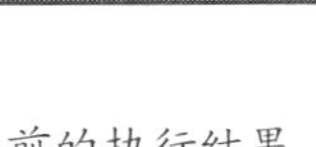

图 11-25　单击前的执行结果

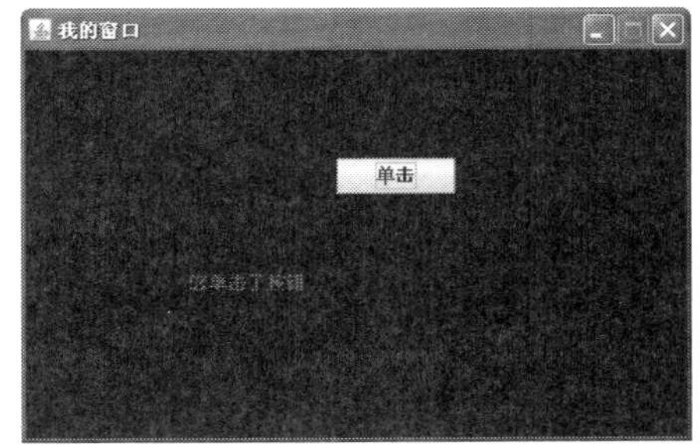

图 11-26　单击后的执行结果

2．实现单击按钮，触发相应事件的应用程序

编写一个程序用来实现单击不同的按钮会触发不同的事件。当单击【开始】按钮时，会弹出对话框的文本内容为“准备开始了”。当单击其他的按钮时，则会弹出不同文本内容的对话框。

该程序可以使用事件类 ActionEvent 来完成事件操作，其执行结果如图 11-27 所示。

3．实现文本内容对应显示的应用程序

编写一个含有两个文本框的应用程序，其中第一个文本框输入的内容，会相应地在第二个文本框中显示。

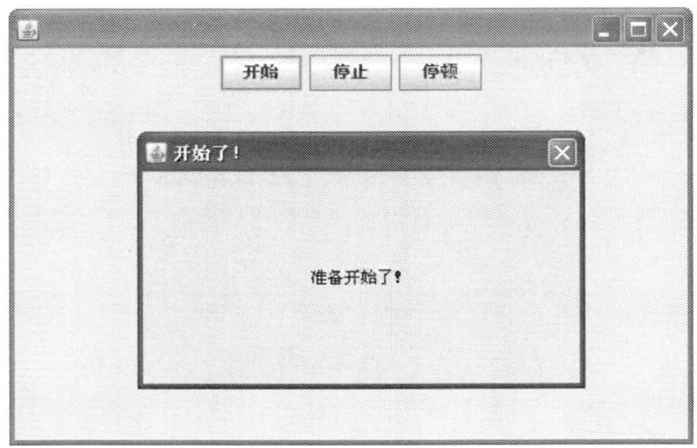

图 11-27　单击按钮的执行结果

该程序可以使用 TextEvent 事件类来完成事件操作，而界面设置可以使用 Applet 小应用程序完成。执行结果如图 11-28 所示。

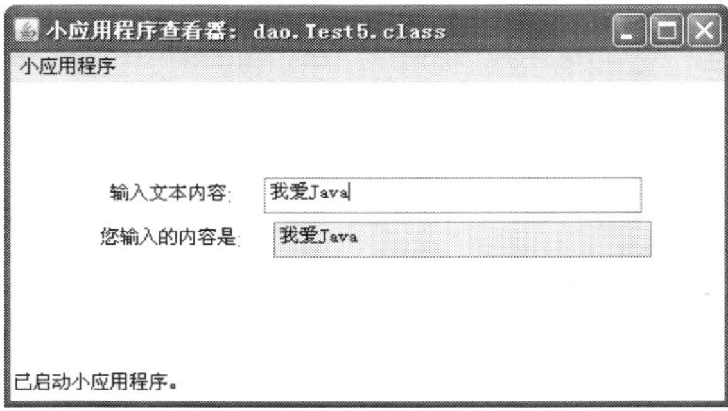

图 11-28　文本框的执行结果

11.4 课后练习

一、填空题

1. AWT 和__________是 Java 设计 GUI 用户界面的基础。
2. java.awt 包中的 Container 类可派生出两个常用容器：Frame 类和__________类。
3. __________类和 Frame 类拥有相同的父类，都是从顶级 Window 类继承而来的。
4. Java 常用布局管理器中，用于安排有向流中的组件用到的是__________管理器。
5. 在 AWT 基本组件中，用于在程序中接受用户的多行文字输入的是__________类。
6. 在列表组件中，__________组件表示一个弹出式选择菜单，当前的选择显示为该菜单的标题。

二、选择题

1. 在布局管理器中，__________布局管理器的容器组件大小都相同，并随容器的大小而改变。
   A. BorderLayout
   B. FlowLayout
   C. GridLayout
   D. CardLayout

2. 关于常用布局管理器（LayoutManager），下列说法正确的是__________。
   A. LayoutManager 本身不是接口
   B. 布局管理器是用来部署 Java 程序的网上发布的
   C. 每个容器均有一个默认的布局管理器，用户不能指定其他的布局管理器
   D. 布局管理器是用来管理组件放置在容器的位置和大小的
3. 关于 TextAera 类的 append()方法，下列说法正确的是__________。
   A. 将指定字符串 str 添加到文本域中最后的位置
   B. 获取文本域的滚动条显示形式
   C. 插入指定的字符串到文本域的指定位置
   D. 将指定的开始位置 start 与结束位置 end 之间的字符串用指定的字符串 str 取代
4. 在事件处理的过程中，主要没涉及__________对象。
   A. Event
   B. Event Source
   C. Object
   D. Event Handler
5. 实现__________接口可以对 TextField 对象的事件进行监听和处理。
   A. ActionListener
   B. WindowListener
   C. FocusListener
   D. MouseMotionListener

三、简答题

1. 简述 AWT 中几种常用类型的容器及它们的作用。
2. 简述常用布局管理器的用法、布局及作用。
3. 简述文本框与文本域的区别。
4. 简述事件处理机制。
5. 简述 Applet 是如何运行的。

第 12 课
Java 数据库编程

随着电子商务和网络技术的不断发展，Java 数据库编程得到越来越广泛的应用。如何对数据库进行管理（如连接数据库、添加数据、获取数据、修改数据和删除数据等）已经成为了数据库编程中的重点。Java 数据库连接称之为 JDBC（Java Data Base Connectivity）。JDBC 是由 Java 的开发者 Sun 公司提供的，它的主要功能是管理存放在表中的数据，它定义了一些与关系数据库交互的类和接口。

本课将主要介绍 JDBC 编程中如何实现数据库的连接，如何对结果集进行操作以及如何实现事物处理等。

本课学习目标：

- ❑ JDBC 的概述
- ❑ 掌握 JDBC 的工作原理
- ❑ 掌握数据库驱动的安装、连接
- ❑ 掌握访问数据库
- ❑ 掌握如何处理结果集
- ❑ 掌握 JDBC 的数据库事物处理

12.1 基础知识讲解

12.1.1 JDBC 简介

Java 语言通过 JDBC 提供了数据库开发的能力，通过使用 JDBC 可以方便地连接常用的几种数据库，例如 MySQL、Oracle 和 Sqlserver 等，并且 JDBC 可以对数据库表中的数据进行增、删、改、查的操作。下面将对 JDBC 进行详细的介绍。

12.1.1.1 JDBC 的工作机制

如果要连接数据库就必须使用数据库生产厂商提供的 API 操作接口，但是各个厂商提供的 API 操作接口是不同的，这样如果想更换数据库，将会是一件很麻烦的事情。JDBC 的出现使这种问题得到了很好的解决。

JDBC（Java Data Base Connectivity）是 Java 数据库连接的简称，它使得 Java 程序和常用的数据库之间实现无缝连接，具有数据独立性，更具有平台无关性。JDBC 对于 Internet 的异构数据库的访问提供了很好的支持。JDBC 的目的就是让程序人员在编写数据库操作时可以有一个通用的操作接口，无须依赖于特定的数据库 API。JDBC 的产生为更改数据库提供了极大的方便。

图 12-1 清晰地说明了 JDBC API 和数据库驱动程序与数据库之间的关系。

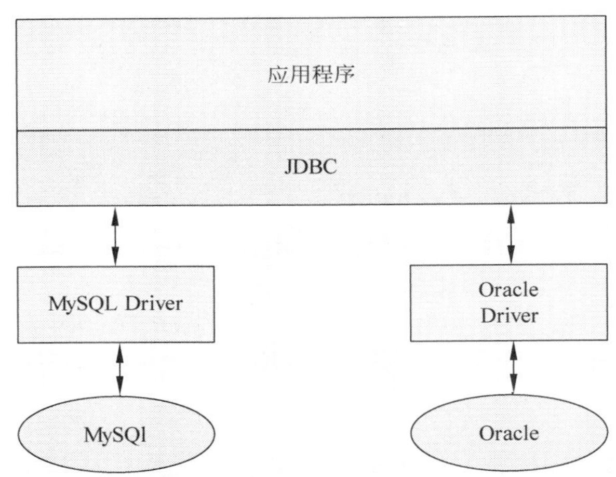

图 12-1　应用程序、JDBC 与驱动程序之间的关系

SQL（Structure Query Language，结构化查询语言）是一种标准化的关系型数据库访问语言，如果是在软件领域工作过的人员肯定都听说过它。在 SQL 看来，数据库就是表的集合，而表中就包含行和列。SQL 标准虽然在不断地发展当中，但是其基本内容是不变的。JDBC 就定义了 Java 语言同数据库之间的程序设计接口。

JDBC 有一个独特的连接结构使得系统模块化。使用 JDBC 来访问数据库主要使用 4 大组件：Java 的应用程序、JDBC 的驱动器管理器、驱动器和数据源。JDBC 访问数据库机制的原理如图 12-2 所示。

Java 应用程序如果想访问数据库，就需要调用 JDBC 驱动管理器，由驱动管理器负责加载具体的数据库驱动。数据库驱动是本地数据库管理系统（DBMS）的访问接口，封装了最底层的对数据库的访问。

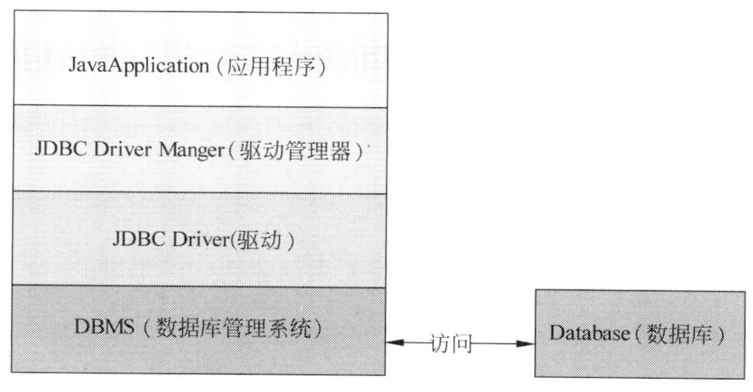

图 12-2 JDBC 访问数据库机制

JDBC 在 Internet 中的作用和 ODBC 在 Windows 系列中的作用类似，即使得编程人员在编程时只需要写一套的 Java 代码，可以不关心使用哪家公司的数据库产品，从而提高了软件的通用性。实际上在 Internet 上也确实无法预料用户想要使用哪种数据库，所以只要在系统上安装了正确的数据库驱动组，JDBC 就可以访问用户想要访问的数据库了。

JDBC 使用 Java 语言作为数据库的前台，为编程人员带来了很大的方便。这是由于 Java 是“一旦写成，到处运行”的语言，即 Java 程序可以不经改变地部署到 Java 虚拟机的计算机。就好比在开发中使用一个公共的平台，编程人员不用再为各个平台分别编程，因此 Java 很适合大型项目的开发。

12.1.1.2 JDBC API

JDBC 使得开发者不必不断重写程序就可以建立数据库前台。尽管 ANSI 组委会有一个标准组，但是各个数据库厂家的系统连接和通讯方式却依然是各式各样的。Sun 公司和数据库厂家联合建立使用独立于 DBMS 的机制，使编程人员不必关心数据库的开发客户端应用程序。

JDBC 向应用程序开发者提供了独立于数据库的统一 API。这个 API 提供了编写的标准和考虑所有应用程序设计的标准。它是一组由驱动程序实现的 Java 接口。驱动程序负责使标准 JDBC 调用向支持的数据库所需要的具体调用转变。应用程序编写一次并移植到各种驱动程序上，应用程序不变，使用不同的驱动程序即可。

每个 JDBC 应用程序至少要有一个 JDBC 驱动程序，每个驱动程序是针对一种 DBMS 的，但驱动程序不必直接连到数据库。

JDBC API 定义了一系列的 Java 类来表示数据库连接、SQL 语句、结果集和数据库元数据等，这些 Java 类能够帮助 Java 编程人员发送 SQL 语句和处理返回结果。Java 的 API 主要由 java.sql 包提供，java.sql 包中定义了一些操作数据库的接口和类，这些接口和类封装了访问数据库的具体方法。在 java.sql 包中有几个很重要的接口和类，如图 12-3 所示。

从图 12-3 中可以看出，java.sql 包中可以包含不同的类和接口。具体说明如下。

- **java.sql.DriverManger** 完成程序的装载和建立新的数据库连接。
- **java.sql.Connection** 表示数据库连接，包含处理数据库具体操作的方法。
- **java.sql.Statement** 管理在指定数据库上 SQL 语句的执行。
- **java.sql.ResultSet** 表示结果集，可以提取有关数据库操作结果的信息。
- **java.sql.DatabaseMetaData** 可以提供系统级的数据库信息。

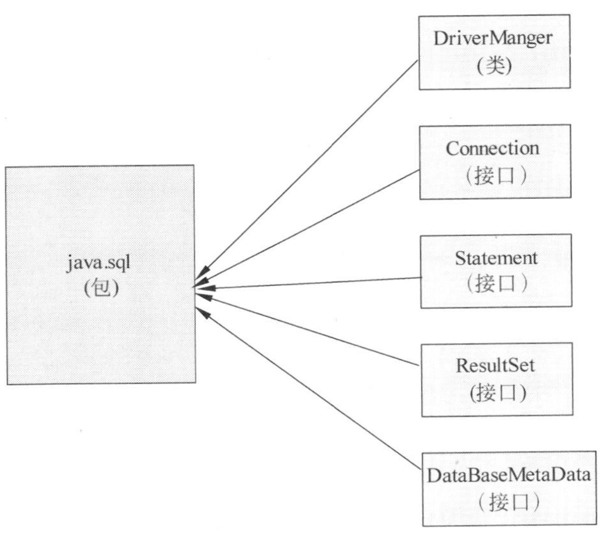

图 12-3 java.sql 包结构图

12.1.1.3 JDBC 访问数据库的基本步骤

使用 JDBC 访问数据库的基本流程是大致相同的。步骤如下所示。

（1）加载 JDBC 驱动

将数据库的 JDBC 驱动加载到 classpath 中，在基于 J2EE 的 Web 应用开发中，通常是将所需的数据库驱动复制到 WEB-INF/lib 目录下。

（2）实例化连接驱动类，并将其注册到 DriverManger 中

在该步骤中实例化连接驱动类的一般格式如下所示。

```
Class.forName(驱动名称字符串).newInstance();
```

（3）连接数据库，取得 Connection 对象

只有建立了数据库的连接才能对数据库进行具体的操作，执行 SQL 命令等。连接数据库首先需要定义数据库连接 URL，根据 URL 提供的连接信息建立数据库连接。

（4）访问数据库

数据库连接建立之后，就可以对数据库进行具体的访问操作。具体的操作包括对数据的增加、删除、修改和查询等。

（5）处理结果集

对数据库执行完操作之后，有的操作是返回有结果集的。有时对返回的结果集也需要进行一定的操作，如对数据库进行查询操作，有可能会返回多条记录。

（6）关闭数据库连接

对于数据库的访问完成之后，需要关闭数据库连接，释放相应的资源。依次将 ResultSet、Statement、PreparedStatement 和 Connection 等对象关闭。

下面的小节将会对 JDBC 访问数据库的各个步骤进行详细的介绍。

12.1.2 安装 JDBC 驱动

如果对于 JDBC 的驱动程序的各个指标不了解，那么从大堆的驱动程序中选择一个合适的并不容易。Java 开发者往往需要访问包括关系数据库在内的各种各样的数据源，JDBC 驱动程序利用 JDBC 标准建立起 Java 程序与数据源之间的桥接。下面将从数据库的分类和如何实例化 JDBC 驱动

两个方面来介绍 JDBC 驱动的安装。

12.1.2.1 JDBC 驱动程序分类

早期的 Java 数据策略倾向于依赖通向 ODBC（MircoSoft 发起的数据源访问标准）的桥梁，结果就是 JDBC-ODBC 桥接驱动程序。现在 JDBC 的驱动程序有 4 个类型。

1．JDBC–ODBC 桥接，再加上 ODBC 驱动程序

JDBC-ODBC 桥驱动程序实际是把所有的 JDBC 调用传递给 ODBC，再由 ODBC 调用本地数据库驱动程序。使用 JDBC-ODBC 桥访问数据库服务器，需要在本地连接 ODBC 类库、驱动程序以及辅助文件。Sun 公司建议第一类驱动程序只用于原型开发，而不应用于正式的运行环境。桥接驱动程序由 Sun 提供，它的目标是支持传统的数据库系统，但是 ODBC 会在客户端安装二进制代码和数据库客户端代码，这样就会不太适应高事务的运行环境，另外这类驱动程序不支持完整的 Java 指令集。

2．本机代码再加上 Java 驱动程序

本机代码和 Java 驱动使用 Java 本地接口（Java Native Interface）向数据库 API 发送命令，从而取代 ODBC 驱动程序和 JDBC-ODBC 桥接。但是这类驱动程序也包含和第一种驱动程序相同的性能问题，就是在客户端载入二进制代码。

3．JDBC 网络的纯 Java 驱动程序

这一类的 JDBC 驱动程序是面向数据库中间件的纯 Java 驱动程序，JDBC 调用被转换成中间件厂商的协议，中间件再把这些调用转向数据库 API。这一类的 JDBC 驱动程序的优点在于它以服务器为基础，不再需要客户端的本机代码。因为不需要在访问数据库的 java 程序的本地安装目标数据库的类库，这种方式更加灵活，程序可以通过协议与不同的数据库实现通信，这种驱动程序也要比前两种快。

4．本地协议 Java 驱动程序

这种驱动程序也可以成为直接面向数据库的纯 Java 驱动程序，也是所谓的瘦（thin）驱动程序，它把 JDBC 调用转换成某种可以直接被 DBMS 使用的网络协议，这样客户机和应用服务器就可以直接访问 DBMS 服务器。对于这种驱动程序，不同 DBMS 的驱动程序是不同的。

上面介绍了 4 种不同类型的 JDBC 驱动程序，这几种驱动方式各有不同的使用场合。其中 JDBC-ODBC 桥接的方式相当于增加了 ODBC 的环节，这样对效率的影响会比较大。而对于最后一种驱动程序，需要对于不同的数据库下载不同的驱动程序，可能会出现驱动程序较多的情况，但是它的访问效率很高，其他问题可以忽略。

12.1.2.2 实例化 JDBC 驱动

连接数据库之前需要选定数据库驱动程序的类型，选定类型后需要加载驱动程序，也就是对其实例化。Java 语言提供了两种形式的 JDBC 加载方式，如下所示。

1．使用 DriverManger 类

DriverManger 类是 JDBC 提供的驱动管理器，其中包含一个注册驱动的 registerDriver()方法，使用 DriverManger 类加载驱动的格式如下所示。

```
DriverManger.registerDriver(Driver driver);
```

使用该方法的目的是让新加载的类使用 DriverManger 的 registerDriver()方法让 DriverManger 知道自己。registerDriver()方法的参数应该是 Driver 类的实例。

2．调用 Class.forName()方法

在加载 JDBC 驱动时还有一种方式就是使用 Class.forName()方法，这种方式是显式的加载方式，其使用格式如下所示。

```
Class.forName(String DiverName);
```

其中参数 DriverName 为字符串类型的待加载的驱动名称，具体使用方法如下所示。

```
String oracleDriver="oracle.jdbc.driver.OracleDriver";
Class.forName(oracleDriver);
```

上述两行代码完成了对 Oracle 数据库 JDBC 驱动程序的加载。加载时，首先定义一个 String 类型的 oracleDriver 变量，其值是 Oracle 数据库 JDBC 驱动程序类的字符串，然后将 oracleDriver 作为参数传递给 Class.forName()方法。

进行 JDBC 驱动的实例化时，Class.forName()方法保证了在 DriverManger 中 Driver 的惟一性；而使用 DriverManger.registerDriver()方法时，虽然不会产生代码错误，但是会影响执行的效率。因此推荐使用 Class.forName()方法来加载驱动。

12.1.3 连接数据库

连接数据库是进行数据库查询前必须执行的方法。在 Java 语言中，使用 JDBC 连接数据库也可以分为两步来进行：定义数据库连接 URL 和建立连接。下面分别来介绍如何让定义数据库连接的 URL 和如何建立连接。

12.1.3.1 定义数据库连接 URL

在这里的数据库连接 URL 和大家通常说的 URL 不是相同的概念。通常所说的 URL 是统一资源定位符（Uniform Resource Locator）的简称，用于表示 Internet 上某一资源的地址。而 JDBC 中的 URL 则是提供的一种标识数据库的方法，可以使不同的驱动程序加载相应的数据库并与之建立连接。

由于 JDBC 提供的可以连接的数据库有多种，所以定义的 URL 的形式也是各不相同的。通常，数据库的连接 URL 遵循以下的格式。

```
jdbc:<子协议>:<子名称>
```

其中，通常以“jdbc”作为协议开头，参数“子协议”为驱动程序名或者连接机制等，参数“子名称”通常为数据库的名称标识。

MySQL 数据库连接的 URL 的形式如下所示。

```
jdbc:mysql://loacalhost:3306/test?user=root&password=root
```

上述的代码中 jdbc 是指采用 jdbc 的桥接方式；mysql 是指要连接的是 MySQL 数据库；localhost 指的是本机地址；3306 指的是 sql 数据库的端口号；test 指的是数据库的名称；user 指的是连接数据库的用户名，而 password 指的是连接数据库的密码。

在以上的格式中，如果要使用中文存取，可以指定参数 useUnicode 和参数 characterEncoding，表明是否使用 Unicode 并指定字符的编码格式。以 MySQL 数据库为例，代码如下所示。

```
jdbc:mysql://localhost:3306/test?useUnicode=true&characterEncoding=gbk;
```

上述代码中将 useUnicode 设置为 true 表示使用 Unicode 字符集。如果 characterEncoding 设置为 gb2312 或 GBK，参数 useUnicode 必须设置为 true。假如 useUnicode 设置为 false，那么即便指定了编码格式，也不会被采用。

12.1.3.2 建立数据库连接

在做好了连接数据前的准备工作，编程人员就可以编写代码来实现数据库连接。在数据库驱动管理器 DriverManger 中，为编程人员提供了 getConnection()方法的 3 种不同的重载形式用于获取数据库的连接，具体如下所示。

- **getConnection(String url)** 使用指定的 url 建立连接。
- **getConnection(String url,Properties info)** 使用指定的 url 和属性 info 建立连接。
- **getConnection(String url,String usern,String password)** 使用指定的 url、用户名 user、密码 password 建立连接。

在上述介绍的方法中，第一个方法中的 url 中需要至少包含数据库连接 URL 的最基本定义、对用户名以及密码的定义，另外对编码格式的定义等可选可不选；对于第二种方式，info 对象中至少要包含对用户名和密码的定义。

【练习 1】

在连接数据库之前还有一些准备工作要做，就是将数据库驱动的 jar 包导入项目中。下面通过一个简单的示例，在该示例中编写代码完成对 MySQL 数据库的连接。其主要步骤如下。

（1）创建一个 java 工程，单击右键，选择“Build Path”选项下的“Configure Bulid Path...”子项，在弹出对话框后选择“Librarys”选项下的“Add External Jars”子项，找到 MySQL 驱动 jar 文件的位置，选中后单击 OK 按钮。

（2）编写测试类验证是否可以连接到 MySQL 数据库，在 main()方法中首先定义一个数据库连接对象，然后加载 JDBC 驱动程序，如果加载成功就在控制台输出“找到驱动”，反之输出“驱动未找到”，代码如下所示。

```
Connection conn = null;
try {
    Class.forName("com.mysql.jdbc.Driver");
    System.out.println("找到驱动");
} catch (ClassNotFoundException e) {
    System.out.println("驱动未找到");
    e.printStackTrace();
}
```

（3）创建连接 URL，在定义的 URL 中除了包含有数据库连接的必需信息外还包括用户名和密码，这样就可以直接使用一个参数的 getConnection(String url)方法来获取数据库的连接。如果连接成功就输出“数据库连接成功”，反之则输出“数据库连接失败”，代码如下所示。

```
String url="jdbc:mysql://localhost:3306/lydb?user=root&password=root";
try {
    conn=DriverManager.getConnection(url);
    System.out.println("数据库连接成功");
} catch (SQLException e) {
    e.printStackTrace();
    System.out.println("数据库连接失败");
}
```

（4）关闭数据库，如果关闭成功在控制台输出“数据库连接关闭”，否则输出“数据库连接关闭失败”，代码如下所示。

```
try {
```

```
        conn.close();
        System.out.println("数据库连接关闭");
    } catch (SQLException e) {
        e.printStackTrace();
        System.out.println("数据库连接关闭失败");
    }
```

（5）执行程序，程序执行结果如图 12-4 所示。

Console
<terminated> Test (1) [Java Application] C:\Program Files\Genuitec\Common\binary\com.sun.java.jdk.win32.x86_1.6.0.013\bi
找到驱动
数据库连接成功
数据库连接关闭

图 12-4　练习 1 运行效果图

从上图看出，程序正确执行，没有出现异常。运行时，程序成功加载了 MySQL 数据库的驱动并获取到数据库的连接，最后正常关闭。

测试的前提是本机已经安装过了 MySQL 数据库并且编程人员知道用户名和密码。

【练习 2】

在对数据库的操作中，每次进行操作之前都要求数据库的连接是打开的，每获得一次数据就得编写一次数据的连接代码，会很麻烦，而将连接数据库的代码写在某个类的方法中，每次操作前调用该方法，使用完成后关闭，这样就会方便很多。以 MySQL 数据库为例，创建 JDBC 数据库连接工具类，工具类示例的主要编写步骤如下所示。

（1）创建类，编写一个返回值为 Connection 类型的静态方法，加载数据库驱动，代码如下所示。

```
public static Connection getConnection(){
    try {
        Class.forName("com.mysql.jdbc.Driver");

    } catch (ClassNotFoundException e1) {
        e1.printStackTrace();
        System.out.println("未找到驱动程序");
    }
}
```

（2）定义 MySQL 的数据库连接字符串，定义数据库的用户名和密码，代码如下所示。

```
String url="jdbc:mysql://localhost:3306/lydb";
String user="root";
String password="root";
```

（3）返回使用 DriverManager 获得的数据库连接对象，如果没有获取到连接对象则返回 null，代码如下所示。

```
try {
    return DriverManager.getConnection(url, user, password);
} catch (SQLException e) {
    e.printStackTrace();
```

```
        return null;
    }
```

（4）创建一个测试类，在 main()方法中定义一个 Connection 对象接收调用工具类方法返回的数据库连接对象，代码如下所示。

```
    public static void main(String[] args) {
        Connection connection=ConnUtil.getConnection();
    }
```

（5）验证获取到的 Connection 对象的打开状态，代码如下所示。

```
    try {
        System.out.println("数据库连接是否关闭: "+connection.isClosed());
    } catch (SQLException e) {
        e.printStackTrace();
    }
```

（6）如果数据连接是打开状态，应关闭数据库连接，这样可以减少资源的浪费，代码如下所示。

```
    finally{
        if (connection!=null){
            try {
                connection.close();
            } catch (SQLException e) {
                e.printStackTrace();
            }
        }
    }
```

（7）执行测试类，运行效果如图 12-5 所示。

图 12-5　练习 2 运行效果图

从运行效果图中可以看出，本例中获取到的是一个打开状态的数据库连接。在上述的代码中，使用 finally 语句块来关闭连接是因为 finally 语句块中的内容在任何情况下都会执行，这样会减少资源的浪费。

12.1.4　访问数据库

在上节中对数据库的连接进行了介绍，数据库连接完成之后，下面要介绍的就是如何使用 JDBC 连接数据库完成一些基本操作，这些基本的操作包括增加记录、删除记录、修改记录和查询记录。

12.1.4.1　Statement、ResultSet 和 PreparedStatement 对象

进行数据库的基本操作需要用到 Statement、ResultSet 和 PreparedStatement 对象，下面就针对这 3 个对象进行简单介绍。

1．Statement 对象和 ResultSet 对象

在增加、删除、修改和查询操作之前，为了方便后面的介绍，首先介绍一下 Statement 对象、

PreparedStatement 对象和 ResultSet 结果集的使用方法。

Connection 对象是 Java 中数据库连接的代表对象。要执行 SQL 语句，就必须使用 java.sql.Statement 对象，它是 Java 中一个可以向数据库发送 SQL 执行命令的对象，可以使用 Connection 对象的 createStatement()方法获取到。具体使用方式如下所示。

```
Statement st=conn.createStatement();
```

获取到 Statement 对象之后，可以使用它的 executeUpdate()、executeQuery()等方法来执行 SQL 命令。executeUpdate()方法一般用来执行插入、删除、修改等操作，executeQuery()方法常用来执行查询操作。

例如在数据库中创建一个名为 tb_user 的表格，如果要在表格中插入一条记录，可以使用 Statement 对象的 executeUpdate()方法。创建该数据表时需要的代码如下所示。

```
Use dbly;
CREATE TABLE tb_user(
id INT NOT NULL AUTO-INCREMENT PRIMARY KEY,
userName  VARCHAR(20) NOT NULL,
userAge INT NOT NULL,
userAdderess VARCHAR(20) NOT NULL
) ;
```

在程序代码中调用 executeUpdate()方法，在该方法中的参数中添加 SQL 语句，代码如下。

```
st.excuteUpdate("insert into tb_user values(1, '李杨',24, '渑池')");
```

Statement 对象执行 executeUpdate()操作的执行结果是 int 类型的值，返回的是受影响的行数。Statement 对象执行 executeQuery()方法的执行结果就是一个 java.sql.ResulteSet 对象，代表查询到的记录的集合。编程人员可以使用 ResultSet 对象的 next()方法来移动至下一条记录，该方法会返回 true 或者 false，表示是否存在下一条记录，接着可以使用类似 getInt()或者 getFloat()之类的方法来获取数据，这种方法后面跟的参数可以是字段的顺序，也可以是字段的名称。

- 使用字段名称来查询记录的方式，示例如下。

```
ResultSet res=st.excuteQuery("select * from tb_user");
While(res.next()){
    System.out.println(res.getString("userName"));
}
```

- 使用字段顺序来查询记录的方式，示例如下。

```
ResultSet res=st.excuteQuery(" select * from tb_user");
While(res.next()){
    System.out.println(res.getString(4));
}
```

Statement 对象的 execute()方法可以用来执行 SQL，并测试所执行的 SQL 是执行查询或是更新，返回 true 表示执行 SQL 返回的是 ResultSet 的查询结果，此时可以使用 getResulteSet()方法获取得 ResultSet 对象。如果执行结果返回 false，表示执行 SQL 会返回更新数目或没有结果集，此时可以使用 getUpdateCount()方法获取更新的数目。

使用 JDBC 操作数据库的方法主要分为 3 步。

（1）调用数据库连接 Connection 类的 createStatement()方法获得 Statement 对象。Statement

对象表示数据操作声明，用于向数据库发送具体的增、删、改或者查询操作。

（2）调用 Statement 对象的 execute()、executeUpdate()或 executeQuery()方法执行数据库操作。

（3）处理数据库操作的结果。

以上的步骤主要是针对使用 Statement 对象进行数据库连接的操作步骤。

2．PreparedStatement 对象

从上述的介绍中，读者会发现 Statement 执行的主要是静态的 SQL 语句，也就是说执行的是内容固定不变的 SQL 语句，假如一个程序要执行多次的插入操作，那么就需要编写多次 SQL 语句，这样会比较麻烦。因此便有了使用起来更加方便快捷的 PreparedStatement。

PreparedStatement 接口继承并扩展了 Statement 接口。PreparedStatement 对象包含可编译的 SQL 语句，SQL 语句具有一个或者多个输入参数，这些输入参数的值在 SQL 语句创建时未被绑定，而是在 SQL 语句中为每个参数保留一个“?”作为占位符，然后使用类似 setInt()和 setString()的方法将参数传递到指定位置。这样就可以写一次 SQL 语句，重复使用，只要传入不同的参数即可。

示例代码如下。

```
PreparedStatement  pst=conn.prepareStatement("insert  into  tb_user  values
(?,?,?,?)");
pst.setInt(1, 4);
pst.setString(2, "阿贵");
pst.setInt(3, 23);
pst.setString(4, "三门峡");
pst.executeUpdate();
```

相对于 Statement 对象，PreparedStatement 对象的优势在于以下几点。

- 增强代码的可读性和可维护性。
- PreparedStatement 是预编译的，可以提高性能。
- 能够极大地提高安全性，防止 SQL 注入。

通过上面 Statement 对象、ResultSet 对象以及 PreparedStatement 对象的介绍，读者对数据库操作的要点已经有所了解，下面主要通过相关接口和对象实现对数据库中数据的增加、删除、修改和查询操作。

12.1.4.2 增加记录

通过上述学习，实现一个数据的插入应该是一件很简单的事情了。下面主要通过使用 preparedStatement 对象来实现数据的插入操作，SQL 语法格式如下所示。

```
insert into 表名(字段列表) values (值列表)
```

【练习 3】

使用 PreparedStatement 对象完成数据的插入操作。在练习 2 中曾经编写过一个数据库连接的工具类，在这里直接调用该类的方法来获取数据库的连接。主要步骤如下所示。

（1）创建类，编写 main()方法，获得数据库的连接并定义一个 PreparedStatement 对象，代码如下所示。

```
public static void main(String[] args) {
    Connection conn=ConnUtil.getConnection();
    PreparedStatement pst = null;
}
```

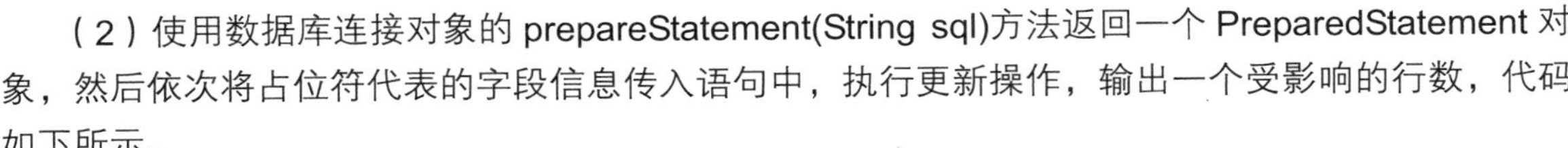

（2）使用数据库连接对象的 prepareStatement(String sql)方法返回一个 PreparedStatement 对象，然后依次将占位符代表的字段信息传入语句中，执行更新操作，输出一个受影响的行数，代码如下所示。

```
try {
    pst=conn.prepareStatement("insert into tb_user values(?,?,?,?)");
    pst.setInt(1, 5);
    pst.setString(2, "翔帆");
    pst.setInt(3, 23);
    pst.setString(4, "英豪");
    int count=pst.executeUpdate();
    System.out.println(count+"行数据受影响");
} catch (SQLException e) {
    e.printStackTrace();
}
```

（3）关闭数据库连接和 PrepareStatement 对象，关闭的代码就不在此进行介绍了。执行程序，运行效果如图 12-6 和图 12-7 所示。

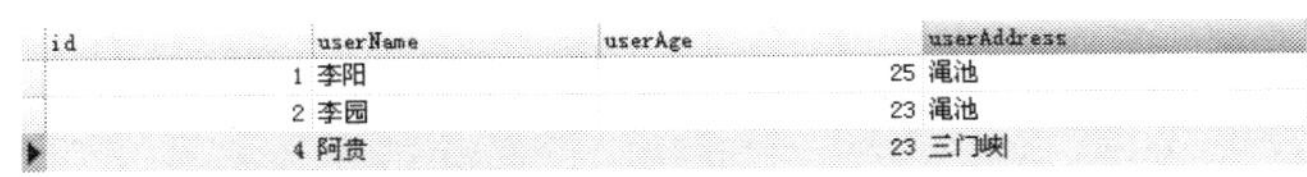

id	userName	userAge	userAddress
1	李阳	25	渑池
2	李园	23	渑池
4	阿贵	23	三门峡

图 12-6 执行操作之前数据表

id	userName	userAge	userAddress
1	李阳	25	渑池
2	李园	23	渑池
4	阿贵	23	三门峡
5	翔帆	23	英豪

图 12-7 执行操作之后数据表

从上述两个数据表的对比可以发现，数据库表在程序执行之后增加了一条记录，写入的各个字段的内容和程序中给定的值相同。

12.1.4.3 删除记录

删除数据的 SQL 语句的语法格式如下所示。

```
delete from 表名 where 条件
```

其中，where 条件不是必须的。

【练习 4】

删除表 tb_user 中 id 为 3 的记录，主要步骤如下所示。

（1）创建类，编写 main()方法，获得数据库的连接并定义一个空的 Statement 对象，代码如下所示。

```
public static void main(String[] args) {
    Connection conn=ConnUtil.getConnection();
    Statement st = null;
}
```

（2）使用数据库连接对象 Connection 的 createStatement()方法创建 Statement 对象，定义删除 id 为 3 的记录行的 SQL 语句，执行删除操作，代码如下所示。

```
try {
    st=conn.createStatement();
    String sql="delete from tb_user where id=3";
    int count=st.executeUpdate(sql);
    System.out.println("删除记录的条数为"+count+"条");
} catch (SQLException e) {
    e.printStackTrace();
}
```

（3）在 finally 语句块中编写关闭资源的代码，具体代码同练习 2 类似。执行程序，效果如图 12-8 和图 12-9 所示。

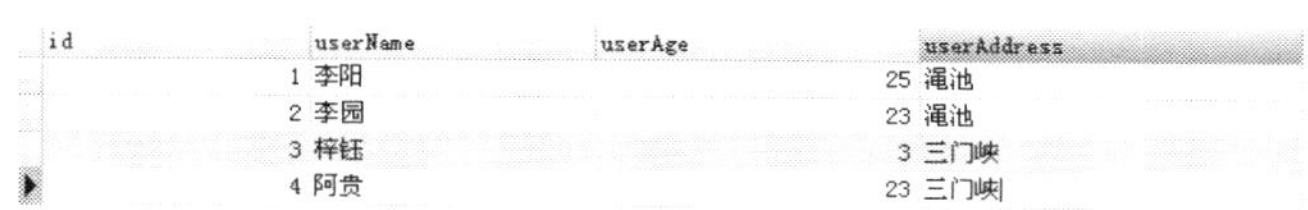

图 12-8　执行操作之前数据表

图 12-9　执行操作之后数据表

从上述两个数据表的对比可以发现，数据库表在程序执行之后少了 id 为 3 的记录行，说明程序正确执行。

12.1.4.4　修改记录

在对数据库的操作中，修改数据也是经常进行的一项操作。SQL 语句中修改记录的语法格式如下所示。

```
update 表名 set 字段名=新值 where 条件
```

在上述的语句中，如果要修改的值是多个，可以使用“,”隔开，可以修改多个字段的值。

【练习 5】

修改表 tb_user 中 id 为 1 的记录内容，将“姓名”修改为“李杨”，“年龄”修改为“26”，主要步骤如下所示。

（1）创建类，编写 main()方法，获得数据库的连接并定义一个空的 PreparedStatement 对象，代码如下。

```
public static void main(String[] args) {
    Connection conn=ConnUtil.getConnection();
    PreparedStatement pst = null;
}
```

（2）使用数据库连接对象的 prepareStatement(String sql)方法返回一个 PreparedStatement 对象，然后依次将要修改的信息传入 SQL 语句中，执行更新操作，输出一个受影响的行数。代码如下。

```
String sql="update tb_user set userName=?,userAge=? where id=1";
try {
    pst=conn.prepareStatement(sql);
    pst.setString(1, "李杨");
```

```
        pst.setInt(2, 26);
        int count =pst.executeUpdate();
        System.out.println("修改了"+count+"行记录");
    } catch (SQLException e) {
        e.printStackTrace();
    }
```

（3）在 finally 语句块中编写关闭资源的代码，具体代码同练习 2 类似。执行程序，效果如图 12-10 所示。

id	userName	userAge	userAddress
1	李杨	26	渑池
2	李园	23	渑池
4	阿贵	23	三门峡

图 12-10　执行删除操作后数据库表

对比在执行完练习 4 后数据库表的内容发现，记录行 1 中 userName 字段和 userAge 字段的内容是程序中输入的新值。

12.1.4.5　查询记录

查询数据的 SQL 语句格式如下所示。

```
select  字段名 1,字段名 2,字段名 3 …  from 表名 where 条件
```

【练习 6】

列出表 tb_user 中的所有记录行中的数据。主要步骤如下所示。

（1）创建类，编写 main()方法，输出一个字符串对执行查询操作获取到的信息进行说明。获得数据库的连接并定义一个空的 ResultSet 集合，代码如下所示。

```
public static void main(String[] args) {
System.out.println("id----userName--userAge--userAddress");
Connection conn=ConnUtil.getConnection();
ResultSet rs = null;
```

（2）编写进行查询的 SQL 语句，执行查询操作，使用 ResultSet 对象接收执行查询返回的结果集，使用 next()方法将结果集中的记录行依次取出，将各个字段的值输出到控制台，代码如下所示。

```
String sql="select * from tb_user";
try {
    rs=conn.createStatement().executeQuery(sql);
    while(rs.next()){

System.out.println(rs.getInt(1)+"-------"+rs.getString(2)+"------"+rs.getIn
t(3)+"------"
        +rs.getString(4));
    }
} catch (SQLException e) {
    e.printStackTrace();
}
```

（3）在 finally 语句块中编写关闭资源的代码，具体代码同练习 2 类似。执行程序，效果如图 12-11 所示。

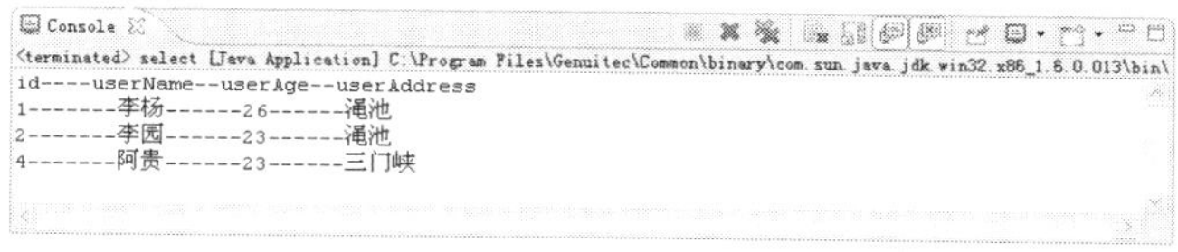
Console
<terminated> select [Java Application] C:\Program Files\Genuitec\Common\binary\com.sun.java.jdk.win32.x86_1.6.0.013\bin\
id----userName--userAge--userAddress
1-------李杨------26------渑池
2-------李园------23------渑池
4-------阿贵------23------三门峡

图 12-11　练习 6 运行效果图

从运行效果图可以看出，控制台列出了表 tb_user 中的所有数据，在表 tb_user 中没有记录 id 为 3 的记录，这说明练习 4 中的删除操作执行正确，而且 id 为 1 的记录的姓名为“李杨”，且年龄为“26”，这说明练习 5 的修改操作执行是正确的。

【练习 7】

使用数据库连接完成用户的登录。查询数据库，通过对用户信息的判断，查看用户名和密码是否一致。如果用户名正确，弹出对话框提示“登录成功”，否则显示“登录失败”。主要步骤如下所示。

（1）创建类，定义一个登录的窗体和一个主窗体，再创建一个数据库连接对象以及一个文本域和一个密码域，代码如下所示。

```
JFrame loginWindow;
JFrame mainFrame;
JTextField nameField = new JTextField(9);
JPasswordField pwdField = new JPasswordField(10);
Connection conn=ConnUtil.getConnection();
```

（2）设置 loginWindow 窗体的属性，代码如下所示。

```
loginWindow = new JFrame("登录");
loginWindow.setDefaultCloseOperation(JFrame.EXIT_ON_CLOSE);
loginWindow.setBounds(300,300,225,175);
loginWindow.setResizable(true);
```

（3）设置 mainFrame 窗体的属性，代码如下所示。

```
mainFrame = new JFrame();
mainFrame.setDefaultCloseOperation(JFrame.EXIT_ON_CLOSE);
mainFrame.setBounds(300,300,200,150);
mainFrame.setVisible(false);
```

（4）分别定义一个用户名面板和一个密码面板，其中用户名面板中包括一个 JLable 标签和一个文本域，密码面板也包括一个 JLable 标签和一个密码域，代码如下所示。

```
JPanel namePanel = new JPanel();
namePanel.add(new JLabel("用户名: ",JLabel.CENTER));
namePanel.add(nameField);
JPanel pwdPanel = new JPanel();
pwdPanel.add(new JLabel("密  码: ",JLabel.CENTER));
pwdPanel.add(pwdField);
```

（5）将用户名面板和密码面板放入一个 Box 中，按照纵向排列，代码如下所示。

```
Box mesBox = new Box(BoxLayout.Y_AXIS);
mesBox.add(namePanel);
mesBox.add(pwdPanel);
```

（6）将 Box 加入到一个新创建的名为“infoPanel”的面板中并设置背景色和标题，代码如下所示。

```
JPanel infoPanel = new JPanel();
infoPanel.add(mesBox);
infoPanel.setBorder(BorderFactory.createTitledBorder(BorderFactory.createLineBor
der(new Color(123,123, 123)),"登录信息"));
```

（7）新建一个【登录】按钮和一个【取消】按钮。

```
JButton submitButton = new JButton("登录");
JButton cancelButton = new JButton("取消");
```

（8）为“登录”按钮添加按键监听器，将从 nameFiled 和 pwdFiled 中获取到的用户输入的用户名和密码获取到之后，打开数据库连接，查询表中是否存在于与输入的用户名和密码相同的记录。如果有，跳转到主窗体显示“登录成功”；如果没有，跳转到主窗体显示“登录失败”；如果用户名或者密码为空，单击【登录】按钮弹出提示对话框。代码如下所示。

```
submitButton.addActionListener(new ActionListener(){
    public void actionPerformed(ActionEvent e) {
        String name = nameField.getText();
        String pwd = pwdField.getText();
        if(!name.equals("") && !pwd.equals("")) {
            loginWindow.dispose();
            String sql="Select * from tb_userInfo where userName='"+name +"'and
            userPwd='"+pwd+"'";
            Statement st;
            try {
                st = conn.createStatement();
                ResultSet res=st.executeQuery(sql);
                if(res.next()){
                    mainFrame.getContentPane().add(new JLabel("登录成功"),
                    JLabel.CENTER);
                    mainFrame.setVisible(true);
                }
                else{
                    mainFrame.getContentPane().add(new JLabel("登录失败"),
                    JLabel.CENTER);
                    mainFrame.setVisible(true);
                }
                st.close();
                try {
                    conn.close();
                } catch (SQLException e1) {
                    e1.printStackTrace();
                }
            } catch (SQLException e1) {
                e1.printStackTrace();
            }
        }
        else {
            JOptionPane.showMessageDialog(null,"用户名和密码不能为空","提示",
            JOptionPane.WARNING_MESSAGE);
            System.exit(1);
        }
```

```
    }
});
```

（9）为【取消】按钮添加按键监听器，代码如下所示。

```
cancelButton.addActionListener(new ActionListener(){
    public void actionPerformed(ActionEvent e) {
        System.exit(0);
    }
});
```

（10）将“登录”按钮和“取消”按钮加入名为 ButtonPanel 的面板中，将 infoPanel 面板和 ButtonPanel 面板添加到登录窗体，设置为可见，代码如下所示。

```
JPanel buttonPanel = new JPanel();
buttonPanel.add(submitButton);
buttonPanel.add(cancelButton);
loginWindow.getContentPane().add(infoPanel,BorderLayout.NORTH);
loginWindow.getContentPane().add(buttonPanel,BorderLayout.SOUTH);
loginWindow.setVisible(true);
```

（11）执行程序，首先输入一个数据库中存在的用户名及密码，运行效果如图 12-12 和图 12-13 所示。接着再次运行程序，输入一个数据库中不存在的用户名和密码，运行效果如图 12-14 和图 12-15 所示。再次运行程序，用户名框和密码框中不加入任何内容单击“登录”按钮，运行效果如图 12-16 和图 12-17 所示。

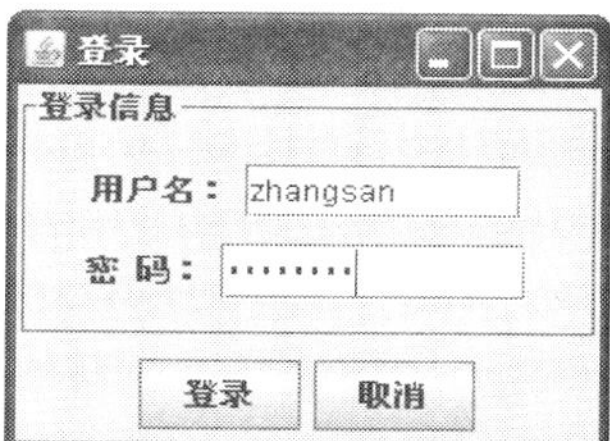

图 12-12　输入数据库存在数据

图 12-13　登录成功

图 12-14　输入数据库中不存在数据

图 12-15　登录失败

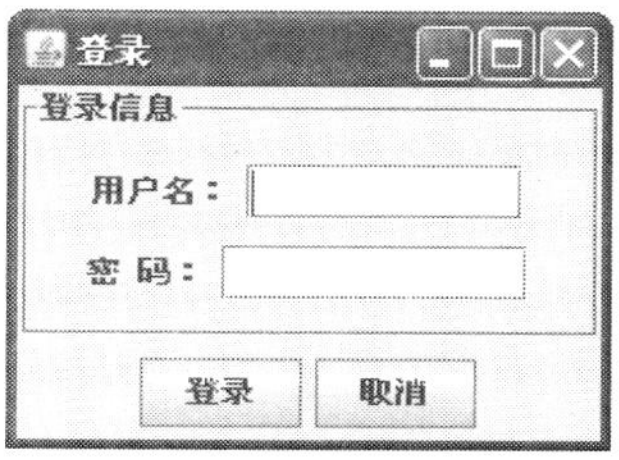

图 12-16　用户名或者密码为空

图 12-17　弹出提示框

12.1.5 ResultSet 相关操作

在之前进行的数据库的增加、删除以及修改操作时，编程人员需要使用 executeUpdate()方法来执行 SQL 语句，如果只是想针对查询到的数据进行增加、删除、修改操作，完全可以使用 ResultSet 对象的一些方法来执行，而不一定非要编写 SQL 并执行。

如果要使用 ResultSet 对象新增、删除和修改数据，在建立 Statement 对象时必须在 createStatement() 方法中指定 TYPE_SCROLL_SENSITIVE（或者是 TYPE_SCROLL_INSENSITIVE，如果不想获得更新后的数据）以及 CONCUR_UPDATABLE，它们的具体说明如下。

- **TYPE_SCROLL_INSENSITIVE** 双向滚动，但不及时更新，就是如果数据库里的数据修改过，并不在 ResultSet 中反映出来。
- **TYPE_SCROLL_SENSITIVE** 双向滚动，并及时跟踪数据库的更新，以便更改 ResultSet 中的数据。
- **CONCUR_READ_ONLY** 类似只读属性，不可以更改的，不能用结果集更新数据，这个值是默认值。
- **CONCUR_UPDATABLE** ResultSet 对象可以执行数据库的新增、修改和移除操作。

Statement 对象的创建方法如下所示。

```
    Statement    st=conn.createStatement(ResultSet.TYPE_SCROLL_SENSITIVE,ResultSet.
CONCUR_ UPDATABLE);
```

1. 修改数据

针对查询到的结果进行记录的修改，示例代码如下所示。

```
String sql="select * from tb_user where id=2";
Statement st=conn.createStatement(
ResultSet.TYPE_SCROLL_SENSITIVE,ResultSet.CONCUR_UPDATABLE);
ResultSet   rs=st.executeQuery(sql);
rs.last();
rs.updateString(2, "园");
rs.updateString(4, "渑池");
rs.updateRow();
```

在上述的代码中，在调用过 updateString()方法后如果不调用 updateRow()方法，数据库表中的值是不会发生改变的。如果在执行 updateRow()方法前想要取消操作，可以调用 cancelRowUpdates()方法，取消对记录行的修改操作。

【练习 8】

使用上面讲述的方法，首先执行一次查询操作，对结果进行修改，在修改完成后再一次将修改后的结果显示出来。主要步骤如下所示。

（1）创建类，添加 main()方法，获取一个数据库的连接，编写查询 id 为 2 的记录行的 SQL 语句。定义一个 ResultSet 对象和一个 Statement 对象，代码如下所示。

```
System.out.println("id----userName--userAge--userAddress");
Connection conn=ConnUtil.getConnection();
String sql="select * from tb_user where id=2";
ResultSet rs = null;
Statement st = null;
```

（2）将创建的 Statement 对象设置为可以对 ResultSet 进行修改和双向滚动模式，执行查询操作，将结果取出后输出到控制台，代码如下所示。

```
st=conn.createStatement(ResultSet.TYPE_SCROLL_SENSITIVE,ResultSet.CONCUR_UP
DATABLE);
rs=st.executeQuery(sql);
while(rs.next()){
    System.out.println(rs.getInt(1)+"------"+rs.getString(2)+"-------"+rs.g
    etInt(3)+"---------"+rs.getString(4));
}
```

（3）定位到获取结果的最后一条记录，使用 updateXXX()的方法，对指定字段的值进行修改，代码如下所示。

```
rs.last();
rs.updateString(2, "李园");
rs.updateString(4, "英豪");
rs.updateRow();
```

（4）将修改后的结果再次输出到控制台，代码如下所示。

```
System.out.println("修改后的结果: ");
rs=st.executeQuery(sql);
while(rs.next()){
    System.out.println(rs.getInt(1)+"------"+rs.getString(2)+"-------"+rs.g
    etInt(3)+"---------"+rs.getString(4));
}
```

（5）在 finally 语句块中编写关闭资源的代码，具体代码同练习 2 类似。执行程序，运行效果如图 12-18 所示。

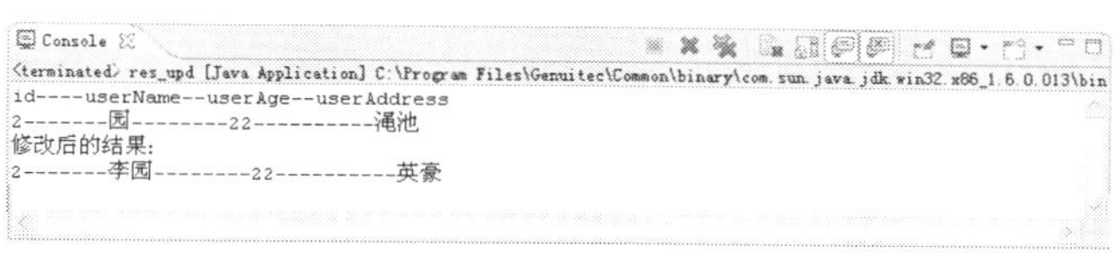

图 12-18　练习 8 运行效果图

2．增加数据

如果想在表中再增加一条记录，也可以使用 ResultSet 对象的方法来完成。这时需要调用 ResultSet 对象的 moveToInsertRow()方法移动到可以新增数据的地方，接着调用相应的 updateXXX()方法对各个字段进行赋值，当然在这里执行的 updateXXX()方法可以按照字段的顺序来进行修改，也可以是按照字段的名称来修改。在上述步骤都完成之后，调用 ResultSet 的 insertRow()方法，只有调用了 insertRow()方法之后，才能真正对数据库表进行操作。

【练习 9】

使用 ResultSet 中的插入方法完成新数据的插入。主要步骤如下所示。

（1）创建类，添加 main()方法，获取一个数据库的连接，编写查询所有记录行的 SQL 语句。定义一个 ResultSet 对象和一个 Statement 对象，代码如下所示。

```
Connection conn=ConnUtil.getConnection();
String sql="select * from tb_user";
ResultSet rs = null;
Statement st = null;
```

（2）将创建的 Statement 对象设置为可以对 ResultSet 进行修改和双向滚动模式，执行查询操作，将结果取出后输出到控制台，代码如下所示。

```
st=conn.createStatement(ResultSet.TYPE_SCROLL_SENSITIVE,ResultSet.CONCUR_UP
DATABLE);
rs=st.executeQuery(sql);
while(rs.next()){
    System.out.println(rs.getInt(1)+"------"+rs.getString(2)+"-------"+rs.g
    etInt(3)+"---------"+rs.getString(4));
}
```

（3）将结果集指针移动到可以插入记录行的位置，给指定字段赋值，执行插入行操作，代码如下所示。

```
rs.moveToInsertRow();
rs.updateInt(1, 7);
rs.updateString(2, "陈颂");
rs.updateInt(3, 24);
rs.updateString(4, "果园");
rs.insertRow();
```

（4）在上述的操作中，插入的记录行的 id 为 7。编写 SQL 语句，查询 id 为 7 的记录行，将结果输出到控制台，代码如下所示。

```
String sql2="select * from tb_user where id=7";
rs=st.executeQuery(sql2);
System.out.println("第七条记录的信息如下所示：");
while(rs.next()){
    System.out.println(rs.getInt(1)+"    "+rs.getString(2)+"    "+rs. getInt
    (3)+"    "+rs.getString(4));
}
```

（5）在 finally 语句块中编写关闭资源的代码，具体代码同练习 2 类似。运行效果如图 12-19 所示。

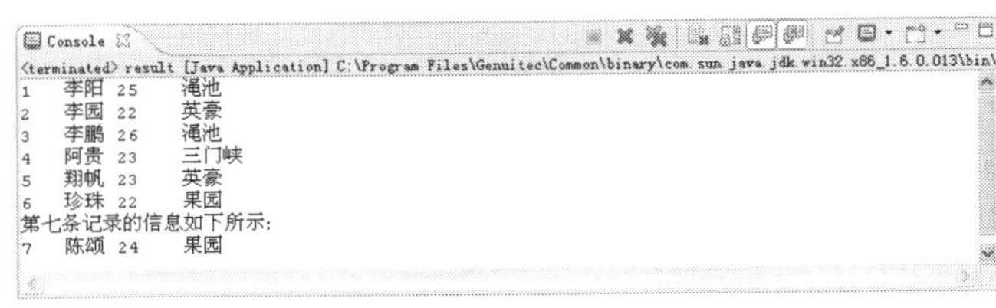

图 12-19 练习 9 运行效果图

3．删除数据

在上面介绍过可以使用 ResultSet 对象来新增数据、修改数据和删除数据，前文已经对数据完成了新增和修改操作，下面将完成数据的删除操作。

【练习 10】

使用 ResultSet 对象的方法完成数据的删除，主要步骤如下所示。

（1）创建类，添加 main()方法，获取一个数据库的连接，编写查询 id 为 2 的记录行的 SQL 语句。定义一个 ResultSet 对象和一个 Statement 对象，代码如下所示。

```
Connection conn=ConnUtil.getConnection();
String sql="select * from tb_user where id=2";
ResultSet rs = null;
```

```
Statement st = null;
```

（2）将创建的 Statement 对象设置为可以对 ResultSet 进行修改和双向滚动模式，执行删除操作，代码如下所示。

```
st=conn.createStatement(ResultSet.TYPE_SCROLL_SENSITIVE,ResultSet.CONCUR_UP
DATABLE);
rs=st.executeQuery(sql);
```

（3）将结果集指针移动到最后一条记录处，执行 ResultSet 的删除操作，删除掉查询到的记录行，代码如下所示。

```
rs.last();
rs.deleteRow();
```

（4）再次执行操作，查询 id 为 2 的记录行的信息，如果查询到信息则输出到控制台，如果查询不到信息，将输出"id 为 2 的记录不存在"，代码如下所示。

```
rs=st.executeQuery(sql);
if(rs.next()){
    System.out.println("id为2的记录的信息如下所示: ");
    System.out.println(rs.getInt(1)+"-------"+rs.getString(2)+"--------"+rs
    .getInt(3)+"----------"+rs.getString(4));
}else{
    System.out.println("id为2的记录不存在");
}
```

（5）在 finally 语句块中编写关闭资源的代码，具体代码同练习 2 类似。运行效果如图 12-20 所示。

图 12-20 练习 10 运行效果图

在上述的代码中，再次执行查询操作前，已经将 id 为 2 的记录删除掉了，因此就不能再查询到 id 为 2 的数据。所以 rs.next()的返回值会是一个 false，程序执行 else 语句块中的内容，最后输出"id 为 2 的记录不存在"。

4．ResultSetMetaData

ResultSetMetaData 是一个接口，在实际应用中可用于获取关于 ResultSet 对象中列的类型和属性信息的对象。利用 ResultSet 的 getMetaData()方法可以获得 ResultSetMetaData 对象，而 ResultSetMetaData 对象存储的是 ResultSet 的 MetaData。所谓的 MetaData 在英文中的解释为"Data about Data"，中文意思则为"数据的数据"，实际上就是描述及解释含义的数据。使用 getMetaData()返回的数组中包括了数据的字段名称、类型以及数目等表格所必须具备的信息。

常用的获取数据相关信息的方法如下所示。

- **getColumnCount()** 返回字段的数目。
- **getTableName()** 返回表名。
- **getColumnName()** 返回字段名。
- **getColumnTypeName** 返回字段的类型。

【练习 11】

使用 ResultSet 的 ResultSetMeta 对象获取相关的表名、字段名和字段类型，主要步骤如下所示。

（1）创建一个类，编写 main()方法，创建数据库连接，创建一个 Statement 对象和一个 ResultSet 对象以及一个 ResultSetMetaData 对象，编写查询 id 为 5 的记录行的 SQL 语句，代码如下所示。

```
Connection conn=ConnUtil.getConnection();
Statement st = null;
ResultSet rs = null;
ResultSetMetaData rsmd = null;
String  sql="select * from tb_user where id=5";
```

（2）执行查询操作，取出 ResultSet 对象 rs 的 MetaData，使用循环的方式根据字段的个数将 MetaData 对象中的表名、字段名、字段类型等信息取出并输出到控制台，代码如下所示。

```
st=conn.createStatement();
rs=st.executeQuery(sql);
rsmd=rs.getMetaData();
for (int i=1;i<=rsmd.getColumnCount();i++){
    System.out.print("表名: "+rsmd.getTableName(i)+"----");
    System.out.print("字段名:"+rsmd.getColumnName(i)+"----");
    System.out.println("字段类型:"+rsmd.getColumnTypeName(i));
}
```

（3）在 finally 语句块中编写关闭资源的代码，具体代码同练习 2 类似。运行效果如图 12-21 所示。

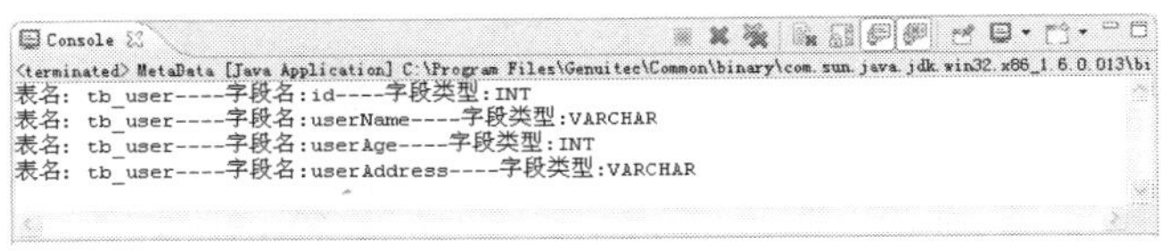

图 12-21　练习 11 运行效果图

12.1.6　事务处理

在日常生活中，用户会到银行完成转账业务，该业务能使用户一方的钱减少，对方账户的余额增加。假如在转账过程中出现故障，用户这边的金额少了，而对方却没有到账金额，这将会是一件多么可怕的事情，而事务机制恰好可以保证在出现故障时撤销全部动作的执行。事务机制保证把多个 SQL 语句当作单个工作单元来处理。事务机制的作用有如下两点。

- **一致性**　同时进行的查询和更新不会冲突，其他用户不会看到发生了变化但尚未提交的数据。
- **可恢复性**　一旦系统故障，数据库会自动地完全恢复未完成的事务。

JDBC 的 Connection 接口定义了一些与事务相关的方法，具体如下所示。

- **void commit()**　使自上一次提交/回滚以来进行的所有更改称为持久更改，并释放此 Connection 对象当前保存的所有数据库锁定。
- **boolean getAutoCommit()**　检查该 Connection 对象的当前自动提交模式。
- **boolean isClosed()**　检查此 Connection 对象是否已经关闭。
- **void releaseSavepoint()**　从当前事务中移除给定的 Savepoint 对象。

- **void rollback()** 取消在当前事务中进行的所有更改，并释放此 Connection 对象当前保存的所有数据库锁定。
- **void setAutoCommit(Boolean autoCommit)** 将此连接的自动提交模式设置为给定状态。
- **Savepoint setSavepoint()** 在当前事务中创建一个未命名的保存点（savepoint），并返回它的新的 Savepoint 对象。
- **Savepoint setSavepoint(String name)** 在当前事务中创建一个具有给定名称的保存点，并返回表示它的新的 Savepoint。
- **void setTransactionIsolation(int level)** 将此 Connection 对象的事务隔离级别更改为给定的级别。

下面结合事务的相关知识完成一个简单的练习。

【练习 12】

使用事务回滚完成数据的插入。要求是一条插入语句执行两次，用回滚，设置存储点的方式完成第一条数据的插入，程序不能报错。主要步骤如下所示。

（1）创建类，添加 main()方法，获取一个数据库的连接，定义一个 ResultSet 对象和一个 Statement 对象以及一个回滚点，代码如下所示。

```
Connection conn=ConnUtil.getConnection();
Savepoint point = null;
Statement st = null;
ResultSet rs = null;
```

（2）将数据库连接设置为非自动提交模式，编写 SQL 语句，执行插入操作，代码如下所示。

```
st = conn.createStatement();
conn.setAutoCommit(false);//设置为非自动提交
String sql="insert into tb_user values(9,'楠楠',22,'郑州')";
int res1=st.executeUpdate(sql);
```

（3）设置一个回滚点，将上述代码中定义的插入语句再执行一次，查询 id 为 8 的记录行，将结果输出到控制台，代码如下所示。

```
point=conn.setSavepoint();//设置回滚点
int res2=st.executeUpdate(sql);
String sql2="select * from tb_user where id=8";
rs=st.executeQuery(sql2);
while(rs.next()){
    System.out.println("id 为 8 的记录中的用户名是"+rs.getString(2));
}
```

（4）在 finally 语句块中编写关闭资源的代码，具体代码同练习 2 类似。执行程序，运行效果如图 12-22 所示。

id	userName	userAge	userAddress
1	李阳	25	渑池
2	李园	23	渑池
4	阿贵	23	三门峡
5	翔帆	23	英豪
6	珍珠	22	果园
7	陈颂	24	果园
8	楠楠	22	郑州

图 12-22 练习 12 运行效果图

在上述的代码中定义了一条插入语句，但是要执行两次，因为它们的主键是相同的，所以肯定会出现 SQL 异常。为了使第一次执行的 SQL 语句的内容成功插入数据库，在第一条 SQL 语句的执行后面加上一个存储点，如果出现异常回滚到出错点的前一句，将之前的内容进行提交，这样后面的错误和后面的代码都不会再执行了。在进行事物提交之前必须将数据库连接对象的自动提交功能关闭，使用 conn 的 setAutoCommit(false)方法。

12.1.7 批处理

在 Statement 对象的方法中，execute()方法一次只能执行一个 SQL 语句，但是它还有一个 executeBatch()方法，可以将一批命令提交给数据库来执行，如果全部命令执行成功，则返回更新计数组成的数组。返回数组的 int 元素的排序对应于批中的命令，批中的命令根据被添加到批中的顺序排序。使用这种方法一次可执行多个 SQL 语句，可以提高程序的执行效率。

【练习 13】

结合 Statement 对象完成批处理。一次删除表中多行数据，主要步骤如下所示。

（1）创建一个类，在 main()方法中添加代码，获取数据库的连接，定义一个 Statement 对象，代码如下所示。

```
Connection conn=ConnUtil.getConnection();
Statement st = null;
try{
    st=conn.createStatement();
}catch (SQLException e) {
    e.printStackTrace();
}
```

（2）编写分别删除 id 为 5、6、7 和 8 的记录行的 SQL 语句，使用 addBatch()方法将要执行的 SQL 语句加载到预执行队列，代码如下所示。

```
String sql1="delete from tb_user where id =5";
String sql2="delete from tb_user where id =6";
String sql3="delete from tb_user where id =7";
String sql4="delete from tb_user where id =8";
try {
    st.addBatch(sql1);
    st.addBatch(sql2);
    st.addBatch(sql3);
    st.addBatch(sql4);
} catch (SQLException e) {
    e.printStackTrace();
}
```

（3）使用 Statement 对象的 executeBatch()方法执行插入操作，返回执行成功的记录数，将结果输出到控制台，代码如下所示。

```
try {
    int res=st.executeBatch().length;
    System.out.println("有"+res+"条 SQL 语句执行成功");
} catch (SQLException e) {
    e.printStackTrace();
}
```

（4）在 finally 语句块中编写关闭资源的代码，具体代码同练习 2 类似。执行程序，执行效果如图 12-23 所示。

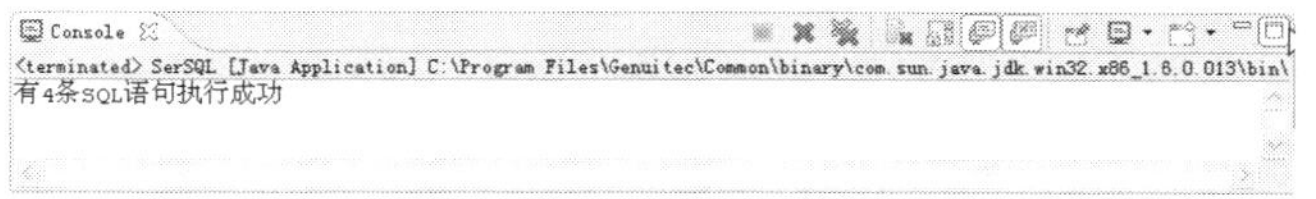

图 12-23　练习 13 运行效果图

在上述的代码中一次执行共删除了四条记录。使用 Statement 的 addBatch()方法可以将几条 SQL 语句都加到执行队列中，一次即可执行完毕。假如在执行过程中某条 SQL 语句的执行出现错误，可以使用回滚撤销整个处理过程的 SQL 操作。

【练习 14】

使用 PreparedStatement 对象和事务的回滚完成出错情况下的批处理。主要步骤如下所示。

（1）创建一个类，获取一个 Connection 对象 conn，定义一个 PreparedStatement 对象，将 conn 的提交模式改为手动提交，代码如下所示。

```
Connection conn=ConnUtil.getConnection();
PreparedStatement pst = null;
conn.setAutoCommit(false);
```

（2）使用 PreparedStatement 完成多行记录的插入，使用循环的方式向 SQL 语句中传值，代码如下所示。

```
try {
    pst=conn.prepareStatement("insert into tb_user values (?,?,?,?)");
    for (int i=5;i<9;i++){
        pst.setInt(1, i);
        pst.setString(2, "用户"+i);
        pst.setInt(3, 20+i);
        pst.setString(4, "河南");
        pst.addBatch();
    }
} catch (SQLException e) {
    e.printStackTrace();
}
```

（3）执行 PreparedStatement 对象的 executeBatch()方法，如果没有出错就自动提交，如果出错则执行回滚，代码如下所示。

```
try {
    pst.executeBatch();
    conn.commit();
} catch (SQLException e) {
    conn.rollback();
    System.out.println("有"+pst.getUpdateCount()+"条 SQL 语句执行出错了");
}
```

（4）在 finally 语句块中编写关闭资源的代码，具体代码同练习 2 类似。执行程序，运行效果如图 12-24（数据库表中原数据）和图 12-25（练习 14 运行效果图）所示。

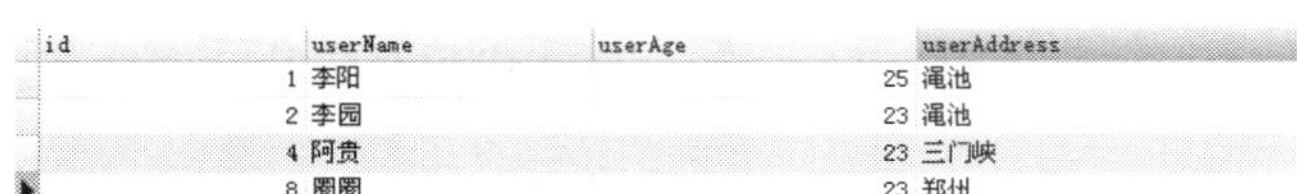

id	userName	userAge	userAddress
1	李阳	25	渑池
2	李园	23	渑池
4	阿贵	23	三门峡
8	圈圈	23	郑州

图 12-24 数据库表中原数据示意图

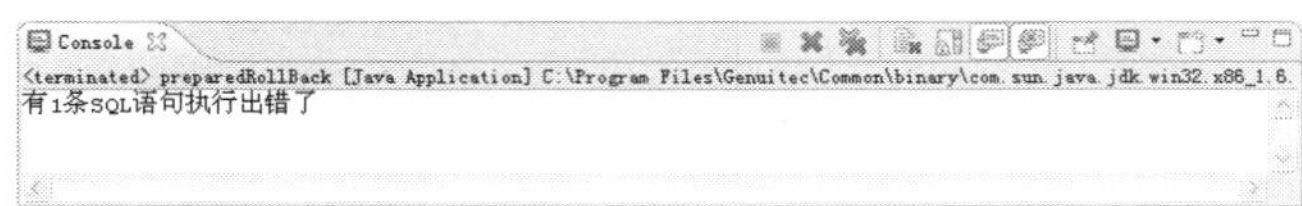

```
Console
<terminated> preparedRollBack [Java Application] C:\Program Files\Genuitec\Common\binary\com.sun.java.jdk.win32.x86_1.6.
有1条SQL语句执行出错了
```

图 12-25 练习 14 运行效果图

在上述的代码中，查看数据库中的原数据发现，数据库表中已经存在了 id 为 8 的记录，这样程序中的最后的一条数据是无法插入进去的，这样就会发生错误。如果将数据库连接的自动提交关闭掉，进行手动提交，出现错误全部回滚，那么所有的插入操作都不会执行。查看数据库表发现，数据库表中的数据没有发生改变。程序输出显示一条 SQL 语句执行出错的提示，这正好和上面的分析结果是一致的。

12.2 实例应用：学生信息管理

12.2.1 实例目标

将在下面这个实例中，向大家介绍使用数据库连接完成对学生信息的管理工作，包括对学生信息的增加、删除、修改和查询操作。

使用 SQL 数据库，建立数据库之间的连接，完成对学生信息的增加、修改、删除和查询操作，即在程序开始运行后，进行包括增加、修改、删除、查询和直接退出的操作。要求用户在执行完操作后选择退出，关闭掉数据库的连接。

12.2.2 技术分析

在该实例中的实现过程中使用到的技术较多，如下所示。

- 使用 Scanner 类获取输入的学生信息。
- 使用 Connection 获取数据库连接。
- 对数据库进行增、删、改、查操作。
- 使用 switch-case 语句控制流程。
- 使用异常捕获出现的异常信息。

12.2.3 实现步骤

（1）新建一个方法完成学生信息的增加，返回值为 boolean 类型，编写插入学生信息的 SQL 语句，使用方法中传递进来的 Statement 对象执行插入操作，代码如下所示。

```
public static boolean add(String name, int age, String grade, Statement st) {
    String sql = "insert into tb_stu(name,age,grade) values('" + name
            + "'," + age + ",'" + grade + "')";
    try {
```

```
            st.executeUpdate(sql);
            System.out.println("添加学生信息成功");
            return true;
        } catch (SQLException e) {
            e.printStackTrace();
            return false;
        }
    }
```

在增加信息的方法里，通过控制台将学生的信息包括学生的姓名、年龄以及年级信息输入进来，以参数的形式传递到方法中，使用拼接字符串的形式组成 SQL 语句。

（2）新建一个方法完成学生信息的删除，返回值为 boolean 类型。编写删除学生信息的 SQL 语句，使用方法中传递进来的 Statement 对象执行删除操作，代码如下所示。

```
    public static boolean del(int id, Statement st) {
        String sql = "delete from tb_stu where id=" + id;
        try {
            st.executeUpdate(sql);
            System.out.println("删除学生信息成功");
            return true;
        } catch (SQLException e) {
            e.printStackTrace();
            return false;
        }
    }
```

在删除学生信息的方法中，主要是根据学生的 id 号删除学生的信息。通过控制台将学生的 id 号接收进来，然后传递到方法中，拼出删除数据的 SQL 语句。

（3）新建一个方法完成学生信息的修改，返回值为 boolean 类型。编写删除学生信息的 SQL 语句，使用方法中传递进来的 Statement 对象执行更新操作，代码如下所示。

```
    public static boolean update(int id, String name, int age, String grade,
            Statement st) {
        String sql = "update  tb_stu set name='" + name + "'," + "age=" + age
                +"," + "grade='" + grade + "'where id=" + id;
        try {
            st.executeUpdate(sql);
            System.out.println("更新学生信息成功");
            return true;
        } catch (SQLException e) {
            e.printStackTrace();
            return false;
        }
    }
```

在修改学生信息的方法中，使用根据学生的 id 删除学生信息的方法，将新的学生姓名、年龄和班级信息通过控制台接收进来，然后传递到方法中，拼成一个修改记录的字符串，然后执行修改操作。

（4）新建一个方法完成学生信息的查询，返回值为 boolean 类型，编写查询学生信息的 SQL 语句，使用方法中传递进来的 Statement 对象执行查询操作，代码如下所示。

```
public static boolean query(Statement st) {
    String sql = "select * from tb_stu";
    try {
        ResultSet rs = st.executeQuery(sql);
        while (rs.next()) {
            System.out.println(rs.getInt(1) + "---" + rs.getString(2)
                    + "---" + rs.getInt(3) + "---" + rs.getString(4));
        }
        System.out.println();
        return true;
    } catch (SQLException e) {
        e.printStackTrace();
        return false;
    }
}
```

查询方法是很多的程序中都要使用的。上述代码通过 statement 对象执行了一个简单的数据查询操作，查询到的内容是表中的全部数据，通过控制台将记录的各方面信息都输出出来。

（5）新建一个退出程序的方法，主要完成资源的关闭，代码如下所示。

```
public static void exit(Statement st, Connection conn) {
    if (conn != null) {
        try {
            conn.close();
        } catch (SQLException e) {
            e.printStackTrace();
        }
    }
    if (st != null) {
        try {
            st.close();
        } catch (SQLException e) {
            e.printStackTrace();
        }
    }
    System.exit(0);
}
```

（6）编写测试类。首先定义 4 个变量接收学生的 id、age、name 和 grade，获取数据库的连接，创建一个 Statement 对象，代码如下所示。

```
int id;
int age;
String name;
String grade;
Connection conn = ConnUtil.getConnection();
Statement st = null;
try {
```

```
    st = conn.createStatement();
} catch (SQLException e) {
    e.printStackTrace();
}
```

（7）编写代码提示用户选择相应的操作，代码如下所示。

```
Scanner s = new Scanner(System.in);
while(true){
    System.out.println("请选择你要进行的操作: ");
    System.out.println("1.添加新学生信息");
    System.out.println("2.删除一个学生的信息");
    System.out.println("3.修改一个学生的信息");
    System.out.println("4.查询信息");
    System.out.println("5.选择退出");
    System.out.println("执行操作后请选择操作 5 退出");
    int res = s.nextInt();
}
```

（8）使用 switch-case 语句编写代码，每一个 case 语句块代表一种操作。在调用不同操作相对应的方法之前，在控制台给出提示信息，提示用户输入方法执行时所需要的参数，代码如下所示。

```
switch (res) {
case 1:
    System.out.println("请输入姓名: ");
    name = s.next();
    System.out.println("请输入年龄: ");
    age = s.nextInt();
    System.out.println("请输入年级: ");
    grade = s.next();
    add(name, age, grade, st);
    break;
case 2:
    System.out.println("请输入要删除的学生的 id 号");
    id = s.nextInt();
    del(id, st);
    break;
case 3:
    System.out.println("请输入修改的学生信息的 id");
    id = s.nextInt();
    System.out.println("请输入新名字");
    name = s.next();
    System.out.println("请输入新年龄");
    age = s.nextInt();
    System.out.println("请输入新年级");
    grade = s.next();
    update(id, name, age, grade, st);
    break;
case 4:
    query(st);
    break;
case 5:
```

```
    exit(st, conn);
}
```

（9）执行程序，运行效果如图 12-26 和图 12-27 所示。

图 12-26　实例运行效果图 1

图 12-27　实例运行效果图 2

在图 12-26 中，执行了删除操作和添加操作。根据程序的提示，用户首先选择了 2，要执行的是删除操作，在执行删除操作前要求输入要删除的学生的 id 号，这里输入了 4，显示程序执行成功说明删除了 id 为 4 的学生的信息。接着程序继续执行，再次要求选择操作的编号，输入 1 执行 case 1 中的操作，提示用户输入信息，程序执行插入操作，正确完成插入操作后显示程序插入记录行成功。

在图 12-27 中执行了查询和修改操作，用户输入 4，程序执行 case 4 中的内容，控制台输出查询到的学生的基本信息。在执行完成后，控制台提示用户选择新的操作，这里输入 3，提示用户输入要修改信息的学生的编号，接着输入 3 将对 3 号学生的信息进行修改，通过控制台接受新的学生信息，在执行完成之后控制台显示修改学生信息成功。

12.3 拓展训练

使用数据库编程实现留言功能

使用数据库连接完成留言的功能。在数据库中创建一个留言表，包含 id 号、作者、内容和创建时间。程序运行时提示用户输入名字和留言内容，程序继续执行，如果用户留言成功，控制台输出留言信息，如果留言失败系统会显示提示失败内容。运行效果如图 12-28 所示。

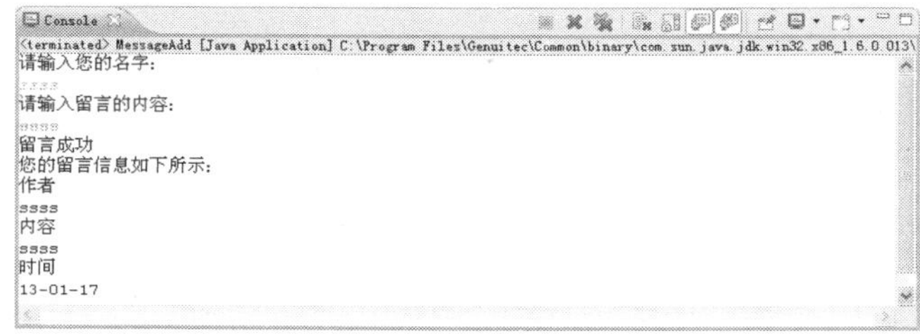

图 12-28　拓展训练运行效果图

12.4 课后练习

一、填空题

1. Statement 接口提供了最常见的执行 SQL 查询的方法是__________。

2. 在 JDBC 中，可对数据库进行遍历，以数组形式得到数据表、表字段属性、数据库版本号等信息，通过__________接口可以实现。

3. 当对对象进行批量更新时，采用 PreparedStatement 创建对象效率较高，且在 SQL 语句中使用__________做占位符。

二、选择题

1. 关于 Statement 常用方法下面说法不正确的是__________。
   A. 方法 execute()和 executeQuery()一样都返回单个结果集
   B. 方法 executeUpdate()用于执行 INSERT、UPDATE 或 DELETE 语句以及 SQL DDL（数据定义语言）语句
   C. 方法 execute()用于执行返回多个结果集、多个更新计数或二者组合的语句
   D. 方法 executeQuery()用于产生单个结果集的语句

2. 关于 PreparedStatement 的说法__________是不正确的。
   A. PreparedStatement 继承了 Statement
   B. PreparedStatement 是预编译的，效率高
   C. PreparedStatement 使用“！”作为占位符
   D. PreparedStatement 可以绑定参数，防 SQL 注入问题

3. 下面创建数据库连接的 URL 正确的是__________。
   A. jdbc:mysql://loacalhost:3306/ly
   B. jdbc:mysql:thin@loacalhost:3306/ly
   C. jdbc:mysql:thin@loacalhost:3306:ly
   D. jdbc:mysql://loacalhost:3306:ly

三、简答题

1. 简述事务执行的过程。
2. 简述 JDBC 的工作原理。
3. 简述 PreparedStatement 相对于 Statement 的优势。
4. 简述实例化驱动的 方式。

第 13 课
Java 的网络编程

随着互联网的发展，大量的网络应用程序涌现出来，使得网络编程技术得到了很好的发展。网络编程的目的是能在两个或者两个以上的设备（例如计算机）之间传输数据。编程人员所做的事情就是把数据发送到指定位置或者接收到指定的数据，这个就是狭义的网络编程。

在 Java 语言中设计了一些 API 来专门实现数据发送和接收等功能，只需要编程人员调用即可。要进行网络编程就必须对网络协议、端口和套接字等知识有所了解，下面将从这几个方面对网络编程进行基础性的介绍。

本课学习目标：

- ❑ 了解常见的网络协议
- ❑ 理解端口和套接字
- ❑ 掌握 InetAddress 类的用法
- ❑ 掌握 ServerSocket 和 Socket 的用法
- ❑ 掌握 URL 类和 URLConnection 的用法
- ❑ 掌握 DatagramPacket 和 DatagramSocket 类的用法
- ❑ 学会简单 TCP 程序的编写
- ❑ 学会 UDP 程序的编写

13.1 基础知识讲解

13.1.1 网络程序设计基础

网络编程的目的就是直接或间接地通过网络协议与其他计算机进行通讯。在 Java 语言中包含了网络编程所需要的各种类，编程人员只需要创建这些类的对象，调用相应的方法，就可以进行网络应用程序的编写。

要进行网络程序的编写，编程人员就需要对网络传输协议、端口和套接字等方面的知识有一定的了解。下面就从这几个方面对网络编程的基础进行介绍。

13.1.1.1 网络分类

了解网络编程之前首先应对计算机网络有一些简单的了解。计算机网络是指将有独立功能的多台计算机，通过通信设备线路连接起来，在网络软件的支持下，实现彼此之间资源共享和数据通信的整个系统。

按照地理范围来讲，网络分为局域网、城域网、广域网和因特网。局域网（Local Area Network）简称 LAN，是一种在小范围内实现的计算机网络，一般是一个建筑物内或者是一个工厂、一个事业单位内部独有，范围较小。城域网（Metropolitan Area Network）简称为 MAN，一般是一个城市内部组建的计算机信息网络，提供全市的信息服务。广域网（Wide Area Network）简称为 WAN，它的范围很广，可以分布在一个省内、一个国家或者几个国家。而因特网（Internet）则是由无数的 LAN 和 WAN 组成的。

13.1.1.2 网络编程模型

在网络通信中主要有两种模式的通信：一种是客户机/服务器（Client/Server）模式，简称为 C/S 模式；另一种是浏览器/服务器（Browser/Server）模式，简称 B/S 模式。下面主要针对这两种模式进行介绍。

1. Client/Server 模式

客户机、服务器以及网络三者之间的关系图如图 13-1 所示。使用这种模式的程序有很多，例如很多读者喜欢玩的网络游戏，仅需要在本机上安装一个客户端，服务器却在游戏开发公司的机房中运行。

图 13-1　C/S 模型

使用 C/S 模式的程序，在开发时需要分别针对客户端和服务器端进行专门开发。这种开发模式的优势在于由于客户端是专门开发的，表现力会更强。而缺点就在于通用性差，也就是说一种程序的客户端只能和对应的服务器端进行通信，不能和其他的服务器端进行通信。在实际维护中，也需要维护专门的客户端和服务器端，维护的压力较大。

2. Browser/Server 模式

对于很多程序，运行时不需要专门的客户端，而是使用通用的客户端，例如浏览器。用户使用浏览器作为客户端的模式叫做浏览器/服务器模式。使用这种模式开发程序时只用开发服务器端即可，开发的压力较小，不需要维护客户端。但是对浏览器的限制比较大，表现力不强。

13.1.1.3 网络协议

网络协议是网络上所有设备（网络服务器、计算机及交换机、路由器、防火墙等）之间通信规则的集合，它规定了通信时信息必须采用的格式和这些格式的意义。目前的网络协议有很多种，在这里简单介绍几个常用的网络协议。

1. IP 协议

IP 是英文 Internet Protocol（网络之间互连的协议）的缩写，中文简称为“网协”，也就是为计算机网络相互连接进行通信而设计的协议。在 Internet 中它是能使连接到网上的所有计算机网络实现相互通信的一套规则，规定了计算机在 Internet 上进行通信时应当遵守的规则。任何厂家生产的计算机系统只有遵守 IP 协议才可以与 Internet 互联。

Internet 网络中采用的协议是 TCP/IP 协议，其全称是 Transmission Control Protocol/Internet Protocol。Internet 依靠 TCP/IP 协议，在全球范围内实现不同硬件结构、不同操作系统、不同网络的互联。

对于网络编程来说，最主要的是计算机和计算机之间的通信，这样首要的问题就是如何找到网络上数以亿计的计算机。为了解决这个问题，网络中的每个设备都会有惟一的数字标识，也就是 IP 地址。

在计算机网络中，现在命名的 IP 地址的规定是 IPv4 协议。该协议规定每个 IP 地址由 4 个 0~255 之间的数字组成。每个接入网络的计算机都拥有一个惟一的 IP 地址，这个地址可能是固定的，也可能是动态的。目前 IETF（Internet Engineering Task Force，互联网工程任务组）设计的用于替代现行版本 IP 协议（IPv4）的下一代 IP 协议 IPv6，采用 6 个字节来表示 IP 地址，但目前还没有开始使用。

TCP/IP 定义了电子设备如何连入 Internet 以及数据如何在它们之间传输的标准。协议采用了 4 层的层级结构，分别是应用层、传输层、网络层和网络接口层。每一层都呼叫它的下一层所提供的网络来完成自己的需求。TCP 负责发现传输的问题，一有问题就发出信号要求重新传输，直到所有数据安全正确地传输到目的地。而 IP 是给 Internet 的每一台电脑规定一个地址。TCP/IP 层次结构图如图 13-2 所示。

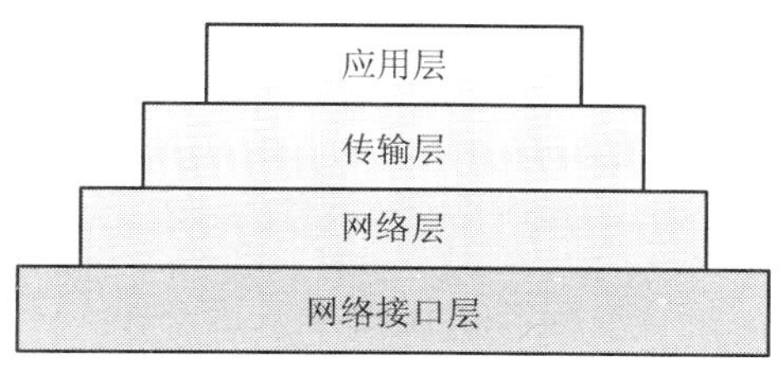

图 13-2 TCP/IP 层次结构

2. TCP 与 UDP 协议

尽管 TCP/IP 协议从名称看只包括 TCP 这个协议名，但是在 TCP/IP 协议的传输层同时存在 TCP（Transmission Control Protocol，传输控制协议）和 UDP（User Datagram Protocol，用户数据报协议）两个协议。

在网络通信中，TCP 协议就类似于使用手机打电话，可以保证信息传递给了别人；而 UDP 协议就类似于发短信，接收人有可能接收不到传递的信息。在网络通信中使用 TCP 的方式需要建立专门的虚拟连接，然后进行可靠的数据连接，如果数据发送失败，则客户端会自动重发该数据。而使用 UDP 的方式不需要建立专门的虚拟连接，传输也不是很可靠，如果发送失败则客户端无法获得。

TCP 协议是一种固接连线为基础的协议，它提供两台计算机之间可靠的数据传送。而 UDP 是无连接通讯协议，它不保证可靠的数据传输但能够向若干目标发送数据以及接收来自若干源的数据。对于一些重要的数据一般使用 TCP 的方式来进行数据传输，而大量的非核心数据则都通过 UDP 方式来进行传递。使用 TCP 方式传递数据的速度稍微慢一点，而且传输时产生的数据量会比 UDP 方式大一点。

13.1.1.4 套接字和端口

在网络上很多应用程序都是采用客户端/服务器（C/S）模式的，实现网络通信必须将两台计算机连接起来建立一个双向的通信链路，这个双向通信链路的每一端称之为一个套接字（Socket）。

一台服务器上可能提供多种服务，使用 IP 地址只能惟一地定位到每一台计算机，却不能准确地连接到想要连接的服务。通常使用一个 0~65535 之间的整数来标识该机器上的某个服务，这个整数就是端口号（Port）。端口号端口并不是指计算机上实际存在的物理位置，而是一种软件上的抽象识别方式。端口号主要分为两类，如下所示。

- **熟知端口** 由 Internet 名字和号码指派公司 ICANN 分配给一些常用的应用层程序固定使用的端口。其值是 0~1023，例如 HTTP 服务一般使用 80 端口，FTP 服务使用 21 端口。
- **一般端口** 用来随时分配给请求通信的客户进程。

运行在一台特定机器上的某个服务器（如 FTP 服务器）都有一个套接字绑定在该服务器上，服务器只是等待和监听客户的连接请求，在客户端的客户需要知道服务器的主机名和端口号。为了建立连接请求，客户机试图与服务器上指定端口号上的服务器进行连接，这个请求过程如图 13-3 所示。

图 13-3 客户向服务器发送请求

如果服务器接收到客户端的请求，就会创建一个套接字，客户端使用该套接字与服务器通信，但此时客户端的套接字并没有绑定到与服务器连接的端口号上。

13.1.2 TCP 编程

TCP 网络程序是指利用 Socket 类编写通信程序。利用 TCP 协议进行通信的两个应用程序是有主次之分的，一个是服务器程序，一个是客户端程序。这两者的功能和编写方法不太一样。

13.1.2.1 InetAddress 类

在 Java 的 API 的 net 包中有一个 InetAddress 类，用于表示网络上的 IP 地址。网络中的每台主机采用 IP 地址进行标识，InetAddress 类对 IP 地址进行封装。InetAddress 类提供了操作 IP 地址的各种方法，该类本身没有构造方法，而是通过调用相关静态方法获取实例。InetAddress 类中定义的构造方法如下所示。

- **boolean equals(Object obj)** 将此对象与指定对象比较。
- **byte[] getAddress()** 返回此 InetAddress 对象的原始 IP 地址。
- **static InetAddress[] getAllByName(String host)** 在给定主机名的情况下，根据系统上配置的名称，服务器返回其 IP 地址所组成的数组。
- **static InetAddress getByAddress(byte[] addr)** 在给定原始 IP 地址的情况下，返回 InetAddress 对象。
- **static InetAddress getByAddress(String host)** 在给定主机名的情况下确定主机的 IP 地址。

- ❑ **String getCanonicalHostName()** 获取此 IP 地址的完全限定域名。
- ❑ **String getHostAddress()** 返回 IP 地址字符串（以文本表现形式）。
- ❑ **String getHostName()** 返回此 IP 地址的主机名。
- ❑ **static InetAdderss getLocalHost()** 返回本地主机。

【练习 1】

编写程序练习 InetAddress 类的基本使用方法。主要步骤如下所示。

（1）创建一个类，编写 main()方法，在 main()方法中创建一个 InetAddress 对象，调用 getByName(String host)方法，参数为“www.qq.com”，输出此对象的 IP 地址字符串和主机名。代码如下所示。

```
public static void main(String[] args) {
    try {
        InetAddress ia1=InetAddress.getByName("www.qq.com");
        System.out.println(ia1.getHostName());
        System.out.println(ia1.getHostAddress());
    } catch (UnknownHostException e) {
        e.printStackTrace();
    }
}
```

（2）在 main()方法中添加代码，创建一个 InetAddress 对象，调用 getByName(String host)方法，参数为“61.135.169.105”，输出此对象的 IP 地址字符串和主机名。代码如下所示。

```
try {
    InetAddress ia2 = InetAddress.getByName("61.135.169.105");
    System.out.println(ia2.getHostName());
    System.out.println(ia2.getHostAddress());
} catch (UnknownHostException e) {
    e.printStackTrace();
}
```

（3）创建一个 InetAddress 对象，用于获取本地主机的信息，输出此对象的 IP 地址字符串和主机名。代码如下所示。

```
try {
    InetAddress ia3=InetAddress.getLocalHost();
    System.out.println("主机名: "+ia3.getHostName());
    System.out.println("本地 ip 地址: "+ia3.getHostAddress());
} catch (UnknownHostException e) {
    e.printStackTrace();
}
```

（4）执行程序，运行效果如图 13-4 所示。

```
www.qq.com
111.161.48.52
61.135.169.105
61.135.169.105
主机名: XP-201210121811
本地ip地址: 192.168.0.105
```

图 13-4 练习 1 运行效果图

提示

在上述的代码中包含互联网的地址，所以运行时需要联网，否则会出现异常。

13.1.2.2　Socket 类

Socket 类用于表示通信双方中的客户端，用于呼叫远端机器上的一个端口，主动向服务器端发送数据（当连接建立后也能接收数据）。下面简单介绍一下 Socket 类的构造方法和常用方法。

1．Socket 的构造方法

Socket 的构造方法如下所示。

- ❑ **Socket()**　无参构造方法。
- ❑ **Socket(InetAddress address,int port)**　创建一个流套接字并将其连接到指定 IP 地址的指定端口号。
- ❑ **Socket(InetAddress address,int port,InetAddress localAddr,int localPort)**　创建一个套接字并将其连接到指定远程地址上的指定远程端口。
- ❑ **Socket(String host,int port)**　创建一个流套接字并将其连接到指定主机上的指定端口号。
- ❑ **Socket(String host,int port,InetAddress localAddr,int localPort)**　创建一个套接字并将其连接到指定远程地址上的指定远程端口。Socket 会通过调用 bind()函数来绑定提供的本地地址及端口。

在上述方法的参数中，address 指的是远程地址；port 指的是远程端口；localAddr 指的是要将套接字绑定到的本地地址；localPort 指的是要将套接字绑定到的本地端口。

2．Socket 的常用方法

Socket 的常用方法如下所示。

- ❑ **void bind(SocketAddress bindpoint)**　将套接字绑定到本地地址。
- ❑ **void close()**　关闭此套接字。
- ❑ **void connect(SocketAddress endpoint)**　将此套接字连接到服务器。
- ❑ **InetAddress getInetAddress()**　返回套接字连接的地址。
- ❑ **InetAddress getLocalAddress()**　获取套接字绑定的本地地址。
- ❑ **InputStream getInputStream()**　返回此套接字的输入流。
- ❑ **OutputStream getOutputStream()**　返回此套接字的输出流。
- ❑ **SocketAddress getLocalSocketAddress()**　返回此套接字绑定的端点的地址，如果尚未绑定则返回 null。
- ❑ **SocketAddress getRemoteSocketAddress()**　返回此套接字连接的端点地址，如果尚未连接则返回 null。
- ❑ **int getLoacalPort()**　返回此套接字绑定到的本地端口。
- ❑ **int getPort()**　返回此套接字连接到的远程端口。

13.1.2.3　ServerSocket 类

ServerSocket 类是与 Socket 类相对应的用于表示通信双方中的服务器端，用于在服务器上开一个端口，被动的等待数据（使用 accept()方法）并建立连接进行数据交互。下面简单介绍一下 ServerSocket 的构造方法和常用方法。

1．ServerSocket 构造方法

ServerSocket 的构造方法如下所示。

- ❑ **ServerSocket()**　无参构造方法。

- **ServerSocket(int port)** 创建绑定到特定端口的服务器套接字。
- **ServerSocket(int port,int backlog)** 利用指定的 backlog 创建服务器套接字并将其绑定到指定的本地端口号。
- **ServerSocket(int port ,int backlog,InetAddress bindAddr)** 使用指定的端口、侦听 backlog 和要绑定到本地的 IP 地址创建服务器。

在上述方法的参数中，port 指的是本地 TCP 端口；backlog 指的是侦听 backlog；bindAddr 指的是要将服务器绑定到的 InetAddress。

2. ServerSocket 常用方法

ServerSocket 的常用方法如下所示。

- **Server accept()** 侦听并接收到此套接字的连接。
- **void bind(SocketAddress endpoint)** 将 ServerSocket 绑定到指定地址（IP 地址和端口号）。
- **void close()** 关闭此套接字。
- **InetAddress getInetAddress()** 返回此服务器套接字的本地地址。
- **int getLocalPort()** 返回此套接字在其上侦听的端口。
- **SocketAddress getLocalSocketAddress()** 返回此套接字绑定的端口的地址，如果尚未绑定则返回 null。
- **int getReceiveBufferSize()** 获取此 ServerSocket 的 SO_RCVBUF 选项的值，该值是从 ServerSocket 接收的套接字的建议缓冲区大小。

【练习 2】

编写 TCP 程序，包括一个客户端和一个服务器端。要求服务器端等待接收客户端发送的内容，然后将接收到的内容输出到控制台并做出反馈。

（1）创建一个类作为客户端，首先在 main()方法中定义一个 Socket 对象、一个 OutputStream 对象和一个 InputStream 对象并完成初始化。接着定义服务器端的 IP 地址和端口号，代码如下所示。

```
public static void main(String[] args) {
    Socket socket = null;
    OutputStream out = null;
    InputStream in = null;
    String serverIP = "127.0.0.1";  //服务器端 ip 地址
    int port = 5000;                //服务器端端口号
}
```

（2）建立与服务器端的连接并将数据发送到服务器端，代码如下所示。

```
socket = new Socket(serverIP, port);    //建立连接
out = socket.getOutputStream();         //发送数据
out.write("我是客户端数据".getBytes());
```

（3）从输入流中读出服务器的反馈信息并输出到控制台上，代码如下所示。

```
byte[] b = new byte[1024];
in = socket.getInputStream();
int len = in.read(b);
System.out.println("服务器端的反馈为: " + new String(b, 0, len));
```

（4）关闭输入输出流以及 Socket 对象，代码如下所示。

```
in.close();
out.close();
socket.close();
```

（5）创建一个类作为服务器端，编写 main()方法，创建 ServerSocket 对象、Socket 对象、InputStream 对象、OutputStream 对象以及端口号并初始化，代码如下所示。

```
ServerSocket serverSocket = null;
Socket socket = null;
InputStream in = null;
OutputStream out = null;
nt port = 5000;
```

（6）开启服务器并接收客户端发送的数据，代码如下所示。

```
serverSocket = new ServerSocket(port);              //创建服务器套接字
System.out.println("服务器开启，等待连接... ");
socket = serverSocket.accept();                     //获得链接
//接收客户端发送的内容
in = socket.getInputStream();
byte[] b = new byte[1024];
int len = in.read(b);
System.out.println("客户端发送的内容为: " + new String(b, 0, len));
```

（7）使用输出流对象将信息反馈给客户端，代码如下所示。

```
out = socket.getOutputStream();
out.write("我是服务器端".getBytes());
```

（8）关闭输入输出流、Socket 对象以及 ServerSocket 对象，代码如下所示。

```
in.close();
out.close();
serverSocket.close();
socket.close();
```

（9）运行服务器端程序代码，运行效果如图 13-5 所示。

图 13-5　服务器端运行效果图

（10）为了使程序的结果更加清晰，在步骤（2）的代码最后加入一句代码“Thread.sleep(1000);”，接着运行客户端程序代码，刚开始会出现如图 13-6 所示的运行效果，接着会出现如图 13-7 所示的运行效果。

图 13-6　服务器端接收到数据

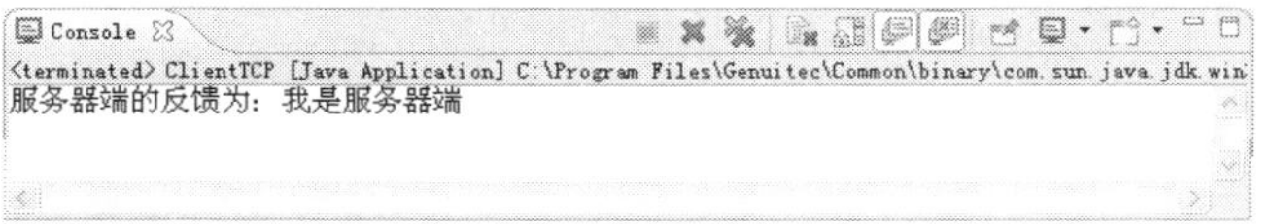

图 13-7　客户端接收到反馈

13.1.3 URL 编程

在 Java 的 API 中的 java.net 包中包含一个 URL 类和一个 URLConnection 类。下面介绍关于这两个类的相关知识。

13.1.3.1 URL 概念

URL 是统一资源定位符（Uniform Resource Locator）的简称，它表示 Internet 上某一资源的地址。通过 URL 用户可以访问各种网络资源，比如最常见的 WWW 以及 FTP 站点。浏览器可以通过解析给定的 URL 在网络上查找相应的文件或其他资源。

URL 的语法格式如下所示。

```
protocol://resourceName
```

协议名（protocol）指明获取资源所使用的传输协议，如 http、ftp 和 file 等；资源名（resourceName）则应该是资源的完整地址，包括主机名、端口号、文件名或文件内部的一个引用。下面是一些简单的 URL 示例。

```
http://www.sun.com/协议名://主机名
http://localhost:8080/Test/admin/login.jsp  协议名://机器名:端口号/文件名
```

13.1.3.2 URL 类

在 java.net 包中包含了专门用来处理 URL 的类 URL，URL 类可以获得 URL 的相关信息，例如 URL 的协议名和主机名等。下面分别对它的构造方法和常用方法进行介绍。

1．URL 构造方法

URL 的构造方法如下所示。

- ❑ **public URL (String spec)** 通过一个表示 URL 地址的字符串可以构造一个 URL 对象。
- ❑ **public URL(URL context,String spec)** 使用基本地址和相对 URL 构造一个 URL 对象。
- ❑ **public URL(String protocol,String host,String file)** 使用指定的协议、主机名、文件名创建一个 URL 对象。
- ❑ **public URL(String protocol, String host, int port, String file)** 使用指定的协议、主机名、端口号和文件名创建一个 URL 对象。

2．URL 常用方法

URL 的常用方法如下所示。

- ❑ **public String getProtocol()** 获取该 URL 的协议名。
- ❑ **public String getHost()** 获取该 URL 的主机名。
- ❑ **public int getPort()** 获取该 URL 的端口号，如果没有设置端口，返回-1。
- ❑ **public String getFile()** 获取该 URL 的文件名。
- ❑ **public String getRef()** 获取该 URL 在文件中的相对位置。
- ❑ **public String getQuery()** 获取该 URL 的查询信息。
- ❑ **public String getPath()** 获取该 URL 的路径。
- ❑ **public String getAuthority()** 获取该 URL 的权限信息。
- ❑ **public String getUserInfo()** 获得使用者的信息。
- ❑ **public String getRef()** 获得该 URL 的锚点。

13.1.3.3 URLConnection 类

完成了 URL 的定义接下来就可以获得 URL 的通信连接。在 java.net 包中，定义了专门的

URLConnection 类来表示与 URL 建立的通信连接，URLConnection 类的对象使用 URL 类的 openConnection()方法获得。URLConnection 类的主要方法如下所示。

- **void addRequestProperty(String key,String value)** 添加由键值对指定的一般请求属性。key 指的是用于识别请求的关键字（例如 accept），value 指的是与该键关联的值。
- **void connect()** 打开到此 URL 所引用的资源的通信连接（如果尚未建立这样的连接）。
- **Object getConnection()** 检索此 URL 连接的内容。
- **InputStream getInputStream()** 返回从此打开的连接读取的输入流。
- **OutputStream getOutputStream()** 返回写入到此连接的输出流。
- **URL getURL()** 返回此 URLConnection 的 URL 字段的值。

【练习 3】

使用 URL 和 URLConnection 类获取与百度首页的连接并将其页面信息输出到控制台，主要步骤如下所示。

（1）创建一个类，编写 main()方法，在该方法中创建一个 URL 对象。然后传入参数 “http://www.baidu.com/”，输出 URL 的相关信息。代码如下所示。

```
public static void main(String[] args) {
    URL url=new URL("http://www.baidu.com/");
    System.out.println("协议: "+url.getProtocol());
    System.out.println("主机: "+url.getHost());
    System.out.println("端口: "+url.getPort());
}
```

（2）在 main()方法中继续添加代码，获得 URLConnection 对象，通过输入流读取页面源代码并将信息输出到控制台，代码如下所示。

```
URLConnection uc=url.openConnection();
InputStream in=uc.getInputStream();
byte[] b=new byte[1024];
int len;
while((len=in.read(b))!=-1){
    System.out.println(new String(b,0,len));
}
in.close();
```

（3）运行程序，执行效果如图 13-8 所示。

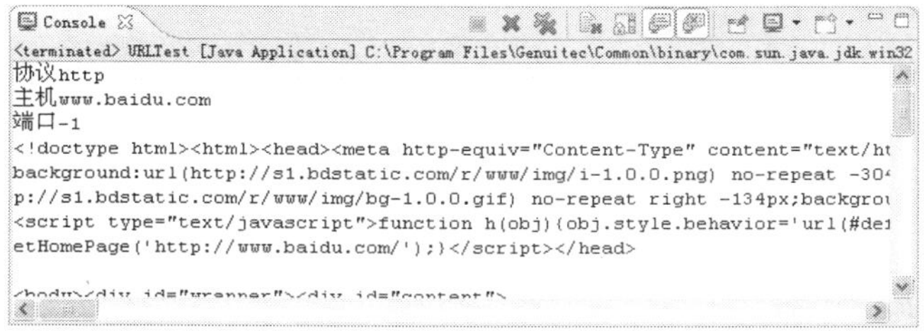

图 13-8 练习 3 执行效果图

13.1.4 UDP 编程

在 TCP/IP 协议的传输层除了一个 TCP 协议之外还有一个 UDP 协议，UDP 协议是用户数据报协议的简称，也用于网络数据的传输。TCP 协议的应用较 UDP 协议更加广泛。虽然 UDP 协议是一种不太可靠的协议，但在需要较快地接收数据并且可以忍受较小错误的情况下，UDP 就会表现出更大的优势。下面简单介绍下 UDP 编程的相关知识。

13.1.4.1 DatagramPacket 类

java.net 包中的 DatagramPacket 类用来表示数据报包，数据报包用来实现无连接包投递服务。每条报文仅根据该包中包含的信息从一台机器路由到另一台机器。从一台机器发送到另一台机器的多个包可能选择不同的路由，也可能按不同的顺序到达。不对包投递做出保证。下面介绍简单介绍一下 DatagramPacket 的构造方法和常用方法。

1. DatagramPacket 构造方法

DatagramPacket 的几种构造方法如下所示。

- ❑ **DatagramPacket(byte[] buf, int length)** 构造 DatagramPacket，用来接收长度为 length 的数据包。
- ❑ **DatagramPacket(byte[] buf, int offset, int length)** 构造 DatagramPacket，用来接收长度为 length 的包，在缓冲区中指定了偏移量。
- ❑ **DatagramPacket(byte[] buf,int length,InetAddress address,int port)** 构造 DatagramPacket，用来将长度为 length 的包发送到指定主机上的指定端口号。
- ❑ **DatagramPacket(byte[] buf,int length,SocketAddress address)** 构造数据报包，用来将长度为 length 的包发送到指定主机上的指定端口号。
- ❑ **DatagramPacket(byte[] buf,int offset,int length,InetAddress address,int port)** 构造 DatagramPacket，用来将长度为 length、偏移量为 offset 的包发送到指定主机上的指定端口号。
- ❑ **DatagramPacket(byte[] buf,int offset,int length,SocketAddress address)** 构造数据报包，用来将长度为 length、偏移量为 offset 的包发送到指定主机上的指定端口号。

2. DatagramPacket 常用方法

DatagramPacket 的几种常用方法如下所示。

- ❑ **InetAddress getAddress()** 返回某台机器的 IP 地址，此数据报将要发往该机器或者是从该机器接收到的。
- ❑ **byte[] getData()** 返回数据缓冲区。
- ❑ **int getLength()** 返回将要发送或者接收到的数据的长度。
- ❑ **int getOffset()** 返回将要发送或者接收到的数据的偏移量。
- ❑ **int getPort()** 返回某台远程主机的端口号，此数据报将要发往该主机或者是从该主机接收到的。
- ❑ **getSocketAddress()** 获取要将此包发送到或者发出此数据报的远程主机的 SocketAddress（通常为 IP 地址+端口号）。
- ❑ **void setAddress(InetAddress addr)** 设置要将此数据报发往的那台机器的 IP 地址。
- ❑ **void setData(byte[] buf)** 为此包设置数据缓冲区。
- ❑ **void setData(byte[] buf,int offset,int length)** 为此包设置长度为 length 的数据缓冲区。
- ❑ **void setLength(int length)** 为此包设置长度。
- ❑ **void setPort(int port)** 设置要将此数据报发往的远程主机上的端口号。
- ❑ **void setSocketAddress(SocketAddress address)** 设置要将此数据报发往的远程主机的 SocketAddress（通常为 IP 地址+端口号）。

13.1.4.2 DatagramSocket 类

DatagramSocket 类用于表示发送和接收数据报包的套接字。数据报套接字是包投递服务的发送或接收点。每个在数据报套接字上发送或接收的包都是单独编址和路由的。从一台机器发送到另一台机器的多个包可能选择不同的路由，也可能按不同的顺序到达。下面是关于 DatagramSocket 类的一些简单介绍。

1．DatagramSocket 构造方法

常用的 DatagramSocket 类的构造函数如下所示。

- **DatagramSocket()** 构造数据报套接字并将其绑定到本地主机上任何可用的端口。
- **DatagramSocket(int port)** 创建数据报套接字并将其绑定到本地主机上的指定端口。
- **DatagramSocket(int port,InetAddress addr)** 创建数据报套接字，将其绑定到指定的本地地址。
- **DatagramSocket(SocketAddress bindaddr)** 创建数据报套接字，将其绑定到指定的本地套接字地址。

2．DatagramSocket 常用方法

常用的 DatagramSocket 类的方法如下所示。

- **void bind(SocketAddress addr)** 将此 DatagramSocket 绑定到特定的地址和端口。
- **void close()** 关闭此数据报套接字。
- **void connect(InetAddress address,int port)** 将套接字连接到此套接字的远程地址。
- **void connect(SocketAddress addr)** 将此套接字连接到远程套接字地址（IP 地址+端口号）。
- **void disconnect()** 断开套接字的连接。
- **InetAddress getInetAddress()** 返回此套接字连接的地址。
- **InetAddress getLocalAddress()** 获取套接字绑定的本地地址。
- **int getLocalPort()** 返回此套接字绑定的本地主机上的端口号。
- **int getPort()** 返回此套接字的端口。

【练习 4】

编写 UDP 程序要求客户端程序可以向服务器端发送多条数据，服务器端程序可以接收客户端发送的多条数据并将其信息输出在控制台。主要步骤如下所示。

（1）创建一个类作为客户端，编写 main()方法，定义一个 DatagramSocket 对象和一个 DatagramPacket 对象初始化为 null，然后再定义一个 InetAddress 对象和一个端口号，并分别进行初始化，代码如下所示。

```
public static void main(String[] args) {
    DatagramSocket ds = null;
    DatagramPacket dpSend=null;
    InetAddress ia = InetAddress.getByName("127.0.0.1");
    int port = 3021;
}
```

（2）使用 DatagramSocket 的 send(DatagramPacket p)方法向服务器端发送数据报包，使用循环的方式完成 5 次数据的发送，每发送一次数据线程休眠 1000 毫秒，代码如下所示。

```
ds = new DatagramSocket();
for (int i = 0; i < 5; i++) {
    byte[] data = ("我是 UDP 客户端" + i).getBytes();
```

```
        dpSend = new DatagramPacket(data, data.length, ia, port);
        ds.send(dpSend);
        Thread.sleep(1000);
    }
```

（3）数据发送完毕后调用 close()方法关闭 DatagramSocket 对象，代码如下所示。

```
ds.close();
```

（4）创建一个类作为服务器端，编写 main()方法，定义一个 DatagramSocket 对象和一个 DatagramPacket 对象初始化为 null，再定义一个端口号，代码如下所示。

```
public static void main(String[] args) {
    DatagramSocket ds = null;
    DatagramPacket dpReceive = null;
    int port = 3021;
}
```

（5）如果获取连接成功输出“UDP 服务器已启动”，代码如下所示。

```
ds = new DatagramSocket(port);
System.out.println("UDP 服务器已启动...");
```

（6）循环接收客户端发送的数据，将其发送的内容以及 IP 地址等信息输出到控制台，代码如下所示。

```
byte[] b = new byte[1024];
while (ds.isClosed() == false) {
    dpReceive = new DatagramPacket(b, b.length);
    try {
        ds.receive(dpReceive);
        byte[] Data = dpReceive.getData();
        int len = Data.length;
        System.out.println("UDP 客户端发送的内容是: "
                + new String(Data, 0, len).trim());
        System.out.println("UDP 客户端 IP: " + dpReceive.getAddress());
        System.out.println("UDP 客户端端口: " + dpReceive.getPort());
    } catch (IOException e) {
        e.printStackTrace();
    }
}
```

（7）关闭 DatagramSocket 对象，执行服务器端程序，执行效果如图 13-9 所示。

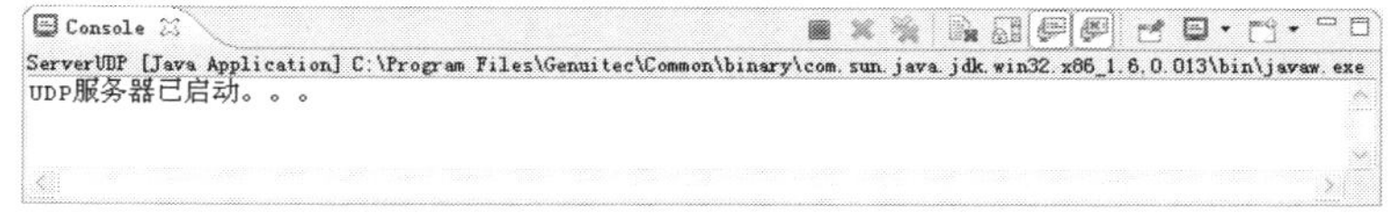

图 13-9 UDP 服务器端运行效果

（8）运行客户端代码，控制台输出数据如图 13-10 所示。

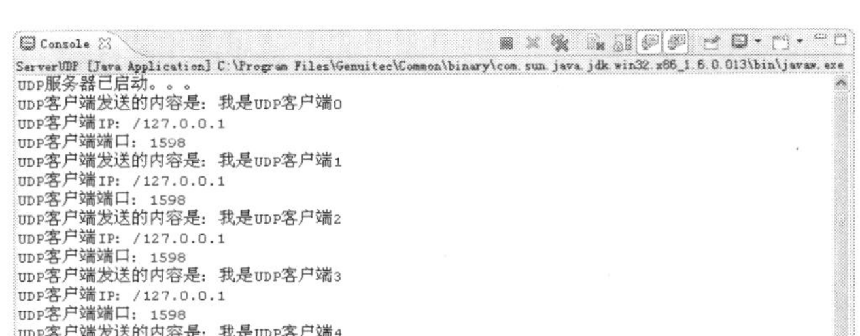
ServerUDP [Java Application] C:\Program Files\Genuitec\Common\binary\com.sun.java.jdk.win32.x86_1.6.0.013\bin\javaw.exe
UDP服务器已启动。。。
UDP客户端发送的内容是：我是UDP客户端0
UDP客户端IP：/127.0.0.1
UDP客户端端口：1598
UDP客户端发送的内容是：我是UDP客户端1
UDP客户端IP：/127.0.0.1
UDP客户端端口：1598
UDP客户端发送的内容是：我是UDP客户端2
UDP客户端IP：/127.0.0.1
UDP客户端端口：1598
UDP客户端发送的内容是：我是UDP客户端3
UDP客户端IP：/127.0.0.1
UDP客户端端口：1598
UDP客户端发送的内容是：我是UDP客户端4
UDP客户端IP：/127.0.0.1
UDP客户端端口：1598

图 13-10　服务器端接收到数据

13.2 实例应用：年龄判断

13.2.1 实例目标

使用 TCP 网络编程完成客户端和服务器端的交互，服务器端接收客户端发送的不同年龄反馈不同的祝福语。客户端通过控制台接收用户输入的年龄，然后将年龄发送给服务器端，服务器端对年龄大小进行判断之后反馈给客户端，输出不同语句，客户端接收到服务器端的反馈信息后将信息输出到控制台。

13.2.2 技术分析

在该实例中要完成客户端和服务器端的交互功能，也就是服务器端需要对客户端发送的内容进行适当的反馈。在该案例中使用到的技术如下所示。

- 使用 Scanner 类完成用户输入。
- 使用数组完成流的读取。
- 使用输入输出流完成数据的发送。
- 使用 ServerSocket 创建服务器的连接。
- 使用 Socket 建立指定地址以及指定端口的资源的连接。

13.2.3 实现步骤

实现该案例的主要步骤如下所示。

（1）创建类 ClientTCPComp 作为客户端，创建 main()方法，在 main()方法中编写代码。定义一个 Socket 对象、一个 DataOutputStream 对象、一个 InputStream 对象、一个端口号以及一个用来保存 IP 地址的字符串，代码如下所示。

```
public class ClientTCPComp {
    public static void main(String[] args) {
        Socket socket = null;
        DataOutputStream out = null;
        InputStream in = null;
        String serverIP = "127.0.0.1";  //服务器端 ip 地址
        int port = 4598;                //服务器端端口号
```

```
    }
}
```

（2）在main()方法中继续添加代码，创建Scanner对象接收用户输入的数据，代码如下所示。

```
System.out.println("请输入一个您的年龄");
Scanner scanner=new Scanner(System.in);
int data=scanner.nextInt();
```

（3）创建将用户输入的数据使用输出流将用户输入数据发送到服务器端的连接，代码如下所示。

```
socket = new Socket(serverIP, port);                        //建立连接
out =new DataOutputStream(socket.getOutputStream()) ;   //发送数据
out.writeInt(data);
```

（4）在main()方法中继续添加接收服务器反馈的代码，使用Socket对象获取输入流。然后将输入流中的内容输出到控制台，代码如下所示。

```
byte[] b = new byte[1024];
in = socket.getInputStream();
int len = in.read(b);
System.out.println( new String (b,0,len));
```

（5）创建一个名为ServerTCPComp的类，编写main()方法，在main()方法中添加代码。定义一个ServerSocket对象、一个Socket对象、一个DataInputStream对象、一个OutputStream对象、一个端口号以及一个用来保存反馈内容的字符串。代码如下所示。

```
public class ServerTCPComp {
    public static void main(String[] args) throws InterruptedException {
        ServerSocket serverSocket = null;
        Socket socket = null;
        DataInputStream in = null;
        OutputStream out = null;
        String resp = null;
        int port = 4598;
    }
}
```

（6）在ServerTCPComp类的main()方法中继续添加代码，建立连接获取客户端发送的数据并将数据输出到控制台。代码如下所示。

```
serverSocket = new ServerSocket(port); //创建服务器套接字
System.out.println("服务器开启，等待连接... ");
socket = serverSocket.accept();          //获得链接
//接收客户端发送的内容
in =new DataInputStream(socket.getInputStream());
int result=in.readInt();
System.out.println("客户端发送的数据为: "+result);
```

（7）对客户端发送的数据进行判断，执行相应的反馈，将服务器的反馈发送给客户端。代码如下所示。

```
if(result<0){
```

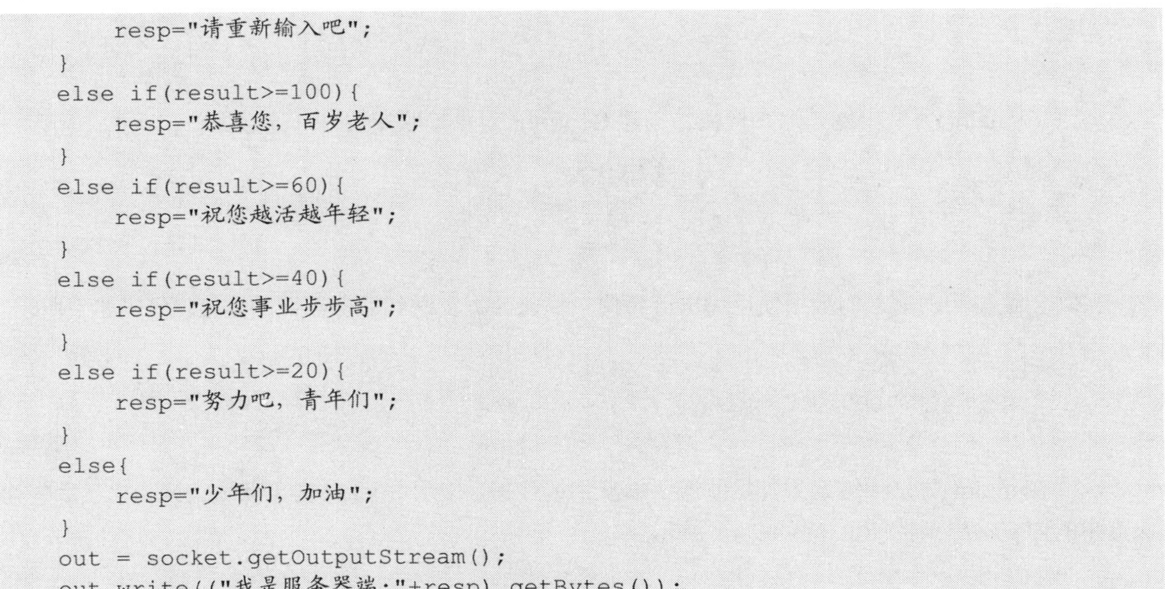

```
        resp="请重新输入吧";
    }
    else if(result>=100){
        resp="恭喜您，百岁老人";
    }
    else if(result>=60){
        resp="祝您越活越年轻";
    }
    else if(result>=40){
        resp="祝您事业步步高";
    }
    else if(result>=20){
        resp="努力吧，青年们";
    }
    else{
        resp="少年们，加油";
    }
    out = socket.getOutputStream();
    out.write(("我是服务器端:"+resp).getBytes());
```

（8）在两个类的 main()方法中编写关闭资源的代码，调用对象的 close()方法即可，代码不在这里进行介绍。

（9）执行服务器端代码，执行效果如图 13-11 所示。

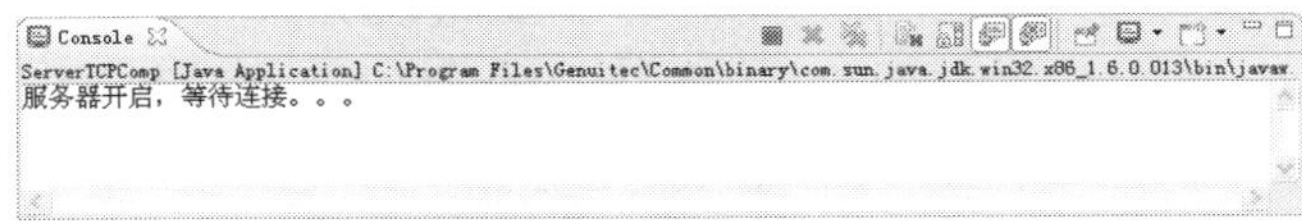

图 13-11　服务器端执行效果

（10）执行客户端代码，输入一个年龄 25，首先会出现如图 13-12 所示的效果，接着会出现如图 13-13 的运行效果。

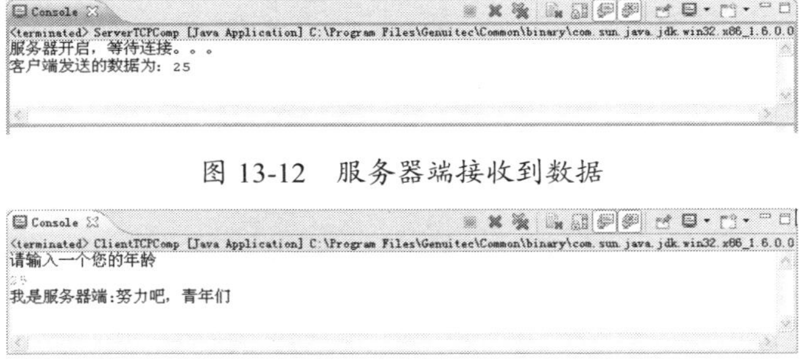

图 13-12　服务器端接收到数据

图 13-13　客户端接收到反馈信息

13.3 拓展训练

修改练习 2 中的代码使其实现客户端和服务器端的 3 次交互

在练习 2 中只实现了客户端和服务器之间的 1 次交互，要求重新修改代码，使该程序可以完成客户端和服务器端的 3 次交互。客户端发出一次数据，服务器端接收到之后进行一次反馈。执行效果如图 13-14、图 13-15 以及图 13-16 所示，这 3 个运行效果图也只是所有运行效果图的一部分。

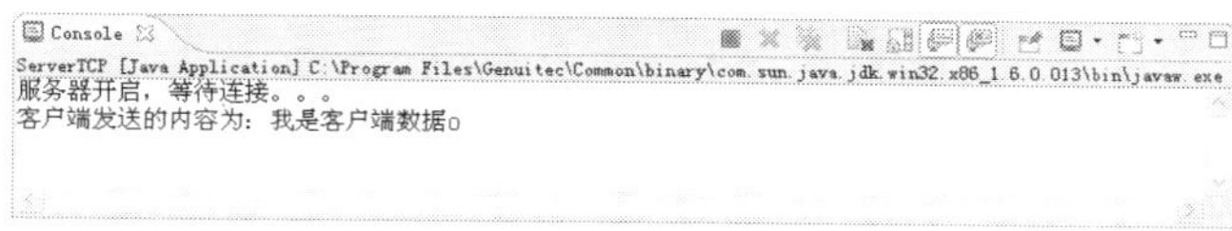

图 13-14 服务器端第 1 次接收到数据

Console
ClientTCP [Java Application] C:\Program Files\Genuitec\Common\binary\com.sun.java.jdk.win32.x86_1.6.0.013\bin\javaw.exe
服务器端的反馈为：我是服务器端0
服务器端的反馈为：我是服务器端1

图 13-15 客户端接收到的第 2 次反馈

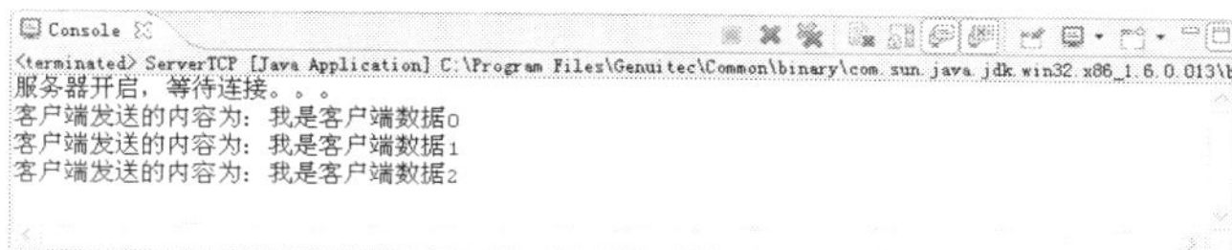

图 13-16 服务器端第 3 次接收到数据

13.4 课后练习

一、填空题

1. ___________对象中包含 Internet 地址。
2. URLConnection 对象通过 URL 的___________方法获得。
3. URL 是___________的简写形式。

二、选择题

1. 在默认情况下，HTTP 服务器占用的端口是___________。
   A. 21
   B. 80
   C. 32
   D. 任意未被占用的端口
2. Socket 类的___________方法返回 Socket 对象绑定的本地端口。
   A. getPort()
   B. getLocalPort()
   C. getRomotePort()
   D. 不存在这样的方法
3. 下面协议___________同 TCP 协议同属于传输层。
   A. HTTP
   B. SMTP
   C. UDP
   D. IP

三、简答题

1. 简述 Socket 和 ServerSocket 的作用。
2. 简述 TCP 协议和 UDP 协议之间的差异。

第 14 课 成绩管理系统

成绩信息是学校发展的重要组成部分。随着班级的扩招、学生数量的增多、科目的增加等因素，成绩方面的信息也在急剧增加。而以往的手动录入成绩信息，就会出现很多不足。此时就需要实现成绩管理信息化，只有信息化才能提高工作效率，减轻工作人员压力。成绩管理系统的出现高效地管理了成绩信息，已成为日后发展的趋势。

本课主要使用 Java AWT 技术和 SQL Server 2008 数据库开发一个成绩管理系统。使用该系统可以全方位掌控成绩的数据，大幅提高人员工作效率，进而提高学校的竞争力。该系统的主要包括创建并维护后台数据和前台页面的开发。

本课学习目标：

- 了解开发成绩管理系统的分析
- 熟悉成绩管理系统的数据库设计
- 熟悉成绩管理系统的数据表创建
- 掌握如何使用组件完成用户图形界面的设计
- 掌握常用事件监听器的使用
- 掌握数组在传递参数时的使用
- 掌握常用异常处理机制
- 掌握调用数据访问层访问数据库的方法
- 掌握调用业务逻辑层实现功能的方法
- 掌握各个模块增加、修改、删除和查询功能的实现

14.1 系统分析

本系统可以规范学生成绩信息、班级信息和个人信息的管理，同时方便工作人员快速对信息进行查询、修改、增加和删除等操作。本节将对成绩管理系统进行全面的分析，包括系统的需求和功能分析，根据要实现的功能制定相应的数据库和界面等。

14.1.1 需求分析

成绩管理系统的主要工作是对学生成绩的添加、修改、删除和查询，以科学有效的方式进行管理，从而减少因人员疏忽造成的错误。该系统有效提高成绩的控制、合理安排课程科目、减少学生的压力，进而提高学校的教育竞争力。

成绩管理系统的主要实现目标如下所示。

- 界面设计简单实用，方便操作。
- 实现学生成绩信息的管理，包括课程信息和学生基本信息。
- 实现多种条件的查询。
- 程序代码标准化，软件统一化，确保软件的可维护性和应用性。
- 建立操作日志，系统自动记录所进行的各种操作。

成绩管理系统主要包含了学生的个人信息，包括学号、姓名和性别等，以及与成绩有关的课程信息，包括课程号、课程名称和课程类型等，最后是成绩方面的信息，包括学号、课程号、成绩和学期等。这些具体信息决定了下面数据表和数据库的设计。

14.1.2 系统设计

成绩管理系统的主要工作是对学生成绩的相关信息，包括班级信息和学生的个人成绩进行管理，其中成绩信息包括学号、课程号、成绩和学期。成绩管理系统可以根据学生表里的学号和课程表里的课程号，对成绩信息进行级联删除，同时也可以实现对学生的成绩信息、课程信息和学生的个人信息进行添加、修改和查询等操作。

成绩管理系统的功能结构如图 14-1 所示。

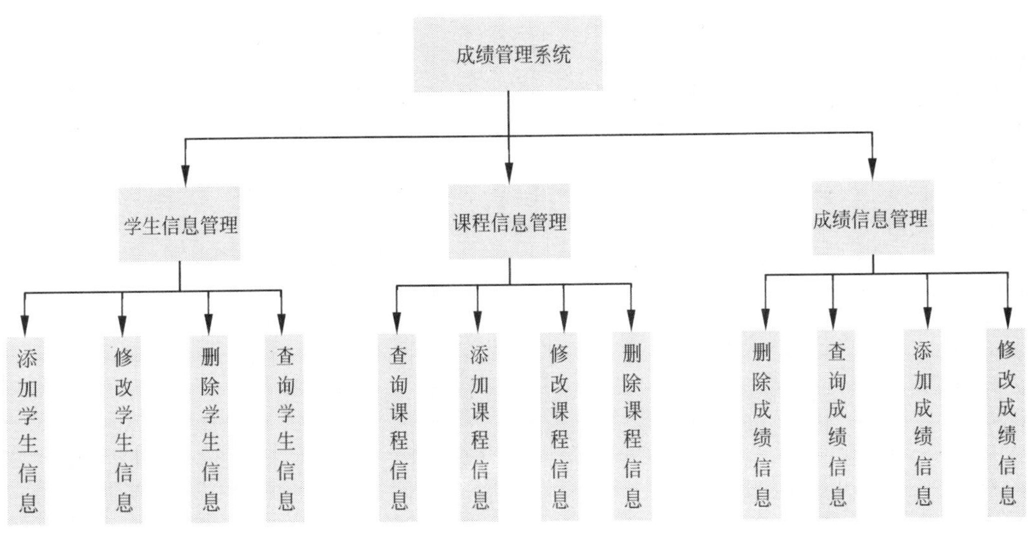

图 14-1 成绩管理系统功能结构图

14.2 数据库分析与设计

数据库是系统的重要组成部分，用于数据存储的持久化作用。一般系统需要数据库具有安全、易用、性能优越、安装和操作简便等功能。成绩管理系统使用 SQL Server 2008 数据库系统，使其作为成绩管理的后台数据库。创建数据库命名为“school”，并且为该系统设计 3 个数据库表。下面详细介绍这几个表的信息。

14.2.1 创建数据表

在已经创建好的数据库“school”中包含有 3 个数据表，包括学生信息表（student）、课程信息表（course）和成绩信息表（grade），这些表的具体内容如下。

1．学生信息表

学生信息表主要提供了在校学生的基本信息，包括学号、姓名、性别和年龄等。表 14-1 列出了学生信息表所有字段的详细信息。

表 14-1 学生信息表

字段	类型	含义	约束
Sid	Char	学号	主键
Sname	Varchar	姓名	可以空
Ssex	Char	性别	只能是男或女，默认为男
Sage	Int	年龄	必须大于 16 小于 99
Sbirthday	Datetime	生日	可以空
Stel	Varchar	电话	可以空

2．课程信息表

课程信息表主要提供了学生课程的信息，包括课程号、课程名称和课程类型等。例如，表 14-2 列出了课程信息表所有字段的详细信息。

表 14-2 课程信息表

字段	类型	含义	约束
Cid	Char	课程号	主键
Cname	Varchar	课程名称	可以空
Ctype	Varchar	课程类型	可以空
Ccontent	Varchar	课程内容	可以空

3．成绩信息表

成绩信息表提供了每门课程和每个学期的成绩，其中包含外键学号和课程号。表 14-3 列出了成绩信息表所有字段的详细信息。

表 14-3 成绩信息表

字段	类型	含义	约束
Gsid	Char	学号	外键（对应学生表的 Sid）
Gcid	Char	课程号	外键（对应课程表的 Cid）
Gmark	Folat	成绩	大于 0，小于 100
Gstate	Int	学期	只有 1 和 2 两个学期

14.2.2 创建数据库

本系统的数据库名为“school”，其使用 SQL 命令创建的代码格式如下。

```
--如果已经存在了 school 数据库，就删除
if exists (select * from sys.databases where name='school')
drop database school
create database school              --建立数据库文件
on--建立数据库主文件
(
    name=school_dat,--数据文件名
    filename='f:\school.mdf',--存储位置
    size=10MB--初始大小
)
log on--建立数据库日志文件
(
    name=school_log,--数据库日志文件名
    filename='f:\school_log.ldf',--存储位置
    size=1MB,--初始大小
    maxsize=20MB--最大容量
)
```

接着创建数据表（以学生信息表为例，其余的表与此创建类似），其代码格式如下。

```
use school --使用 school 数据库
--如果已经存在就删除
--if exists (select * from sys.tables where name='student')
--drop table student
--建表
create table student
(
    sid char(4) not null primary key,--学号，不能为空(如果标识列应为 int identity(种
    子，增量))
    sname varchar(10) not null,---姓名
    ssex char(2) not null,---性别
    sage int,---年龄
    sbirthday datetime,---生日
    stel varchar(20)---电话
)
```

学生信息表的相关约束代码如下。

```
alter table student
add constraint ck_sex check(ssex in ('男','女'))
alter table student
add constraint df_ssex default('男') for ssex
alter table student
add constraint ck_age check( sage>16 and sage<99)
```

14.3 公共模块设计

公共模块是 Java 系统开发的重要形式，它的作用在于将经常调用的方法提取到共用的类中，这样不但实现了项目代码的重用，还提高了程序的性能和代码的可读性。例如系统三层中的数据访问

层，它的类中容纳了所有访问数据库的方法，同时管理着数据库的连接和关闭。

在本系统中体现了三层的结合，三层即数据访问层、业务处理层和表示层。下面详细介绍本系统中的公共模块。

14.3.1 数据访问层

数据访问层用来连接数据库和操作数据库中的数据。首先需要在 MyEclipse 开发工具中，创建名为“SchoolManager”的项目。然后在该项目中导入 SQL Server 2008 驱动包（可以网上下载）。

（1）导入驱动包之后，需要在新创建的 BaseDao 类中设置数据库的驱动和连接，代码如下所示。

```
package dao;
import java.sql.*;
public class BaseDao {
    public final static String DRIVER = "com.microsoft. sqlserver. jdbc.
    SQLServerDriver";                                    //数据库驱动
    public final static String URL = "jdbc:sqlserver://localhost: 1433;
    DataBaseName=school";                                //url
    public final static String DBNAME = "sa";            //数据库用户名
    public final static String DBPASS = "123456";        //数据库密码
    public Connection getConn() throws ClassNotFoundException, SQLException{
                                                         //得到数据库连接
        Class.forName(DRIVER);                           //注册驱动
        Connection conn = DriverManager.getConnection(URL,DBNAME,DBPASS);
                                                         //获得数据库连接
        return conn ;                                    //返回连接
    }
}
```

（2）接着在该类中创建返回值类型为 ResultSet 的方法，该方法根据 SQL 语句与参数集合获取结果集。实现代码如下所示。

```
public ResultSet result(String sql,String[] param){
    Connection conn = null;
    PreparedStatement ps = null;
    ResultSet rs=null;
    try{
        conn = getConn();                     //得到数据库连接
        ps = conn.prepareStatement(sql);      //得到 PreparedStatement 对象
        for(int i=0;i<param.length;i++){
            ps.setString(i+1, param[i]);
        }
        rs=ps.executeQuery();
    }catch(Exception e){
        e.printStackTrace();
    }finally{
    }
    return rs;
}
```

（3）然后在 BaseDao 类中创建关闭数据库以释放资源的方法，代码如下所示。

```
public void closeAll( Connection conn, PreparedStatement ps, ResultSet rs ) {
    /* 如果 rs 不空，关闭 rs */
    if(rs != null){
```

```
        try { rs.close();} catch (SQLException e) {e.printStackTrace();}
    }
    /* 如果pstmt 不空，关闭pstmt */
    if(ps != null){
        try { ps.close();} catch (SQLException e) {e.printStackTrace();}
    }
    /* 如果conn 不空，关闭conn */
    if(conn != null){
        try { conn.close();} catch (SQLException e) {e.printStackTrace();}
    }
}
```

（4）最后在 BaseDao 类中创建执行 SQL 语句的方法，可以进行增加、删除和修改的操作，不能执行查询。其代码如下所示。

```
public boolean executeSQL(String sql,String[] param) {
    Connection conn = null;
    PreparedStatement ps = null;
    int num=0;
    boolean ban  = true;
    /*  处理SQL,执行SQL  */
    try {
        conn = getConn();                         //得到数据库连接
        ps = conn.prepareStatement(sql);          //得到PreparedStatement 对象
        if( param != null ) {
            for( int i = 0; i < param.length; i++ ) {
                ps.setString(i+1, param[i]);//为预编译sql设置参数
            }
        }
        num = ps.executeUpdate();                 //执行SQL语句
        if(num!=1){
            ban=false;
        }else{
            ban=true;
        }
    } catch (ClassNotFoundException e) {
        e.printStackTrace();                      //处理ClassNotFoundException 异常
    } catch (SQLException e) {
        e.printStackTrace();                      //处理SQLException 异常
    } finally {
        closeAll(conn,ps,null);                   //释放资源
    }
    return ban;
}
```

14.3.2 业务处理层

业务处理层用于相应的业务逻辑处理。它需要引用数据访问类的数据库操作，例如在系统中对成绩的操作包括查看成绩列表、添加成绩、修改和删除成绩信息。这些对数据执行的操作都可以在

业务逻辑层进行，业务逻辑层将直接供最终的应用程序调用。下面以课程信息管理为例，具体介绍业务处理层的作用。

（1）新建 CourseManager 类并使该类继承自抽象类 AbstractTableModel，此抽象类为 TableModel 接口中的大多数方法提供默认实现，同时继承该抽象类也能生成表格组件。其实现代码如下。

```
package dao;
import java.sql.ResultSet;
import java.util.Vector;
import javax.swing.table.AbstractTableModel;
public class CourseManager extends AbstractTableModel{
    private BaseDao base;
    private ResultSet rs=null;
    private Vector rows,colu;    //创建表格的相关数据
    //获取表格中行的数量
    public int getRowCount() {
        return this.rows.size();
    }
    public Object getValueAt(int rowIndex, int columnIndex) {
        return ((Vector)this.rows.get(rowIndex)).get(columnIndex);
    }
    //获取表格中列的数量
    public int getColumnCount(){
        return this.colu.size();
    }
    public String getColu(int column){
    return (String)this.colu.get(column);
    }
}
```

（2）接着在该类中创建获取课程信息列表的方法 addCourse()，该方法调用了 BaseDao 数据访问类中的获取数据表中数据的方法，同时使用 Vector 类的对象来存储行和列的数据。Vector 类提供了实现可增长数组的功能，并调用 add()方法将查找到的元素添加到 Vector 的一个实例 rows 对象中。随着更多元素加入其中，数组变得更大。在删除一些元素之后，数组变小。

```
public void addCourse(String sql,String[] param){
    colu=new Vector();
    //添加列名
    colu.add("课程号");
    colu.add("课程名称");
    colu.add("课程类型");
    colu.add("课程内容");
    rows =new Vector();
    try{
        base =new BaseDao();              //创建 BaseDao 类的对象
        rs=base.result(sql, param);       //调用 result 方法进行查询
        while(rs.next()){
            Vector row=new Vector();
            row.add(rs.getString(1));
```

```
                row.add(rs.getString(2));
                row.add(rs.getString(3));
                row.add(rs.getString(4));
                rows.add(row);
            }
        }catch(Exception e){
            e.printStackTrace();
        }finally{
            base.closeAll(null, null, null);
        }
    }
```

（3）创建进行增加、修改和删除列表信息的方法 updateCourse()，具体的实现代码如下所示。

```
public boolean updateCourse(String sql,String [] param){
    base=new BaseDao();                         //创建 BaseDao 类的对象
    return base.executeSQL(sql, param);         //调用 executeSQL 方法
}
```

除了课程信息的业务处理之外，还有学生和成绩信息的业务处理类与此类似。这里将不再介绍。

14.4 成绩管理模块设计

成绩管理模块分为学生信息模块、课程信息模块和成绩信息模块。每个模块执行不同的操作，但也息息相关。例如学生信息的删除会导致该学生的成绩也不复存在，学生课程的删除也会导致该课程的成绩自动删除。下面将对这些模块做详细的介绍。

14.4.1 学生信息模块

学生信息模块负责管理学生的个人信息，包括对学生人数的增加、对学生信息的修改、对学生信息的删除和查询等操作。

1．主界面设计

学生信息主界面包含菜单栏、列表和按钮等组件，其运行效果如图 14-2 所示。

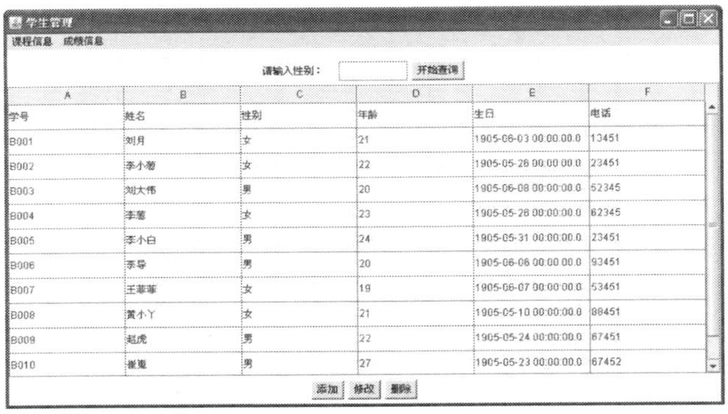

学生管理

课程信息　成绩信息

请输入性别：　开始查询

A	B	C	D	E	F
学号	姓名	性别	年龄	生日	电话
B001	刘月	女	21	1905-06-03 00:00:00.0	13451
B002	李小葱	女	22	1905-05-26 00:00:00.0	23451
B003	刘大伟	男	20	1905-06-08 00:00:00.0	52345
B004	李蕙	女	23	1905-05-26 00:00:00.0	62345
B005	李小白	男	24	1905-05-31 00:00:00.0	23451
B006	李导	男	20	1905-06-06 00:00:00.0	93451
B007	王菲菲	女	19	1905-06-07 00:00:00.0	53451
B008	黄小丫	女	21	1905-05-10 00:00:00.0	88451
B009	赵虎	男	22	1905-05-24 00:00:00.0	67451
B010	崔嵬	男	27	1905-05-23 00:00:00.0	67452

添加　修改　删除

图 14-2　学生信息主界面

该界面主要的实现代码如下所示。

（1）在创建的 SIndex 类中，导入 AWT 和 Swing 的相关组件及接口。由于这里要实现页面之间的跳转，还需要导入该项目其他包中的类。该类需要继承窗口类，同时要实现事件监听，其实现代码如下。

```
package student;
import grade.GIndex;
import java.awt.*;
import java.awt.event.ActionEvent;
import java.awt.event.ActionListener;
import java.awt.event.WindowEvent;
import java.awt.event.WindowListener;
import javax.swing.JOptionPane;
import javax.swing.JScrollPane;
import javax.swing.JTable;
import course.CIndex;
import dao.GradeManager;
import dao.StudentManager;
public class SIndex extends Frame implements ActionListener {
    /*该类中的主要内容将会在下面做详细的介绍*/
}
```

（2）在 SIndex 类中声明需要的组件，用于在事件监听的方法中直接使用。该界面使用 BorderLayout 布局，界面最顶端是菜单操作，底部提供了 3 个操作按钮，中间用于存放列表信息。代码如下所示。

```
private Panel p1, p2, p3, p4;
private Menu menu2, menu3;
private MenuItem citem1;            //菜单项“课程信息”
private MenuItem gitem1;            //菜单项“成绩信息”
private MenuBar bar;
private Button btn1, addbtn, updbtn, delbtn;
private Label lab;
private TextField tf;
private JScrollPane jsp;
private StudentManager sm;
private JTable jtab;
private JOptionPane jop;
```

（3）接着创建方法 menuCreate()，该方法用于构建菜单组件。其中菜单包含课程信息和成绩信息，可以单击相应的菜单项进行界面之间的跳转。代码如下所示。

```
public void menuCreate() {
    bar = new MenuBar();
    menu2 = new Menu("课程信息");
    menu3 = new Menu("成绩信息");
    citem1 = new MenuItem("课程信息");
    citem1.addActionListener(this);
    menu2.add(citem1);
    gitem1 = new MenuItem("成绩信息");
    gitem1.addActionListener(this);
```

```
        menu3.add(gitem1);
        bar.add(menu2);
        bar.add(menu3);
        this.setMenuBar(bar);
    }
```

（4）创建 SIndex 类的构造方法，调用声明的组件对学生信息主界面进行布局。实现代码如下所示。

```
    public SIndex() {
        this.setTitle("学生管理");
        p1 = new Panel();
        p1.setLayout(new BorderLayout());
        p2 = new Panel();
        p3 = new Panel();
        p4 = new Panel();
        menuCreate();                           //调用上面的 menuCreate()方法添加菜单栏
        p1.add(p2, BorderLayout.NORTH);
        lab = new Label("请输入性别: ");         //添加查询组件 Label
        tf = new TextField(8);
        btn1 = new Button("开始查询");
        btn1.addActionListener(this);
        p3.add(lab);
        p3.add(tf);
        p3.add(btn1);
        p1.add(p3, BorderLayout.SOUTH);
        this.add(p1, BorderLayout.NORTH);
        sm = new StudentManager();              //添加表格组件
        String sql = "select * from student where 0=?";
        String[] param = new String[] { "0" };
        sm.addStudent(sql, param);
        jtab = new JTable(sm);
        jtab.setRowHeight(30);
        jsp = new JScrollPane(jtab);
        this.add(jsp, BorderLayout.CENTER);
        //添加底部的按钮组件，并添加事件监听
        addbtn = new Button("添加");
        updbtn = new Button("修改");
        delbtn = new Button("删除");
        addbtn.addActionListener(this);
        updbtn.addActionListener(this);
        delbtn.addActionListener(this);
        p4.add(addbtn);
        p4.add(updbtn);
        p4.add(delbtn);
        this.add(p4, BorderLayout.SOUTH);
        Toolkit tk = Toolkit.getDefaultToolkit();
        Dimension dim = tk.getScreenSize();
        this.setSize(1000, tk.getScreenSize().height - 200);
        this.setLocationRelativeTo(null);
```

```
        this.addWindowListener(new WindowListener() {
            public void windowClosing(WindowEvent w) {
                //把窗口设置为隐藏
                w.getWindow().setVisible(false);
                ((Frame) w.getComponent()).dispose();
                System.exit(0);
            }
            public void windowActivated(WindowEvent e) {
            }
            public void windowClosed(WindowEvent e) {
            }
            public void windowDeactivated(WindowEvent e) {
            }
            public void windowDeiconified(WindowEvent e) {
            }
            public void windowIconified(WindowEvent e) {
            }
            public void windowOpened(WindowEvent e) {
            }
        });
        this.setVisible(true);
    }
```

（5）实现接口 ActionListener 中的方法 actionPerformed()，并处理界面的菜单事件。其代码如下。

```
    public void actionPerformed(ActionEvent e) {
        //判断是否单击名称为“课程信息”的按钮
        if (e.getSource() == citem1) {
            CIndex cx = new CIndex();
            cx.setVisible(true);
            this.setVisible(false);
        }
        //判断是否单击名称为“成绩信息”的选项
        if (e.getSource() == gitem1) {
            GIndex gx = new GIndex();
            gx.setVisible(true);
            this.setVisible(false);
        }
    }
```

（6）接着在 actionPerformed()方法中，处理界面的按钮事件。其代码如下所示。

```
    //处理查询按钮事件
    if (e.getSource() == btn1) {
        String jtf = tf.getText().trim();
        if (jtf.equals("")) {
            String sql = "select * from student where 1=?";
            String[] param = new String[] { "1" };
            sm = new StudentManager();
```

```
            sm.addStudent(sql, param);
            jtab.setModel(sm);
        } else {
            String sql = "select * from student where ssex=?";
            String[] param = new String[] { jtf };
            sm = new StudentManager();
            sm.addStudent(sql, param);
            jtab.setModel(sm);
        }
    } else if (e.getSource() == addbtn) {//处理添加按钮事件
        Sadd add = new Sadd(this, "添加学生信息", true);
        sm = new StudentManager();
        String sql = "select * from student where 1=?";
        String[] param = new String[] { "1" };
        sm.addStudent(sql, param);
        jtab.setModel(sm);
    } else if (e.getSource() == updbtn) {//处理修改按钮事件
        int rowNo = this.jtab.getSelectedRow();
        if (rowNo == -1) {
            jop.showMessageDialog(this, "请选择修改项");
            return;
        } else {
            Supd upd = new Supd(this, "修改学生信息", true, sm, rowNo);
            sm = new StudentManager();
            String sql = "select *  from student where 1=?";
            String[] param = new String[] { "1" };
            sm.addStudent(sql, param);
            jtab.setModel(sm);
        }
    } else if (e.getSource() == delbtn) {//处理删除按钮事件
        int rowNo = this.jtab.getSelectedRow();
        if (rowNo == -1) {
            jop.showMessageDialog(this, "请选择删除项");
            return;
        } else {
            String sql = "delete from student where sid=?";
            String sid = (String) this.jtab.getValueAt(rowNo, 0);
            String[] param = new String[] { sid };
            StudentManager sm1 = new StudentManager();
            sm1.updateStu(sql, param);
            String sql3="delete from grade where gsid=?";
            String[] param1 = new String[] { sid };
            GradeManager gm=new GradeManager();
            gm.updateGrade(sql3, param1);
            sm = new StudentManager();
            String sql2 = "select * from student where 1=?";
            String[] param2 = new String[] { "1" };
            sm.addStudent(sql2, param2);
            jtab.setModel(sm);
```

```
        }
    }
```

（7）最后在 SIndex 类中创建 main()方法，调用该类的构造方法。在此代码省略。

2．添加学生信息

在 SchoolManager 项目中创建 student 包下的 Sadd 类，该类用于操作学生信息的添加。Sadd 类的界面继承自对话框组件，即单击【添加】按钮之后会弹出“添加学生信息”对话框。添加学生信息界面的效果如图 14-3 所示。

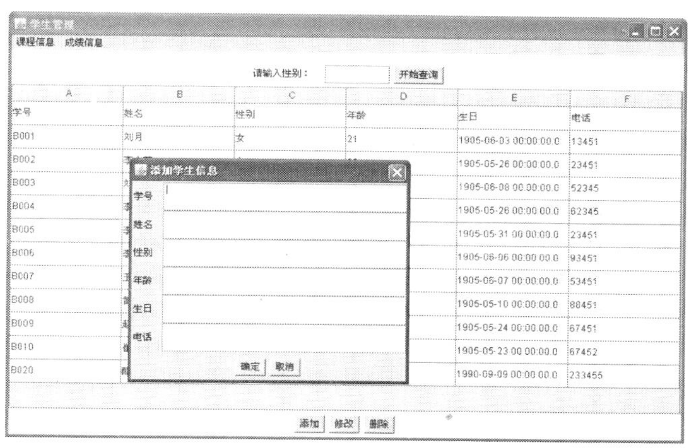

图 14-3 添加学生信息界面

添加学生信息界面的主要代码如下所示。

（1）新建 Sadd 类并导入 AWT 相关组件及接口，还需要为按钮组件添加事件监听，并定义声明各个按钮、面板和标签组件。其实现代码如下。

```
package student;
import java.awt.*;
import java.awt.event.ActionEvent;
import java.awt.event.ActionListener;
import dao.StudentManager;
public class Sadd extends Dialog implements ActionListener{
        private Panel p1,p2,p3;
        private Label lab1,lab2,lab3,lab4,lab5,lab6;
        private TextField t1,t2,t3,t4,t5,t6;
        private Button btn1,btn2;
    /*类中省略的内容，将会在下面步骤中做详细介绍*/
}
```

（2）接着在 Sadd 类中创建其含参数的构造方法，用于生成添加学生信息的对话框。其代码如下。

```
public Sadd(Frame f,String title,boolean mo){
    super(f,title,mo);                          //用于继承父类中的构造函数
    p1=new Panel();                             //创建第 1 个面板
    p1.setLayout(new GridLayout(6,1));          //将面板布局为 6 行 1 列
    //添加标签信息，并把标签分别放置在第 1 个面板中
    lab1=new Label("学号");
    lab2=new Label("姓名");
```

```
        lab3=new Label("性别");
        lab4=new Label("年龄");
        lab5=new Label("生日");
        lab6=new Label("电话");
        p1.add(lab1);
        p1.add(lab2);
        p1.add(lab3);
        p1.add(lab4);
        p1.add(lab5);
        p1.add(lab6);
        this.add(p1,BorderLayout.WEST);
        p2=new Panel();      //创建第 2 个面板
        p2.setLayout(new GridLayout(6,1));
        //创建文本框组件，并分别添加到第 2 个面板中
        t1=new TextField();
        t2=new TextField();
        t3=new TextField();
        t4=new TextField();
        t5=new TextField();
        t6=new TextField();
        p2.add(t1);
        p2.add(t2);
        p2.add(t3);
        p2.add(t4);
        p2.add(t5);
        p2.add(t6);
        this.add(p2,BorderLayout.CENTER);
        //创建第 3 个面板，并添加 2 个按钮组件
        p3=new Panel();
        btn1=new Button("确定");
        btn2=new Button("取消");
        btn1.addActionListener(this);
        btn2.addActionListener(this);
        p3.add(btn1);
        p3.add(btn2);
        this.add(p3,BorderLayout.SOUTH);
        Toolkit tk=Toolkit.getDefaultToolkit();
        Dimension dim=tk.getScreenSize();
        this.setBounds(300, 400,200,200);
        this.setVisible(true);
    }
```

（3）在 Sadd 类中创建 ActionListener 接口的方法 actionPerformed()，实现按钮组件确定和取消的事件监听。例如单击【取消】按钮时，该窗口会自动关闭。其实现代码如下所示。

```
    public void actionPerformed(ActionEvent e) {
        if(e.getSource()==btn1){
            StudentManager sm=new StudentManager();    //实例化业务处理类
            String sql="insert student values(?,?,?,?,?,?)";
            String[]param=new String []{t1.getText().trim(),t2.getText(). trim(),
```

```
            t3.getText().trim(),t4.getText().trim(),t5.getText().trim(),t6.getText().trim()};
                sm.addStudent(sql, param);  //执行添加操作
            this.dispose();
        }else if(e.getSource()==btn2){
            this.dispose();                      //关闭对话框
        }
    }
```

（4）添加一条信息的执行效果如图 14-4 和图 14-5 所示。

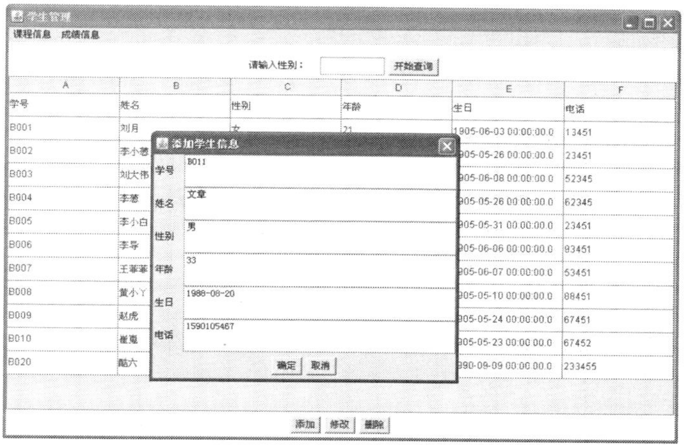

图 14-4　添加一条学生信息

图 14-5　添加一条学生信息后的界面

由于修改、查询和删除功能与下面的模块功能类似，将会在下面模块中分步介绍。这里不做说明。

14.4.2　课程信息模块

课程信息模块负责管理课程的相关信息，包括对课程信息的增加、修改、删除和查询等操作。

1．主界面设计

课程信息主界面的获取，是通过单击学生信息界面中的子菜单项实现的。其运行效果如图 14-6 所示。

图 14-6　课程信息主界面

该界面的实现代码与学生信息主界面类似，所以相似的代码不再给出。主要的不同在于菜单组件的操作和处理事件，定义菜单组件的代码如下所示。

```
public void menuCreate() {
    bar = new MenuBar();
    menu1 = new Menu("学生信息");
    menu2 = new Menu("成绩信息");
    sitem1 = new MenuItem("学生信息");
    sitem1.addActionListener(this);
    menu1.add(sitem1);
    gitem1 = new MenuItem("成绩信息");
    gitem1.addActionListener(this);
    menu2.add(gitem1);
    bar.add(menu1);
    bar.add(menu2);
    this.setMenuBar(bar);
}
```

菜单组件的处理事件代码如下所示。

```
public void actionPerformed(ActionEvent e) {
    //是否单击的是“学生信息”
    if (e.getSource() == sitem1) {
        SIndex in = new SIndex();
        in.setVisible(true);
        this.setVisible(false);
    }
    //是否单击的是“成绩信息”
    if (e.getSource() == gitem1) {
        GIndex gx = new GIndex();
        gx.setVisible(true);
        this.setVisible(false);
    }
}
```

2．修改课程信息

在 SchoolManager 项目中创建 Course 包下的 Cupd 类，该类用于操作课程信息的修改。

（1）修改界面的类也需要继承自对话框类，并在该类中定义界面组件。其实现代码如下。

```
package course;
import java.awt.*;
import java.awt.event.ActionEvent;
import java.awt.event.ActionListener;
import dao.CourseManager;
public class Cupd extends Dialog implements ActionListener{
private Panel p1,p2,p3;
private Label lab1,lab2,lab3,lab4;
private TextField t1,t2,t3,t4;
private Button btn1,btn2;
/*类中的具体内容将在下面步骤中具体讲解*/
}
```

（2）创建 Cupd 类的构造方法，该构造方法中含有两个特别的参数，即业务处理类对象参数和表格选中的参数。该构造方法用于生成修改课程信息的对话框。其实现代码如下所示。

```
public Cupd(Frame f,String title,boolean mo,CourseManager sm, int rowNo){
        super(f,title,mo);
        p1=new Panel();                                     //创建第 1 个面板
        p1.setLayout(new GridLayout(4,1));                  //该面板布局为 4 行 1 列
    lab1=new Label("课程号");
    lab2=new Label("课程名称");
    lab3=new Label("课程类型");
    lab4=new Label("课程内容");
    //在第 1 个面板中添加标签对象
    p1.add(lab1);
    p1.add(lab2);
    p1.add(lab3);
    p1.add(lab4);
    this.add(p1,BorderLayout.WEST);
        p2=new Panel();                                     //创建第 2 个面板
    p2.setLayout(new GridLayout(4,1));
    //调用业务处理类中的 getValueAt()方法，获取第 1 列的值
    t1=new TextField((String)sm.getValueAt(rowNo,0));
    //设置第 1 列的文本框为不可编辑状态
    t1.setEditable(false);
    t2=new TextField((String)sm.getValueAt(rowNo,1));
    t3=new TextField((String)sm.getValueAt(rowNo,2));
    t4=new TextField((String)sm.getValueAt(rowNo,3));
    p2.add(t1);
    p2.add(t2);
    p2.add(t3);
    p2.add(t4);
    this.add(p2,BorderLayout.CENTER);
        p3=new Panel();                                     //创建第 3 个面板
    btn1=new Button("确认修改");
    btn2=new Button("取消");
    //给按钮组件注册事件监听
    btn1.addActionListener(this);
    btn2.addActionListener(this);
    p3.add(btn1);
    p3.add(btn2);
    this.add(p3,BorderLayout.SOUTH);
    Toolkit tk=Toolkit.getDefaultToolkit();
    Dimension dim=tk.getScreenSize();
```

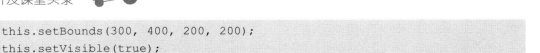

```
        this.setBounds(300, 400, 200, 200);
        this.setVisible(true);
    }
```

（3）实现 ActionListener 接口中的方法 actionPerformed()，并实现课程信息修改的按钮事件监听。例如单击【确认修改】按钮，则执行相应的修改操作.其实现代码如下所示。

```
    public void actionPerformed(ActionEvent e) {
        if(e.getSource()==btn1){
            String sql="update course set cname=?,ctype=?,ccontent=? where cid=?";
            String[] param=new String []{t2.getText().trim(),t3.getText().trim(),
            t4.getText().trim(),t1.getText().trim()};
            CourseManager sm2=new CourseManager();
            sm2.updateCourse(sql, param);
            this.dispose();
        }else if(e.getSource()==btn2){
            this.dispose();
        }
    }
```

（4）修改一条课程信息的执行效果如图 14-7 和图 14-8 所示。

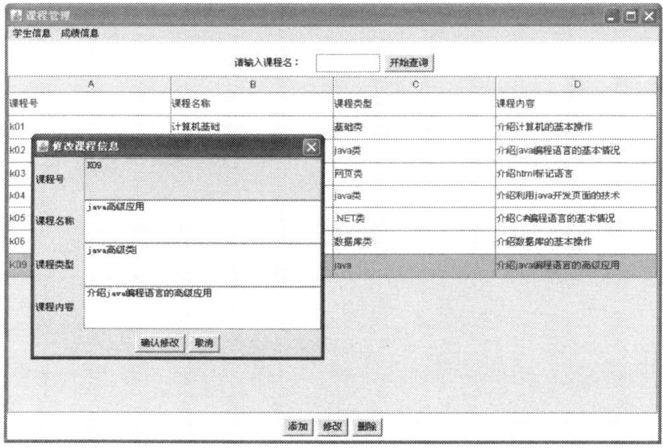

图 14-7　修改一条课程信息界面

图 14-8　修改课程信息后的界面

14.4.3　成绩信息模块

成绩信息模块负责管理成绩的相关信息，包括成绩信息的增加、修改、删除和查询等操作。

1．主界面设计

成绩信息主界面的获取，也是通过单击学生信息主界面，或者课程信息主界面中的子菜单项。其运行效果如图 14-9 所示。

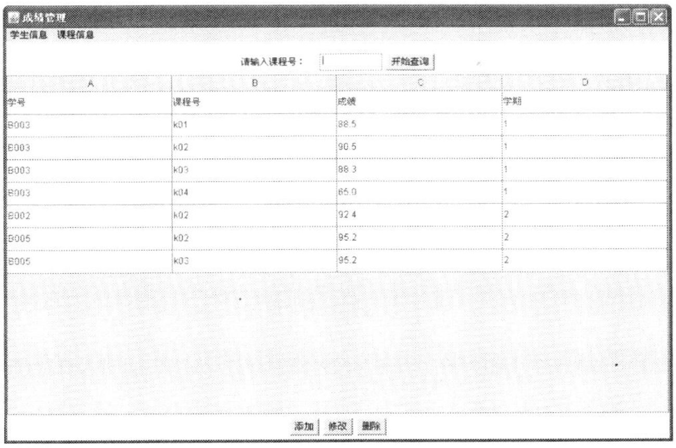

成绩管理

学生信息　课程信息

请输入课程号：　开始查询

A	B	C	D
学号	课程号	成绩	学期
B003	k01	88.5	1
B003	k02	90.5	1
B003	k03	88.3	1
B003	k04	65.0	1
B002	k02	92.4	2
B005	k02	95.2	2
B005	k03	95.2	2

添加　修改　删除

图 14-9　成绩信息主界面

该界面的实现代码与也与学生信息主界面类似，相似的代码不再给出。主要的不同在于菜单组件的操作和处理事件。定义菜单组件的主要代码如下所示。

```
public void menuCreate() {
    bar = new MenuBar();
    menu1 = new Menu("学生信息");
    menu2 = new Menu("课程信息");
    sitem1 = new MenuItem("学生信息");
    sitem1.addActionListener(this);
    menu1.add(sitem1);
    citem1 = new MenuItem("课程信息");
    citem1.addActionListener(this);
    menu2.add(citem1);
    bar.add(menu1);
    bar.add(menu2);
    this.setMenuBar(bar);
}
```

菜单组件的相应处理事件主要代码如下所示。

```
public void actionPerformed(ActionEvent e) {
    if (e.getSource() == citem1) {//是否单击的是“课程信息”
        CIndex cx = new CIndex();
        cx.setVisible(true);
        this.setVisible(false);
    }
    if (e.getSource() == sitem1) {//是否单击的是“学生信息”
        SIndex sx = new SIndex();
        sx.setVisible(true);
```

```
        this.setVisible(false);
    }
}
```

2．查询和删除成绩

（1）查询成绩的依据是成绩表里面的课程号字段，其主要的实现代码是在新建的 GIndex 类中创建其构造函数。代码如下所示。

```
public GIndex() {
    /*与学生信息查询的类似代码，这里省略*/
    lab = new Label("请输入课程号：");
    tf = new TextField(8);
    btn1 = new Button("开始查询");
    btn1.addActionListener(this);
    /*与学生信息查询的类似代码，这里省略*/
}
```

（2）查询事件的处理是在实现接口 ActionListener 的方法 actionPerformed()中。其主要代码如下所示。

```
if (e.getSource() == btn1) {
    String jtf = tf.getText().trim();
    if (jtf.equals("")) {
        String sql = "select * from grade where 1=?";
        String[] param = new String[] { "1" };
        gm = new GradeManager();
        gm.addGrade(sql, param);
        jtab.setModel(gm);
    } else {
        String sql = "select * from grade where gcid=?";
        String[] param = new String[] { jtf };
        gm = new GradeManager();
        gm.addGrade(sql, param);
        jtab.setModel(gm);
    }
}
```

（3）根据课程号查询成绩的结果如图 14-10 所示。

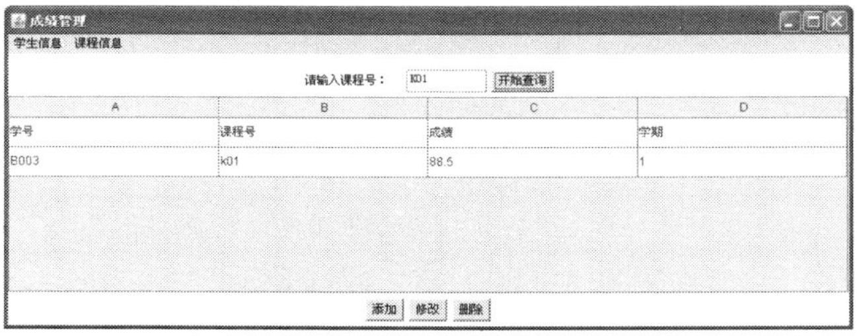

图 14-10　成绩查询界面

（4）成绩删除事件的处理也是在实现接口 ActionListener 的方法 actionPerformed()中。其主要实现代码如下所示。

```
if (e.getSource() == delbtn) {
    int rowNo = this.jtab.getSelectedRow();
    if (rowNo == -1) {
        jop.showMessageDialog(this, "请选择删除项");
        return;
    } else {
        String sql = "delete from grade where gsid=?";
        String cid = (String) this.jtab.getValueAt(rowNo, 0);
        String[] param = new String[] { cid };
        GradeManager sm1 = new GradeManager();
        sm1.updateGrade(sql, param);
        gm = new GradeManager();
        String sql2 = "select * from grade where 1=?";
        String[] param2 = new String[] { "1" };
        gm.addGrade(sql2, param2);
        jtab.setModel(gm);
    }
}
```

类似代码可以参考学生信息模块的相关代码，这里省略。

（5）成绩删除结果分为两种，即未选中删除项和选中任意一项，例如选中学号为 B002 的成绩。结果如图 14-11 和图 14-12 所示。

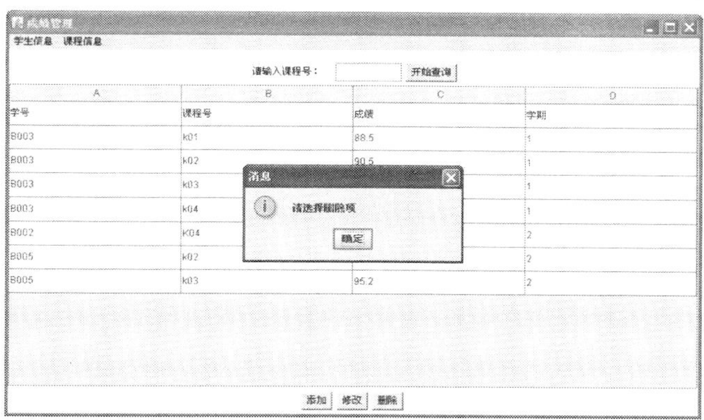

图 14-11 未选中删除项的界面

图 14-12 删除学号 B002 后的界面

习题答案

第 1 课　Java 语言概述

一、填空题

1. .java
2. jdb.exe
3. .class

二、选择题

1. B
2. D
3. C
4. B
5. A

第 2 课　简单数据类型及运算

一、填空题

1. 异常处理参数变量
2. 双精度
3. Unicode
4. 30
5. false

二、选择题

1. C
2. C
3. B
4. C
5. A

第 3 课　流程控制语句

一、填空题

1. 选择语句
2. switch
3. 数组
4. for
5. 整型
6. Continue
7. hello　100.0

二、选择题

1. A
2. B
3. B
4. B
5. D
6. D
7. C

第 4 课　类与对象

一、填空题

1. 类
2. 属性
3. 类成员方法
4. 参数化
5. static 静态　main 方法

二、选择题

1. C
2. D
3. B
4. A
5. B

第 5 课　深入面向对象编程

一、填空题

1. abstract
2. 接口
3. 成员变量和方法
4. 父类
5. Package
6. import

二、选择题

1. B
2. A
3. B

4. A
5. C

第 6 课　数组与集合

一、填空题

1. 引用数据类型
2. New
3. 数据类型
4. 接口
5. List
6. ArrayList
7. TreeMap

二、选择题

1. D
2. B
3. B
4. B
5. C
6. B

第 7 课　异常

一、填空题

1. Exception
2. ArithmeticException
3. finally
4. throw

二、选择题

1. A
2. B

第 8 课　线程

一、填空题

1. 继承 Thread 类
2. setPriority()
3. 任务
4. 线程

二、选择题

1. A
2. D
3. D
4. A
5. B

第 9 课　Java 常用类

一、填空题

1. Object 类
2. 对象类型
3. I Love Music
4. 第一次
5. 20
6. 之后
7. 10

二、选择题

1. C
2. C
3. C
4. C
5. B
6. D
7. B

第 10 课　Java 的输入输出流

一、填空题

1. 输入流和输出流
2. OutputStream
3. Writer
4. write()
5. 字节流

二、选择题

1. B
2. C
3. D
4. A
5. B
6. C
7. A

第 11 课　图形用户界面应用

一、填空题

1. Swing
2. Panel
3. Dialog
4. FlowLayout
5. TextArea
6. Choice

二、选择题

1. C
2. D
3. A
4. C
5. A

第 12 课　Java 数据库编程

一、填空题

1. executeQuery()
2. ResultSetMetaData
3. ?

二、选择题

1. A
2. C
3. A

第 13 课　Java 的网络编程

一、填空题

1. InetAddress
2. openConnection()
3. 统一资源定位符

二、选择题

1. B
2. B
3. C